高等学校食品质量与安全专业通用教材

食品安全学

李　蓉　主编

中 国 林 业 出 版 社

内容简介

本书基于食品风险分析的科学立场，从食品控制观点出发，系统地阐述了“从农场到餐桌”全过程中食品的不安全因素和由此产生的不安全问题及其控制系统；结合食品安全学的形成与发展过程、国内外关于食品安全的研究和食品安全的现状，论述了食品安全学的基本理论、基本知识和基本技能，以及在监督管理、科学研究和国家控制领域中的应用。本书可作为食品质量与安全专业、食品科学与工程专业、预防医学专业和各相关专业的教材，也可供食品科学、卫生化学、传染病学、流行病学、寄生虫病学、医学微生物学和公共卫生学以及上述领域生产、科研和管理工作者等参阅。

图书在版编目（CIP）数据

食品安全学/李蓉主编. —北京：中国林业出版社，2009.12
高等学校食品质量与安全专业通用教材
ISBN 978-7-5038-4948-0

Ⅰ.①食… Ⅱ.①李… Ⅲ.①食品安全学－高等学校－教材 Ⅳ.①R155.5

中国版本图书馆 CIP 数据核字（2009）第 223612 号

中国林业出版社·教材建设与出版管理中心
策划、责任编辑：高红岩
电话：83221489　　**传真**：83220109

出版发行 中国林业出版社（100009 北京市西城区德内大街刘海胡同 7 号）
E-mail：jiaocaipublic@163.com 电话：（010）83224477
网 址：http：//www.cfph.com.cn
经 销 新华书店
印 刷 中国农业出版社印刷厂
版 次 2009 年 12 月第 1 版
印 次 2009 年 12 月第 1 次印刷
开 本 850mm×1168mm 1/16
印 张 19.75
字 数 420 千字
定 价 31.00 元

高等学校食品质量与安全专业教材
编写指导委员会

《食品安全学》编写人员

主　编　李　蓉

编　者　（按拼音排序）

车会莲（中国农业大学）

管春梅（哈尔滨医科大学）

李　蓉（中国疾病预防控制中心）

徐景和（国家食品药品监督管理局）

禹　萍（哈尔滨医科大学）

王晓英（中国疾病预防控制中心）

序

食品质量与安全关系到人民健康和国计民生、关系到国家和社会的繁荣与稳定，同时也关系到农业和食品工业的发展，因而受到全社会的关注。如何保障食品质量与安全是一个涉及科学、技术、法规、政策等方面的综合性问题，也是包括我国在内的世界各国共同需要面对和解决的问题。

随着全球经济一体化的发展，各国间的贸易往来日益增加，食品质量与安全问题已没有国界，世界上某一地区的食品质量与安全问题很可能会涉及其他国家，国际社会还普遍将食品质量与安全和国家间商品贸易制衡相关联。食品质量与安全已经成为影响我国农业和食品工业竞争力的关键因素，影响我国农业和农村经济产品结构和产业结构的战略性调整，影响我国与世界各国间的食品贸易的发展。

有鉴于此，世界卫生组织和联合国粮食与农业组织以及世界各国近年来均加强了食品安全工作，包括机构设置、强化或调整政策法规、监督管理和科技投入。2000 年在日内瓦召开的第 53 届世界卫生大会首次通过了有关加强食品安全的决议，将食品安全列为世界卫生组织的工作重点和最优先解决的领域。近年来，各国政府纷纷采取措施，建立和完善食品安全管理体系和法律、法规。

我国的总体食品质量与安全状况良好，特别是 1995 年《中华人民共和国食品卫生法》实施以来，出台了一系列法规和标准，也建立了一批专业执法队伍，特别是近年来政府对食品安全的高度重视，致使总体食品合格率不断上升。然而，由于我国农业生产的高度分散和大量中小型食品生产加工企业的存在，加上随着市场经济的发展和食物链中新的危害不断出现，我国存在着不少亟待解决的不安全因素以及潜在的食源性危害。

在应对我国面临的食品质量与安全挑战中，关键的一环是能力建设，也就是专业人才的培养。近年来，不少高等院校都设立了食品质量与安全专业或食品安全专业，并度过了开始的困难时期。食品质量与安全专业是一个涉及食品、医学、卫生、营养、生产加工、政策监管等多方面的交叉学科，要在创业的基础上进一步发展和提高教学水平，需要对食品质量与安全专业的师资建设、课程设置和人才培养模式等方面不断探索，而其中编辑出版一套较高水平的食品质量与安全专业教材，对促进学科发展、改善教学效果、提高教学质量是很关键的。为此，中国林业出版社从 2005 年就组织了食品质量与安全专业教材的编辑出版工作。这套教材分为基础知识、检验技术、质量管理和法规与监管4个方面，共包括17本专业教材，内容涵盖了食品质量与安全专业要求的各个方面。

本套教材的作者都是从事食品质量与安全领域工作多年的专家和学者。他们根据应用性、先进性和创造性的编写要求，结合该专业的学科特点及教学要求并融入了积累的教学和工作经验，编写完成了这套兼具科学性和实用性的教材。在此，我一方面要对各位付出辛勤劳动的编者表示敬意，也要对中国林业出版社表示祝贺。我衷心希望这套教材的出版能为我国食品质量与安全教育水平的提高产生积极的作用。

中国工程院院士
中国疾病预防控制中心研究员
陈君石

2008年2月26日于北京

前　言

食品是人类赖以生存和发展的最基本物质基础，食品安全关系到人类身体健康和生命安全，关系到经济发展和社会稳定，关系到国家和政府的形象。在农畜业生产和食品加工技术飞速发展的今天，人类的食品比以往任何时候都更加丰富。然而，人类的许多疾病也与食品密切相关，这一点再次验证了“病从口入”的古言。近年来，中国食品安全水平有了明显的提高。但必须看到，由于农药、兽药的大量使用，添加剂的误用、滥用，各种工业、环境污染物的存在，有害元素、微生物和各种病原体的污染，新的有害生物多次发现，食品新技术、新工艺应用可能带来的负效应等，使中国食品安全状况不容乐观。

从事食品安全相关教学、科研和管理工作20余年来，我目睹了国家食品安全监管的发展过程，是一个从最初只重视结果监管的食品卫生监管体系到形成重视过程监管的食品安全监管体系的过程。随着2009年6月1日《中华人民共和国食品安全法》的正式实施，我国食品安全监管体系逐渐成熟和完善，对食品安全的管理重点也由原来的结果监管逐渐过渡到过程监管。我国比以往任何时期，都更加需要食品安全监管人员、从业人员和消费者更多地掌握食品安全学（Science of Food Safety）知识，因为食品安全学是以研究食品生产过程中安全问题为重点的一门学科。这一学科是20世纪70年代以来发展起来的一门新兴学科，是一门理论与实践相结合，偏重于实践的学科。

食品安全学经过漫长的感性认知和个别现象的总结阶段，正是在近30年内面临许多挑战后得到了长足发展。2002年，中国第一个食品质量与安全本科专业开始招生。但至今，我国各高等院校食品安全学的课程设置及教材使用，一直照搬医学院校的《食品卫生学》，国内尚无一本系统介绍食品“从农场到餐桌”全过程危害风险规律以及这些规律与公众健康、食品行业发展、食品控制战略和食品控制体系间关系的教材。正值中国林业出版社组织编写高等学校食品质量与安全专业通用教材，借此机会，出版了此教材。

本教材编写之初也在为教材名称是《食品卫生学》还是《食品安全学》矛盾，经过编委会和相关人员的反复研究和讨论，结合食品质量与安全专业学生的知识体系和我国在食品安全方面的监管体制特点，最后确定为《食品安全学》，并秉承“从农场到餐桌”全过程控制食品安全的理念构建了适应我国有关法规、标准的《食品安全学》基本框架。在各位编委的努力和配合下，《食品安全学》教材面世了，它基于食品风险分析的科学立场，从食品控制观点出发，全面系统地介绍了国内外对食物链中危害物质及因素、食品安全技术、国家食品控制体系以及控制与管理战略等研究现状与进展，书中许多内容是编者多年工作和研究的成果。本教材可作为食品质量与安全专业、食品科学与工程专业、预防医学专业和各相关专业的教材，也可供食品科学、卫生化学、传染病学、流行病学、寄生虫病学、医学微生物学和公共卫生学以及上述领域生产、科研和管理工作者等参阅。

食品安全学是一门综合性较强的学科，涉及食品科学和技术、食源性病原学、食品化学、食品毒理学、营养与食品卫生学、流行病学等学科，是这些学科在食品安全方面的体现和应用。本教材的编者均具有在这些领域中从事多年的学习和工作经历，具有丰富的教学和科研经验，并在各自的工作中取得了卓越的成绩。全书共7章，参与编写的人员有：中国疾病预防控制中心全国12320管理中心副主任李蓉教授（第1章、第2章和第6章）、哈尔滨医科大学公共卫生学院禹萍教授和管春梅副教授（第3章）、中国疾病预防控制中心营养与食品安全所王晓英研究员（第4章）、中国农业大学食品科学与营养工程学院车会莲副教授(第5章)、国家食品药品监督管理局国家食品药品稽查专员徐景和博士（第7章)，本教材的出版是各位编者集体智慧的结晶。各位编者吸纳了国内外许多学者在食品安全科学领域研究的智慧和结果，中国林业出版社的编辑们为本教材的出版付出了辛勤的努力，在此一并向他们表示真诚的感谢！同时还要感谢在本教材编写过程中理解、支持和鼓励我们的所有人，向他们表示最崇高的敬意。

为使本教材具有十分鲜明的现实性、前瞻性、实用性和可读性，成为一部教学与应用、理论与实践相结合的教材和工具书，参加本教材的所有作者都付出了艰辛的劳动，但由于涉及领域广泛，编者水平有限，书中难免有不妥和疏漏之处。我们希望广泛征集广大授课教师、学生和其他读者的使用意见，敬请广大同行和读者提出批评和建议，以便我们今后修订、补充和进一步完善这部教材。

编 者

2009年8月

目　录

第1章 绪 论

重点与难点 学习本课程要树立基于风险分析的科学的食品控制理念，深入理解食品安全状况与人类健康和食品行业发展的关系，掌握食品安全学的基本理论、基本知识和基本技能，了解学科发展方向。尤其要深入理解食品安全控制的复杂性、长期性和艰巨性，深入理解食品安全问题与国家经济、政治、文化、社会和法制发展的关系。学习食品安全学，不仅需要掌握相关的自然科学理论和技术知识，还需要了解社会进步规律和社会管理相关知识，为适合未来国家发展需要，开展食品安全相关工作打下基础。

“国以民为本，民以食为天，食以安为先”，此话道出了食品安全的重要性。面向21世纪，我们不得不考虑科学和生产均突飞猛进的20世纪留下的一系列食品安全问题。

上世纪末接二连三的重大食品安全问题令全球震惊，如日本的大肠埃希菌O_{157}:H_7暴发流行、比利时二噁英污染和英国的疯牛病事件，都广泛地引起了人们对食品安全问题的高度关注。食品安全问题不仅威胁着公众健康，而且直接造成了农业、食品加工、食品贸易以及旅游业等的经济损失，同时，严重地影响了经济建设与社会稳定。如何保证食品安全不仅是一个国家或地区面临的重大问题，也是全世界共同关注的重大问题。

只有“从农场到餐桌”(from farm to table)全过程运用科学的方法，对各个环节和要素进行全过程的有效控制和监督管理，才能最大限度地降低食品风险，促进农业、食品工业和食品贸易的发展，保障人民身体健康，维护消费者切身利益。食品安全学是食品类专业的重要课程。

1.1 食品安全学的概念及内涵

为阐明“食品安全学”概念，我们先来了解一些相关概念。

1.1.1 食品

《中华人民共和国食品安全法》(以下简称《食品安全法》)把食品定义为：“各种供人食用或者饮用的成品和原料以及按照传统既是食品又是药品的物品，但是不包括以治疗为目的的物品。”《食品工业基本术语》(GB 15091—1995)将食品定义为：“可供人类食用或饮用的物质，包括加工食品、半成品和未加工食品，不包括烟草或只做药品用的物质。”

食品，也可称为食物，从其形成的过程看，可分为天然食物和经人类加工的食物；从经济学角度看，食品包括非商品性食物和商品性食物。本书所指食品泛指供人类食用的物品，与“食物”具有等同含义。

作为人类维持生命和从事生产、生活活动的物质基础，食品是一种特殊的物品，食品的消费过程本身又是人类自身再生产的过程，直接关系到人们的身体健康和生命安全。《食品安全法》中第九十九条对食品的要求是“食品应当无毒、无害，符合应当有的营养要求，对人体健康不造成任何急性、亚急性或者慢性危害”，这一要求既是安全学要求，又是质量要求。

1.1.2 食品质量

食品质量(food quality)指食品满足消费者明确或隐含需要的特性。作为商品，其质量也由产品质量、生产质量和服务质量3方面构成。但食品质量与一般产品质量有4点不同：一是食品具有供消费者食用的食用性，而一般产品仅具有使用性；二是食品为一次性消耗商品，具有消费一次性，而一般商品绝大多数都可以重复使用；三是食品的保藏期相对较短，具有及时性，而一般商品的保藏时间可以很长；四是食品的产品质量体现在食品生产、加工、运输、贮存、销售的全过程，具有产品质量的延续性，而一般商品的产品质量在产品制造出来时就已确定。

1.1.3 食品卫生

“卫生(sanitation)”一词源于拉丁文“*sanita*”，意为“身体健康(health)”和“心智健康(sanity)”，侧重于人体身心健康；“卫生学(food hygiene)”一词源于希腊语“*hugieine*”，意为“(心智)健康的艺术”。因此，“卫生学”一词多用于与人体或人类医疗卫生领域相关的学科中。

《食品工业基本术语》(GB 15091—1995)将食品卫生定义为：“为防止食品在生产、收获、加工、运输、贮藏、销售等各个环节被有害物质(包括物理、化学、微生物等方面)污染，使食品质地良好、有益于人体健康所采取的各项措施。”世界卫生组织(World Health Organization，WHO)于1984年在《食品安全在卫生和发展中的作用》中，曾把食品安全与食品卫生作为同义词，定义为“生产、加工、贮存、分配和制作食品过程中确保食品安全可靠，有益于健康并且适合人消费的种种必要条件和措施”；1996年WHO在《加强国家级食品安全性计划指南》中又把食品卫生定义为：“为确保食品安全性和适合性在食物链的所有阶段必须采取的一切条件和措施”。

该概念可以理解为：对于食品工业而言，“卫生”一词的意义是创造和维持一个卫生而且有益于健康的生产环境和生产条件。食品卫生则是为了提供有益健康的食品，必须在清洁环境中，由身心健康的食品从业人员加工食品，防止因有毒、有害物质污染食品而对人体造成危害，防止因微生物污染食品而引发食源性疾病，以及使食品腐败微生物的繁殖减少到最低程度。有效卫生就是指能达到上述目标的过程，包括提出如何维护或改进卫生操作规程和卫生环境等方面的原理。食品卫生问题多指食品本身和食品添加剂、容器、包装材料的卫生问题和所用工具、设备等加工经营过程中的有关卫生问题以及卫生行政部门的卫生监管问题等。

1.1.4 食品安全

“食品安全”的概念与内涵具有双重性，一重是以食品“供给保障”安全为内涵的食品安全(food security)，亦称食品“量”安全，与“粮食安全”具有等同的含义，为宏观性食品安全概念；另一重是以保障人体健康安全为内涵的食品安全(food safety)，也称食品“质”安全，为微观性食品安全概念。二重概念之间互为前提和制约。

1.1.4.1 食品量安全(food security)

宏观性食品安全概念的内涵是量的安全保障，指“保障全球食物的可用性和具有获取可用食品的能力，尤其是保障全球中最贫困的人群食物的可用性和具有获取可用食品的能力”，实际上是指人类社会中每个人获得食品的能力，强调人人享有免于饥饿和获得充足而富有营养的食品的权力。因而保障食品量安全，是人类社会共同的责任和职能(图1-1)。

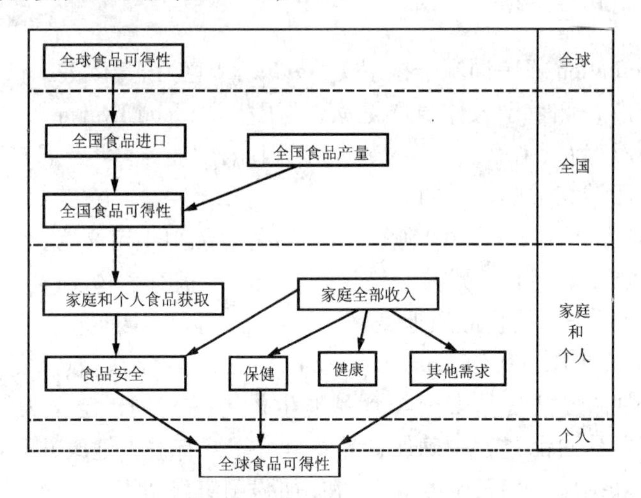

图1-1 食品量安全概念：人人享有从全球食品中获得营养安全的食品的权利

食品量安全的概念与“粮食安全”定义相同。联合国粮农组织(Food and Agriculture Organization，FAO)于1983年4月将“粮食安全”定义为：“粮食安全的最终目标应该是，确保所有人在任何时候能买得到又能买得起他所需要的基本食品”，其本质是保障贫困人群的食品供应安全。因此，宏观上食品量安全概念强调食品在总量上的供应和获得能力；另一方面，食品量安全保障必须以食品质安全为前提。

1.1.4.2 食品质安全(food safety)

1996年WHO在其发表的《加强国家级食品安全性计划指南》中，对微观食品安全的解释为“对食品按其原定用途进行制作和/或食用时，不会使消费者受害的一种保证”。可见，尽管目前学术界对食品质安全的内涵和外延还没有一个统一的认识，但食品质安全的内涵应指食品被消费者食用前各环节的安全，包括原料阶段。

微观性食品安全概念的内涵是质的安全保障。从图1-1可以看出，在满足食品可获得安全性的前提下，食品安全问题就归结到个体营养安全，即社会必须保证每一个人所获得的食品是有营养和安全的，即对消费者是无害的。

基于以上的分析，可将食品质安全定义为：食品(食物)的种植、养殖、加工、包装、贮藏、运输、销售、消费等活动，符合国家强制标准和要求，不存在可能损害或威胁人体健康的有毒、有害物质，不得对消费者健康、人身安全造成或者可能造成任何不利的影响。

因此，食品质安全概念首先应具有综合性，包括食品卫生、食品质量、食品营养等相关方面的内容和食物种植、养殖、加工、包装、贮藏、运输、销售、消费等各环节；其次应具有社会性，不同国家以及不同时期，食品质安全所面临的突出问题和监管要求有所不同。目前在发达国家，食品质安全主要关注的是因科学技术发展所引发的问题，如转基因食品对人类健康的影响；而在发展中国家，食品质安全侧重的则是市场经济发育不成熟、食品企业诚信程度还不够高和司法惩戒、补偿程序还不健全等经济、社会发展过程中所引发的监管问题，如假冒伪劣和有毒、有害食品的非法生产经营等。另外，无论是发达国家，还是发展中国家，食品安全都是企业和政府对社会最基本的责任和职能，食品安全与生存权紧密相连，具有唯一性和强制性，通常属于政府保障或者政府强制的范畴，因而还具有政治性。

1.1.4.3 食品质安全与食品量安全的关系

从食品安全概念的双重定义和图 1－1 所示，食品量安全与食品质安全分别从宏观和微观上反映了食品的功能特性。宏观上，食品量安全反映了人类对食品在总量上的依赖性，食物结构上表现为以粮食供应为主的能量型食物，营养水平上表现为“温饱”型生活。没有总体上的食品量安全保障，就谈不上对食品质安全的要求。微观上，食品质安全反映了为保证人体正常生命活动和生理安全对食品成分的营养性和危害性的要求和限制。因此，没有食品质安全保障的食品量安全保障是无意义的。可见，食品量安全与食品质安全两者之间存在着互为前提、制约和依存的辩证统一关系。

受人口持续快速增长和食品生产资源相对短缺的影响，在处理两者关系时，长期以来，人们往往把食品量安全保障作为矛盾的主要方面，容易忽视食品质安全。事实上，随着高效的现代食品生产体系的建立，人类已经基本上摆脱了食物短缺的困扰，食品质安全已经上升为主要矛盾而受到全球各界的关注。

本书的研究范畴为食品质安全，即一般观念上公众理解的“食品安全”。

1.1.5 食品质量、食品卫生与食品安全的关系

由于食品质量、食品卫生、食品安全等在内涵和外延上存在许多交叉，因此，一般在实际运用中，这 3 个概念往往被混用。

“食品质量”包括可影响产品本身价值和消费价值的所有其他特性，既包括一些有利的特性，如产地、质地、加工方法及色香味等；也包括一些不利的特性，如污染、腐烂、变色、变味等。质量好的食品食用价值高、质量差的食品食用价值低，食品质量关注的重点是食品本身的食用价值和性状。而“食品安全”涉及所有可能通过食品对消费者健康构成危害（无论是长期的，还是马上出现的

危害)的因素，这些因素不但可使食品失去食用价值和其自身性状，更主要的是会影响到消费者的健康和生命安全，是毫无商量余地、必须予以消除的。换句话说，食品质量是对食品本身而言，而食品安全则既是对食品本身又是对消费者健康而言的概念。由于食品质量和食品安全之间的差别涉及政府政策，并影响食品控制体系能否更好地实现国家为食品安全和质量设定的控制目标，食品安全和食品质量的概念应加以区分。

“食品卫生”在中国《食品工业基本术语》(GB 15091—1995)中被视为食品安全的同义词。WHO 在 1984 年的《食品安全在卫生和发展中的作用》中，也曾把食品卫生与食品安全作为同义词；在 1996 年的《加强国家级食品安全性计划指南》中才把食品安全与食品卫生作为两个不同的概念加以区分，食品安全性被解释为“对食品按其原定用途进行制作和食用时不会使消费者受害的一种保证”；食品卫生定义为：“为确保食品安全性和适合性在食物链的所有阶段必须使用的一切条件和措施”。因此，食品卫生是食品安全的重要内容之一。

食品质量、食品卫生和食品安全 3 个概念之间，由于食品安全涵盖食品卫生、食品质量、食品营养等相关方面的内容和食品“从农场到餐桌”的各个环节，使食品安全既包括原料安全、加工安全，也包括经营安全、消费安全；既包括结果安全，也包括过程安全；既包括现实安全，也包括未来安全。

1.1.6 食品控制

食品控制的定义为：“由国家或地方政府实施的保护消费者的强制性法律行动，以确保所有食品在生产、处理、贮存、加工、运输和销售过程中均能保持安全、卫生和适宜于人类消费，确保食品符合安全和质量要求、货真无假并按法律规定准确标识。”

食品控制的首要任务是国家要强化食品立法，以确保食品消费安全，使消费者远离不安全、不卫生和假冒的食品；而对消费者而言，最基本和最重要的要求是要了解市场所供应食品的安全性和真实性。

1.1.7 食品安全学

食品安全学(Science of Food Safety)，是研究食品“从农场到餐桌”全过程危害风险的规律以及这些规律与公众健康和食品行业发展的关系，为国家食品控制战略的制订和实施提供科学决策依据的学科。

食品安全学是 20 世纪 70 年代以来发展的一门新兴学科，是一门理论与实践相结合的学科，偏重于应用性。食品科学和控制论是食品安全学重要的理论基础，食品科学和技术、农学、医药学、兽医学、毒理学、公共营养与卫生学、生物学、食品原料学、食品微生物学、食品化学、生物化学、流行病学、质量保证、审计学、理学、法学、管理学、传媒学和公共信息管理学等是食品安全学的基础学科。因此，食品安全学是一门综合性较强的学科。

1.2 食品安全学的形成与发展

食品安全学的形成和发展经历了漫长的历史过程，近30年来才有了长足的发展。

1.2.1 远古时期

人类在远古时期学会了用火对食物进行加热制备的方法，古代发明了食物干燥方法，几千年前发明了酿造等方法。公元前二千多年的夏禹时代，就有仪狄酿酒的记载，《齐民要术》一书中也详细记载了制醋的方法。长期以来，民间常用的盐腌、糖渍、烟熏、风干等保存食物的方法，实际上正是通过抑制微生物的生长而防止食物的腐烂变质。这些方法除了有利于改善食品风味或延长食品贮藏期以外，还是保障食品安全的有效措施。

中国自古已有“病从口入”的民谚。早在3000年前的周朝(公元前11世纪~前256年)，就不仅能控制一定卫生条件制造出酒、醋、酱等发酵食品，而且已经设置了“凌人”，专门负责掌管食品冷藏防腐。中国古代伟大的思想家、教育家，儒家创始人孔子(公元前551~前479年)，就讲授过著名的“五不食”原则：“鱼馁而肉败，不食。色恶，不食。臭恶，不食。失饪，不食。不时，不食。”汉代张仲景(150~219年)在《金匮要略》中云：“果子落地经宿，虫蚁食之者，人大忌食之。”隋唐时期杰出的医药学家孙思邈(581~682年)在他的《千金要方》中有“勿食生肉，伤胃，一切肉惟须煮烂”的记载；在《千金翼方》中对于鱼类引起的组胺中毒，也有深刻而准确的描述：“食鱼面肿烦乱，芦根水解”，体现了防治食物中毒的原理与方法。我国在618~907年的唐朝时期就规定了处理腐败食品的法律准则，明确规定变质食物要焚毁，若销售并因此造成病死者，均有不同刑律处置，如《唐律》规定“脯肉有毒曾经病人，有余者速焚之，违者杖九十；若放与人食，并出卖令人病者徒一年；以故致死者，绞。”说明我国自古已深知饮食不洁与疾病和健康的关系。

饮沸水和饮茶的习惯在我国古已有之。北魏(386~534年)农学家贾思勰(生卒年不详)在所著《齐民要术》中即有用茱萸叶消毒井水的记载。明代李时珍(1518~1593年)在《本草纲目》中写道：“凡井水有远从地脉来者为上，有从江湖渗来者次之，其城市近沟渠污水杂入者成碱，用须煎滚，停一时，碱澄乃用之，否则气味俱恶，不堪入药、食茶、酒也。”表明我国对饮水的净化与消毒早有研究。

国外也有类似的记载，如希波克拉底在《论饮食》一书中提及的中世纪罗马设置的专管食品卫生的“市吏”，就是一例证。

《晋书》“王彪之传”言：“旧制，朝臣家有时疾染疫三人以上者，身虽无疾，不得入宫。”这显然是对传染病患者的隔离措施。明朝李时珍在《本草纲目》中还指出：“天气瘟疫，取出病人衣服，于甑上蒸过，则一家不染。”此外，如艾叶、硫磺、雄黄等药物熏蒸房屋、衣物，杀灭蚊蝇等，汉代已有记载。

1.2.2 近代时期

19世纪初，自然科学的迅速发展，给食品安全学的诞生与发展奠定了科学基础。1837年与1863年，施旺（Schwamn Theodor，1810～1882年，德国生理学家、细胞理论的创立者）与巴斯德（Louis Pasteur，1822～1895年，法国化学家、生物学家、微生物学奠基人之一）分别提出了食品腐败是微生物作用所致的论点；1885～1888年，沙门（Daniel E. Salmon，1850～1914年，美国细菌学家）等人发现了沙门菌。此外，英、美、法、日等国是最早建立专门的食品安全与卫生法律、法规的国家，如1851年法国的《取缔食品伪造法》、1860年英国的《防止饮食品掺假法》、1890年美国的《国家肉品监督法》、1906年美国的《食品、药品、化妆品法》和1947年日本的《食品卫生法》等。

第二次世界大战以后，科学技术的发展，促进了工农业生产的发展。但由于盲目开发资源和无序生产，造成环境污染和公害泛滥，导致食品污染问题日益严重。人们不得不全力开展食品中危害因素、种类、来源的调查和危害物性质的研究、含量水平的检测以及各种监督管理与控制措施的建立和完善等工作。同时，相关学科（如食品微生物学、食品毒理学、预测微生物学）及现代食品生产和贮运技术的不断发展，各种检测手段的灵敏度不断提高，大大丰富了食品安全学的研究内容和手段。

1.2.3 现代时期

20世纪中叶后，科学技术与现代工农业的迅猛发展使物质得到极大的丰富，给人类生活、生产带来巨大便利，推动了社会的进步，提高了人类生活质量，人们更加关注自身健康；但同时也导致了资源的过度开发、生态的破坏和环境的污染，使人类的生存环境和食物的生产环境恶化，食品安全受到从未有过的关注。

英国于1955年制定食品法，欧洲其他国家多在20世纪50～60年代制定了食品法。

FAO于1961年第11届大会和WHO于1963年第16届大会上均通过了建立食品法典委员会（Codex Alimentarius Commission，CAC）的决议。CAC是在国际上负责协调食品标准的政府间机构，重要任务之一就是制定食品标准并公布。其主要目标是保护消费者健康，确保公平地开展食品贸易。业已证明，CAC在实现食品的质量和安全标准一体化上相当成功，为范围广泛的诸多食品制定了国际标准和许多特殊的规定，包括农药残留、食品添加剂、兽药残留、卫生要求、食品污染物、食品标签等。这些推荐的食品法典为各国政府所采用，以便制定和完善其本国食品控制体系中的政策和计划。最近，CAC致力于开展以风险分析为基础的一系列行动，以解决食品中微生物危害问题，这是曾被忽略的一个领域。CAC的工作导致整个世界认识到食品的安全和质量以及消费者保护的问题，并使得整个世界就如何通过基于风险评估的方法科学地解决这些问题达成一致意见。因此，国际上对食品的安全和质量原则一直进行着持续不断的评估。我国于 1984 年正式成为 CAC 的成员国。

美国于 1972 年首先成功地应用 HACCP(hazard analysis critical control point，危害分析关键控制点)对低酸罐头的微生物污染进行了控制，1995 年，美国食品药品管理局(United States Food and Drug Administration，USFDA)颁布了《水产品 HACCP 法规》；1996 年，美国农业部(United States Department of Agriculture，USDA)颁布了《致病性微生物的控制与 HACCP 法规》；1998 年，USFDA 又提出了《应用 HACCP 对果蔬汁饮料进行监督管理法规(草案)》，现已正式颁布法令开始实施。1997 年 6 月，CAC 大会通过了《HACCP 应用系统及其应用准则》，并号召各国应积极推广应用。在国际食品贸易中，许多进口国已将 HACCP 作为对出口国的一项必需的要求。FAO 于 1994 年起草的《水产品质量保证》文件中规定：应将 HACCP 作为水产品企业进行卫生管理的主要要求，并使用 HACCP 原则对企业进行评估。

马拉喀什多边贸易谈判乌拉圭回合的结束，导致世界贸易组织(World Trade Organization，WTO)于 1995 年 1 月 1 日正式成立，并使《实施卫生和植物检疫措施的协议》(Agreement on the Application of Sanitary and Phytosanitary Measures，SPS 协议)和《技术性贸易壁垒协议》(Agreement on Technical Barriers to Trade，TBT 协议)开始生效。这两个协议均涉及了国家级食品保护措施的规定以及食品的国际贸易规定。

1999 年 12 月 WHO 执行委员会总干事在有关食品安全的报告中要求各成员国就本国食品、饮料和饲料中的添加剂、污染物、毒素或致病菌等对人体和动物健康可能造成的不良作用进行风险评估，验证各国食品安全法规及措施的科学性。美国总统于 1997 年 1 月 25 日宣布拨巨款启动一个总统食品安全行动计划(President's Food Safty Initiative)，以改善美国食品供应(包括进口食品)的安全性，并于 1998 年成立了由农业部、卫生部、商业部、环境保护署、管理和预算办公室以及总统的科技助理组成的总统食品安全委员会(President's Food Safety Council)。2000 年，欧洲联盟发表了有关食品安全的白皮书，并准备建立欧盟食品安全局，共同协调欧洲各国间的食品安全管理。

2000 年 5 月，WHO 在第 53 届世界卫生大会决议中，第一次将食品安全列入全球公共卫生的重点领域。

在新的形势下，食品安全科技也得到了迅猛的发展。在 FAO/WHO 的共同推动下，从 2002 年起，全球性和地区性的食品安全研讨会和论坛在世界各地接连举行，国家级的食品安全管理机构也在不断地重组和加强。食品安全的专业研究机构和学科专业相继产生，人才队伍也日益发展壮大。

欧盟、美国、加拿大、日本等发达国家和韩国、马来西亚、泰国等发展中国家在 TBT 协议和 SPS 协议等国际通用规则下，纷纷以风险分析作为构建食品安全控制体系的基础，强调“从农场到餐桌”的全过程监控，探索出一条建立食品安全控制体系、保障食品安全、协调食品国际贸易、处理食品安全事件的基本模式，将食品安全控制在消费者可以接受的水平。

2005年9月1日，国际标准化组织(International Organization for Standardization，ISO)正式发布了《食品安全管理体系食物链中各类组织的要求》(ISO 22000:2005，IDT)，该标准与ISO 9001:2000标准的思路、结构基本相似，相容性较高；同时又是在食品HACCP体系上发展完善形成的，具有食品安全控制特点并充分体现了食品安全控制要求，包含4个过程：①管理活动；②资源管理；③安全产品的策划和实现；④食品安全管理体系的验证、确认和改进。ISO 22000:2005标准强调，由于在食物链的任何阶段都有可能面对食品安全危害，因此，必须对整个食物链进行充分的控制，并通过食物链中所有参与方的共同努力来保证食品安全。该标准适用于食品供应链内各种类型的组织(机构)，从饲料生产者、初级生产者、食品制造者、运输和仓储经营者，直至零售分包商和餐饮经营者以及与其关联的组织(机构)，如设备、包装材料、清洁剂、添加剂和辅料的生产者等。

我国食品安全科技支撑能力建设也取得了长足的发展。1995年，《中华人民共和国食品卫生法》正式颁布，国务院有关部委和各地政府也相继出台了大量的配套规章，迄今我国卫生部已制定颁布食品卫生国家标准400余个，已基本形成一个由基础标准、产品标准、行业标准和检验方法标准所组成的食品卫生国家标准体系。卫生部系统从20世纪80年代开始，在有关国际机构的帮助下开展HACCP的宣传、培训工作，并于90年代初开展了乳制品行业的HACCP应用试点。质量监督系统多年来对水产品、禽肉、畜肉、果蔬汁等行业的出口企业推行了HACCP管理，并取得了初步成效，促进了中国食品的出口贸易。2006年7月1日，《食品安全管理体系食物链中各类组织的要求》(GB/T 22000—2006 / ISO 22000:2005)国家标准正式实施。2009年6月1日《食品安全法》正式实施，《中华人民共和国食品卫生法》同时废止。《食品安全法》共分为10章104条，分别为总则、食品安全风险监测和评估、食品安全标准、食品生产经营、食品检验、食品进出口、食品安全事故处置、监督管理、法律责任和附则。法律规定，食品生产经营者应当依照法律、法规和食品安全标准从事生产经营活动，对社会和公众负责，保证食品安全，接受社会监督，承担社会责任。法律明确，国务院设立食品安全委员会。国家建立食品安全风险监测和评估制度。国家对食品生产经营实行许可制度，对食品添加剂的生产实行许可制度，食品安全监督管理部门对食品不得实施免检。法律规定，除食品安全标准外，不得制定其他的食品强制性标准。国务院卫生行政部门应当对现行的食用农产品质量安全标准、食品卫生标准、食品质量标准和有关食品的行业标准中强制执行的标准予以整合，统一公布为食品安全国家标准。进口的食品、食品添加剂以及食品相关产品应当符合我国食品安全国家标准。此外，法律还对食品安全事故处置、监督管理以及法律责任作了规定。

2002年，中国第一个食品质量与安全本科专业开始招生，2003年中国设立了食品质量与安全、农产品质量与食品安全博士点，开始招收和培养食品质量与安全方面的专门人才。人们在从事食品安全管理、教学和研究的同时，希望对食品安全的基本内涵、食品安全学的理论基础和技术体系有一个清楚的了解。

食品安全学经过漫长的感性认知和个别现象的总结阶段，正是在近30年内面临许多挑战后得到了长足发展，并在这种背景下被提出。但今后如何使这门课程得到巩固和发展，还需要不懈地努力和探索。

1.3 食品安全现状

近20多年来全球发生了多起食品安全事件，此处列选11件重大事件：

• 1986年“疯牛病” 即牛海绵状脑病，是一种危害牛中枢神经系统的传染性疾病，牛在14～90 d内死亡。医学界对疯牛病的病因、发病机理、流行方式还没有统一的认识，也尚未发现有效的诊断方法和防治措施。英国政府于1996年3月20日正式承认疯牛病有可能传染给人，食用被疯牛病污染了的牛肉、牛脊髓的人，有可能染上致命的克-雅(氏)病(Creutzfeldt-Jakob disease，CJD)。疯牛病自1986年在英国流行，暴发的国家已经达到近20个。1986年11月，英国首次发现了疯牛病。此后，虽然有关国家纷纷采取各种措施，禁止用染病动物尸体制作饲料，但至今疯牛病在许多国家时有出现。英国当时有400多万头牛因疯牛病危机而被屠宰。欧盟对英国牛肉长达3年的禁令，不仅使英国遭受40多亿英镑的出口损失，更让英国丢失了在欧洲及世界其他地区的大部分牛肉市场，数千名肉牛养殖人员被迫另择他业。欧盟为预防疯牛病蔓延，至少需要支出30亿欧元的费用。

• 1996年“大肠埃希菌 O_{157}：H_7中毒” 日本几十所中学和幼儿园相继发生6起集体大肠埃希菌 O_{157}：H_7食物中毒事件，中毒人数达11 826万人，死亡11人，波及44个都府县。2001年，日本再次暴发病原性大肠埃希菌 O_{157}：H_7集体感染事件，诊断和调查结果表明，患者是由于食用了一些工厂生产的不洁净的食品而被感染的。2001年，我国江苏、安徽等地暴发的肠出血性大肠埃希菌 O_{157}：H_7食物中毒，造成177人死亡，中毒人数超过2万人。

• 1999年“二噁英污染” 比利时维克斯特饲料公司把被二噁英污染的饲料出售给上千家欧洲农场和家禽饲养公司，造成欧盟生鲜肉类和肉类深加工产品重大污染，致使包括美国在内的许多国家禁止从欧盟进口禽、蛋和猪、牛等肉类和乳类产品。同年，比利时、卢森堡、荷兰、法国数百名儿童因喝了受污染的灌装可口可乐而出现严重不适症状，四国政府下令将所有正在销售的可口可乐下架。据比利时农业工会统计，这一事件造成的直接损失达3.55亿欧元，如果加上与此关联的食品工业，损失已超过10亿欧元。

• 2000年“雪印牌毒牛奶” 日本雪印牌牛奶被金黄色葡萄球菌污染，使14 500余人患有腹泻、呕吐疾病，180人住院治疗，使占牛奶市场总量14%的雪印牌牛奶厂停业整顿。这是第二次世界大战后日本发生的规模最大的一起食物中毒事件，令这家成立于1925年的日本最大的乳制品企业倒闭。

•2004年“阜阳奶粉” 一度泛滥安徽阜阳农村市场的“无营养”劣质婴儿奶粉，使229名婴儿营养不良，因食用劣质奶粉造成营养不良而死亡的婴儿共计12人。

•2005年“苏丹红” 2005年3月2～3日，北京出入境检验检疫局食品化妆品检测中心对亨氏美味源(广州)食品有限公司生产的批次为“2003年7月7日”的“美味源”牌金唛桂林辣椒酱进行检测时，首次发现“苏丹红一号”。从3月5日开始，“苏丹红”用于食品的情况不断被广东、云南、上海、浙江、福建、四川等地的相关部门检出。同年2月，英国食品标准局责令各大超市和商店下架召回359个被疑含有致癌色素“苏丹红一号”的品牌食品。对此，国家标准化管理委员会组织有关部门参考国外标准，研究适应中国食品实际情况的苏丹红检测方法。2005年3月20日，批准发布《食品中苏丹红染料的检测方法—高效液相色谱法》(GB/T 19681—2005)。

•2005年“孔雀石绿” 2005年6月30日，《河南商报》发表一篇题为《食品安全再拉警报 孔雀石绿毒浸鲜鱼》的报道，用于水产品养殖、可导致人体致癌、致畸、致突变的化学制剂——孔雀石绿被发现污染水产品。此前，在6月5日，英国食品标准局在英国一家知名的超市连锁店出售的鲑鱼体内发现孔雀石绿成分。事实上，早在该年3月，重庆市水产技术推广站水产检疫队就曾在渝中区西三街水产交易市场查获600多只含有致癌物孔雀石绿的甲鱼。2002年我国已将孔雀石绿列入《食品动物禁用的兽药及其化合物清单》中。但是，仍有渔民在防治水霉病等病害中使用孔雀石绿，个别运输商用孔雀石绿对运输水体消毒。7月7日，农业部下发《关于组织查处孔雀石绿等禁用兽药的紧急通知》，要求各地兽医和渔业行政主管部门开展专项整治行动。

•2005年“禽流感” 2005年上半年，青海境内的候鸟群出现禽流感案例。10月份以后，内蒙古、安徽、湖南、湖北、辽宁、新疆等地都出现疫情。

•2006年“沙门菌” 2006年，世界著名巧克力食品企业英国吉百利公司的清洁设备污水污染了巧克力，致使42人因食用被沙门菌污染的巧克力而中毒，公司紧急在欧盟和全球范围内召回上百万块巧克力。2008年9月，法国宝怡乐婴幼儿乳品企业宣布召回一批次婴幼儿“防吐助消化”奶粉，这一批次产品被怀疑受到沙门菌污染。

•2008年“三鹿婴幼儿奶粉” 2008年9月10日，陕西、甘肃、宁夏等地出现多个婴儿患肾结石病例，疑为食用问题奶粉所致。11日，卫生部证实，高度怀疑三鹿牌婴幼儿配方奶粉受到三聚氰胺污染；同日，生产企业三鹿集团承认奶粉受污染，全部召回8月6日以前产品。早在2008年3月，已有消费者向有关部门反映三鹿牌婴幼儿奶粉的质量问题，直到9月才作为问题开始处理。预警机制的失灵，是三鹿婴幼儿奶粉事件暴露出的重大问题之一。三鹿问题奶粉是在原奶收购过程中添加了三聚氰胺所致。长期以来，对违法使用添加剂和添加非食用物质的监控不到位，也是导致三鹿婴幼儿奶粉事件发生的重要原因之一。9月20日，伊利、蒙牛、光明等21家婴幼儿配方奶粉生产企业负责人向国家质量监督检验检疫总局递交了质量安全承诺书，集体对社会郑重承诺，将承担责任、严格生产、确保产品质量安全。三聚氰胺奶粉事件中，全国共有29.4万名婴幼儿因食用问题奶粉患泌尿系统结石，重症患儿154人，死亡11人。

- 2008年“花生酱” 美国“花生酱”事件，使得43个州的500余人感染沙门菌，8人死亡。

此外，食品安全事件几乎每年都发生数起，如我国2006年6月24日，发生福寿螺(污染管圆线虫)事件，9月13日发生瘦肉精(盐酸克伦特罗)事件，11月12日发生红心鸭蛋(苏丹红)事件，11月17日发生多宝鱼(污染硝基呋喃类代谢物)事件等。应该说，全球食品安全形势不容乐观。

1.3.1 国际食品安全现状

世界范围内，各种食源性病原体的感染率仍然呈上升趋势。全世界5岁以下儿童每年发生腹泻的病例约为15亿例，300多万人死亡，其中70%是由食源性病原体污染的食品所致。全球因进食水产品不当而感染寄生虫的人数有4 000万人。美国每年有7 600万例食源性疾病患者，占美国人口的1/3；由生物性危害因素引起的暴发起数，占总暴发起数的83%，暴发人数占总人数的99%。英国每年有237万例食源性疾病病人，也占英国人口的1/3。美国每年由7种特定病原体(空肠弯曲菌、产气荚膜梭状芽孢杆菌、出血性大肠埃希菌 O_{157} : H_7、单核细胞增生李斯特菌、沙门菌、金黄色葡萄球菌和弓形体虫)造成330万～1 230万人患病和3 900人死亡，估计年损失65亿～349亿美元。

自2000年WHO第53届世界卫生大会首次通过了有关加强食品安全的决议，将食品安全列为其工作的重点和最优先解决的领域，美国于1997年设立总统食品安全行动计划，1998年由多部门组成了总统食品安全委员会。欧洲于2000年发布了食品安全白皮书，就要优先开展的食品安全科学问题提出建议。2003年，FAO/WHO联合出版了《保障食品安全和质量——强化国家食品控制体系指南》，旨在帮助各国主管部门，特别是发展中国家，改进其食品控制系统。该指南概述了各种食品控制系统的优劣情况，并力求对强化食品控制系统的战略提出建议，以保护公共健康，防止欺诈和欺骗，避免食品掺假和促进贸易。除国家主管部门外，该指南还有益于对其他各利益相关方提供帮助，包括消费者组织、产业和贸易组织、农民团体及影响国家食品安全和质量政策的其他任何团体。2004年FAO/WHO又发表了《能力建设活动的优先顺序及其协调》一文，强调能力建设必须符合发展中国家的需求、重点和条件。从国家、区域及国际的长远观点来看，能力建设必须采取综合方式进行。

1.3.2 中国食品安全现状

1.3.2.1 总体好转

中国全面推进食品安全治理，全面实施食品放心工程和食品安全专项整治，对食品安全积极广泛地开展国际交流与合作。通过几年来的努力，中国食品监管水平不断提高，制售假冒伪劣食品的猖獗势头得到遏制，食品生产经营秩序逐渐好转，与人民群众生活息息相关的粮、油、蔬菜、肉、水果、奶制品、豆制品和水产品的质量安全状况大幅度改善，国民患食源性疾病的风险降低，突发事件的应急反应能力大幅度提高，公共卫生得到有效维护。

1.3.2.2 存在的问题

尽管我国食品安全形势总体好转，但在我国的食品产供销系统中，存在着大量小规模生产，大量食品经过多个操作环节和中间人，基础设施和设备不足，食品暴露和污染及掺假风险增加，缺乏农业现代化操作和食品生产专门技术和知识，控制食品安全的基本设施和资源不足，食品安全教育不够普及和食品安全标准体系与食品安全形势的要求存在明显差距等问题。主要表现在5个方面：①初级农产品源头污染仍较严重；②食品生产加工领域假冒伪劣问题突出；③食品流通环节经营秩序不规范；④街头食品难于监管；⑤食品安全事故时有发生。因此，中国食品安全监管形势整体上仍不容乐观。

1.3.2.3 食源性疾病现状

尽管发展中国家的食源性疾病流行现状难以估计，但据不完全统计，中国也存在与美英等国家同样的趋势。由于报告、统计和技术原因，中国发布的患食源性疾病的相关数据，大大低于美英等国家。2000～2002年，全国每年食源性细菌和病毒性疾病平均发病人数估计为70.29万人；在报告的食物中毒中，微生物引起的居首位；目前食源性寄生虫的感染率在部分省（区、市）比1990年上升了75%，估计全国肝吸虫感染者达1 249万人，其中广东省感染者超过500万。目前，我国尚未建立起完善的食源性疾病报告体系，对食源性疾病造成的经济负担也难以估计，主要食品污染物的“家底不清”，有关法律、法规、标准不健全，使我国食品控制缺乏科学依据，食品国际贸易也屡屡受阻。

因此，无论在发达国家还是在发展中国家，由食品安全问题导致的食源性疾病都是一个严峻的挑战，人人都面临着患食源性疾病的危险。各国报告的食源性疾病的发病数字实际上均为本国真实数字的冰山一角。据WHO统计，发达国家食源性疾病的漏报率在90%以上，发展中国家的漏报率在95%以上。在食品安全和质量要求方面不断出现的争端严重阻碍了国际食品贸易的发展。

1.3.3 污染趋势分析

在食品安全问题中，首要问题应是生物污染。因为针对食品中的添加剂、农残和兽残等化学污染物，多数都已制定了技术标准和强制性的限量标准，如发现在食品中超量存在，多属于违法、违规操作所致。随着我国对食品中农残、兽残和食品添加剂等使用的监管力度不断加强，食品中这类有害化学物的污染率不断下降。相反，由于生态环境的破坏和环境的污染、食品生产模式及饮食方式的改变、食品流通的日益广泛、发展中国家对肉禽需求量的不断增加、新的病原体的不断出现、细菌耐药性的产生与转移以及新的知识和分析鉴定技术对病原体的认识加深等，使食品尤其是动物性食品被病原体及其毒素污染的可能性越来越大。一方面，传统的生物性污染问题继续存在，如沙门菌污染、霉菌毒素污染和寄生虫污染等；另一方面，发达国家出现的一系列新的食品污染问题在我国同样突出，如大肠埃希菌 $O_{157}:H_7$已在国内多个省发生了严重的暴发流行，食品氯丙醇、苏丹红污染事件时有发生等。

总的来说，世界范围内，各种食品的生物性污染仍然呈上升趋势。全世界 5 岁以下儿童每年发生腹泻的病例约为 15 亿，300 多万死亡，其中 70% 是由于食源性病原体污染的食品所致。中国食品污染物和食源性疾病监测网多年来所获监测数据也表明，食品中农残和兽残的污染及违规使用食品添加剂问题得到了有效控制，但食品中的病原体污染连年以较快的速度上升。对食品生物污染及其事故的流行病学分析十分必要，食源性疾病的流行特征通过疾病在人群中的三间分布得以表现。描述食物中毒的发生趋势、时间季节分布、地区或场所差异、中毒人群特点，对引起食源性疾病多发的食品和病原体及操作环节进行分析，可为公共卫生决策提供依据。

1.4 食品安全学研究的主要内容

国家食品控制体系的主要目标是着眼于食品(包括进口食品)的生产、加工及销售各环节，通过减少食源性疾病的风险保护公众健康；保护消费者免受不卫生、有害健康、错误标识或掺假食品的危害；维持消费者对食品体系的信任，为国内及国际的食品贸易提供合理的法规基础，促进经济发展。据此，食品安全学研究的主要内容包括食物链中危害物质及其因素的研究、食品安全技术的研究、国家食品控制体系的研究以及控制与管理战略研究等。

1.4.1 食品危害及其因素研究

食品是人类生存的基本要素，但是食品中有可能含有或者被污染有危害人体健康的物质。食品危害(food hazards) 被分为 5 类：微生物污染、杀虫剂残留、滥用食品添加剂、化学污染(包括生物毒素)、物理污染和假冒食品危害。假冒食品之所以也被列为食品危害，是因为它违反了“食品应准确、诚实地予以标注”的法律规定。食品中具有的危害物通常称为食源性危害物。食源性危害物大致上可以分为物理性、化学性以及生物性三大类，其产生危害的途径常常与食品生产加工过程有关。

1.4.1.1 农业投入品和农业操作过程

在生产食品原料的过程中，为提高生产数量与质量常施用各种化学控制物质，如兽药、饲料添加剂、农药、化肥、动物激素与植物激素等。这些物质的残留对食品安全产生着重大的影响。β-兴奋剂(如瘦肉精)、类固醇激素(如乙烯雌酚)、镇静剂(如氯丙嗪、利血平)和抗生素(如氯霉素)等是目前养殖业中常见的滥用违禁药品。目前食品中农药和兽药残留已成为全球共性问题和一些国际贸易纠纷的起因，也是当前我国农畜产品出口的重要限制因素之一。

1.4.1.2 食品加工和包装过程

食品添加剂的使用对食品加工行业的发展起着重要的作用，但若不科学地使用或违法、违规使用会带来很大的负面影响。在加工食品过程中，如滥用添加剂以外的违法、违规，也会带来很大的负面影响，2008年发生的“三氯氰胺奶粉事件”即是一例。加工机械和容器的重金属污染、不良烹调方法产生的化合物等也是主要的食源性危害。

1.4.1.3 动植物天然毒素、真菌和细菌毒素

运用传统与现代分子生物学手段深入研究食品相关的各类毒素，对毒素性食源性疾病的病因学诊断、病原学监测、中毒的预防控制和制定相应的国家标准等均具有重要意义。

1.4.1.4 食源性病原体

食源性疾病是危害人类健康的首要食品安全问题，食源性病原体是导致食源性疾病的最主要因素。在社会经济和科学技术快速发展的今天，人类对生态和资源的需求不断提高，使食源性病原学的研究面临新的挑战。如何攻克新发食源性病原体，尤其是食源性病毒和寄生虫对公众健康的影响，控制耐药性的蔓延是本学科的重要研究内容之一。

1.4.1.5 环境污染物

食物源于环境，人类的生产、生活可造成环境污染，环境污染物又可伴随着食品种植(养殖)、加工过程与食物间通过物质代谢而存在于食品中，形成由环境污染而引起的食品安全问题。

1.4.2 食品安全技术研究

食品安全技术是食品安全保障的技术，食品安全危害因素的研究、控制以及控制效果的评估都需要食品安全技术的支撑。

1.4.2.1 自然科学技术

从自然科学角度来看，食品安全学涉及到毒理学评价技术，现代生物、物理和化学分析技术，食品检验技术，质量控制技术等，与食品成分和污染物的定性、定量分析有关。2003~2005年，由国家科技部、卫生部、质量监督检验检疫总局、农业部共同实施的国家“十五”重大科技专项《食品安全关键技术》，以食品安全监控技术研究为突破口，针对我国一些迫切需要控制的食源性危害进行

系统攻关，除将国外先进技术引进我国，还建立了一批拥有自主知识产权的快速检测方法。经过努力，我国对食源性危害的化学分析和检测能力有了显著的提高，痕迹检测能力和多残留检测能力都达到了较高的水平。但我国的食源性生物危害的关键技术距食品安全控制的实际需要还有较大的差距。食品安全控制的关键是检测的时效性和准确性，目前存在的科学问题是时效性和准确性差。单一定量和多重定性都不能适应突发食品安全事故预防和处理的要求，而建立快速、多重分别定量检测技术才能提高检测的时效性和准确性，并可使食品安全风险分析和限量标准的制定建立在定量分析的基础之上。

1.4.2.2 监督管理技术

从食品安全的管理过程来看，食品安全学涉及到风险分析技术、溯源技术、检测监测技术、预警技术、全程控制技术、信息技术、规范和标准实施技术等，与监管目标和效果评价有关。其中风险分析技术是核心技术，监测技术是基础技术，而预警、控制、溯源和标准实施技术是应用技术。食品安全学的监督管理技术体系及其相互关系见图 1-2。

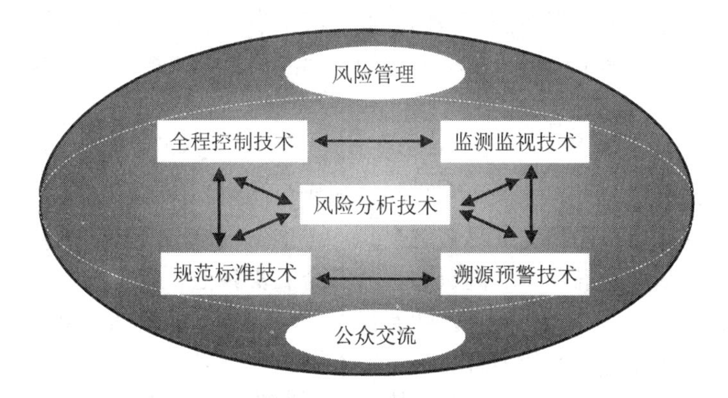

图 1-2 食品安全学的监督管理技术体系及其相互关系

监测的主要目的是监视，即发现疾病暴发、传染病趋势、干预活动和计划的执行情况以及实现预定管理和控制目标的进展。监视并非仅仅在各哨点常年按同一采样计划常规抽样检测当前状况，而是要向生产者提供适当反馈、追踪污染来源、确定生产过程中的临界(控制)点和提供开展针对性行动的依据。采样计划无意义，将使监测结果既对回答该地区、该食品风险概况如何贡献不大，也无法用于风险评估，更无从考核风险管理效果如何。换句话说，就是没有通过监测起到监视的作用。

全程控制技术的最佳控制模式，是在实施“从农场到餐桌”“良好农业规范”(good agricultural practices，GAPs)、“良好生产规范”(good manufacturing practices，GMP)、“良好卫生规范”(good healthy practices，GHP)、“良好兽医规范”(good veterinary practices，GVP)、“良好兽药规范”(good veterinary drug practices，GVDP)和“卫生标准操作规程”(sanitary standard operating practice，SSOP)等的基

础上，推行 HACCP。这些先进的技术和方法可以明显节省食品安全管理中的人力和经费开支，又能最大限度地保证食品的卫生安全。

1.4.3 国家食品控制体系研究

随着我国从计划经济向市场经济的转变和加入 WTO，我国食品的安全性面临着严峻挑战，出现许多新问题、新情况，无论是食品生产经营者，还是监督管理行政部门都发生了很大变化。如何完善食品控制体系，成为食品安全学研究的主要内容之一。食品控制体系应采取科学得当的措施，在相应强制性法律、规章基础上，适用本国范围内所有食品(包括进口食品)的生产、加工、贮存、运输及销售。

1.4.3.1 体系的目标和构成

完善的国家食品控制体系，其运行的最终目标有4个：一是人们患食源性疾病的风险减少，公众健康得到有效保护；二是保护消费者避免受到不卫生、有害健康、错误标识或掺假食品的危害；三是消费者信任国家食品体系；四是国内及国际的食品贸易具有合理的法规基础，促进经济发展。

虽然食品控制体系的组成及重点因国家而异，但绝大多数都应含有下列典型构成。

(1) 食品法规及标准

制定有关食品的强制性法律和法规是现代食品控制体系的基本组成部分。如果一个国家的食品法律和法规不够健全，将严重影响该国所开展的所有食品控制活动的效果，并危及消费者的健康和生命安全。实际上，有不少国家的食品法律和法规目前都还不够健全。而且，随着社会经济和科学的发展，食品法律和法规也需要不断更新并增添新的内容。通常包括不安全食品的法律界定，明确规定在商业活动中消除不安全食品的强制手段，并对造成事故的有关责任方进行违法处罚。应适应食品安全形势的需要，将“事后的罚法”改为具有预防和综合性的法律，允许有关部门在发现对健康的风险已超过可接受水平并无法开展全面风险评估的情况下，采用预防性措施。除了立法之外，国家还必须根据国内外情况，适时修订和更新食品标准，既要满足本国的需要，也要符合 SPS 协议等国际通用规则和贸易伙伴的要求。

(2)体系的实施管理

有效的食品控制系统需要在国家一级进行政策和实施上的协调，包括确定法定措施、监督整个系统运行情况、促进系统的不断完善以及提供全面的政策指导等，并以国家法规形式对这些协调职能包括领导职能和管理结构及责任分工等做出详细规定。

(3)检测和监测服务

食品法律的管理及实施依赖于高效、公正、可靠的检测和监测服务。其信誉及公正性在很大程度上取决于从事该项工作的工作人员的公正性和工作技能。对食品检测和监测人员的业务能力进行及时和适当的培训，是保证一个高效的食品控制体系正常运转的首要前提。培训的内容和目的有两方面，一是进行食品科学和技术的培训，以便让他们了解食品产业化加工的过程，提高辨别潜在的食品安全和质量问题的能力，并使他们具有检验经营场所、收集食品样品和开展全面评估的技能和经验；二是进行食品法律和法规的培训，了解这些法律、法规赋予他们的权力，以及这些法律、法规对食品行业所规定的责任和义务。食品控制相关实验室是食品控制体系的必要和重要组成部分，因此，必须认真地设计以取得最佳效果；必须尽可能确保实验室能够高效率和公正地运行。

(4)信息、教育、交流和培训

在食品控制机构和公共卫生系统之间，包括与流行病学家和生物学家之间建立有效的联系，是十分必要的。只有在这种前提下，才有可能将食源性疾病的信息与食品监测数据联系起来，从而进一步正确地制定基于风险评估的食品控制策略。这些信息包括发病率年度变化趋势、易发病人口群体的确定、有害食品的鉴定、食源性疾病病源的确定与追踪、疾病暴发和食品污染预警系统的发展。食品控制体系不仅要在“从农场到餐桌”的整个过程中发布有关信息，还要向利益相关者提供培训和咨询意见，如向消费者提供公正的、实事求是的信息，向食品工业的管理人员和职工提供信息包、教育与培训的计划和资料，向农业及卫生行业相关推广工作者提供参考资料等。这些活动将在“预防”方面发挥重要的作用。

1.4.3.2 体系的建立与完善

(1)应充分考虑的问题

当准备建立、更新、强化或改进食品控制体系时，必须充分考虑以下 7 个问题：在整个食物链中尽可能充分地应用预防原则，并借此最大限度地减少食品危害的风险；确定“从农场到餐桌”的整个过程；建立应急程序以应付特殊的危害(如食品招回制度)；制定基于科学原理的食品控制战略；确定危害分析的优先制度和风险管理的有效措施；确定符合经济规律的针对风险控制的综合行动计划；充分考虑食品控制人人有责，需要所有的利益相关者积极合作。

(2)应充分注意的原则

在研究食品控制战略时，应遵循 4 个基本原则，即“从农场到餐桌”的整体管理、风险分析、透明性和法规效益评估原则。

①“从农场到餐桌”的整体管理(from farm to table)理念　这一理念有 3 个方面意思：一是食品的生产者、加工者、运输者、贮藏者、销售者和消费者在确保食品的安全及质量上都要发挥重要的作用，政府管理者可利用监测和监督活动对食品体系的情况进行审核，并执行法律和法规的有关规定；二是对上述链条的每一环节都要进行过程控制，即变终产品管理为过程管理；三是过程控制的手段为 GAP、GMP、GHP 和 HACCP 方法。以这一理念监管食品安全更加经济，也更加有效。

②风险分析(risk analysis)原则　是指对食品的安全性进行风险评估(risk assessment)、风险管理(risk management)和风险交流(risk communication)的过程。风险评估是以科学为依据，确定食品体系中的有害物并对这些有害物进行定性，评估其影响和风险性的过程；风险管理是在必要时选择适当的预防和控制方案的过程，这个过程需要充分考虑风险评估的结果和其他保护消费者健康、促进公平贸易活动的各种因素，是与各利益方磋商之后权衡各种政策方案的过程；风险交流是在整个风险分析的全过程中，就危害和风险及其有关的因素，就风险观念问题，在风险评估人员、风险管理者、消费者、产业界、学术界以及其他利益相关者之间进行信息和观点的交流，其中包括对风险评估结果的解释和阐明风险管理决定的依据等。在风险分析过程中，应当充分利用国际数据、专业知识以及其他国家和国际上一致公认的方法获得数据。FAO/WHO 食品添加剂联合专家委员会(Joint Expert Committee on Food Additives，JECFA)、农药残留国际专家会议以及其他专家机构所开展的风险评估，已经获得了许多有用的信息和数据，中国应当组织科学家研究这些数据和评估结果，并参考利用这些信息。风险管理应当充分考虑经济后果和风险管理方案的可行性，掌握与消费者保护规定相一致的必要的灵活性。

③透明(transparency)原则 食品安全管理必须发展成一种透明行为。消费者对供应食品的质量与安全的信心，是建立在对食品控制运作和行动的有效性以及整体性运作的能力之上的。应允许食物链上所有的利益相关者都能发表积极的建议，管理部门应对决策的依据给以解释。决策过程的透明性原则是重要的，它有助于加强所有有关团体之间的合作，提高食品安全管理体系的认同性。食品安全权威管理部门应该将一些与食品安全有关的信息及时介绍给公众。这些信息包括对食品安全事件的科学意见、调查行动的综述，涉及食源性疾病食品细节的发现过程、食物中毒的情节以及严重的食品造假行为等。这些信息的公布过程都可以作为对消费者进行食品安全风险交流的一部分，使消费者能更好地理解食源性危害，并在食源性危害发生时最大限度地减少损失。

④法规效益评估(regulatory impact assessments，RIA)原则 在制定和实施食品控制措施的过程中，必须考虑食品工业遵循这些措施的费用(包括资源、人员和所用的资金)，因为这些费用最终会分摊到消费者身上。重要的问题在于，法规益处的代价是否合理？最有效的管理方式是什么？出口检验是为了确保出口食品的安全和质量，这有助于保护国际市场和增加交易量并获得回报；动植物的检疫措施可以提高农业生产率。这些管理方式是实现公众健康所必需的，但同时会增加生产者的成本，而且在食品安全上的投资也不一定能及时从市场上获得回报。法规效应评估有助于食品控制机构调整和修定其战略，以便获得最佳的效果。有两种方法常用来确定食品安全法规措施的成本和收益比：一是支付意愿法(willingness to pay，WTP)，即建立一种理论模型，用以估计为了减少疾病率和死亡率的支付意愿情况；二是疾病成本估计法(cost of illness，COI)，即对一生中为偿付医疗费用和丧失生产力的疾病成本进行估计。这两种方法均需要大量的数据资料加以解释。COI 虽然未能衡量风险降低的所有价值，但对于政策制定者而言，这

种方法可能较容易理解，因此，已被广泛应用于食品控制措施的评价。而 WTP 则较多应用于出口检验措施方面，其操作要比在法规措施中更为简易。

食品安全控制是一个过程，是国家和社会有组织、有保障、可持续地进行的风险分析活动，活动的过程需要透明，依法监管需要效益评估。

1.4.4 国家食品控制策略研究

在建立食品控制体系时，必须系统地研究那些对该系统的运行和效果产生影响的各种因素，并制定一个切实可行的国家战略。这个战略要适应国情和行业情况，首先要了解“从农场到餐桌”全过程中各经营者和利益相关者一段时间里的计划、目标和策略等，了解国内外食源性有害物的动态、消费者的关注点、产业和贸易发展对健康和社会经济学的影响等问题，了解和收集与食源性疾病有关的流行病学数据等。在此基础上，制定国家食品控制策略、实施行动计划及重要转折点，基于风险评估的方法确定优先领域和重点，确定各有关行业和部门的职责，考虑人力资源开发以及基础设施建设，制修订有关食品法律、法规、标准和操作规范，为食品处理者、加工者、检验和分析人员提供和实施培训计划，为消费者和社区提供教育计划。这一战略，应有效整合、综合利用资源，既要对本国人民食品安全提高保障，还应注意保障国家在进出口贸易上的经济利益、食品产业的发展以及农民和食品企业的利益。

1.4.5 国家食品控制体制研究

国际上常见的管理体制至少有 3 种，即多部门体制、单一部门体制和综合体制。

1.4.5.1 多部门体制

多部门体制是建立在多部门负责基础上的食品控制体制，由多个部门负责食品控制。在这种管理体制下，食品控制将由若干个政府部门，如农业部、卫生部、商业部、环境部、贸易部等共同负责。虽然对每一个部门的作用和责任作了明确规定，理论上可以有效利用各种资源，但结果常常不大理想。在某些情况下，容易引发诸多问题，并会在涉及食品政策、检测和食品安全控制的不同机构之间缺乏协调，如执法行为重复、机构增加、力量分散；又如，肉类及肉制品的管理和监督通常由农业部门负责，或者由第一产业人员负责，他们收集的数据可能与卫生部门负责的公众健康及食品安全监督计划毫不相干。多部门体制在地方可能被进一步分解，实施的情况将取决于各级负责机构的能力和效率。因此，食品安全存在区域性差别，消费者得不到同样程度的保护，也难以评估国家或地方政府所实施的食品控制措施的效率。

多部门体制具有的缺陷可归纳为：在国家一级缺乏总体协调；在管辖权限上经常混淆不清，从而导致实施效率低下；在专业知识和资源上水平各不相同，因此造成实施不均衡；在公众健康和促进贸易及产业发展之间产生冲突；在政策制定过程中，适宜的科学投入能力受到限制；缺乏一致性，使国内外消费者对食品控制的信任度下降等。

由于种种缘故而实行多部门体制的食品控制体系，必须明确规定每一个部门的作用，以避免重复工作，并使这些部门之间能够采取协调一致的工作方法，还应当特别加强一些领域或食物链中的特定环节和要素(参见7.4)的管理。

1.4.5.2 单一部门体制

单一部门体制是建立在一元化的单一部门负责基础上的食品控制体制。将保障公众健康和食品安全的所有职责全部归并到一个具有明确的食品控制职能的部门中，这种体制是相当有益的。这样的食品控制体制所具有的益处包括：可以统一实施保护措施，能够快速地对消费者实施保护，提高成本效益并能更有效地利用资源和专业知识，使食品标准一体化，拥有应对紧急情况的快速反应并满足国内和国际市场需求的能力，可以提供更加先进和有效的服务，有益于企业并促进贸易。

虽然国家战略有助于对立法和完善体制产生影响，但是，每个国家的国情都不同，特定社会经济和政治环境下的要求和资源需求也不同，不可能都实行单一部门体制，即控制体制必须因国别而异，而且所有的利益相关者均应有机会为这一制定过程提出意见和建议。

1.4.5.3 综合体制

综合体制是建立在国家综合方法基础上的体制。这种体制有助于判断一个国家的各有关机构，是否希望、并决定在“从农场到餐桌”的整个食物链过程中开展有效的协调和合作。典型的综合体制通常需要在4个平台上运行，即阐明政策、开展风险评估和管理以及制定标准与法规的平台，协调食品控制活动、进行监测和审核的平台，检验和实施强制措施平台，教育和培训平台。政府在国家层面上可能会考虑建立一个独立的国家食品机构并由其负责前两个平台的活动，并负责决策和协调这个食品控制体系的运行，而由其他事业单位继续负责后两个平台的活动。这种体制的优点包括：保证了国家食品控制体系的一致性；在政治上更容易接受，因为这种体系不会影响其他机构的日常工作；有利于在全国所有食物链中统一实施控制措施；将风险评估和风险管理进行分离，从而有目的地开展消费者保护措施，并增加国内消费者的信任和国外购买商的信心；提供更好的力量以解决国际范围内的食品控制问题，如参与食品法典工作，按照SPS协议或TBT协议开展后续行动；促进决策过程的透明度和实施过程责任制；实现长期的成本效益。

通过将食品供应链的管理纳入到一个胜任的独立机构的职责之中，就有可能从根本上改变食品控制的管理方法。综合的国家食品控制机构应致力于解决“从农场到餐桌”整个食物链的问题，应拥有将资源转到重点领域的职责，并能解决重要的风险资源问题。

1.5 食品安全学研究展望

食品安全学还是一个新兴学科，其学科的定义、内涵与外延还需在长期的实践与教学过程中不断丰富和完善。但由于这是一个随着社会、经济和人们对生活与健康需求的不断发展而日益显得重要的学科，使这一学科的发展充满光明。中国是发展中大国，其食品安全学研究的内容及趋势也有其特点。

1.5.1 发展过程中特殊问题的对策研究

显而易见，发展中国家目前在食品控制方面与发达国家还存在不同程度的差距，而在食品立法、食品标准和规范方面的差距就更大。在一个国家社会经济不断发展的进程中，特别是在目前全球经济一体化的发展趋势下，强化发展中国家的食品控制体系就显得越发紧迫和重要。

1.5.1.1 改善食品体系的对策

中国的食品生产、加工、销售、贮存和消费体系十分复杂，正如本章1.3.2“中国食品安全现状”中所述，存在着大量的多源头、小规模、多暴露等问题。中国需要花大力气，研究解决这些问题。中国在很长一段时间内，食品体系仍将保持高度分散、差别极大的复杂状态，因为小生产者和小企业可为其生产者提供就业和获得收入的机会。因此，我们面临的挑战就是在激励这些小生产者和小企业有效壮大的同时，还应研究解决小生产者和小企业如何进行有效地技术改造，如何能够掌握适当的基础知识、专业操作技能和良好操作规范。

1.5.1.2 街头食品安全的对策

在许多发展中国家，包括中国，街头食品的销售者是食品供应链中的重要组成部分。街头食品的重要问题之一就是食品的安全性。由于缺乏安全的饮用水、有效的卫生服务或垃圾处理措施，这些食品大多是在不卫生的条件下和环境中制作和销售的。因此，由于微生物污染以及食品添加剂使用不当、掺假、食品和环境污染等缘故，街头食品存在着食源性疾病的极大风险。研究如何控制街头食品的安全性，是发展中国家食品安全研究的重点领域之一。

1.5.1.3 基础设施和资源缺乏的对策

由于资源有限，发展中国家往往缺乏食品控制的基础设施，并导致在食品控制方面管理不善。一方面食品控制实验室大多设备陈旧，并缺乏有适当资质、训练有素的管理和技术、分析人员；另一方面，缺乏总体战略安排而无法有效地利用有限的资源，从而影响到食品控制的科学性。研究如何改善和提高人员的基础素质，技术与法规、标准的掌握水平，资源的有效利用，也是发展中国家面临的难题。

1.5.2 以风险分析为基础的能力研究

风险分析方法是食品安全控制的科学基础，但在中国尚未有效地实行。对目前食物链中大量使用的农药、兽药、植物生长调节剂和食品中主要的变败与致病性生物等均尚未进行系统的风险评估、管理和交流，导致对食品安全危害物没有科学的定性，管理存在盲目性，生产者、消费者和管理者都相当程度地缺少必要的信息和知识。

以风险分析为基础的食品安全控制能力包括3个方面：一是检测、监测和监视能力，有关技术支撑部门具备与国际水平相当的食品安全检验、检测能力，依托检验检测能力形成对食品生产、加工、贮存、运输、消费全过程的主动和被动监测网络，并具有依据该网络实施管理计划的监视能力；二是风险分析能力，在获得检验检测和监测监视数据及相关情况的基础上，有对食源性疾病、污染物、污染状态和相关因素进行风险评估、管理和交流的能力，包括针对评估结果有控制、管理，调整检验检测、监测监视计划，科学公布信息、教育引导公众的能力；三是不断制修订完善法律、法规、标准体系的能力。

1.5.2.1 检验、检测技术的深入研究

我国目前尚缺乏快速、准确检测多种污染物的技术和仪器设备，特别是食源性危害检测技术；仍未全面采用与国际接轨的风险评估技术；食品安全标准体系、监测体系、溯源与预警体系、安全控制体系还不完善，缺乏基本科技数据支撑。

国际上，为了追求灵敏度和效率，检测方法的更新和提高十分迅速。农药残留的检测已从单个化合物的检测发展到可以同时检测数百个化合物的多残留系统分析，兽药残留的检测也向多组分方向发展；基于食源性病原体分子特征的鉴定技术已经应用于流行病学和病原体的同源性分析和风险评估。中国目前的总体技术水平较国际先进水平尚有相当大的差距。2003～2005年，由国家科技部、卫生部、质量监督检验检疫总局、农业部共同实施的国家“十五”重大科技专项《食品安全关键技术》，于2006年3月通过验收。在农药、兽药、有机污染物、食品添加剂、饲料添加剂、违禁化学品和生物毒素等化学有害物质的关键技术方面有一定突破；在食品生物安全关键技术方面，仍停留在采用实时荧光PCR技术单一鉴定水平，对于我国最常见的十几种食源性病原体的检测，仍然靠传统的培养、生化和血清学方法，只能单一定性、不能定量检测，更不能多重同步定量检测，故无法进行风险分析和快速应对，并导致监管标准和策略缺乏科学性和有效性。在经济全球化的今天，中国至少必须建有与国际检测水平接轨的实验室和团队，掌握国际认可的确证方法或“金标准”，研发适合国情的关键技术，使食品安全风险分析和限量标准的制定建立在定量分析的基础之上。

1.5.2.2 监测、监视和预警技术的深入研究

国际上，食源性疾病与污染物的监测、监视和预警技术已取得显著成绩，一些发达国家拥有比较完善的食源性疾病监测网络和比较齐全的污染物与食品监测数据，并多次成功地基于监测数据进行剂量-反应关系等风险评估，评估数据成为溯源和掌握食源性疾病与危害的变化趋势、制定控制对策的重要依据。而中国尚未引入“监视”的理念，缺乏有效的监测网络和预警系统，零星开展了少量化学污染物的风险评估工作，尚未开展生物性污染物的风险评估工作。由于膳食模式、摄入剂量和体质等因素的不同，中国不能简单地搬用西方的评估结果，必须有自己的评价数据和资料，以制修订科学的食品卫生标准、法规与监管策略。

1.5.2.3 食品卫生法律法规与标准的深入研究

《中华人民共和国食品卫生法》是1995年颁布的，该法仅是一部“罚法”，强调的是结果监管，忽略了过程监管，同时执法力度过低。只有将食品控制方法从仅为“轻罚性”向“预防性”和“惩罚性”并重的方向发展，才能有效地保障食品安全。2009年6月1日正式实施的《食品安全法》对上述问题均作了增补和完善。

我国食品有国家、行业、地方、企业标准等，数量都超过千项；国家标准又分卫生标准和产品质量标准，基本形成了一个由基础标准、产品标准、行为标准和检验方法标准组成的国家食品标准体系。但我国的食品卫生标准，无论与食品安全形势的实际需求，还是与CAC标准体系相比，均有较大差距。一是许多重要食品安全环节尚无国家标准可循，尤其是生产与消费的中间环节缺少相关的管理标准和规范，存在较大的隐患；二是许多标准陈旧，不适应当前的情况；三是各行业、各部门的标准之间，存在相互冲突、重叠的现象。虽然全国性食品标准清理工作已完成，但解决实际问题还需时日。中国现行食品卫生标准中，微生物指标及其采样原则、检验方法与结果判定是与国际先进水平差距最大的部分。

1.5.3 食品安全教育体系与国际合作交流研究

食品安全教育是食品安全体系中的重要部分，也是食品安全防御措施的基本环节。中国在这方面也与食品安全控制较好的国家间存在着较大的差距，食品安全教育的法律支持体系尚未形成。广泛、深入的食品安全教育可使国民具有食品安全意识，使安全防范成为企业责任自律、消费者自我保护、管理者监督管理的自觉行动。食品安全教育强调的是全民教育，食品行业从业人员、食源性疾病易感人群和儿童是重点教育对象，深入研究层次分明、针对性强的教育方式和教育体系非常必要。

世界贸易的不断全球化在给社会带来许多利益与机会的同时也带来了更严重的食品安全问题。人类食品的安全性正面临着严峻的挑战，解决目前十分复杂而

又严重的食品安全问题需要全球的共同努力。因此，加强国际合作，研究 FAO、WHO 和 WTO 规则中有关食品安全的条例，通过与 FAO、WHO、CAC 等国际专门机构或组织进行经常性的沟通与合作，不断就世界范围的食品污染物和添加剂的评价及限量值制定、食品标准与规格制定、食品监督管理等问题提出意见或建议，对有效应对国际食品贸易中与食品安全相关的技术壁垒、保护我国的经济利益和广大民众的生命安全、缩小我国与发达国家在食源性疾病监测和控制方面的距离等，均具有重要意义。

思考题

1. 你如何理解食品安全学的概念？
2. 试述对食品安全学相关概念的认识。
3. 你怎样看食品安全学的发展过程？
4. 食品安全学的主要研究内容和今后发展方向是什么？
5. 研究食品安全学需要哪些相关学科或领域的支持？为什么？

推荐阅读书目

Agenda Item 5.1：Food contamination monitoring and foodborne disease surveillance at national level. Global forum of food safety regulators. FAO/WHO. 2004.

保障食品的安全和质量：强化国家食品控制体系指南．FAO. FAO/WHO 联合出版社，2003.

世界农业．彭海兰，刘伟．中国农业出版社，2006.

相关链接

世界卫生组织(WHO)食品安全网 http://www.who.int/foodsafety/

美国国家食品安全信息网络 http://www.foodsafety.gov/

世界卫生组织(WHO)全球沙门菌监测网(GSS) http://www.who.int/emc/diseases/zoo/SALM-SURV

美国食源性疾病主动监测网(FoodNet) http://www.cdc.gov/ncidod/dbmd/foodnet

美国公共卫生信息系统(PHLIS) http://www.cdc.gov/ncidod/dbmd/phlisdata

美国国家肠道细菌耐药性检测系统(NARMS) http://www.cdc.gov/ncidod/dbmd/narms

美国细菌分子分型国家电子网络(PulseNet) http://www.cdc.gov/ncidod/dbmd/pulsenet/pulsenet.htm

欧洲沙门菌、产志贺毒素的 O_{157} 国际监测网(Enter-Net) http://www.phls.co.uk

欧洲弯曲菌监测网(Campynet) http://www.camynet.vetinst.dk

南美 PAHO/INPAZZ 食源性疾病监测网(SIRVETA) http://www.panalimentos.org/sirveta/i/index.htm

丹麦国家综合耐药性监测和研究项目(DANMAP) http://www.danmap.org

日本国立感染症研究所感染症监测中心(IDSC) http://idsc.nih.go.jp/index.html

世界卫生组织(WHO)/联合国环境规划署(UNEP)/联合国粮食农业组织(FAO)全球环境监测系统-食品污染监测和评估计划网站(GEMS/FOOD) http://www.who.ch/fsf/gems.htm

联合国环境规划署(UNEP) http://www.gsf.de/UNEP/gemsfo.html

第2章 食品生物性污染及其预防和控制

重点与难点　食品生物性污染是目前世界范围内影响食品品质和人类健康的最主要因素，与各种外环境污染和人与动植物的生产、生活活动密切相关，“从农场到餐桌”的各环节均存在污染的可能。根据食品生物性污染的特点，开展持续、科学、有效的污染及其危害等背景资料的收集、分析、评估，是基于危险性分析的食品安全控制、重大食品安全事故预警和快速应对的基础和重要依据；掌握国际食品生物性污染状况和动向、共享信息资源系统、协调有关法规标准，是解决全球食品安全公共卫生问题的迫切需要。为此，具有一定流行病学能力、了解病原生物学特点及实验室检测现状和掌握公共卫生知识，才能胜任基于危险性分析的食品生物性污染危害防控工作。

人类关注食品的生物性污染问题，源自1854年著名化学家巴斯德对法国第戎的葡萄酒变酸的原因研究，巴斯德还在这项研究中发明了著名的巴氏消毒法。150多年过去了，食品的生物污染问题，仍然是食品安全的首要问题。

食品的生物性污染指食品被病原性微生物、寄生虫及其产生的毒素所污染。已知200种以上的疾病可以通过食物传播，致病因子有250种之多，包括细菌、病毒、寄生虫、毒素、金属污染物、农药和其他各种有毒化学物质等，但在已报道的食源性致病因子中，大部分属于细菌、病毒和寄生虫等生物性污染物。

被病原性生物污染的食品不仅引起食品的营养价值降低、腐败变质、产供销各环节的经济损失，更容易引起食源性疾病，严重威胁人类健康。

由于食品工业的全球化，加之生物性污染具有不确定性和控制难度大等特点，容易造成局部地区甚至多个地区的暴发和流行，因而食品的生物污染备受食品安全监管部门的关注。

2.1 污染来源

食品作为特殊生境，不同于空气、土壤和水等环境，含有适宜于生物生存的营养物质、水分和理化因素，因而极易被病原生物污染。生物性污染物可通过多种途径，污染暴露于环境中的各类食品，从而影响食品的卫生质量和食用安全性。污染来源主要是土壤、水和空气等外环境，污染物也可从人畜粪便和尿、汗、痰、唾液等排泄物中排出而污染食品，皮肤、毛发、手指、爪、昆虫和鼠类上附着的污染物以及植物中繁殖的真菌及其毒素也可造成食品污染。

人类需要从卫生学角度认识和研究土壤、水、空气和各种外环境与食品及人体健康的关系，加强卫生防护和卫生监测，除对控制食品源头阶段的生物性污染有重要意义，对控制食品采集、加工和贮存等各阶段的生物性污染同样有重要意义。

2.1.1 土壤

土壤是自然界物质循环的重要基地，是一个复杂的生态系统，在这个系统中同时进行着化学元素的有机质化（生物合成作用）和有机质的无机质化（分解作用）两个对立过程。土壤中动、植物残体和其他有机物，主要是在微生物参与下无机化和腐殖化。微生物参与了自然界中氮、碳、硫、磷等循环过程。绿色植物是化学元素有机质化的主要推动者，而微生物是有机质分解的主要推动者。

但是，土壤中除了固有的生物群落外，还有一部分外来生物，特别是随着人、畜粪便进入土壤的微生物和寄生虫等，往往带有病原性。如果这些病原体进入土壤，就可造成土壤的生物性污染。造成土壤生物性污染的来源，主要有以下几个方面：用未经无害化处理的人、畜粪便施肥，用未经处理的生活污水、医院污水和含病原体的工业污水直接进行农田灌溉或利用其污泥施肥，病畜尸体处理不当等。

由于土壤的生物性污染，土壤中可能存在有多种病原微生物和寄生虫，在条件适宜的时候，可以通过不同途径将生物性污染物播散到食品上并传播着各种疾病。例如，在污染的土壤上种植、养殖农畜产品，可使农畜产品在原料阶段即遭受污染，生吃此类蔬菜瓜果等食品，可患肠道传染病等。

2.1.1.1 土壤是生物繁殖的良好环境

土壤是生物生活、繁殖的良好环境，是由物理、化学和生物学因素共同作用形成的，具有生物所需要的一切营养物质和生长繁殖及生命活动所需要的各种环境条件。土壤无机质部分包括岩石碎片及各种矿物质。矿物质不断风化，不但含有很多微生物、寄生虫所必需的硫、磷、钾、铁、镁、钙营养元素，而且含有它们所要求的硼、钼、锌、锰等微量元素。土壤有机质部分主要存在于土壤表层，在自然矿质土壤(如黑土)中含量可多达10%以上，在一般耕地中则较少。土壤有机质部分除包括动植物残体、高等植物的脱落细胞、根的分泌物、微生物与寄生虫尸体、有机质肥料等外，还包括腐殖质。腐殖质是土壤有机物在微生物的作用下形成的大分子有机物。腐殖质与土壤矿物质颗粒紧密结合，有助于提高土壤肥力和改善土壤物理性状，也为各类生物性污染物提供营养及能量来源。

土壤中含有足够的水分，能满足微生物的基本要求。各地区水分含量差别很大，特别是表层土，往往取决于当地的降水量和自然蒸发量，此外，还与植物覆盖以及土壤本身性质有关。

土壤水中溶解着可溶性的有机物及大量无机盐，在土壤颗粒与土壤溶液之间以及土壤溶液和植物及生物细胞之间，不断进行营养物质的交换。

在土壤空隙中，水和空气是互为消长的，团粒结构较好的土壤，常常在中、小孔隙中充水，团粒间的大孔隙中充满空气，可以保证需氧生物旺盛生长；在潮湿的黏土地和深层土壤中，则几乎没有空气，为厌氧生物生长提供条件。

土壤温度的升高主要来自太阳辐射热，因此，土壤温度因地区和季节的不同而有所不同，但土壤对热的扩散慢，土壤深处温度较稳定。一般来说土壤具有保温性，在一年四季中变化不大，为病原体的生存活动提供了条件。

土壤的pH值变化较大，在3.5~10.5之间，但一般为中性或微碱性，适于细菌和放线菌生长，真菌一般较耐酸，因此在酸性土壤中活动比较旺盛。当然，土壤溶液的pH值也随着盐含量、二氧化碳含量及置换性阳离子含量等变化而发生改变。

2.1.1.2 土壤生物的种群

土壤中微生物的数量最大，类型最多，是微生物在自然界中最大的贮藏所，也是人类利用微生物资源的主要来源。土壤中的微生物包括细菌、放线菌、真菌、藻类和病毒，还有原生动物。以细菌为最多，占土壤微生物总数的70%~

90%，放线菌、真菌次之。绝大部分微生物对人是有益的，它们有的能分解动植物尸体和排泄物为简单的化合物，供植物吸收；有的能将大气中的氮固定，使土壤肥沃，有利于植物生长；有的能产生各种抗生素；也有一部分土壤微生物是动植物的病原体。15 cm 深处的表层土壤中，含细菌 10^7 ~ 10^9 个/g。就其营养类型来说，大多数是异养菌，自养菌也普遍存在于土壤中。异养菌主要种群有氨化细菌(ammonifying bacteria)、尿素细菌(urea bacteria)、纤维素分解细菌(cellulose decomposing bacteria)和固氮菌(azotobacteria)等。自养菌在土壤中数量不大，但在物质转化中却起着重要作用，如亚硝化单胞菌属(*Nitrosomonas*)、硝化杆菌属(*Nitrobacter*)、硫杆菌属(*Thiobacillus*)和铁细菌等。土壤中还有致病菌，除少数是天然栖居在土壤中的“土著”菌外，大多数是污染的“外来”菌，一般来源于人、畜排泄物和动植物尸体、垃圾、污水和污泥的污染。因为致病菌营养要求严格，再加上其他微生物的拮抗作用，所以进入土壤中的致病菌容易死亡，但能形成芽孢的细菌可长期存在数年至数十年之久。

土壤中放线菌的数量仅次于细菌，占土壤微生物总数量的 5% ~ 30%，表层土壤中含放线菌 10^7 ~ 10^8 个/g。在肥沃的土壤中放线菌的种类和数量较多，常见的有：链霉菌属(*Streptomyces*)、诺卡菌属(*Nocardia*)、单孢丝菌属(*Micromonospora*)和热放线菌属(*Thermoactinomyces*)。放线菌可产生多种抗生素，还可用于制造维生素、酶制剂，以及用于污水处理等。

真菌广泛生活在近地面的土层中，每克土壤有几万到几十万个，从数量上看，真菌是土壤微生物中第三大类。真菌是异养型微生物，它们分解有机质非常活跃。由于霉菌菌丝在土壤中的积累，使土壤的物理结构得到改良，同时也促进了土壤腐殖质的形成。土壤中常见的霉菌有：毛霉属、根霉属、交链孢霉属、青霉属、曲霉属、镰刀菌属和木霉属等。酵母菌在土壤中不多，每克土壤有几个到几千个酵母菌，但在葡萄园、果园和养蜂场的土壤中较多，主要是由于这些土壤中糖类的存在有利于它们生长。

土壤中的肠道病毒主要来自人的排泄物和生活污水的污染。病毒进入土壤后吸附在土壤的颗粒上，能够存活相当长时间并保持其感染性。污泥和土壤的卫生病毒学检测证明，有 70% 以上的污泥样品和 11% 左右用污水灌溉的土壤样品含有肠道病毒。肠道病毒在不同土壤条件下，可存活 25 ~ 170 d；在沙土地、弱碱环境中，特别是土壤温度低时，它们的存活力更强。土壤中的病毒在某些条件下也比较容易从土壤颗粒上解吸附，长期存在于土壤中的病毒可能在蔬菜生长和成熟过程中进入蔬菜和作物。已经确定，在浇灌污水的土壤上生长的蔬菜，不仅有病毒进入作物的表面，而且肠道病毒可以从土壤中经过根部系统进入到植物组织的内部。

土壤是某些蠕虫卵或幼虫生长发育过程中必需的一环，包括纤毛虫、鞭虫和肉足虫等，它们吞食有机物残片，也捕食细菌、真菌和其他微生物。肠道寄生虫的感染期是在地表土壤中形成的，如蛔虫卵和鞭虫卵在被粪便污染的土壤中发育为感染性卵、钩虫卵和粪类圆线虫卵在土壤中发育为感染期幼虫。蛔虫卵在温带地区土壤中能存活2年以上。所以，土壤在传播寄生虫病上有特殊的流行病学意义。

土壤中还有许多藻类，大多数是单细胞的硅藻和绿藻，生长在潮湿土壤表层；土壤中有噬菌体，能裂解相应细菌。

相对于培养基和人体，病原生物在土壤中容易死亡，但它们仍可在土壤中存活一定时间，在条件适宜的时候，可以通过不同途径污染食品、传播疾病。常见的病原体有肠道细菌、肠道病毒和肠道寄生虫，具芽孢的破伤风芽孢梭菌、气性坏疽病原体、肉毒梭菌、炭疽芽孢杆菌和布氏杆菌，以及钩端螺旋体和霉菌，在土壤中存活时间较长。

2.1.1.3 土壤生物的分布

土壤生物的数量与分布因土壤的结构、有机物和无机物的成分、含水量以及土壤理化特性不同而有差异。此外，与施肥、耕作方法、气象条件、植物覆盖等也有密切关系。

据调查，我国不同地区土壤中微生物的数量有很大的差别。例如，西北黑垆土菌落总数为2.05×10^{7} CFU/g，放线菌为7.1×10^{6} CFU/g，真菌7 000 CFU/g；而粤南红壤菌落总数为6.2×10^{5} CFU/g，放线菌为6.06×10^{8} CFU/g，真菌为6.7×10^{4} CFU/g。其差别主要与不同地区土质有关，每克肥沃的土壤含菌量可达几亿到几十亿个，而荒地及沙漠地带仅含10余万个。

微生物在土壤中垂直分布也是不均一的。表土层微生物数量最多，随着层次加深，微生物数量减少。土壤表面由于日光照射，水分缺乏，细菌易于死亡，因此，含菌不多。10～20cm深的土壤中含量最多，至100～200cm深时细菌开始减少，4～5m深处仅有少量细菌。其原因是深层土壤温度低，氧气缺乏并且缺少微生物可以利用的有机物质。

土壤中微生物数量也有季节的变化。一般春季到来，气温升高，植物生长发育，根分泌物增加，微生物数量迅速上升；到盛夏时，气候炎热、干旱，微生物数量下降；秋天雨水多，且为收获季节，植物残体大量进入土壤，微生物数量又急剧上升；冬季气温低，微生物数量明显减少。这样，在一年里，春、秋两季土壤中出现微生物数量的两个高峰。

土壤中分布最多的是土源性线虫。土源性线虫指不需要中间宿主，其虫卵或幼虫主要在土壤中发育到感染期后直接感染人的线虫，如蛔虫、鞭虫、钩虫等。土源性线虫随温度带、干湿区域不同而呈不同分布，热带和亚热带分布多，寒温带则分布少。

目前缺少土壤中病毒发布的数据和资料。

2.1.2 水

水是自然界一切生命的物质基础，地球上的水处于不断循环之中。太阳辐射使陆地水和海洋水蒸发构成大气水；大气水可被风从一地转运到另一地，并可凝结为雨、雪、冰雹等降水，降水落至地表和水体表面，补充地表水和地下水，江河水同时又可汇入海洋；地表水向地下渗透汇入地下水，地下水可以泉水、溪流方式补充地面水，从而构成了自然水体的循环。在大气水、地表水、地下水的水循环不同阶段，因水环境种类不同，存在的生物类型也有所差别。

自然水体中广泛存在着细菌、真菌、病毒、藻类、原生动物及寄生虫等。这些生物有的是自然水体中的固有类群，有些则是由空气、土壤、动植物、人类的生活及生产活动带进水中的暂时过路客，这些不断进入水中的过路客，常常是威胁着食品安全和人类健康的生物性污染物。其主要污染来源为：处理不当或未经处理直接排放的生活污水和医院污水，不合理设置的厕所、粪缸，在水源水中清洗马桶和衣物等，对水中养殖水生动植物的定期施肥，粪船装卸和行驶过程中的溢漏，船民等的粪便直接下河；地表径流和雨水冲刷，使土壤中生物迁徙进入水体，水边建造猪、鸭、鸡等动物的养殖场，以及直接在水中养殖畜、禽使动物的粪、尿等污染物流入水体等。外来的生物性污染物，尤其是病原生物在自然水中一般可以存活一定时间，但只有很少一些可在自然水体中繁殖，如副溶血性弧菌及霍乱弧菌在一定条件下，能在水体中繁殖。病原体可以通过水进入食品和人体，造成疾病的流行和暴发，尤其是水源性疾病。通过水传播的病原体包括细菌、真菌、病毒、原虫、蠕虫、螺旋体等，其中细菌性疾病占90%以上。随着城市的发展，社会对水需求的增加以及工农业污水和生活污水等对水体污染的日趋严重，食品安全事故中水源性疾病的比例越来越高。

2.1.2.1 水生境特点

水生境特点是比较稳定、体积庞大、易于流动，能起缓冲、稀释和混合的作用。影响水中微生物生存的因素有温度、静水压、光照、浊度、盐分、溶解氧和氢离子含量。无论这些因素怎样变化，均有适应这些水体的相应生物在其中生存，而水体中有机物质的含量与生物的生长直接正相关。

地表水的温度变化从极地的近0℃到热带地区的30~40℃，超过90%的海水环境温度在5℃以下，自然温泉水的温度可高达75~80℃，湖、溪、河水的温度受季节的影响。

除大气压外，水下尚有静水压，水深每增加10 m，增加一个静水压，90%的海水静水压大于1kPa，水体静水压影响着水体化学平衡和生物生长。

一般情况下，日光对水体中生物的生存影响不大，因日光中的紫外线对水体，特别是混浊的水体的穿透能力有限。光线射入水中强度明显减弱，光强度在纯水的水面下1 m处降低53%，深度每增加1 m，光强度降低50%，但水中的生命形式都直接或间接地依赖着光合作用。许多水中定居者依赖的初级生产者是藻类，由于藻类被严格限制在光线可穿透的水层中生长，从而影响着水中生物的定居环境。光线穿透带深度的变化与局部条件如纬度、季节和水的浊度等特性有关，一般认为光合成带在海平面下50~125 m之内。

水中的氧以溶解状态存在，需氧生物可利用水中的溶解氧进行生长繁殖。

江河水的浊度有明显的季节变化，丰水期水量大、浊度大，枯水期水量小、浊度小，地下水则往往是清澈透明的；海水的浊度受季节影响较小，然而接近海岸处常是混浊的。影响浊度的浮游物质包括：来自陆地的矿物质颗粒、碎岩石、占优势的有机物质颗粒、浮游微生物等。水的浊度影响着光线的穿透力，继而影响着光合成带，同时微粒物质也影响着微生物的黏附和代谢。

在自然水体中盐分范围从接近零到盐湖的饱和状态，海水具有非常恒定的盐含量，盐含量为3.3%～3.7%，平均3.5%，盐分来源于氯化物、硫酸盐和酚氢盐。

海水的pH值为7.5～8.5，许多海水生物生长的最适pH值是7.2～7.6；湖水和河水的pH值在6.8～7.4之间，但因受气象、工业污染等局部条件的影响，pH值波动较大。

水环境中存在的无机和有机物质的种类和数量对于生物的种群具有十分重要的作用。

由于生活污水的排放，近海水的营养负荷存在间歇性变化。开放海域的营养负荷非常低也非常稳定，工业污水可促进耐受型生物的形成。

2.1.2.2 水生物的种群

大气水主要由空气中尘埃带来细菌和真菌，其中有多种球菌、杆菌、放线菌及霉菌的孢子。地面水中细菌的组成比地下水更具多样性，其组成取决于水中营养物质的供给情况，可分离出弧菌、螺菌、硫细菌、微球菌、八叠球菌、诺卡菌、链球菌、螺旋体等。由于经常接受污水排放和农业污染，可使其中氮、磷含量增多，随着富营养化，水中黄杆菌属、无色杆菌属逐渐减少，假单胞菌属、芽孢杆菌属、肠杆菌属逐渐增加。由于城市和村旁池塘易受到人畜粪便的污染，水体中有相当多的病原微生物。地面水中常可分离出的病原菌有：沙门菌、志贺菌属、大肠埃希菌、小肠结肠炎耶尔森菌、荧光假单胞菌、气单胞菌、邻单胞菌属、普通变形杆菌、枯草杆菌、粪链球菌、阴沟杆菌、霍乱弧菌、副溶血性弧菌、军团菌、结核杆菌等。通过粪便排入污水中的病毒超过120种，其中，可经水源传播的有肠道病毒、甲肝病毒、戊肝病毒、呼肠病毒、Norovirus、轮状病毒、腺病毒、小DNA病毒和噬菌体等。地面水中常可分离出的寄生虫有钩端螺旋体、溶组织内阿米巴、兰氏贾第鞭毛虫、隐孢子虫、血吸虫和钩虫、蛔虫、鞭虫、姜片虫、蛲虫等。

海水中革兰阴性细菌、弧菌、光合细菌、鞘细菌等所占的比例比土壤中大，而球菌和放线菌则相对较少，常见的细菌包括副溶血性弧菌等弧菌属、假单胞菌属、不动杆菌属、无色杆菌属、葡萄球菌属、螺菌属、黄杆菌属，其中副溶血性弧菌是沿海地区引起食物中毒最常见的病原菌；海水中酵母菌数量不多，已经从海水环境中分离出半知菌纲、藻菌纲和黏菌纲(Myxomycetes)的一些种类；许多海洋细菌能在有氧条件下发光，对一些化学药剂与毒物较敏感，故在环保工作中常利用发光菌制成生物探测器，以监测环境污染物。此外，水体也是光合型微生物生活的良好环境，常见蓝细菌与光合细菌等，霉菌孢子和菌丝体碎片也存在于海水中的光合作用带。一般来讲，水中细菌多为革兰阴性，因为革兰阴性菌的外膜比革兰阳性菌更能适应营养成分稀薄的水环境，使细菌本身重要的水解酶仍被保留在胞浆中，不致被分泌和丢失到水体中，并且能从水中吸收重要的营养物；同时，外膜的脂多糖(LPS)还可阻止某些有毒分子(如脂肪酸和抗菌素)对革兰阴性菌的损伤。

水体中还存在浮游生物。浮游生物是水生态系统的表面区域漂浮和漂流的生物的总称，包括浮游植物和浮游动物。光合成生物是最重要的浮游生物，因为它们是生态系统中的初级生产者，以浮游植物有机体、细菌或腐质为食物。许多浮游生物具有运动能力和浮力，使其能够在光合成带定居。浮游生物群由硅藻(diatoms)、蓝细菌(cyanobacteria)、腰鞭毛目(dinoflagellates)、硅鞭毛目(silicoflagellates)、金滴虫(chrysomonads)、隐滴虫(cryptomonads)、衣原体滴虫(chlamydomonads)等多种微生物构成，它们能在水体中利用太阳能进行光合作用。藻类浮游生物在一定环境条件下可能生长成为巨大的群体，导致水体变色，形成"水华"。"水华"与蓝细菌、红色颤藻等有关。细菌群落通过光合成带与浮游植物紧密相关。浮游生物的有益作用可能是将简单成分合成为有机物和为某些微生物提供了黏附和聚集的固体表面。

2.1.2.3 水生物的分布

微生物能够生存于从水体表面到海洋底层的所有深度范围内，但在水体中的分布是不均匀的，受到水量、水体类型、层次、污染情况、季节等各种因素的影响，如缺乏营养的湖水中细菌数约在 $10^3 \sim 10^4$ 个/mL，而在富含营养的湖水中可达 $10^7 \sim 10^8$ 个/ mL。

大气水中微生物主要来自空气中微生物及附有微生物的灰尘颗粒等，并与局部地区的气象环境、大气污染状况有关，在刚开始降下的雨雪水中，微生物数可能较高，经过一段时间后，绝大多数微生物会随降水落入地面水或土壤中，使大部分微生物从大气中被清除掉，雨雪水中微生物亦减少甚至达到无菌状态。在高山雪线以上的积雪中，细菌极少。

地面水包括海洋、江、河、湖、溪等各类水体，除其固有微生物外，可受降水中微生物的周期性污染，也与所接触的土壤关系甚大。由于土壤表面的雨水冲刷以及污水的流入，都可导致地面水，特别是内陆的江河水及海湾水中微生物的数量和种类发生较大的变化。土壤中微生物进入江河水后，一部分生存于水溶液中，一部分附着于水中悬浮的有机物上，一部分随水中颗粒物质沉积于江河底泥中。在缓慢流动或相对静止的浅水中，常有丝状藻类或丝状细菌及真菌生长，由于藻类可以积累有机质形成有机质丰富的小环境，使一般腐生细菌和原生动物随之大量繁殖；在快速流动的水体中，水的上层常有各种需氧性微生物生长，有单细胞或丝状藻类繁殖，水体底泥则有多种厌氧性和兼性厌氧性细菌生长，数量可高达 10^9 个/g，污泥表层可能有原生动物。溶解氧含量的变化影响着需氧微生物的种类和生长，以及需氧微生物与兼性需氧、厌氧微生物的比例和分布，一般水面到水面下10 m处为有氧区域，主要为需氧和兼性需氧微生物；水面下20～30 m为中层水体，有光合性的紫色细菌和绿色细菌及其他厌氧性细菌生存；30 m以下及底泥为深层水和水底，则以厌氧性微生物为主。

地下水主要来源于渗入地下的降水和通过河床、湖床而渗入地下的地面水，此外，土壤内空气中的水蒸气凝结成的凝结水也能形成地下水。按在地层中的位置和流动情况将地下水分为表层地下水、浅层地下水、深层地下水和泉水4种。由于土壤的滤过作用，细菌和悬浮颗粒可以不同程度地被滤除。因此，一般来讲地下水中的微生物数量是很少的。深层地下水、泉水和井水，通常均是较好的饮用水水源，而表层地下水和浅层地下水的水质与土壤的卫生状况密切相关，当土壤被废弃物污染后，存在于土壤中的病原微生物就有可能随着下渗的水侵入浅层地下水而污染水质，其分布的微生物主要为无色杆菌、黄杆菌等嗜低温的自养菌。在热的泉水中则含有硫细菌、铁细菌等嗜热菌。

海水占地面总水量的97%，其所包含的生物量远远超过陆生生物总量。海水中的细菌数在不同深度和地区相差很大，从每升只有几个细菌到10^8个/mL细菌。近海岸边及海底污泥表层菌数较多，但海洋中心部位的底泥中细菌数较少，约为10^4～10^5个/g。从海平面到水面下40～50m深处，随着深度的增加，细菌数逐渐增加；50m以下，随着深度的增加，细菌数逐渐减少。海平面以下10～50m深处为光合作用带，其中浮游藻类（大部分为硅藻）生长旺盛，为细菌提供了可利用的有机物；再往深处随着有机质的减少，细菌数量也减少。海水中微生物多为耐盐菌和嗜盐菌，嗜盐菌生长最适的盐含量是2.5%～4.0%，而从湖水和河水中分离的微生物，当盐含量高于1%时就停止生长，甚至死亡。大部分海洋细菌具有嗜低温性，在12～25℃之间生长最好，温度超过30℃时很少能够生长。由于90%的海水压力在10 000～116 000kPa之间，许多深海细菌是耐压和嗜压的，只有浅海细菌的耐压力与陆地上的细菌中耐压菌种区别不大。海水中酵母菌数量虽然不多，但分布范围广，在海平面下3 000m处和在由甲藻引起的“水华”中，均发现有酵母菌的存在。

许多水体浮游动物为避免光照，呈现游走的特性，晚上游走于浮游植物表面，白天则下沉于光合成带以下。

水体中寄生虫的中间宿主受地理环境和气候条件的影响，其滋生与分布也不同。如肺吸虫的中间宿主只生长在山区小溪；血吸虫毛蚴的孵化和尾蚴的逸出除需要水体外，还与温度、光照等条件有关。

2.1.3 空气

空气即地球表层的大气，新鲜空气是人类赖以生存的重要环境。空气中无固有生物丛，空气生物的种类、数量和感染性取决于通过各种途径进入空气中的不同微粒的特性及微粒所载生物的抵抗力与致病力的大小，只有微生物能够以微粒为载体漂浮于空气中。

空气的化学污染，以“伦敦烟雾”和“洛杉矶烟雾”为代表，曾造成一些重大的死亡事故，而较早引起了人们的重视。实际上空气中非生物性颗粒仅占33%，生物性有机颗粒却占67%，但对其污染及控制未给予充分的关注。微生物污染空气后造成人类和动物的呼吸系统和皮肤伤口的感染，并可直接和间接污染食品后引发食源性疾病，甚至危及生命；对食品业、制药业、发酵业、电子元件业等造成的经济损失屡见不鲜。

2.1.3.1 空气微生物的来源

不同于水、食品、土壤等其他外环境，空气中不含可被微生物直接利用的营养物质和充足的水分，加之日光中的紫外线照射，因此，不是微生物栖息的场所，不存在固有微生物丛，尤其是不存在固有致病性微生物丛。

空气微生物来源于其他外环境和人、动植物的活动等，是自然因素和人为因素污染的结果。土壤是微生物的贮藏所，由于风吹和人、动植物的生长生活，将其灰尘扬起，携带着土壤中微生物飘浮于空气中；自然水体中的气泡可升腾至水的表面自行破裂，形成小水滴携带着水中微生物在空气中飘浮；人类、动物、植物的生产、生活、咳嗽、喷嚏、发声等所产生的尘埃、液滴、皮屑、分泌物、花粉、孢子等均可携带微生物在空气中飘浮。正常人每日约脱落5×10^8个皮屑(其中1×10^7个携带细菌)，一个喷嚏可产生100万个小液滴。有调查显示结核病人的喷嚏液滴和床边皮屑及结核病院周围树木上的结核菌检出率明显高于对照标本的检出率。

室外空气由于流通较好、直接受阳光照射等，一般较清洁。但畜牧场、医院、污水、废品站等常引起周围几千米至几十千米的空气污染；另一种重要污染途径是污水灌溉，常造成流感、志贺菌病(shigellosis)、传染性肝炎等流行。虽然室内空气可通过换气而被土壤、水等其他外环境中污染源污染，但其主要污染源是人的生活活动和人所从事的生产活动。

除真菌的孢子外，微生物不能独自游离存在于空气中，它们必须附着在飘浮于空气中的微粒上，这些微粒即空气中微生物的载体。微生物在空气中的传播，是借这些载体微粒进行的。根据载体微粒的物理性状和其微生境的不同，可将这些微粒分为尘埃(dust)、飞沫(droplet)和飞沫核(dropletnuclei)3种。由于致病微生物对环境的抵抗力不同，传播方式也不同。抵抗力很低者常借飞沫传播，如鼻病毒和流感病毒以鼻分泌物经飞沫传播、肠病毒和腺病毒以唾液经飞沫传播、柯萨奇病毒A21型通过喷嚏传播；白喉棒杆菌抵抗力中等，可借飞沫、飞沫核传播；结核杆菌对外环境的抵抗力最强，可借3种方式中任何一种传播。空气中致病微生物易死亡，但微粒传播速度快，短时间内即可完成，微生物在传播过程中不断更换宿主而得以生存下去。应该注意的是，尘埃、飞沫和飞沫核成为传播方式的前提，是它们载有微生物并由于它们的大小适合而在空气中可较长时间悬浮，即形成微生物气溶胶(Microbial Aerosol)。

2.1.3.2 空气微生物的种群

几乎所有土壤和水中存在的微生物都有可能在空气中出现，但不会在空气中繁殖。能在空气中较长时间存活的微生物多是一些耐干燥和耐紫外线照射的革兰阳性球菌、革兰阳性芽孢杆菌和真菌孢子等。

空气中也会出现一些病原微生物，常见的有结核杆菌、军团菌、化脓性球菌、炭疽芽孢杆菌、放线菌、流感病毒、副流感病毒、腮腺炎病毒、麻疹病毒、风疹病毒和水痘病毒、单纯疱疹病毒和巨细胞病毒、柯萨奇病毒A型、流行性出血热病毒和引发过敏反应的真菌等。

2.1.3.3 空气微生物的分布

室外空气分布中主要是非致病性腐生菌，以及对干燥和辐射有抵抗力的真菌孢子，其余还有酵母菌、放线菌。也有少数病原微生物，但多存在于宿主场所或污染源周围。室内空气中微生物可来自室外空气，但主要来自人体或人类活动，常可分离到病原微生物。

离地面越高，微生物含量越少，粒子也越小，抵抗力越强，致病性越小。海拔数千米内分布的主要真菌是青霉属、曲霉属、交链孢霉属、芽枝霉属等；细菌数量依次为需氧芽孢菌、革兰阳性多形杆菌、微球菌、革兰阴性杆菌和八叠球菌。

城市上空和人群密集场所的微生物、尤其是病原微生物数量明显增高，种类上不仅含有真菌、细菌，还常分离到病毒及其他微生物。细菌多见化脓性球菌、结核杆菌、白喉棒杆菌、百日咳杆菌、炭疽芽孢杆菌、产气荚膜梭菌、军团菌、放线菌等；病毒多为呼吸道和肠道感染病毒、风疹和疱疹病毒；真菌的种类与垂直分布相似。

季节分布的资料较少。据报告，乡村空气中微生物平均最高含量为夏季，其次为秋季，冬季最低；城市只发现冬季最少。室内空气由于冬季少开窗、通风不良，所以微生物含量较高。

气象、气候（湿度、温度、风力等）对空气微生物的种类和数量影响较大。降雨、雪可净化空气，但湿度过大反而会增加污染；风力可使悬浮于空气中的微生物含量增加；太阳的辐射有明显的杀微生物作用。大气污染状况亦与空气中微生物污染含量有关，空气中悬浮颗粒与微生物含量成正比，与一氧化碳含量成反比，与二氧化碳含量成正比。开放大气因子（open air factor，OFA）是存在于大气中的杀灭微生物因子，由臭氧和未燃尽的烯烃（olefin）组成，太阳辐射可将其破坏。OFA对沙雷菌、土拉杆菌、猪型布杆菌、表皮葡萄球菌、溶血性链球菌、T_7噬菌体和牛痘病毒均有杀灭作用，而枯草芽孢杆菌、炭疽芽孢杆菌和耐辐射微球菌对其不敏感。

2.1.4 人与动植物

人与动植物体表面、人与动物的消化道和上呼吸道，均有一定种类的微生物从存在。若食品被其污染，常导致腐败变质。当人畜患病时，就会有大量病原微生物和寄生虫随着粪便、皮屑和分泌物排出体外，如果排泄物处理不当，则可能会直接或间接污染食品。寄生于植物体的病原生物，虽然对人和动物无感染性，但有些植物病原生物的代谢产物却具有毒性，污染食品后，可对人体造成危害，如禾谷镰刀菌。

人的双手是将生物传播于食品的媒介，特别是食品从业人员直接接触食品，污染食品的机会相当多的。

仓库和厨房中的鼠类、蟑螂和苍蝇等小动物和昆虫常携带大量微生物，鼠类常是沙门菌的带菌者。

生产环境的卫生状况不良，生产设备连续使用、不经常清洗和消毒，常常会有微生物滞留和滋生，造成食品的污染。一切食品用具，如食品原料的包装物品、运输工具、生产加工设备和成品的包装材料或容器等，都有可能作为媒介散播微生物，污染食品。食品烹饪过程中因生熟不分可造成交叉污染。

自然界万物都是不断循环着的，食品的生物污染来自食品之外的其他外环境，包括土壤、水、空气、人与动植物，也来自这些外环境的间接相互污染和对食品的直接污染。

2.2 污染途径和危害

食品的种植和养殖、生产加工、包装运输、烹调、贮存乃至消费的各个环节，都有可能遭受微生物和寄生虫的污染，污染的途径是多方面的。

2.2.1 种植和养殖环节

人畜粪便、尿液和其他排泄物中的病原体，可直接或经施肥与污水灌溉等污染土壤和水体。土壤和水中的病原体比较容易在牲畜和水产品的养殖、蔬菜和水果的种植过程中进入牲畜、水产品、蔬菜和作物中。已经确定，在浇灌污水的土壤上生长的蔬菜，不仅有肠道病原体黏附于作物的表面，而且可以从土壤中经过根部系统进入到植物组织的内部。在食品的种植和养殖过程中，可能导致最终产品的生物性污染。主要污染环节有以下几方面。

(1)场地的选择

对种植场地的空气、土壤和灌溉用水质进行分析，选择符合相关标准的地块作为种植场地。场地的周围如果有潜在的病原菌和害虫的污染就可能导致食品原料甚至食品的生物性污染。根据选地的原则，参考《环境空气质量标准》(GB 3095—1996)、《农业灌溉水质标准》(GB 5084—2005)、《土壤环境质量标准》(GB 15618—1995)确定关键限值，限值为上述标准的控制值。

(2)苗床的准备

苗床的消毒、基肥的选择、育苗设施的建立、营养土的准备等，其中基肥的选择是关键。生物性污染来自潜在的病原菌、寄生虫、虫卵。主要是因为堆肥未完全腐熟，还遗留有病原菌、寄生虫、虫卵等。为避免生物性污染，生物有机肥堆制时间应达15d，温度保持在60~65℃。《生物有机肥》(NY 884—2004)规定：蛔虫死亡率≥95%，100 g土壤中的粪大肠菌群MPN数≤100，粉剂应松散，无恶臭味。

(3)品种的选择与消毒处理

品种的选择：选择子粒饱满、无霉变、无病虫危害的种子。同时，应选择抗病性、丰产性好的优良品种。种子携带的致病菌可导致不良种子发育成弱苗，还易染病。为避免生物性污染，可采用紫外线照射与酵菌素溶液处理种子，紫外线照射5 min，酵菌素溶液800倍浸泡30 min。为保证畜、禽的生物性安全，供应商应提供种畜、禽生产经营许可证，种畜、禽合格证，种猪检疫合格证明，非疫区证明和由本场兽医提供的健康合格证明等。

(4)栽培管理

种苗定植以后，为丰产、高产，应进行如中耕除草、施肥、打药、灌溉等管理以及保苗、疏苗等活动。大力推广杀虫灯和防虫网，避免由于农药使用过量而导致田间各种病虫产生耐药性或变异性，使抗虫难度加大；有机肥未完全腐熟等原因也会带来潜在的病原菌与寄生虫等。为避免生物性危害，灌溉水质须符合《农田灌溉水质标准》(GB 5084—2005)。

(5)育肥畜、禽的饲养和管理

为保证育肥畜、禽的生物性安全，其食用的饲料不能有霉变，如出现可疑的病畜应马上隔离，治疗用药不能超量使用；畜、禽出栏前的20d使用不含药物的饲料。

(6)饲料的加工、贮藏和验收

饲料也是生物性污染的重要环节，畜、禽饲用了含有生物性危害的饲料除可导致畜、禽的疾病之外，还可导致其产品具有生物性危害。因此，为保证饲料不受生物性污染，饲料应该无霉变，不添加任何违禁药物，需添加时按全价料先做成5%添加的预混剂，并保证7~10 min的搅拌时间，包装有明确标签与标识。饲料供应商应提供产品批准文号、饲料添加剂许可证、检验合格证、不含违禁药物的承诺书等。

(7)兽药验收

为减少畜、禽各种疾病的发生，抗生素等兽药的使用越来越普遍，兽药的使用不仅可造成食品中兽药的残留，还可导致食品中微生物的变异和耐药，其生物性危害的形式将会变得复杂。为减少兽药产生的危害，经销商应提供营业执照、兽药经营许可证和产品批准文号或进口兽药许可证等。

2.2.2 生产和加工环节

在食品生产和加工过程中，有些处理工艺(如清洗、加热消毒或灭菌)对微生物的生存是不利的。这些处理措施可使食品中的微生物数量明显下降，甚至可使微生物几乎完全消除。但是，如果原料中微生物污染严重，则会降低加工过程中微生物的清除率。食品加工过程中的许多环节也可能发生微生物的二次污染。在生产条件良好和生产工艺合理的情况下，污染较少，故食品中所含有的微生物总数不会明显增多；如果残留在食品中的微生物在加工过程中有繁殖的机会，食品中的微生物数量就会骤然上升。

在任何食品的加工操作过程中都不可避免地存在一些生物性污染的潜在可能性，即使生产同类产品的企业，也由于原料、配方、工艺设备、加工方法、加工周期和贮存条件以及操作人员的生产经验、知识水平和工作态度等不同，各企业在生产加工过程中存在的危害也不同。因此，食品生产和加工环节的生物性污染对每个不同的产品是不同的，而且当原料、配方、加工程序、包装、销售、产品食用方法等有改变时，污染的来源也会有差别。生产加工中常见的生物性污染有以下几个环节。

(1)食品的原料

原料若含有适合微生物生长繁殖的敏感成分，尤其是营养丰富的成分，易被微生物和寄生虫污染。污染的原料给生产过程各环节带来更大的风险，使终产品的质量和安全性大打折扣。

(2)微生物灭活程序

食品在生产加工过程中应有灭活微生物的处理步骤。这个步骤是对食品原料中生物性污染的安全把关，但如果这个过程没有达到灭菌或消毒的要求，即可导致食品终产品的污染，主要表现为灭菌或消毒的温度或时间没有达到标准。当杀菌的自动控制系统出现异常时，可采取手动提高杀菌温度或延长步移时间和对异常时间段的产品重新杀菌等措施。

(3)车间防护措施

在生产车间里，由于外界温度和室内温度相差较多，又加上车间内湿度较大，房顶上产生的冷凝水、冲洗地面时飞溅的水滴等，都有可能对清洗消毒后的车间和设施造成二次污染。所以，洗瓶机和灌装机之间的输送带等设施均须安装防尘、防虫、防水的安全罩，以防遭受外界二次污染。

(4)加工后贮藏

在严格的灭菌和消毒后，食品中的生物性污染基本能够得到控制，需冷链或无菌条件保藏的食品在相应的贮藏环境和条件下保藏，才能保持食品的清洁状态。

2.2.3 包装和运输环节

近年来，基于营养和健康方面的考虑以及人们嗜好的变化，大多数食品逐渐趋于低糖和低盐，食品包装一旦受到微生物污染，污染物则可在食品中大量繁殖，这对食品包装提出了更为严格的要求。

(1)包装环节

①包装材料　在包装材料中，较易发生真菌污染的是纸质包装材料，其次是

各类软塑料包装材料。食品包装纸(盒)与食品直接接触，如果不清洁或含有致病微生物，就会造成对食品的污染，直接影响人的身体健康。各种包装材料，如果处理不当也会带有微生物。一次性包装材料比循环使用的包装材料所含微生物数量要少。塑料包装材料，由于带有电荷会吸附灰尘及微生物，从而污染食品。包装材料存放环境差、时间长，容易滋生致病菌。目前，在接触食品的包装容器及材料生产中，常采用的控制病原体的方法是在200～300℃高温炉、红外线烘箱中进行加工制作，也就是把接触食品的包装容器及材料放在高温炉内、红外线烘箱中，在一定温度下保持一段时间，既杀灭了接触食品的包装容器及材料上的病原体，也控制了水分含量，使病原体不容易生存。所以，红外线烘箱、高温干燥就是控制接触食品的包装容器及材料被污染的关键因素。

②包装过程　就外包装而言，包装操作时内装物的接触、人工的接触及被水淋湿、黏附有机物或吸附空气中的灰尘等都能导致微生物污染。

③分装过程　在食品分装操作过程中，如果环境无菌程度不高或包装后杀菌不彻底，均有可能发生二次污染。发生了二次污染的食品在贮运过程中，不仅细菌会大量繁殖，而且还会蔓延，这种情况即使在防潮、阻气性较好的包装食品中也可能发生。

④灌装工序　瓶盖内垫材料和食品液体直接接触、存放环境差等都可滋生细菌。瓶盖内垫材料必须具有官方出具的食品级检验证明，并保证紫外线消毒灯工作正常、内垫材料无杂菌和致病菌存在。

(2)运输环节

食品的运输也是容易出现食品生物性污染的环节。运输的条件直接影响了食品的安全性，运输条件的要求不仅包括运输车辆的清洁程度，还包括了运输车辆内部的温度、湿度、光线等物理因素，有些要求冷链运输。

①运输车的清洁程度　如果车辆没有彻底清洁，其内部的有害微生物可通过污染食品包装而成为食品潜在危害。如果食品原本就含有致病微生物，运输过程中如果温度和湿度适合，这些微生物即可大量繁殖，而直接导致食品腐败变质。另外，保护食品包装的完整性也十分必要。

②冷链运输　食品持续保存在低温条件下可抑制嗜中温微生物的繁殖，但是嗜冷微生物在此条件下仍可繁殖。食品在运输过程中的冷链系统如果被打破，食品中微生物将快速繁殖导致食品腐败变质，甚至引起食用者的食源性疾病。

③剧烈震荡　保证食品在运输中的平稳是避免运输过程影响食品安全的重要环节。剧烈的震荡除能产生热量，破坏冷链系统之外，还能破坏食品的平衡状态，加速食品中微生物的繁殖。

2.2.4　烹调和贮存环节

(1)烹调环节

烹调环节是食物食用之前的最后一个加工环节，也是食品安全与否的关键，受污染的不安全食品可以经过有效的烹调过程变得安全，而安全的食品也可以在经过了烹调环节之后变得不安全。

①原料　加工菜肴所使用的原料分为动物性原料、植物性原料、调味品和辅料。烹调菜肴所用原料必须新鲜、无毒、无害、无变质，符合食用要求。加工菜肴的原料中，动物性食品肉、蛋、禽、水产品等易受微生物、寄生虫的污染，同时，一些死因不明或病死畜、禽肉及含毒动植物有时会流入市场。因此，在采购食品原料时，必须认真检查，严格把关，凡不符合卫生要求的原料严禁采购。采购肉品应查看兽医卫生检疫证明。调味品、定型包装食品要查看卫生许可证，并索取同批产品检验报告。贮存食品原料的仓库应设置防蝇、防鼠、防潮、防霉设施，保持清洁，通风良好，做到无霉斑、鼠迹、苍蝇、蟑螂。库房内禁止存放有毒、有害物品及个人生活物品。食品应当分类、分架、隔墙、离地存放。容易腐败的原料应冷藏保存，畜、禽肉贮存在－15℃以下；水产品贮存于－18℃以下；蛋、果蔬类贮存在0～4℃。存放过程中应定期检查，发现腐烂变质、酸败、霉变、生虫或者其他感官性状异常及超过保质期限的食品原料应当废弃。

②清洗　清洗可以清除附在食物表面的污物和部分微生物，各种食品原料在使用前必须洗净，蔬菜应当与肉类、水产品类分池清洗，禽蛋在使用前应当对外壳进行清洗，必要时进行消毒处理。

③切配　切配过程中应做到水果、蔬菜、肉类、水产类原料分墩切配，防止生熟原料之间的交叉污染。制作肉类、水产品类凉菜拼盘的原料和直接食用的水果、蔬菜必须单独切配。

④加热　未经烧煮的食品通常带有可诱发食品腐败变质或疾病的食源性微生物，特别是家畜、家禽肉类和牛奶，只有彻底烹调才能杀灭各种病原体，而且加热须保证食品所有部分的温度至少达到70℃以上。食品在进行整体再次加热时，也要保证食品所有部分均达70℃以上，这样可以杀灭贮存时增殖的微生物。烹饪后至食用前需要较长时间(超过2 h)存放的食品，应当在高于60℃或低于10℃的条件下存放。需要冷藏的熟制品，应当在放凉后再冷藏。凡隔餐或隔夜的熟制品必须经充分再加热后方可食用。

⑤烹调用具　用于原料、半成品、成品的操作台、刀、墩、板、桶、盆、筐、抹布及其他工具、容器必须标志明显，并做到工具分开定位存放，生熟分开使用，用后洗净，保持清洁。烹调时用来制备食品的任何用具的表面必须绝对干净，洗碗池定期清洁消毒，接触厨房用具的抹布每天消毒晾干，餐具认真消毒并妥善保洁。否则，烹调用具可能成为食品的污染途径。

(2)贮存环节

加工制成的食品在进入流通环节之前或流通的过程之中，贮存是保证其安全性的关键。如果贮存环节出现了污染，不仅可直接导致食品失去食用价值，造成严重的经济损失，甚至可导致食用者的食源性疾病。

①微生物的消长　加工制成的食品，由于其中含有残存的微生物或再次被微生物污染，贮藏过程中如果条件适宜，微生物就会生长繁殖而使食品变质。此时，微生物的数量会迅速上升，当数量上升到一定程度时不再继续上升，活菌数

会逐渐下降。这是由于微生物所需营养物质的大量消耗，使变质后的食品不利于这些种类的微生物继续生长而逐渐死亡，此时的食品已失去了食用价值。如果已变质的食品中还有其他种类的微生物存在，并能适应变质食品的基质条件，就会得到生长繁殖的机会，这时就会出现微生物数量再度升高现象。加工制成的食品如果不再受污染，同时残存的微生物又处于不适宜生长繁殖的条件，随着贮藏日期的延长，微生物数量就会日趋减少。

②贮存时间和温度　如果必须提前制备食品或吃剩的食物想保留4～5 h以上，贮存的温度必须在60℃以上或以最短时间降至10℃以下，这样可减慢微生物的繁殖速度。冷藏在食品的贮存过程中依旧发挥重要的作用，以羊肉的贮存为例，羊肉在北方秋季室温可存放36 h，再长即可出现微生物的大量繁殖，当存放60 h时羊肉已经腐败，微生物数量已超过了《无公害食品 羊肉》(NY 5147—2008)标准的规定。而将羊肉冷藏60 h、冷冻30 d时微生物指标依然安全，仍可食用。

③生熟不分　生、熟食品交叉污染往往是大意或不良习惯造成，如烹调操作时先用刀、砧板处理熟食，用盛过生食品的容器装熟肉，手接触过生食品后再摸熟食，冰箱存放食品时生熟混放等，都可造成食品的二次污染。

2.2.5 终产品污染与变质

食品终产品的污染可能是对食品原料和生产过程安全性的毁灭性打击，是保证食品安全的最后一道门户。贮运方式和包装材料的破损是终产品污染的主要途径。例如，真空包装食品的包装损坏，外界环境中的致病菌便可直接污染食品；包装破损还可使食品中原有的微生物与空气中的氧气接触，大量繁殖，导致食品腐败变质。

2.2.5.1 食品的变败

食品的变败多为腐生微生物造成，也有少数为病原微生物所致。不同食品的变败，所涉及的微生物种类、过程和产物不一样。变败(spoilage)是指在微生物为主的各种因素作用下，食品的成分被分解、破坏，失去或降低食用价值的一切变化。主要分以下3个类型。

(1)腐败(putrefaction)

腐败指以蛋白质为主的食物在大量厌氧菌的作用下产生以恶臭为主的变败。食品中蛋白质成分在厌氧状态下被分解产生了大量的胺类、醛类、酮类、吲哚、硫化氢、硫醇、粪臭素及细菌毒素等物质是产生恶臭味的原因。在氧气供给充足的环境中，需氧微生物对蛋白质的氧化分解，比厌氧状态更迅速。但由于硫化氢和硫醇类变为硫酸盐、甲烷变成二氧化碳，可以不产生恶臭气体。

(2)酸败(rancidity)

以脂肪为主的食物在解脂微生物的作用下，产生脂肪酸、甘油及其他产物的变败称为酸败。其特征是产生酸和刺鼻的“哈喇味”。

(3)发酵(fermentation)

以碳水化合物为主的食品在分解糖类的微生物作用下，产生有机酸、乙醇和二氧化碳等气体的变化称为发酵。发酵既是加工制作食品的手段，也是食品变败的一个类型。

除变败降解过程外，微生物还可通过产物改变食品，如合成多糖类而使食品变黏、合成色素类而使食品变色等。

就某一食品而言，变败时微生物常先利用碳水化合物和有机酸引起酵解和酸败，使食品的 pH 值降低，适合于耐酸的霉菌和酵母菌繁殖；当霉菌和酵母菌繁殖消耗了大量的酸性物质后，又使食品的 pH 值上升，当食品的 pH 值接近中性时，利于分解蛋白质的腐败微生物繁殖，使 pH 值继续上升。因此，变败开始时，食品的 pH 值常先降低，随后升高，多呈 V 字型变化，气味也多由酸臭转为胺臭。

2.2.5.2 食品变败的鉴定

一般从感官、物理、化学和微生物 4 个方面来进行食品变败的鉴定。

(1)感官鉴定

感官鉴定是以人的视觉、嗅觉、触觉、味觉来查验食品初期腐败变质的一种简单的方法。食品腐败时会产生气味变化和颜色变化(褪色、变色、着色、失去光泽等)，出现组织变软、变黏和液态食品变稠、形成浮膜、出现沉淀等。例如，肉及肉制品的绿变就是由于硫化氢与血红蛋白结合形成硫化氢血红蛋白所引起的，腊肠由于乳酸菌增殖过程中产生过氧化氢促使肉色素褪色或绿变；某些假单胞菌、大肠埃希菌、小球菌等微生物污染消毒乳等蛋白类食品后可产生苦味等。

(2)化学鉴定

微生物的代谢，可引起食品化学组成的变化，并产生多种腐败性产物，因此，测定这些腐败产物可作为判断食品质量的依据。如食品的 pH 值、挥发性盐基总氮、鱼肉中的组胺等均已列入我国食品卫生和质量标准。

(3)物理指标

食品的物理指标，主要是根据蛋白质分解时低分子物质增多这一现象，来检测食品浸出物量、浸出液电导度、折光率、冰点、黏度等指标。肉浸液的黏度测定尤为敏感，能反映腐败变质的程度。

(4)微生物检验

对食品进行菌落总数测定，可以反映食品被微生物污染的程度及是否发生腐败变质，是判定食品生产的一般卫生状况以及食品卫生质量的一项重要依据。在国家卫生标准中明确规定了对各类食品的菌落总数和大肠菌群 MPN 值的强制性限量值。

2.3 污染的检测和监测

食品微生物和食源性疾病病原体检测是食品控制实验室能力建设的主要内涵，检测实验室应具备针对新发食源性病原体和食品污染问题的技术更新能力，注重室间和室内质量控制，保证高效、权威、公正地运转。来自实验室的检测数据、资料既是监测和危险性评估的基础，又与流行病学监测数据、资料共同成为危险性分析的基础。

要控制食品污染，预防食源性疾病，保障食品安全就必须先了解食品污染物和食源性疾病状况。这依赖于特异、灵敏、先进的检验技术、国家级和与国际合作的监测网络，利用所获检测和监测数据进行危险性分析，制定出污染物的限量标准和有针对性的控制措施，对可能发生的食品污染事件和食源性疾病提前进行预测和预报，防患于未然；对已发生的重大污染事件或已暴发流行的食源性疾病迅速高效地溯源和分析流行趋势，控制事态的发展。

目前，中国的食品安全关键技术还很缺乏。

2.3.1 污染的检测

我国在食品重要人兽疾病病原体检测技术方面，建立了水泡性口炎病毒、口蹄疫病毒、猪瘟病毒、猪水泡病毒的实时荧光定量 PCR 检测技术，建立了从猪肉样品中分离伪狂犬病病毒和口蹄疫病毒的方法和程序。在生物毒素检测技术方面，研制了真菌毒素、藻类毒素、贝类毒素 ELISA 试剂盒和检测方法，建立了果汁中展青霉素的高效液相色谱检测方法。

传统食品生物安全检测方法和技术包括显微镜检查、分离培养、生化鉴定和血清学、噬菌体、细菌素、耐药性分型及动物毒性试验，现代相关检测方法和技术包括免疫荧光技术、酶联免疫技术、放射免疫分析技术、免疫胶体金技术、基因探针技术、PCR 技术、基因芯片技术、食品微生物自动化仪器与生物传感器检测技术、单克隆抗体技术、环介导等温扩增技术等快速检测技术。这些方法和技术是掌握食品生物污染状况，识别新发病原体，确定食物中毒等食源性疾病病原体，分析从不同时间地点人群事件检出微生物的同源性，记录和分析病原体流行轨迹和趋势以及危险性分析等的基础。

2.3.1.1 卫生指示微生物检测

环境中微生物绝大多数都是对人类有益的，病原微生物数量很少，而种类和生物学性状却较多，从样品中直接检测病原微生物有较大难度。因此，人类通过检测非病原性、在环境中存在数量较多、易于检出并具有一定代表性的指示性微生物，来判断样品被污染的程度或性质、判断致病微生物存在的可能性以及是否会对人群构成潜在威胁等。

(1)概念

卫生指示微生物(indicator microorganism)是在常规卫生监测中，用以指示样品卫生状况及安全性的非致病性微生物。常规检验卫生指示微生物的目的主要是以其在检品中存在与否以及存在数量的多少为依据，对照国家卫生标准，对检品的饮用、食用或使用的安全性作出评价。

(2)种类

常用卫生指示微生物有4种类型：第一种为污染程度指标，用以评价检品一般卫生质量以及安全性，常用的是细菌菌落总数、霉菌和酵母菌菌落计数；第二种为污染性质指标，用以评价检品是否被粪便污染，即被肠道致病菌污染，主要指大肠菌群、粪肠球菌和产气荚膜梭菌等，它们的检出情况可以说明检品是否受过人或畜、禽粪便的污染而有肠道病原微生物存在的可能性以及是新近污染还是陈旧污染；第三种是其他指示菌，包括某些特定环境不能检出的菌类(如特定菌、某些致病菌或其他指示微生物)，这些指示菌在不同的环境样品中有不同的指示意义；第四种为间接反映肠道病毒存在可能性的指示微生物，一般选用噬菌体等病毒。我国现行食品卫生标准设定的食品常规检验中，仅使用前3种，同时由于食品和饮用水直接入口，与人类健康密切相关，除检测卫生指示微生物外，还要求直接检测致病菌(如沙门菌、致贺菌、金黄色葡萄球菌和溶血性链球菌等)是否存在。

(3)选择原则

由于食品多由肠道致病微生物污染，作为理想的粪便污染指示微生物，一般认为应具备下列条件：①应是人类及温血动物肠道正常菌群的组成部分，而且数量上占有优势；②排出体外后，在外环境中存活时间与肠道致病微生物大致相似或稍长；③排出体外后，在外环境中不繁殖；④在被人类或温血动物粪便污染的样品中易检出，而未被粪便污染的样品中无此类微生物存在；⑤对消毒剂(如氯、臭氧)等的抵抗力应当不低于或略强于肠道致病微生物；⑥检验方法简便，易于检出和计数。迄今为止，还未发现任何一种微生物能完全满足这些要求。人类尚未找到合适的病毒指示微生物；对于病原性细菌的指示微生物，相对理想的是大肠菌群和粪大肠菌群；对于污染程度的指示，相对理想的是细菌和霉菌、酵母菌菌落计数技术。

2.3.1.2 通用检测方法和技术

这里介绍常见的几种现代检测技术，基本技术基础均依赖于扩增、杂交和标记，原理均依赖于微生物遗传基因和蛋白质结构等生物分子的个体差异，许多技术已应用于多家食品微生物自动化检测仪。

(1)PCR技术

聚合酶链反应(polymerase chain reaction，PCR)是通过基因扩增检测微生物的技术。常用放射性同位素(P、S、C)或其他标记物(半抗原、酶生物素)标记特异核苷酸片段来制备核酸探针，检测一些难于培养或人工不能培养的微生物。将它与酶联免疫吸附试验(enzyme-linked immunosorbentassay，ELISA)、抗原抗体反应、免疫磁珠法、氧化酶法等相结合，可大大提高检出率和灵敏度。PCR技术的优点是特异性和灵敏度高，操作简捷，所需时间短，对标本纯度要求低等；缺点是定量检测要求试验条件较高，需控制较高的假阳性率和假阴性率等。

(2)基因探针技术

基因探针(gene probe)技术又称核酸分子杂交技术，是通过互补单链核酸碱基配对形成杂交分子，根据混合片段中特殊顺序来检测微生物的技术，分为DNA印记杂交(Southern blotting)和RNA印记杂交(Northern blotting)，是分子生物学中基因分析方法的基础，常结合其他技术使用，具有特异性和灵敏度高的特点。

(3)基因芯片技术

基因芯片(gene chip)技术又称DNA芯片、DNA微阵列(DNA microarray)，是将固化在载体表面的DNA阵列探针与标记过的样品靶基因杂交，以检测靶基因的存在、含量和变异等信息的技术，该技术已商品化。较之基因探针技术，基因芯片技术具有高通量、多参数同步自动分析的特点。

(4)免疫荧光技术

免疫荧光技术(immunofluorescence technic，IFT)又称荧光抗体技术(fluorescein antibody technique，FAT)和荧光免疫试验(fluroimmunoassay，FIA)，是用荧光标记抗体探测组织上或组织切片上特异性抗原的检测技术。该技术与普通抗原抗体反应比较，具有特异性与直观性和定位性均较强的特点，但在组织病理学上很难制作永久性标本，需要排除荧光干扰，操作也较烦琐。

(5)放射免疫分析技术

放射免疫分析技术(radioimmunoassay，RIA)泛指应用放射性同位素标记的抗原或抗体通过免疫反应来检测抗体或抗原的技术。原理上分3个类型：放射免疫分析技术(radioimmunoassay，RIA)，是竞争性标记抗原的敏感而特异的技术；免疫放射分析技术(immunoradiometric analysis，IRMA)，是以过量标记的抗体与待检标本中抗原相结合，再以固相抗原吸除未结合的游离标记抗体，通过检测荧光强度定量标本中抗原量的技术，灵敏度明显高于RIA；固相放射免疫分析技术(solid phase radioimmunoassay，SPRIA)，是将抗原或抗体标记在固相载体上检测抗体或抗原的技术。放射免疫分析技术的特异性、灵敏性和稳定性都较高，但由于应用放射性同位素带来的不变，常被ELISA取代。

(6)酶联免疫吸附试验

酶联免疫吸附试验(ELISA)是把抗原抗体反应的特异性与酶催化作用的高效性有机结合的固相检测技术，原理上有各种不同的类型。双抗体夹心法是用固相抗体和酶标抗体检测夹在中间的抗原的方法；间接法是用酶标记的抗-抗体检测已与固相抗原结合的受检抗体；竞争法即可标记抗原检测抗体，也可标记抗体检测抗原，如用受检的酶标抗原与固相抗体竞争性结合，可根据结合后的显色度来计算待检抗原的量；反之，如用受检酶标抗体与固相抗原竞争性结合，可根据结合后酶的显色度来计算待检抗体的量；中和法是根据已知的中和抗原是与反应体系中待检标本中抗体结合还是与已知的固相酶标抗体结合来确定标本中是否含有与酶标抗体相同的抗体；此外，还常见捕捉法、间接混合夹心法等多种类型。

(7)发光免疫分析技术

发光免疫分析技术(iuminescence immunoassay，IIA)是将化学发光或生物发光体系与免疫反应相结合检测微量抗原抗体的标记免疫检测技术。常结合酶免疫技术，有液相法、固相法和均相法3种类型。

(8)免疫胶体金标记技术

免疫胶体金标记技术(immunocolloidal-gold technique，ICGT)是以胶体金标记抗原或抗体通过免疫反应检测抗原抗体的技术。胶体金(colloidal-gold)也称金溶胶，即氯金酸($HauCl_4$)在还原剂作用下聚合成的特定金颗粒悬液，也即氯金酸水溶液，是一种带负电荷的疏水胶体溶液，具有高电子密度，可通过静电引力及表面的物理特性与多种生物大分子结合，形成蛋白质-金颗粒复合物。近年来还与酶联免疫、放射免疫和原位核酸杂交相结合，具有广泛的应用前景。

(9)阻抗法

微生物在生长过程中，可把培养基中惰性底物代谢成活性底物，从而使培养基电导性增大，培养物中阻抗随之降低。阻抗法即根据微生物在培养基中产生的具有诊断意义的特征性阻抗曲线鉴定微生物的方法。该法能够快速检测食品中的微生物，具有高度敏感性和快速反应性以及特异性强、重复性好的优点。Quinn等分别用传统培养技术与3种快速检测方法(阻抗法、基因探针法和沙门菌示踪法)对禽类饲料和环境样品中的沙门菌进行检测，阳性样品为39.2%，阻抗法检测阳性样品为38.4%，传统培养法检测为25.5%，基因探针法检测为28.9%，沙门菌示踪法检测为28.5%。

(10)生物传感器法

用固定化生物成分或生物体作为敏感元件的传感器称为生物传感器(biosensor)。生物传感器利用生物化学和电化学反应原理，将生化反应信号转换为电信号，通过对电信号进行放大和模数转换，测量出被测微生物的特异物质及其含量，进而对微生物进行鉴定和定量检测。近年来，已经市场化的生物传感器主要有酶电极、微生物传感器、免疫传感器、半导体生物传感器等。生物传感器特异性和灵敏度高，能对复杂样品进行多参数检测，可应用于微生物快速检测。

(11)蛋白质指纹图谱技术

可用于各种疾病特异性蛋白指纹的识别和判断，可以直接检测不经处理的食品原料、血液或细胞裂解液等。该技术曾被用于分析SARS与非SARS病人血清中的蛋白质成分变化，灵敏地辨别出测试对象是否感染了SARS病毒。

(12)生物质谱技术

应用基质辅助激光解吸电离质谱(material aid laser desorption ionization-mass spectrometer，MALDI-MS）和电喷雾电离质谱（electric spray ionization-mass spectrometer，ESI-MS），对微生物裂解细胞直接进行蛋白质或脂肪酸检测，获得全细胞指纹图谱，找出不同种和株间的特异性保守峰作为标记，构建数据库，以实现对微生物的快速鉴定。

食品微生物和食源性疾病病原体的检测技术是食品风险监测、危险性评估、暴发控制和溯源及其效果评价的基础。目前，我国国家标准中，仍然采用传统的生理生化监测方法对最常见的十几种食源性病原体进行检测，除耗时耗力外，只能单一定性检测，不能多重定量检测，故无法进行危险性分析和快速应对，并导致监管标准和策略缺乏科学性和有效性。因此，食品安全控制技术的关键和瓶颈是检测的时效性和准确性，而建立快速、同步多重分别定量检测技术才能提高检测的时效性和准确性，并可使食品安全生物因素危险性分析和限量标准的制定建立在定量分析的基础之上。

2.3.1.3 标准检测方法和技术

通用方法和技术多用于科学研究和疑难案例，而WHO和各国都根据国际和本国的情况确定了标准的检测方法和技术，以规范检测行为，提高检测结果的可比性。但通用检测方法和技术在国境口岸、突发事件的检验中常发挥快速、灵敏或初筛的作用。

(1)实验室质量控制

实验室质量控制是为达到质量要求所采取的作业技术和活动。为保证产品过程或服务质量，必须采取一系列的作业、技术、组织、管理等有关活动，目的是监视活动过程并排除所有阶段中导致不满意的原因，以保证实验室检验结果准确可靠。实验室质量控制包括室间质量控制（external quality assurance）和室内质量控制。

(2)食品卫生指示微生物检验标准方法

国内外食品卫生指示微生物检验的项目及检验的标准方法均有所不同。我国按照现行的《中华人民共和国国家标准食品卫生微生物学检验》（GB 4789—2008）执行。

(3)食品微生物检验标准方法

CAC、国际食品微生物规格委员会（The International Committee on Microbiological Specification for Food，ICMSF）及发达国家食品微生物标准体系主要由食品种类、食品其他信息、检测项目（即污染食品的微生物或代谢物）、颁布数值（即限量标准）、取样计划、应用要求和法定状态等构成。我国食品微生物卫生标准体系主要由食品种类、检验项目、限量标准构成。因此，国内外检测食品微生物标准方法的选择与执行具有较大差异。我国使用的是《中华人民共和国国家标准食品卫生微生物学检验》（GB 4789—2008）中规定的国家标准方法。

中国加入WTO后，国际贸易不断增加，摩擦也屡屡不断。同时，近年来各种新发食源性病原体不断出现，食品安全越来越成为国际社会关注的焦点。随着科学的不断发展，需不断地改善、增补及修订国家食品卫生微生物标准，这样才能满足当前食品微生物快速检测技术及各种检验方法与世界接轨的需要。

2.3.2 污染的监测

监测(surveillance)是掌握污染和发病等危害背景资料的唯一途径和手段，监测资料是确立应对决策、食品安全政策、法规和标准的重要依据。

2.3.2.1 监测的定义、目的和类型

(1)定义

食品污染物和食源性疾病监测是为了防止食品中有害因素对公众健康的危害，系统的连续的收集、分析、解释和发布资料并采取公共卫生行动的过程。

(2)目的

食品污染物和食源性疾病监测的目的是为了更好地控制疾病，通过监测，建立基线值，确定相关食品和流行区域及研究方向，建立资料库，控制流行，制订和评价干预措施。因此，监测不仅仅是收集数据和准备年度报告等资料，而应该以导致相关部门采取合适的公共卫生行动为目的，这些行动包括政策、法规、标准和措施等。

(3)类型

监测的类型有4个层级。第一层级的监测常用于灾难、贫困、战争和动荡等公共卫生条件较为恶劣的情况，或公共卫生不受重视、卫生设施薄弱的地区，以发现并防止大的或不寻常的事件暴发为目的，相应的应对和控制措施常常需要外部的援助(包括大规模的消毒和医疗队的援助等)。第二层的监测是对预示为同一诊断的体征或症候群进行监测并进行流行病学的三间分布分析，辅以实验室验证，对于发现肠道疾病的暴发并采取控制措施作用较大。第三层的监测为依据实验室结果作出诊断，实验室专家与公共卫生或流行病学专家共享实验室资料，分析病原体的特征、流行轨迹和趋势，对于肠道疾病监测和针对高危食物采取控制措施非常有效。第四层的检测为食物链的综合监测，持续地收集和分析来自食物链的资料，以实验室资料为依据综合考虑动物、食物和人群的资料，进而对干预措施作出评价，用于国家级的哨点主动监测，识别危险因素，分析其与食物、动物和人群疾病间的内在联系，评估食品安全控制的效果，估计不同食物、动物类别所致食源性疾病的负担等。以上每一层级都可能监测到即将暴发的事态，但第一层和第二层多监测到食品之外各种环境污染引起的暴发风险，如经水传播的病原体和疾病等；第三和第四层监测常监测到经食物传播的病原体和暴发的风险。

2.3.2.2 WHO监测现状

WHO对全球食品安全监测系统的建设和完善起到了重要的支持和援助作用。

(1)全球食品污染监测计划

WHO已建立起全球环境监测规划和食品污染监测与评估计划，并与相关国

际组织制订了庞大的污染物监测项目与分析质量保证体系，其主要的目的是监测全球食品中主要污染物的污染水平及其变化趋势，并与参加国共享资源与信息。一些发达国家都有比较固定的监测网络和比较齐全的污染物与食品监测数据。利用所设置的哨点对食源性疾病开展主动监测，以及在发生食源性疾病后，对病原菌的摄入量与健康效应进行剂量-反应关系的分析与风险评估，是国家掌握污染物变化趋势和制订污染控制对策的重要依据。

(2)WHO全球食源性疾病监测战略

食品作为人类疾病的载体，使食源性疾病全球化。为此，WHO开展了全球食源性疾病监测战略，在全球各地区策划监测哨点，建立了全球沙门菌监测网(Global Salm Surv，GSS)，不断完善了网络建设。有计划地开展了对各地区及其实验室的持续培训，强化实验室能力，指导微生物学家和流行病学家间协作，鼓励和支持跨地区协作、交流和数据库资源共享；对全球各区域食品污染和食源性疾病案例进行追踪和溯源，以评估食源性疾病的全球负担；帮助成员国及其实验室完善政策法规和操作指南，如提供《WHO遏制耐药性全球准则》和《食源性疾病暴发调查控制指南》等；帮助提高区域和全球紧急事件和食源性疾病暴发的响应效率。WHO全球食源性疾病监测战略的目标是旨在强化全球食源性疾病的监测。

(3)WHO监测系统的评估

为改进监测系统、优化可利用的资源，切实发挥监测系统的作用，WHO常有计划地对监测系统进行评估。评估计划包括：①对监测系统的一般描述，如监测的污染物和疾病的公共卫生重要性、合理性和针对性，监测内容是否明确、系统、清晰以及是否对采取措施有指导意义，系统的运转是否顺畅以及支持系统运转的资源是否足够等；②对监测系统有效性评估，如有效的控制措施是否源自系统监测结果、监测资料曾被谁使用成为决策的重要依据、系统是否能够发现疾病发生或流行的趋势、提供发病率和死亡率等的准确资料、识别危险因素、利于流行病学研究、评价控制措施效果、影响临床实践和获得更多的认可度与资金支持等；③对监测系统的特征评估，如在符合需求的基础上结构和操作是否简便、对特殊案例的监测是否具有灵活性、数据的质量是否具有完整性和准确性、系统是否具有开放性和可接受性、系统发现的暴发与真正的暴发比例以及系统的敏感性、代表性和时效性等；④提出相关建议，如系统是否需要和在哪方面需要改进，系统的改进常常是一个综合考虑后的折衷方案，即在敏感性、代表性和阳性预测率与及时性、易于接受性、灵活性、简便性、经济性两组特性间找到平衡点。

2.3.2.3 各国监测现状

许多国家都建立了各种主动和被动监测机制和危险性评估系统，以应对可能出现的食源性问题。本书仅介绍几个影响较大的网络系统。

(1)美国

美国的食品安全监管体系遵循以下指导原则：只允许安全健康的食品上市；食品安全的监管决策必须有科学基础；政府承担执法责任；制造商、分销商、进口商和其他企业必须遵守法规，否则将受处罚；监管程序透明化，便于公众了解。USDA专门设有食品安全与检验局(Food Safety and Inspection Service，FSIS)和动植物卫生检验局(Animal and Plant Health Inspection Service，APHIS)负责农畜食品安全和农产品贸易与经济问题。

1995年，美国疾病预防控制中心(USCDC)建立了食源性疾病主动监测网(The Foodborne Diseases Active Surveillance Network，FoodNet)，至1997年，全美已设立了11个监测基地，总计450余个监测实验室，针对7种常见病原体(沙门菌、志贺菌、致病性大肠埃希菌、李斯特菌、耶尔森菌、空肠弯曲菌和弓形体)以及2种寄生虫(隐孢子虫和环孢虫)开展主动监测。具体的监测方法是USCDC主动联络收集各监测点医院和诊所腹泻病人的便检数据，也要求定期上报相关数据；同时，对网络实验室开展基础设施与检测能力的调查；对临床医生开展诊治腹泻病人的问卷调查；对监测点开展全人口的腹泻和高危食物的电话调查；开展食源性病原体的流行病学研究等。USCDC及时对上述调查和研究结果汇总分析，并在此基础上发布食源性疾病的预警及预防措施和相关政策的调整。

1996年，为提高对食源性疾病病原体的快速检测和细菌分型能力、预防大规模食物中毒的暴发，USCDC与FSIS和USFDA合作，建立了国家食源性疾病分子亚型监测网(PulseNet)，该网是一个食源性疾病早期预警系统，对常见食源性疾病致病菌，用脉冲场电泳方法(PFGE)进行分型，从而开展基因水平监测。全美有43个州立和5个市立的公共卫生实验室加入了PulseNet，目前已成为国际化的监测网络。USCDC利用网络对实验室进行技术指导、质量控制和资源共享，制作了常见致病菌的基因图谱和标准检测方法提供给网络实验室。这些实验室随时可以进入USCDC的PulseNet数据库，将可疑菌的检测结果与电子数据库中致病菌基因图谱比对，及时快速地识别致病菌的致病特性和流行特性，判断暴发和流行的可能性，以便进一步展开调查和控制。PulseNet为准确确定食源性疾病患者排泄物中检出的细菌与可疑中毒食品中检出的细菌的同源性提供了重要的手段，也为开展食源性致病菌的定量风险评估提供了必不可少的技术支撑，还使食源性疾病病原菌检测基本满足了准确和快速的要求，使引起食物中毒暴发的病原菌分离的时间由几天缩短为几小时，从而大大提高了美国对食源性疾病快速诊断和溯源的能力。

CaliciNet是USCDC的一个电子系统，该系统利用指纹图谱技术快速分型可引起食源性疾病暴发的杯状病毒，允许共享实验室直接输入本实验室的毒株信息，当突发事件发生时，还可立即接到相关信息的通告，并可帮助公共卫生人员更快地识别出与暴发相关的污染食品的产物。

DPDx是美国公共卫生相关寄生虫鉴定诊断网(Identification and Diagnosis of Parasites of Public Health Concern)，由USCDC寄生虫病分部(Division of Parasitic

Diseases，DPD）建立和维护。该网通过互联网提供寄生虫病诊断标准资源，旨在强化美国和其他国家的寄生虫病诊断能力和解决全球寄生虫病问题的能力。

此外，USCDC还建有国家抗生素耐药性监测系统（National Antimicrobial Resistance Monitoring System，NARMS）、公共卫生实验室信息系统（Public Health Laboratory Information System，PHLIS）、国家实验室培训网络（National Laboratory Training Network，NLTN）、国家呼肠病毒监测系统（National Respiratory and Enteric Virus Surveillance System，NREVSS）、国家法定传染病监测网（National Notifiable Diseases Surveillance System，NNDSS）和沙门菌监测数据库（Salmonella Surveillance Data）、志贺菌监测数据库（Shigella Surveillance data）、公共卫生监测下感染性病例定义网（Case Definitions for Infectious Conditions under Public Health Surveillance）等。

但美国最主要的监测网络有4个，即FoodNet（负责疾病发生、暴发或流行及其地域、症状、病例人数、可疑原因食品等的监测和统计分析）、PulsNet（负责病人、食品标本中病原体的同源性分析）、NARMS（负责病原体耐药性监测）和PHLIS（负责实验室能力建设和信息共享建设），这"四架马车"协调有序、相辅相成，缺一不可，高效地对食源性疾病进行主动和被动监测，监测数据和结果成为美国食源性疾病预防和控制的重要依据。

（2）欧洲和中、南美洲

欧共体资助的沙门菌、产志贺样毒素的O_{157}国际监测网（Enter-Net）于1994年启动，由欧共体15国和瑞典、挪威及澳大利亚、加拿大、日本、南非等国组成。监测数据报告至欧洲CDC（UCDC），并被纳入欧洲监测系统（The European Surveillance System，TESSy）。

欧盟资助建立的弯曲菌监测网（CampyNet）是一个单病种监测网络，提供食源性病原体空肠弯曲菌和结肠弯曲菌的标准分子分型方法，以此有效地促进弯曲菌的流行病学研究。

欧洲抗生素耐药性监测系统（European Antimicrobial Resistance Surveillance System，EARSS）于1998年启动，是一个基于实验室的、以公共卫生为目的收集金黄色葡萄球菌和肺炎链球菌数据的国家监测网络。

丹麦1999年建立的耐药性监测和研究项目——DaNMAP，对来自食用动物、食品和人群的细菌进行监测。此外，欧洲许多国家都建有细菌耐药性监测网。

阿根廷、巴西、智利、哥伦比亚、牙买加、秘鲁、尼加拉瓜、墨西哥、巴哈马群岛等美洲的20个发展中国家，于1996年共同组建了对沙门菌、志贺菌、霍乱弧菌耐药性进行监测的网络——PAHO/INPAZZ和食源性疾病监测网（SIRVETA）。

（3）亚洲

日本于1981年启动国家传染病流行病学监测网（National Epidemiological Surveillance of Infectious Diseases，NESID），1997年以来由日本国家感染症研究所（National Institute of Infectious Diseases，NIID）的感染症监测中心（Infectious Disease Surveillance Center，IDSC)负责，依据日本传染病法对法定传染病和食源性疾病患者发病情况、病原体和流行趋势以及国民疫苗免疫状况进行监测。定期发布感染性疾病周报告(Infectious Diseases Weekly Report，IDWR)和病原体监测月报告(Infectious Agents Surveillance Report，IASR)。必要时，IDSC还负责与WHO全球警报和反应网络(GOARAN)联系。

泰国的食源性和水源性疾病监测始于1969年，1980年纳入传染病法加以监测和控制，并建立了流行病学监测网(Network of Epidemiological Surveillance)，负责监测食源性疾病、法定传染病和食品安全，定期发布3种类国家流行病学报告(流行病学监测周报、月报和年报)。泰国的国家级食品污染和食源性疾病监测，尚需要完善各相关方能力建设的战略方针、强化流行病学监测网的实效性以提高政府应对新发食源性疾病的能力和提高监测人员的专业能力，加强实验室能力建设(包括研发应对新发食源性疾病和食品污染物试剂盒)，完善信息网络和数据库系统等。

从2000年起，中国开始建立食品污染物监测网和食源性疾病监测网。目前，16个省、自治区、直辖市参加了食品污染物监测网，21个省、自治区、直辖市参加了食源性疾病监测网，覆盖全国人口65.58%，对食品中5种食源性致病菌进行监测。中国的“两网”建设与实际需求还有较大差距，中国尚缺乏食源性危害的系统监测与评价背景资料，有待于进一步加强食品安全监测网络与技术能力的建设，建立起科学、有效的食品污染物和食源性疾病的危险性分析平台和预警平台，尽最大可能预防食品污染，控制食源性疾病。

2.3.3 卫生指示微生物和食源性病原体及其毒素限量标准

限量标准是指单位质量或体积食品中被检微生物的限量要求，它是衡量食品卫生质量的关键指标。

2.3.3.1 卫生指示微生物限量标准

卫生指示微生物限量标准与采样计划密切相关。ICMSF根据各种微生物对人体危害的不同和食品经不同条件处理后危害程度的差异制订了不同的采样方法，并从统计学意义出发，规定不同产品每批检样的数量，从而保证检验结论具有代表性，能够客观地反映该批产品的安全质量。它包括二级法和三级法两种。二级采样法设有n、c、m 3个值，n为一批产品的采样件数，m为微生物安全菌落限值(即合格判定标准值)，c为该批产品中超过m限值的样品件数。例如，生鱼片菌落总数标准为$n=5$、$m=100$ CFU/g、$c=0$，则表示在该批5个检样中，没有m值大于或等于100 CFU/g的检样，该批产品判定为合格品。三级采样法则多设有M值，M为附加条件后微生物安全菌落数的最大限值。例如，澳大利亚冷冻糖制食品的大肠菌群标准为$n=5$、$m=100$ CFU/g、$c=2$、$M=1\ 000$，则其含义是：若从一批产品中取5个检样，所有检样大肠菌群结果均小于m(100)判为合格；若2个及2个以下检样的大肠菌群结果位于m与M值之间(即100～

1 000之间)，判为附加条件后合格；若3个以上检样大肠菌群结果介于m与M值之间或有任一检样大肠菌群数超过M值(即1 000)者，判为不合格。由于ICMSF制订的采样方法较以往更具科学性和先进性，因此，目前被世界各国广泛采用。

中国食品卫生标准中设定卫生微生物指标时通常只有食品名称、微生物项目及其限量值，并未涉及不同采样件数。《中华人民共和国国家标准食品卫生微生物学检验》(GB 4789.1—2008)虽然列出了二级和三级采样方案，但在采样、检验和结果判定时都仅针对一个样品的一个指标值。因此，我国食品卫生标准在微生物指标设定、采样方法以及结果判定的科学性方面与国际通行做法差距较大。

2.3.3.2 食源性病原菌限量标准

国际上对于食源性病原体定量检验，通常的做法是用小于方法表示限量标准，如<10 CFU/g，即在每克检样中检出的目标菌落数应该小于10。国外大多数国家都以CFU/g(mL)来计量微生物和致病微生物指标，粪便指示菌一般采用MPN/g(mL)计量。有的国家限量标准颁布数值分为3~4个等级，分别为满意值、临界值和不满意值等。此外，大多数国家的颁布数值还与其采样计划密切相关，不同的采样计划其微生物限量要求不同。

目前，我国食品卫生标准中，具有国家标准检测方法的食源性病原菌包括沙门菌、志贺菌、致泻大肠埃希菌、副溶血性弧菌、小肠结肠炎耶尔森菌、空肠弯曲菌、金黄色葡萄球菌、溶血性链球菌、肉毒梭菌、产气荚膜梭菌、蜡样芽孢杆菌、单核细胞增生李斯特菌、椰毒假单胞菌酵米面亚种和霉菌、酵母。通常只检测沙门菌、志贺菌、金黄色葡萄球菌、溶血性链球菌4种。对致病菌没有规定限量值，只规定“不得检出/25g”；也未明确表述不同食品致病菌的种类及其限量标准有所不同。

2.3.3.3 食源性真菌及其毒素限量标准

由于食品中真菌毒素是天然污染物，人类尚不能彻底地免除其危害而不得不容忍少量真菌毒素的存在。尽管面临这种困难的选择，但在过去的数十年中，许多国家已经制定了一些真菌毒素法规，而且新的法规仍然在不断起草之中。由于污染物含量以及世界各地的饮食习惯不同，暴露的情况也各不相同，各国的观点和利益就不同，促进标准协调一致是个缓慢的过程。2004年起，JECFA制订了一组暂定每日最大耐受摄入量。

2005年，我国实施了《食品中真菌毒素限量》(GB 2761—2005)，取代了先后颁布并修订的4项限量标准。在制定过程中除了依据毒理试验的结果，还必须进行相当规模的毒素污染调查，以确保所订指标切合实际，与国家农业生产，食品、饲料供应的承受能力相符。在黄曲霉毒素B_1(AFB_1)允许量国家标准的制定中就体现出这种矛盾的调和。AFB_1是强剧毒和强致癌性物质，单纯从毒理学的观念看，检出即视为有毒，但也只能根据普查的实际情况，暂时按照目前规定的标准执行。

2.3.3.4 食源性寄生虫限量标准

人类离不开动物性食品，但很多肉类、水产品和果蔬等食物携带有寄生虫病原体。由寄生虫引起的多种传染病仍严重威胁人类的健康。

到目前为止，国内外对食源性寄生虫病只有诊断标准，尚未开展食品中寄生虫限量标准的研究。基于食源性寄生虫引起疾病的广泛性和严重程度，为保护消费者的健康，控制各类食品中寄生虫的污染，逐步研究建立常见食源性寄生虫食品限量标准是非常必要的，具有较大的现实意义。

2.3.3.5 标准制修订原则——基于风险评估的原则

风险评估是科学地评估人类因接触食源性危害物而对健康产生已知和潜在不利影响的可能性，并制定法规的重要科学基础。毒理学数据的可获得性、各种食品出现食源性病原体及其毒素的数据的可获得性、对每批次食品中食源性病原体及其毒素含量的了解程度、可用的分析方法、国际贸易伙伴国家现有的法规等因素，是影响食源性病原体及其毒素限量标准和法规制定的必要信息。

2.4 污染的预防和控制

食品的生物性污染危害主要为：使食品腐败、变质、霉烂，破坏其营养和食用价值并造成产供销各方面的经济损失；毒素性污染物随食物进入人体在肠道内分解释放出毒素，或在食品中繁殖产生毒素再被人摄入，引起人类各种急性和慢性食物中毒，如沙门菌中毒、副溶血性弧菌中毒和肉毒中毒等；传染性污染物随食物进入人体侵入组织，导致食源性传染病，如伤寒、甲型肝炎和人感染疯牛病等；感染性污染物随食物进入人体导致食源性感染症，如大肠埃希菌 O_{157}：H_7感染症等。

在食品污染防控方面，多数国家都强调对风险的全面防范与管理，并充分保障公众对食品安全状况的知情权，十分重视危险性评估、管理与交流。一方面，危险性评估的实质是应用科学手段检验食品中是否含有对人类健康不利的因素，分析这些可能带来风险的因素的特征与性质，并对它们的影响范围、时间、人群和程度进行分析。另一方面，各国纷纷采取各种措施来防范风险，如目前广泛推行的 HACCP 就是一种有效的风险管理工具。

2.4.1 食物链全过程防控

对于食品的污染途径和危害，USFDA 已将 HACCP 体系应用到食品生产、加工、运输、贮藏和销售等全过程，并取得了良好的安全控制效果；欧盟的食品立法也引入了 HACCP 七大原则，强调“从农场到餐桌”的全过程控制，在食品运输方面，包含了对包装、运输和贮藏这几个环节的监控；加拿大在有关食品监测法律、法规中，对食品运输方面的规定细致到冷藏设施、拖车、货船、集装箱等运输工具的结构、卫生状况、温度和湿度等。

(1)防控食品的一次污染和二次污染

防止食品生物性污染，首先应注意食品原料生产区域的环境卫生，避免人畜粪便、污水和有机废物污染环境，防止和控制食品原料的动、植物病虫害。在收获、加工、运输、贮存、销售等各个环节防止食品污染。食物采集后，防止和减少由微生物污染而引起的变败等损失，主要应用各种保藏方法，如不同温度的冷藏或加热保藏、不同水活性的干燥保藏、不同射线的辐射保藏、不同防腐剂的化学保藏和不同渗透压的腌渍保藏以及发酵保藏等。

(2)应用有效、科学的措施和技术

如应用GMP、HACCP等。HACCP不只适用于食品加工车间，食物链各个环节均应进行危害分析，找出关键控制点(CCP)，采用有效的预防措施和监控手段，使危害因素降到最小程度，并采取必要的验证措施，使产品达到预期的要求。强调企业的自身管理，积极引导食品生产经营企业向规模化、集约化程度方向健康发展。鼓励企业积极参与国际食品卫生标准、环境标准、环境标志等国际认证。

(3)推进食物链中各参与者共同努力

重视宣传教育，包括对政府部门、企业和消费者有针对性的广泛、持久的宣教。

加强国家食品安全控制系统建设，包括完善监管体制、机制和建立健全食品安全法规、标准、检验监测信息通报、食品安全诚信体系等食品安全长效机制。

2.4.2 推行食品安全溯源和召回制度

溯源和召回是对问题食品的处理手段。

按照从生产到销售的每一个环节都可相互追查的原则，建立食品生产、经营记录制度。从保证食品质量和安全卫生的必备条件抓起，采取生产许可、出场强制检验等监管措施，从加工源头上确保不合格食品不能出厂销售，并加大执法监督和打假力度，提高食品加工、流通环节的安全性。进一步规范食品标签管理，一方面可确保食品标签提供的信息真实充分有效，避免误导和欺骗消费者；另一方面一旦出现食品安全事故，也有利于事故的处理和不安全食品的召回。建立统一协调的食品安全信息组织管理系统，加强信息的收集、分析和预测工作。

2.4.3 加强同源性分析和流行病学工作

同源性分析(autoploidy analysis)和流行病学工作是对食源性疾病的应对手段。实验室因同源性分析而在流行病学工作中发挥作用。

不同时间、地域、人群发生的食源性疾病是否为同一起事件？不同时间、地域、人群和食品标本检出的事故原因微生物、甚至这些原因微生物分属于许多个属、种和血清型是否为同一型微生物？对这些问题的研究就是同源性分析。

同源性分析的目的在于分析事件之间的内在联系，找出不同事件的共同原因，以确定应对策略和措施、流行轨迹、源头和趋势等。

同源性分析所用技术即各种分子生物学检测技术，检测原理均基于微生物的个体差异，这些差异构成了微生物的不同克隆(clone)，对其差异的识别即克隆识别(clonal identification)。

按照人类对生物体的认识，克隆识别也经历了由表及里、去粗取精的历程，识别的层次也在不断提高。从识别由科、属、种、株和各种生物型别(血清型、药敏型、细菌素型、噬菌体型等)差异所构成的4个层次的克隆，到识别分子水平差异所构成的各种类别的克隆。目前，克隆多指基因或蛋白质在各种水平上的差异所构成的类别，克隆识别即对来自不同时间、地域、标本的微生物株进行检测、鉴定、区分，判断它们是否为同一克隆，如是同一克隆，则在特异基因或蛋白质位点上具有相同的型别，即具有同源性，用不同的多态性分析检测后，相同位点越多，证明同源性越高。同源性分析技术即克隆识别技术，也即分型技术，目前多采用分子生物学技术。传统的分析方法，如科、属、种的鉴别和血清学分型等在克隆识别上仍具有经典的现实意义。

食品安全的流行病学工作与实验室检测结果和监测网监测结果密切相关，如暴发时流行病学工作需要搜索病例，既依赖于实验室的工作也依赖于监测网的工作：要求报告病例就是被动监测、自己查寻病例就是主动监测，病例标本需要实验室确认，病例定义明确后，罹患率等指标才可信。流行病学工作需要这些信息，在此基础上进行三间分布、流行曲线等分析。

无论是食品安全监管工作者、公共卫生工作者还是检测监测工作者，在从事食品生物性污染相关工作，尤其是在食源性疾病暴发流行时，都需要具备一些流行病学工作能力，才能促使三者协调有效地工作。

思考题

1. 食品生物性污染的来源和途径与哪些因素有关?
2. 防控食品生物性污染应从哪些方面着手?
3. 食品生物性污染后的转归有几种?
4. 如何主动掌握食品生物性污染的状况?
5. 你对国际食品污染和食源性疾病监测系统和信息系统有哪些了解?
6. 在国家层面上食品生物性污染最有效的防控措施是什么?

推荐阅读书目

WHO. Global environment monitoring system-Food contamination monitoring and assessment programme(GEMS/Food). http://www.who.int/foodsafety/chem/gems/en/index.html.

WHO Regional Office for Europe: WHO EUROPEAN ACTION PLAN FOR FOOD AND NUTRI-

TION POLICY 2007—2012.

全球食品安全(北京)论坛论文集. 国务院发展研究中心等. 2004.

相关链接

世界卫生组织(WHO)食品安全网 http://www.who.int/foodsafety/

美国国家食品安全信息网络 http://www.foodsafety.gov/

世界卫生组织(WHO)全球沙门菌监测网(GSS) http://www.who.int/emc/diseases/zoo/SALM-SURV

美国食源性疾病主动监测网(FoodNet) http://www.cdc.gov/ncidod/dbmd/foodnet

美国公共卫生实验室信息系统(PHLIS) http://www.cdc.gov/ncidod/dbmd/phlisdata

美国国家肠道菌耐药性监测系统(NARMS) http://www.cdc.gov/ncidod/dbmd/narms

美国细菌分子分型国家电子网络(PulseNet) http://www.cdc.gov/ncidod/dbmd/pulsenet/pulsenet.htm

欧洲沙门菌、产志贺毒素的 O_{157} 国际监测网(Enter-Net) http://www.phls.co.uk

欧洲弯曲菌监测网(Campynet) http://www.camynet.vetinst.dk

南美 PAHO/INPAZZ 食源性疾病监测网(SIRVETA) http://www.panalimentos.org/sirveta/i/index.htm

丹麦国家综合耐药性监测和研究项目(DANMAP) http://www.danmap.org

日本国立感染症研究所感染症监测中心(IDSC) http://idsc.nih.go.jp/index.html

世界卫生组织(WHO)/联合国环境规划署(UNEP)/联合国粮食农业组织(FAO)全球环境监测系统-食品污染监测和评估计划网站(GEMS/FOOD) http://www.who.ch/fsf/gems.htm

弯曲菌监测网 http://campynet.vetinst.dk/CONTENTS.HTM

欧洲细菌耐药性监测网 http://www.earss.rivm.nl

第3章 食品理化性污染及其预防和控制

重点与难点 农畜产品在种植、养殖环节，加工、运输环节，流通环节中会受到各种化学性和物理性有害物质的污染。这些物质来源复杂，种类繁多，如农药残留、兽药残留、有害金属、多环芳烃化合物、N-亚硝基化合物、二噁英、杂环胺类化合物、食品添加剂、放射性污染物、氯丙醇、三聚氰胺、丙烯酰胺等。这些污染物影响食品的安全性，对人体能产生急性、慢性或潜在危害。通过学习本章，应掌握食品中化学性和物理性污染物的来源，对人体的危害，在食品中的限量标准以及预防、控制其对食品危害的措施。

农畜产品在“从农场到餐桌”的复杂过程中受到多方面非故意或故意加入食品中的对人体有毒害作用的物理性或化学性物质的污染。受污染的主要原因是：在农畜产品种植、养殖和加工环节中，为了提高产品产量、改善食品的质量，使用了大量化学物质。这些化学物质有的直接应用于食品，如食品添加剂；有的间接与食品接触，如农药、兽药、有毒金属等。食品加工环节还会产生对人体有害的物质，如N-亚硝基化合物、多环芳烃化合物、杂环胺类化合物、氯丙醇、丙烯酰胺等。也有人为违规加入的非食用物质，如三聚氰胺、苏丹红、次硫酸钠、甲醛等有害物质。还有工业“三废”的排放严重污染了环境，使得环境污染物，特别是重金属也对食品产生污染。被污染的食品中化学性和物理性污染物种类繁多，是食品安全检测、监测的重要指标。

我国食品的生产量及产品种类逐年增加，尤其是加入世界贸易组织后，农畜产品的出口量不断增加，食品安全与否更显重要。

3.1 概述

食品理化污染是指化学性和物理性有害物质对食品的污染。来源复杂，种类繁多，主要来自自然环境和人类活动。人类的生产、生活每天都在向环境排放大量工业废水、废气、机动车尾气及城市生活污水，污染了土壤、水体和大气，这使人类赖以生存的自然环境日益恶化。而大气中有害物质由于重力作用会自然降落或随雨水降落在土壤和农作物表面，有些农田还采用污水灌溉，使环境中有害物质残留在土壤中，污染农田。

有些物质会在环境中持久存在，称为持久性有机污染物（persistent organic pollutants，POPs）。POPs是一类化学物质，这类化学物质可以在环境里长期存留，可以在全球广泛分布，它可以通过食物链蓄积，逐级的传递，进入到有机体的脂肪组织里聚积，最终会对生物体、人体产生毒害。这些有害污染物可以通过食物链在生态系统中产生生物放大效应，从而造成更大的危害。生物个体或处于同一营养级的许多生物种群，从周围环境中吸收并积累某种元素或难分解的化合物，导致生物体内该物质的平衡浓度超过环境中浓度的现象，叫生物富集（bio-amplification），又叫生物浓缩。

种植及养殖过程中，大量使用的农药、兽药等，使一些有害的化学物质残留在农、林、畜产品中，再通过食物链的生物富集作用，以较高的浓度进入人体，严重威胁着人类的健康。食品的原料加工过程，如果违规使用食品添加剂，会使食品受到有害物质污染。原料或食品贮存、运输过程所用容器与包装材料中也会含有有害物质，这些有害物质能溶出并转移至食品中污染食品。人类食用受污染的食品，会对健康产生不同程度的急、慢性或潜在危害，甚至有致癌、致畸、致突变作用，引发食品安全问题。因此，应加强对食品污染物的全程检测与监测，以保证食品安全地由农田进入餐桌。

3.1.1 自然环境污染

食品安全性与环境有着千丝万缕的联系，环境是农畜品“从农场到餐桌”的起步，环境的污染状况影响食品的安全性。

3.1.1.1 大气污染物

大气污染物(atmospheric pollutant)有天然污染物和人为污染物，与食品安全有关的是人为污染物。人为污染物主要来自燃料燃烧、工农业生产和交通运输向大气排放的有毒、有害气体。大气污染物种类繁多，理化性质复杂，既有有机化合物也有无机化合物，毒害作用各不相同。

长期暴露在污染空气中的动植物，会被动吸附大气中的有害物质，经食物链进入人体，危害人体健康。

3.1.1.2 水体污染物

水体污染是指一定量的污水、废水、各种废弃物等污染物质进入水域，超出了水体的自净和纳污能力，从而导致水体及其底泥的物理、化学性质和生物群落组成发生不良变化，破坏了水中固有的生态系统和水体的功能，从而降低水体使用价值的现象。水体污染物(water pollutant)有以下 3 种。

(1)物理性污染物

物理性污染指热污染和放射性污染。水体热污染主要来源于工业冷却水。水中放射性物质主要来源于天然放射性核素，核试验沉降物，核工业废水、废气、废渣，核研究和核医疗排放的废水等。

(2)化学性污染物

化学性污染是当今水污染的主要污染物。水体污染的化学物质包括无机物和有机物两大类。最常见的无机污染物如铅、汞、镉、铬、砷、氮、磷、氰化物及酸、碱、盐等；有机污染物如苯、酚、石油及其制品等。

(3)生物性污染物

生物性污染是生活污水、医院污水、畜牧和屠宰场的废水及垃圾和地面径流都可能带有大量病原体和其他微生物。此外，磷、氮等污染物引起水体富营养化而导致藻类污染也属于生物性污染。

水是一种有限的资源，地球上的淡水仅占全球总水量的 7/10 万。安全的淡水是维持地球上生命的基本要素，水体遭受污染具有很大的危害性，水能直接或间接污染动植物及其产品，影响食品安全。

3.1.1.3 土壤污染物

人为活动产生的污染物进入土壤并积累到一定程度，引起土壤质量恶化的现象，称为土壤污染。

污染物进入土壤的途径是多样的，大气中的污染物，在重力作用下沉降到地面而进入土壤，水中的污染物可直接进入土壤，固体垃圾中的污染物可直接进入土壤。其中污水灌溉带来的土壤污染最为严重。农药、化肥的大量使用也是土壤污染物的重要原因。

土壤污染物分为无机污染物和有机污染物两大类。

(1)有机污染物

有机污染物来自农药及固体废物。农药残留主要为DDT、六六六、狄氏剂(有机氯类)和马拉硫磷、对硫磷、敌敌畏(有机磷类)。固体废物来自石油、化工、制药、油漆、染料等工业排出的“三废”中的石油、多环芳烃、多氯联苯、酚等。

(2)无机污染物

无机污染物主要来自进入土壤中的重金属及放射性元素。重金属主要来自工业废水、固体废物及农药，如汞、镉、铬、铜、锌、铅、镍、砷等。土壤一旦被重金属污染，较难彻底清除，对人类危害严重。放射性元素主要来自核试验及原子能工业所排出的“三废”。土壤受到放射性污染是难以排除的，只能靠自然衰变达到稳定元素时才结束。这些重金属及放射性污染物会通过食物链进入人体，危害健康。

土壤受到污染可导致一系列环境问题。土壤污染物浓度较高的表土容易在风力和水流作用下分别进入到大气和水体中，导致大气污染、地表水污染、地下水污染，产生生态系统退化等其他次生生态环境问题。

3.1.1.4 预防和控制措施

环境污染物有3个特点：一是作用范围广，可经水体、土壤、大气等多种途径作用于生物体，呈海、陆、空立体结构；二是污染物在环境中的浓度一般不高，但作用时间长，经生物富集作用会以较高的浓度污染食品；三是污染物处在生态系统中循环污染，不易治理。

在循环系统中，只要大气、水体、土壤一个环节受到污染，其中的污染物必将通过农作物的根系吸收，进入叶、茎或子实中，或通过水生生物富集而最终带入人体，危害人体健康。因此，控制环境污染物最根本的措施就是减少并最终消除环境污染。具体措施包括：减少不合格污染物排放；不用不合格污水灌溉农作物；搞好综合利用，提倡循环经济(cyclic economy)，减少工业污染等。

3.1.2 人类活动污染

食品是人类生存的物质基础。为了增加食品的数量，改善食品的质量，满足人类的生存和发展，人类一直在不懈地努力着。在取得成功的同时，却破坏了人类赖以生存的环境，带来环境的污染，进而引发食品安全问题。

3.1.2.1 种植、养殖活动的污染

种植业和养殖业是食品“从农场到餐桌”的源头，农业生产中农药的大量使用，畜牧养殖中兽药和饲料添加剂的大量使用，是造成食品源头环节农畜产品污染的重要因素。

农药的使用是农作物种植过程中保护植物的重要手段，它具有快速、高效、经济等特点，迄今为止并在今后一定的时间内，没有其他手段可以完全替代农药。可以说农药的使用在保证农业稳产、高产，满足人类对食品量的需求方面起到重要的作用，给人类带来了巨大的经济效益和社会效益。然而，任何事物都具有两面性，绝大多数农药及其代谢产物都会对人、畜、有益生物有毒害及对环境造成污染。农药残留在农产品中，会影响农产品的质量，甚至会危害消费者的健康。我国每年都有农药中毒事故发生，已成为近年来威胁百姓餐桌的一大突出问题。

现代养殖业的发展日益趋向于规模化、集约化，为了预防和治疗动物疾病的发生，提高饲料的品质，促进饲料转化利用，降低生产成本，促进动物快速生长、高效生产，提高畜产品的产量而广泛使用兽药。常用的兽药和饲料添加剂有：抗生素、维生素、激素、金属微量元素等。兽药已成为保障畜牧业发展必不可少的一环。然而，由于经济利益的驱使，在养殖业中滥用药物的现象普遍存在，因而使动物性食品中存在不同程度的兽药残留等不安全隐患。兽药残留主要是由于不合理使用药物治疗疾病和滥用饲料添加剂造成。国内市场调查发现肉制品、乳制品中抗生素和激素残留问题比较严重，这不仅直接危害人体健康，而且会制约畜牧业的发展。

3.1.2.2 食品加工、运输环节的污染

食品加工过程中为了改善食品的风味和品质，延长食品保质期，允许使用食品添加剂。但如违规使用食品添加剂，就会造成食品污染，影响食品的安全性，威胁人类的健康。例如，以烘烤或熏制方式加工食品过程中，食品会受到多环芳烃的污染；腌制食品中会存在N-亚硝基化合物的污染等。表3－1列出2 008年12月~2009年6月卫生部相继发布的食品中可能违法添加的非食用物质品种名单。运输条件简陋，违规装配，混入有害物质等，均可造成食品污染。

表3－1 食品中可能违法添加的非食用物质

序号	名 称	可能添加的主要食品类别	可能的主要作用
1	吊白块(次硫酸钠甲醛)	腐竹、粉丝、面粉、竹笋	增白、保鲜、增加口感、防腐
2	苏丹红(苏丹红Ⅰ)	辣椒粉	着色
3	王金黄、块黄(碱性橙Ⅱ)	腐皮	着色
4	三聚氰胺(蛋白精)	乳及乳制品	虚高蛋白质含量
5	硼酸与硼砂	腐竹、肉丸、凉粉、凉皮、面条、饺子皮	增筋

（续）

序号	名 称	可能添加的主要食品类别	可能的主要作用
6	硫氰酸钠	乳及乳制品	保鲜
7	玫瑰红 B(罗丹明 B)	调味品	着色
8	美术绿(铅铬绿)	茶叶	着色
9	碱性嫩黄	豆制品	着色
10	酸性橙	卤制熟食	着色
11	工业用甲醛	海参、鱿鱼等干水产品	改善外观和质地
12	工业用火碱	海参、鱿鱼等干水产品	改善外观和质地
13	一氧化碳	水产品	改善色泽
14	硫化钠	味精	
15	工业硫磺	白砂糖、辣椒、蜜饯、银耳	漂白、防腐
16	工业染料	小米、玉米粉、熟肉制品等	着色
17	罂粟壳	火锅	
18	皮革水解物(皮革水解蛋)	乳与乳制品及含乳饮料	增加蛋白质含量
19	溴酸钾	小麦粉	增筋
20	β-内酰胺酶(金玉兰酶制剂)	乳及乳制品	掩蔽抗生素
21	富马酸二甲酯	糕点	防腐防虫
22	废弃食用油脂	食用油脂	掺假
23	工业用矿物油	陈化大米	改善外观
24	工业明胶	冰激凌、肉皮冻等	改善形状、掺假
25	工业酒精	勾兑假酒	降低成本
26	敌敌畏	火腿、鱼干、咸鱼等制品	驱虫
27	毛发水	酱油等	掺假
28	工业用乙酸	勾兑食醋	调节酸度

3.1.2.3 流通环节的污染

食品在贮存、运输和销售过程，如使用塑料袋包装食品可致使聚乙烯或聚氯乙烯污染食品；如违规使用国家禁止使用的一次性餐具，也会使食品受到污染。

3.1.3 放射性污染

放射性污染(radioactivity contaminant)是指由于人类活动造成物料、人体、场所、环境介质表面或者内部出现超过国家标准的放射性物质或者射线。各种放射性核素发射出一定能量的射线，当其排入环境中，使环境中放射性物质的放射性水平高于天然本底或超过规定的卫生标准，造成环境放射性污染。环境中放射性物质被生物富集，使某些动、植物特别是一些水生生物体内的放射性核素会比环境中的增多数倍，造成食品的放射性污染。

3.1.3.1 来源与种类

食品在生产、加工过程中吸附、吸收外来的放射性核素(包括天然放射性物质和放射性污染物)，超过规定的卫生标准，会引起食品的质量安全问题。环境中放射性核素可以通过食物链各环节向食品转移而污染食品，再通过消化道、呼吸道、皮肤3种途径进入人体。其中，经消化道进入人体的比例较高(如食物占94%~95%、饮水占4%~5%)，呼吸道次之，经皮肤的可能性较小。

(1)天然放射性物质

天然放射性物质是自然界本身固有的，未受人类活动影响的电离辐射水平。它主要来源于环境中的放射性核素。天然放射性物质在自然界中分布很广，它存在于矿石、土壤、天然水、大气中，天然本底辐射对人类没有危害。由于生物体与其生存的环境之间存在物质交换过程，因此，绝大多数的动物性、植物性食品中都含有不同量的天然放射性物质，亦即食品的天然放射性本底，特别是鱼类、贝类等水产品对某些放射性核素具有很强的富集作用，使自身放射性核素的含量显著地超过周围环境中存在的该核素的放射性。但由于不同地区环境的放射性本底值不同，不同的动、植物以及生物体的不同组织对某些放射性物质的亲和力有较大差异，因此，不同食品中的天然放射性本底值有很大差异。食品中的天然放射性核素主要是^{40}K和少量的^{226}Ra(镭)、^{228}Ra(镭)、^{210}Po(钋)以及天然钍和天然铀等。

(2)放射性污染物

随着核工业的迅速发展，放射性核素在各个领域被广泛应用，如医疗、科学实验的放射性废物排放，以及意外事故中放射性核素的渗漏等，当这些人为的放射性核素的辐射水平高于天然本底辐射或国家规定的标准时，就会造成环境的放射性污染。伴随在人们身边的电视机、电脑以及建筑材料等均含有放射性材料，虽然辐射强度很小，但作用的时间长，也是不容忽视的放射性污染物。

这些天然的和人为的放射性污染物均可污染食物，经食物链各环节进入人体，当超过安全限量，会对人体健康造成危害。

3.1.3.2 危害与限量标准

放射性物质对人体的健康危害是很大的，一次性受到大量的放射线照射可引起死亡，如第二次世界大战期间原子弹袭击使日本的广岛、长崎变成一片废墟，人体受到较大剂量的放射性辐射后经一定的潜伏期可出现各种组织肿瘤或白血病。放射性辐射破坏机体的非特异性免疫机制，降低机体的防御能力，易并发感染、缩短寿命。此外，放射性辐射还有致畸、致突变作用，在妊娠期间受到照射极易使胚胎死亡或形成畸胎。

放射性核素进入人体后，其射线对机体产生持续辐射照射，直到放射性核素变成稳定性核素或全部被排出体外为止。

进入人体的放射性物质，有一部分不被吸收而直接排出，对人体影响小；被人体吸收部分将参与机体的代谢，进入组织内形成内照射。食品放射性污染对人体的危害主要是由于摄入食品中的放射性物质对体内各种组织、器官和细胞产生的低剂量长期内照射效应。就多数放射性核素而言，它们在生物体内分布是不均匀的，聚积较多的器官受到内照射的量较其他组织器官要多。因此，在一定剂量下，常观察到某些器官的局部效应。为正确评价机体内放射性污染的危害，应熟悉内照射剂量与效应的关系。当内照射剂量大时，可能出现近期效应，如出现头痛、头晕、食欲下降、睡眠障碍等神经系统和消化系统的症状，继而出现白细胞和血小板减少等。小剂量放射性核素在体内长期作用，能引起的放射病潜伏期较长且多引起癌变、白血病和遗传障碍等。超剂量放射性物质可产生远期效应，如致癌、致畸、致突变。食品放射性污染的卫生学意义在于它的小剂量长期内照射作用引起的慢性及远期效应。

•••射性污染案例•••

世界上最严重的核事故发生在苏联切尔诺贝利核电站。乌克兰基辅市以北130 km的切尔诺贝利核电站的灾难性大火造成的放射性物质泄漏，污染了欧洲的大部分地区。切尔诺贝利核电站是前苏联最大的核电站，共有4台机组。1986年4月26日在按计划对第4机组进行停机检查时，由于电站人员多次违反操作规程，导致反应堆能量增加。26日凌晨，反应堆熔化燃烧，引起爆炸，冲破保护壳，厂房起火，放射性物质源源泄出。用水和化学剂灭火，瞬间即被蒸发。事故发生时当场死2人，遭辐射受伤204人。5月8日，反应堆停止燃烧，温度仍达300℃；当地辐射强度最高为每小时3.87×10^{-6} C/kg，基辅市为5.16×10^{-8} C/kg，而正常值允许量是2.58×10^{-9} C/kg。瑞典检测到放射性尘埃，超过正常数的100倍。西方各国拒绝接受白俄罗斯和乌克兰的进口食品。因此事故白俄罗斯共和国损失了20%的农业用地，220万人居住的土地遭到污染。

放射性物质对人体具有一定危害，应限制食品中放射性物质含量。《食品中放射性物质限制浓度标准》(GB 14882—1994)规定了各种食品放射性物质限量标准；检验方法按《食品中放射性物质检验》(GB 14883—1994)执行。

3.1.3.3 预防和控制措施

预防食品放射性污染及其对人体危害的主要措施分为两方面：一方面是防止食品受到放射性物质的污染，即加强对放射性污染源的管理；另一方面是防止已经受到放射性污染的食品进入人体内。应加强对食品中放射性污染源的经常性卫生监督。

(1)对放射源要进行科学的管理

防止意外事故的发生和放射性核素在使用过程中对环境的污染，还需加强对放射性废弃物的处理与净化。

(2)加强对污染的监督

我国的核技术已经在医疗卫生、教学科研和工农业等领域广泛应用。为防止放射性物质对食品造成污染，应定期对食品进行监测，严格执行国家卫生标准，使食品中放射性物质的含量控制在允许浓度范围内。此外，使用辐照工艺作为食品保藏和改善食品品质的方法时，应严格遵守国家标准中对食品辐照的有关规定。

为强化放射性污染的防治，国家环境保护总局受国务院委托，制定了《中华人民共和国放射性污染物防治法》，并于2003年10月1日起施行。

3.1.4 污染物检测和监测

为让百姓吃得放心，应控制农畜产品产地生产区域大气、土壤、水体中有害物质和农业投入品的安全学指标在国家标准限量范围内；农畜产品加工、贮存、运输、流通各环节中应保证产品安全，维护消费者利益。为达到此目的，应加强“从农场到餐桌”各个环节的检测与监测工作。

3.1.4.1 污染物检测

食品安全的基础首先体现在检测技术上，检测技术是保证食品安全的技术支撑手段。在食品不安全因素无法检出的情况下，安全是无法保证的。如果没有检测技术，无法知道食品中是否存在不安全因素，也无法知道这种不安全因素对食品的影响程度。

我国食品理化检测技术紧跟国际前沿，自主研发，目前，已经具有国际认可的先进的检测技术。

国际上制定有关食品安全检测方法标准的组织有CAC、ISO、国际分析化学家协会(Association of Official Analytical Chemists，AOAC)等。

USFDA的农药残留检测方法均记载、收集于农药分析手册中，其多残留分析方法可同时检测360多种农药，并建立了近20年来动物性食品中农药多残留量资料。德国可同时检测325种农药，加拿大可同时检测251种农药。我国近年农药多残留分析技术研究取得了长足进展，并发布了《水果和蔬菜中446种农药多残留测定》(GB/T 19648—2005)、《粮食中405种农药多残留测定》(GB/T19649—2005)、《动物组织中437种农药多残留测定》(GB/T19650—2005)和《蜂蜜、果汁和果酒中450种农药多残留测定》(GB/T19429—2005)。

环境样品、农业投入品、食品化学成分检测分两步进行：样品前处理和定性、定量分析。食品安全分析的化学成分以有害成分为主，常应用灵敏度较高的仪器进行分析。

(1)样品前处理

食品中污染物检测是在复杂的基质中对痕量组分进行定性和定量分析，由于样品组分复杂，样品的前处理是分析的关键环节。常用的传统样品前处理技术有索氏提取、液液萃取、湿法消解等，这些方法样品需要量大，操作步骤烦琐、处理时间长，往往伴随着大量的污染物产生，特别是大量的废酸、废气以及有机溶剂的废液，污染环境，增加了食品不安全的隐患。随着科学的发展、技术的进步和环境保护意识的增强，人们发现化学分析本身对环境也是一种污染物排放源。为此，“绿色化学”(green chemistry)引入化学分析领域。绿色化学又称为环境无害化学(environmentally benign chemistry)，开发新的样品前处理技术，使样品前处理向着省时、省力、廉价、减少溶剂用量、减少对环境污染、微型化和自动化的绿色化学方向发展。新的样品前处理技术有：

①固相萃取(SPE)　即利用固体吸附剂将液体样品中的目标化合物吸附，使其与样品的基体分离，然后洗脱或解吸，达到分离和富集目标化合物的目的。

②固相微萃取(SPME)　是在固相萃取基础上发展起来的。装置类似于一支气相色谱的微量进样器，萃取头是在一根石英纤维上涂上固相微萃取涂层，外套不锈钢细管以保护石英纤维不被折断，纤维头可在钢管内伸缩。将纤维头浸入样品溶液中或顶空气体中一段时间，同时搅拌溶液以加速两相间达到平衡的速度，待平衡后将纤维头取出插入气相色谱汽化室，热解吸涂层上吸附的物质。被萃取物在汽化室内解吸后，靠流动相将其导入色谱柱，完成提取、分离、浓缩的全过程。固相微萃取技术几乎可以用于气体、液体、生物、固体等样品中各类挥发性或半挥发性物质的分析，操作时间短、样品量少、无需溶剂。

③顶空分析(HS)　即气体萃取。利用恒温封闭体系，使样品中挥发性组分在液体样品及其顶上空间的气液平衡，取上部气体进行分析的色谱方法。它是一种分析液体、固体中挥发性组分的方法。

④微波萃取(SAE)　是利用微波加热的特性对试样中目标成分进行选择性萃取。微波萃取是将样品放在聚四氟乙烯材料制成的样品杯中，加入萃取溶剂后将样品杯放入密封好、耐高压又不吸收微波能量的萃取罐中。由于萃取罐是密封的，当萃取溶剂加热时，由于萃取溶剂的挥发使罐内压力增加。压力的增加使得萃取溶剂的沸点也大大增加，这样就提高了萃取温度。同时，由于密封，萃取溶剂不会损失，也就减少了萃取溶剂的用量。

⑤超临界流体萃取(SFE)　是用超临界流体作为萃取剂，从各种组分复杂的样品中，把所需要的组分分离提取出来的一种分离提取技术。

⑥快速溶剂萃取(ASE)　是在一定温度(50～200℃)和压力下，用常规溶剂对固体或半固体样品进行萃取的方法。通过温度和压力的提高可提高萃取效率，缩短萃取时间，大大减少萃取溶剂的使用量。

(2)色谱分析

色谱分析是药残特别是农药残留分析的常用方法，常用的方法有：

①气相色谱(GC)法　是农残分析的经典技术。

②高效液相色谱(HPLC)法　适合于测定热不稳定和强极性化学成分，在药残特别是兽药残留及其代谢物的分析应用日益广泛。

③色-质联用法　技术日益成熟，质谱法(MS)的优点就是可在多种残留物同时存在的情况下对其进行定性、定量分析，在一些发达国家，GC/MS、HPLC/

MS 已成为常规的残留分析检测手段，特别适合于农药代谢物、降解物的检测和多残留检测等，不过此法需要贵重仪器且操作烦琐，不适合于经常性的检测，一般可用来做最后的确认工作。

④超临界流体色谱(SFC)法　是以超临界流体作为色谱流动相的色谱，能通过调节压力、温度、流动相组成多重梯度，选择最佳色谱条件，SFC 既综合了 GC 与 HPLC 的优点，又弥补了它们的不足，可在较低温度下分析相对分子质量较大、对热不稳定的化合物和极性较强的化合物，可与大部分 GC、HPLC 的检测器联用，还可与红外(FTIR)、MS 联用，极大地拓宽了其应用范围，许多在 GC 或 HPLC 上须经衍生化才能分析的农药，都可用 SFC 直接测定。

⑤毛细管电泳(CE)法　是利用毛细管及高电压分离各种农药残留物，非常适合于一些难于用传统色谱法分离的离子化样品的分离和分析，比 HPLC 有高 10 ~ 1 000 倍的分析能力，而且所需的缓冲液具有不污染环境的特点，在短时间(30min)内就可以完成定性及定量分析。具有分离效率高、快速、样品用量少等特点，CE/MS 可用于谷物和其他基质中带电荷基团的农药及其代谢物的残留检测，开发研究灵敏度更高的检测系统将使毛细管区带电泳的优势得以充分发挥。

(3)光谱分析

光谱分析是食品污染物中重金属分析常用的分析方法，常用的有：

①原子吸收光谱法　是食品中重金属的主要检测技术之一，它可以采用火焰原子化、电热原子化或氢化物发生等方式，这些方法均具有较低的检测限。

②氢化物发生-原子荧光光谱分析法。

③电感耦合等离子体原子发射光谱(ICP - AES)法　原子吸收、原子荧光属于单元素分析，在进行多元素分析时，操作烦琐。电感耦合等离子体原子发射光谱在进行多元素分析时具有优势，也已成为食品中重金属测定常用的方法，这种方法能同时分析 70 多种元素，每个元素都有很高的灵敏度。

④电感耦合等离子体质谱(ICP - MS)法　在多元素分析的基础上不仅可以测定金属元素的浓度，而且可以同时给出有关同位素的信息，因此可以进行同位素的示踪研究。

(4)快速检测技术

农药残留快速检测技术主要包括化学检测、酶抑制检测和免疫检测。农产品质量安全快速检测技术的检测对象主要针对影响农产品安全性的化学危害因子(农药、兽药、重金属等)。农药残留分析的成分大多是化学合成的化学品，而生物农药逐步取代化学农药将是未来发展的趋势。今后农残分析对象的相对分子质量将会大很多，将分析对象与原动植物组织中的蛋白质、多肽、核酸、细菌或病毒等分离也将会更加困难。新的农残分析技术必须与细胞化学、发酵化学、免疫化学和多肽排列结构等多方面学科知识相结合。农残分析技术综合性很强、涉及面广。随着科学技术的不断发展，农残分析技术也正在不断更新、完善，朝着小型化、自动化方向发展，为食品安全保驾护航。目前常用的快速检测技术有：

①化学快速检测法　主要用于有机磷的检测，利用有机磷农药(磷酸酯、二

硫代酸酯、磷酰胺)在金属催化剂作用下水解为磷酸与醇，水解产物与检测液反应，使检测液的紫红色褪去变成无色。该方法特点是操作简便、检测速度快，尤其适合于现场检测，但适用范围小，方法仅局限于果蔬中的有机磷检测，灵敏度低。

②酶抑制技术　是研究比较成熟、应用最广泛快速的农药残留检测技术。欧美等国家和地区已将酶抑制法试剂盒或试纸条作为普查农药残留与田间实地检测的基本手段。已开发出速测箱、速测卡、快速测定仪、生物传感器等多种类型的产品，用来检测农产品中有机磷与氨基甲酸酯农药的残留。但是酶抑制法测定样品和农药种类有限，目前只用于果蔬中部分有机磷和氨基甲酸酯类农药残留检测，且不能给出定量结果。酶抑制法可制成快速检测箱，无需大型设备和专业人员。

③免疫技术　免疫法检测特异性强，灵敏度高，快速简便，可准确定性和定量，适用于现场分析，但抗体制备比较困难，不能确定试样中的农药品种，有一定的盲目性，易出现假阴性、假阳性现象。

(5)物理污染检测

关于物理污染物的检测工作开展得较少，需要加快研究和工作的进度。目前国际上有一些研究，所涉及的技术措施有金属探测、密度分离、产品流的X射线检测、磁分离技术、颜色与形状的自动识别、微观物理污染物的显微检测以及确定宏观污染物源的分析试验方法等。

3.1.4.2　污染物监测

监测工作以检测工作为基础，是一种连续的、多点位的检测。进行监测时，按统计学原理布设监测点，进而形成监测网络。通过监测可以了解某种食品是否存在安全问题，在什么情况下会对人体产生危害，还可以把握农畜产品从“农场到餐桌”全程食品安全状况，避免食源性疾病的发生。

食品污染物监测的目的是为食品安全风险评估提供客观数据。对食品进行动态监测检验，可及时发现食品受污染情况，为食品安全增加可靠的法律保障。

《食品安全法》规定：“国家建立食品安全风险监测制度，对食源性疾病、食品污染以及食品中的有害因素进行监测。国务院卫生行政部门会同国务院有关部门制定、实施国家食品安全风险监测计划。省、自治区、直辖市人民政府卫生行政部门根据国家食品安全风险监测计划，结合本行政区域的具体情况，组织制定、实施本行政区域的食品安全风险监测方案。”可见食品污染物监测的重要性。

(1)全球食品化学污染物监测

对食品中化学污染物进行监测，能及时摸清食品化学污染物的本底，并预测食品污染事件，是确定优先控制问题和追踪变化趋势的关键技术。早在20世纪70年代WHO/联合国环境保护署(United Nations Environment Programme，UNEP)/FAO联合发起了全球环境监测规划/食品污染监测与评估计划(global environment monitoring system-food contamination monitoring and assessment programme，GEMS/

FOOD)，并与相关国际组织制定了庞大的污染物监测项目与分析质量保证体系(AQA)，其主要目的是监测全球食品中主要污染物的污染水平及其变化趋势。

国际上具有食品安全先进水平的国家主要有美国、欧盟、日本等发达国家和地区，它们拥有高效协调的监管体系，完善和操作性强的法律、法规、标准体系，掌握最先进、完整的检测技术体系，实行了过程控制、动物疾病的控制、食品中农兽药物残留的控制、环境和污染物的控制、致病微生物的控制、第三国食品准入的管理和管制，强调“从农场到餐桌”全过程管理，强调食品生产经营者对保证食品安全的责任，企业实施 HACCP，加强自我管理措施。我国在加强食品安全管理方面需要借鉴这些先进经验和成熟做法。它们拥有比较固定的监测网络和比较齐全的污染物与食品监测数据，如美国有近 20 多年的动物性食品中有机氯农药(如 DDT 等)的残留量资料。

(2)中国食品化学污染物监测

中国虽是 GEMS/FOOD 计划的参加国，在一些重要污染物(如重金属、农药、兽药、真菌毒素等)方面开展了监测工作，但缺乏系统的监测数据。早期的食品污染监测工作是层层抽检式被动监测状况，为了与国际接轨，中国疾病预防控制中心营养与食品安全所在科技部、卫生部的支持下自 2000 年在全国初步建立了食品污染物监测网，对国内问题突出或具有潜在危害的化学污染物以及添加剂的使用进行监测、分析和危险性评估。变被动监测为主动监测，旨在全面了解中国食品的污染状况和污染程度，并评估其对健康的危害，以预防食品污染，控制食源性疾病发生。该网对农药、重金属、食品添加剂进行监测。监测结果表明：我国食品中砷、汞污染状况已基本得到控制，但铅、镉的污染突出。全国鲜奶和皮蛋铅含量平均值已超过国家标准。水产品中软体类和猪肾中的铅、镉污染水平较高，食用菌中镉污染水平较高。对碳酸饮料、果汁饮料、醋、酱菜类、陈皮/话梅类、果冻、果脯、熟肉类中防腐剂、甜味剂、色素等 10 类添加剂的残留量监测，统计结果显示 7 种添加剂存在过量添加问题。2003 年食品污染物监测网对 16 种食品中的 13 种农药进行了污染监测，获得数据显示农药总检出率为 2.03%。2004 年对全国 20 种食品中的 20 多种农药进行监测，获得监测数据显示全国食品中农药总检出率为 3.01%。茶叶受到菊酯类农药和有机氯类农药的严重污染，如 2003 年氰戊菊酯的检出率为 12.42%，三氯杀螨醇的检出率为 25.91%，最大值高达 2.75mg/kg。2004 年三氯杀螨醇在茶叶样品中的检出率高达 26.71%。监测结果还发现，虽然我国食品中农药残留的总体情况并不严重，但部分食品污染严重，存在部分农药大量使用以及高毒农药(甲胺磷、对硫磷、甲基对硫磷)违规使用的现象。对饲料中兽药及猪肉兽药残留进行监测表明，盐酸克伦特罗检出率已由 30% 下降到 10% 以下。酱油中氯丙醇监测结果显示需要加强监测。

食品安全监测事关重大，为此，应加强力度，充实检测力量，完善仪器设备和技术手段，提高检测能力，与国际接轨。全面开展对农畜产品生产基地的产地环境、投入品及生产过程的质量安全监测，及时掌握污染和治理情况，使农畜产品的全程生产环节始终处于监控中，并应进行农畜产食品上市前的抽样检测，以保证农畜产品的质量和安全。

3.2 种植、养殖环节

种植、养殖环节是农畜产品“从农场到餐桌”的起点，也是人类食物链的源头，这一环节对食品的安全性影响举足轻重。这一过程的不安全因素是：滥用违禁农药、兽药、添加剂，投入品有害物质残留超标。同时，还受生产环境、投入品质量及生产管理条件诸多因素影响。

种植、养殖业的快速发展，农药、兽药、化肥、饲料起到重要的促进作用，满足了人类对食物量的需求和保证。但同时也给人类带来负面影响，加重了生存环境的污染程度。一个污染结束会引起另外污染的发生，使污染循环相连，这个大循环体牵涉到许多种污染物质的交换、转变和迁移，呈现出立体化的特征。

农业的立体污染是由于农业生产过程中不合理农药化肥施用、畜粪便排放、农田废弃物处置以及耕种措施等造成的。解决污染问题的途径，是通过控制整个“立体污染”的循环链，阻隔污染渠道，才能从根本上解决农业生产带来的污染。

3.2.1 种植过程的农药残留

中国是农业大国，为了减少种植过程中农作物受病、虫、草和其他有害生物的危害，提高农作物产量，常常使用农药。可以说农药在农业、林业生产，对于减少农作物损失，增加农、林作物产量，提高环境绿化效率等起到了良好的作用。但农药具有各种毒性，农药的大量和广泛应用，如果使用不当，会使农药残留在农产品中，并使以农产品为原料的一系列食品也产生农药残留，直接危害人体健康。农药还能残留在水体、土壤、大气中，使环境质量恶化，形成农药残留物的循环污染。

3.2.1.1 概述

农药有广义和狭义两种解释。广义的农药包括所有在农业生产中使用的化学品，如日本早期(1948年)公布的《农药管理法》就有这种解释，近年来甚至把天敌生物商品也包括在内，称为“天敌农药”；英国、美国至今仍有沿用“农业化学品”(agricultural chemicals)的概念，事实上也把化学肥料包括在内。狭义的农药(pesticide)一般是指用于防治农、林有害生物(病、虫、草、鼠等)的化学药剂，以及为改善农作物理化性状而使用的辅助剂，还包括植物生长调节剂。

(1)农药(pesticide)

1997年由国务院公布的《中华人民共和国农药管理条例》第一次对农药的物质特性给出了界定：农药是指用于预防、消灭或者控制危害农业和林业生产的病、虫、草和其他有害生物，以及有目的地调节植物、昆虫生长的化学合成物或者来源于生物、其他天然物质的一种物质或者几种物质的混合物及其制剂。

(2)农药的作用范围

农药广泛用于农、林业生产的产前、产中至产后的全过程，同时也用于环境和家庭卫生除害防疫上，以及某些工业品的防蛀、防霉。农药用于防除有害生物的称为化学保护或化学防治，用于调节植物生长发育的称为化学调控。农药的作用是双重的，既有益处也有害处。农药的益处为：①用于预防、消灭或者控制危害种植业(含农、林、牧、渔业)中病、虫(包括昆虫、蜱、螨)、草、鼠和软体动物等生物性污染物引起的病害(而用于养殖业者属于兽药)。②调节植物、昆虫生长(如为促进植物生长给植物提供常量、微量元素者属于肥料)。③防治仓储病、虫、鼠及其他有害生物。④用于农林业产品的防腐、保鲜(而用于加工食品的防腐剂属于食品添加剂)。⑤用于防治人类生活环境中的蚊、蝇、蟑螂等卫生害虫和害鼠。⑥预防、消灭或控制危害河流堤坝、铁路、机场、建筑物、高尔夫球场、草场和其他场所的有害生物，主要是指防治杂草、危害堤坝和建筑物的白蚁和蛀虫以及衣物、文物、图书等的蛀虫。农药的有害一面是：农药残留不仅对农产品造成污染，而且还污染环境，危害人体健康。因此，应加强对农药的管理。

(3)农药残留(pesticide residue)

农药残留指农药使用后在农产品和环境中存在的农药活性成分及其在性质上和数量上有毒理学意义的代谢(或降解、转化)产物。农药残留会对环境和食品造成污染，这种污染包括农药本身及其有毒衍生物的污染。当今农药残留已成为我国农产品及食品的主要安全性问题之一。

(4)最高残留限量(maximum residue limits，MRLs)

最高残留量是指允许在食品中存在的农药或其他化学物质残留的最高量。它是强制性的标准，也是关于农药残留量的法规，农药最高残留限量是实施农药残留量检测的法律依据。在世界贸易一体化的今天，农药最高残留限量也成为各贸易国之间重要的技术壁垒。WHO/FAO 对农药残留限量的定义为：按照 GAP，直接或间接使用农药后，在食品和饲料中形成的农药残留物的最大浓度。它的直接作用是限制农产品中农药残留量，保障公民身体健康。

3.2.1.2 来源与种类

进入人体的农药约 90% 是通过食物摄入的，通过大气和饮水等途径进入人体的仅占 10%。

(1)农药残留的来源

食品中农药残留的来源有：施用农药的直接污染、环境的间接污染和食物链的生物富集。农产品中农药残留主要来自施药后的直接污染。

①直接污染　是为防治农作物病、虫、害而直接施用农药所造成农作物的污染，直接污染有 3 个途径：

- 直接喷洒　为防治农作物病、虫、害，将农药喷洒在作物上，这种表面污染多数是可以用水洗去，称为“可清除残留”。

• 农作物根部吸收　属于内吸性污染。对农作物施用农药后，农药被农作物吸收，残留在植物体内部，这种污染是无法去除的。

• 农作物贮藏过程　粮食贮存过程中使用的杀虫剂，水果贮存时所用的杀菌剂，洋葱、马铃薯、大蒜贮存时使用的抑芽剂等均能造成污染。

②间接污染　是由于长期施用农药，使大量农药进入空气、水体和土壤中，有些性质稳定的农药，在土壤中可残留数年至数十年，成为环境污染物。农作物可通过多种途径从被农药污染的环境中吸收农药，如通过气流扩散吸收大气层中的农药，从土壤和灌溉水中吸收农药，而造成农作物的间接农药污染。

③生物富集　水生植物有较强的生物富集能力，故水产养殖业更应预防农药污染，要加强对江、河、湖、海的保护。而人类是食物链的终端，受农药的生物富集的危害最大。

(2)农药的种类

农药按其化学成分分为：有机磷、有机氯、氨基甲酸酯和拟除虫菊酯类等。

①有机磷农药　是组成成分中含有有机磷的有机化合物，是目前使用量最大的杀虫剂，用于防治植物病、虫、害。这一类农药品种多、药效高、用途广，易被水果、蔬菜等含有芳香物质的植物或食品吸收。有机磷农药化学性质不稳定，容易光解、水解或碱解，也容易被生物体内的有关酶分解，而失去毒性，故不易长期在植物体内残留，因此，在生物体的蓄积性亦较低。但有不少品种对人、畜的急性毒性很强，在使用时特别要注意安全。近年来，高效低毒的品种发展很快，逐步取代了一些高毒品种，使有机磷农药的使用更安全有效。

过去我国生产的有机磷农药绝大多数为杀虫剂，如常用的对硫磷、内吸磷、马拉硫磷、乐果、敌百虫及敌敌畏等，近几年来已先后合成杀菌剂、杀鼠剂等有机磷农药。

②有机氯农药　是组成成分中含有有机氯元素的有机化合物。用于防治植物病、虫害。主要分为以苯为原料和以环戊二烯为原料的两大类。前者如使用最早、应用最广的杀虫剂DDT和六六六，以及杀螨剂三氯杀螨砜、三氯杀螨醇等，杀菌剂五氯硝基苯、百菌清、道丰宁等；后者如作为杀虫剂的氯丹、七氯、艾氏剂等。此外，以松节油为原料的莰烯类杀虫剂、毒杀芬和以萜烯为原料的冰片基氯也属于有机氯农药。

有机氯类农药在环境中很稳定，不易降解，属于高残留农药。脂溶性很强，不溶或微溶于水，故在生物体内主要蓄积于脂肪组织。有机氯多属低毒和中等毒性。急性中毒主要是神经系统和肝、肾损害的表现。某些有机氯农药具有一定的雌激素活性，尤其是DDT及其代谢产物双对氯苯基二氧乙烷、双对氯苯基乙烯等，均已被证实可引起动物的雌性化，并可增加乳腺痛等激素相关肿瘤发生的危险性。

有机氯农药作为一类重要的持久性有机污染物所造成的污染和危害已引起普遍关注。2001年5月23日在瑞典斯德哥尔摩召开了全球外交全权代表大会，通过了《关于持久性有机污染物的斯德哥尔摩公约》，中国政府于当日签署了该公约。至今，已有156个国家签署了该公约。《关于持久性有机污染物的斯德哥尔摩公约》中首批列入受控名单的12种POPs中，有9种是有机氯农药：

• 灭蚁灵　属慢性胃毒杀虫剂，对防治蚂蚁、白蚁有特效，施药后靠昆虫群体自然传播，15 d之后见效，对人有致癌作用。据了解，目前仍有一些单位及个人，以盈利为目的，大量生产、使用、贮存并用以加工、生产、出售灭蚁产品及卫生药剂。

• 滴滴涕(DDT)　属广谱、高残留杀虫剂，自1939年发明以来，对消灭农、林卫生害虫发挥了很大作用，发明者曾荣获诺贝尔科学奖。由于它脂溶性强，故易积蓄在动物脂肪内，分解代谢极其缓慢。当其在人体内积蓄到一定程度时，便会损害中枢神经系统、肝脏、甲状腺等，甚至可导致人的死亡。

• 毒杀芬(氯化莰)　广谱、高残留杀虫剂，毒性比DDT大4倍，能引起甲状腺肿瘤及癌症。

• 氯丹　兼备触杀、胃毒及熏蒸性能，主要用于建筑物白蚁预防，对人体免疫系统有损害。尽管我国已禁止对它的生产，但仍有人使用和贮存。

• 七氯　具触杀、胃毒和熏蒸作用，主要用于防治害虫，对人体免疫及生殖系统有损害，同时有致癌作用。

• 狄氏剂　广谱、高残留杀虫剂，主要用于防治害虫、白蚁、蚂蚁等。虽然1997年我国已停止对它的生产，但仍有人使用和贮存。

• 异狄氏剂　曾用于控制玉米、稻谷、棉花、甘蔗等农作物害虫及鼠类，对人有致癌作用。

• 艾氏剂　曾用于防治仓库、农、林害虫及白蚁等，对人有致癌作用。

• 六氯(代)苯杀菌剂　常用于防治农作物真菌病，对人免疫及生殖系统有损害。它们的使用不仅会对动物的生命健康构成威胁，而且还会积留于植物体内，也会直接污染我们的环境。

中国于20世纪60年代已开始禁止将DDT、六六六用于蔬菜、茶叶、烟草等作物上。1983年，中国开始禁止DDT在农业上使用。

③氨基甲酸酯类农药　氨基甲酸酯类农药是20世纪50年代发展起来的用做农药的杀虫剂、除草剂、杀菌剂等。这类农药有5类：萘基氨基甲酸酯类(如西维因)、苯基氨基甲酸酯类(如叶蝉散)、氨基甲酸肟酯类(如涕灭威)、杂环甲基氨基甲酸酯类(如呋喃丹)、杂环二甲基氨基甲酸酯类(如异索威)。除少数品种(如呋喃丹等)毒性较高外，大多数属中、低毒性。

氨基甲酸酯杀虫剂的毒理机制是抑制昆虫乙酰胆碱酶和羧酸酯酶的活性，造成乙酰胆碱和羧酸酯的积累，影响昆虫正常的神经传导而致死。氨基甲酸酯类经酶系代谢产生的N－羟基氨基甲酸酯化合物能抑制脱氧核糖核酸(DNA)碱基对的交换，有致畸和致癌的潜在危险性。某些品种(如西维因)对小鼠和猎犬也有致畸作用。

氨基甲酸酯类农药在碱性条件下易水解，加热可加速其水解。药效快，选择性较高，对温血动物、鱼类和人的毒性较低，易被土壤微生物分解，残留量低。

④拟除虫菊酯类农药 是一类仿生合成的高效、广谱、残留量低的杀虫剂。其杀虫毒力比有机氯、有机磷、氨基甲酸酯类高10~100倍。拟除虫菊酯对昆虫具有强烈的触杀作用，有些品种兼具胃毒或熏蒸作用，但都没有内吸作用。其作用机理是扰乱昆虫神经的正常生理，使之由兴奋、痉挛到麻痹而死亡。拟除虫菊酯因用量小、使用浓度低，故对人畜较安全，对环境的污染很小。其缺点主要是对鱼毒性高，对某些益虫也有伤害，长期重复使用也会导致害虫产生抗药性。

拟除虫菊酯在水中的溶解度较小，在酸性条件下较稳定，在碱性介质中易分解。在环境中易降解。

⑤其他类农药

• 有机氮农药 是用于防治植物病、虫、草害的含氮有机化合物。这类农药品种多，范围广，既有杀虫剂，又有杀菌剂、除草剂。除有胃毒、触杀作用外，有些产品还有较强的内吸性能。多数品种对人、畜的急性毒性都不大，不易发生药害。除上述氨基甲酸酯类化合物外，有机氮农药还包括脒类、硫脲类、取代脲类和酰胺类等化合物。此类农药一般在环境中较易分解，但其慢性毒性正在引起人们的重视，部分产品被限用。动物试验还证明长期低剂量使用有机氮类农药杀虫脒饲喂小鼠，能使小鼠的结缔组织产生恶性血管内皮瘤。杀虫脒的代谢产物也有致癌作用。螟蛉畏对大鼠的胎鼠有致畸作用；代森类杀菌剂在厌氧条件下产生的乙撑硫脲能使大、小鼠产生甲状腺瘤。

• 有机硫农药 是用于防治植物病害的含硫有机化合物农药。常用做蔬菜、水稻、麦类、果树等杀菌药物。主要有代森锌、代森锰、福美铁、福美锌等。这些杀菌剂高效、低毒、对植物安全，对环境的危害也小，特别是能取代有机汞杀菌剂，可减少汞进入环境的机会。

• 有机砷农药 是指用于防治植物病害的含砷元素的有机化合物农药。主要品种有稻脚青、稻宁、田安、甲基硫砷等。退菌特是有机硫和有机砷杀菌剂的混合制剂。由于这类农药及其分解产物对人、畜都有较高的毒性，同时容易在土壤和农产品中积累，所以已限制生产和使用。

• 有机汞农药 是含有汞元素的有机化合物农药。有机汞杀菌剂由于杀菌力高、杀菌谱广，过去多年来一直被应用于农业生产，如赛力散、西力生、富民隆等，主要用于种子处理机防治稻瘟病。但由于汞的残留毒性很大，我国在20世纪70年代即已禁止在长期的作物上喷洒使用，并已停止生产。

• 生物农药 是指利用生物活体或其代谢产物对害虫、病菌、杂草、线虫、鼠类等有害生物进行防治的一类农药制剂，或者是通过仿生合成具有特异作用的农药制剂。

昆虫生长调节剂和昆虫行为调节剂，利用调节害虫行为来消灭害虫，如通过抑制昆虫生理发育，抑制蜕皮和新表皮形成，抑制取食等最后导致害虫死亡。它是一种环保形杀虫法，毒性低，污染少，不危害人类健康，属于无公害农药，适用于无公害绿色食品生产。

昆虫信息素，是昆虫自身产生释放出的作为种内或种间个体传递信息的微量行为调控物质。具有高度的专一性，包括引诱、刺激、抑制或取食、产卵、交配、集合、报警、防御等功能。每种信息素都有特定的立体化学结构，多数信息素是几种化合物按一定比例的混合物。到1990年已有50余种人工合成的昆虫信息素商品化，用于虫情测报，其中多数是性引诱素。

植物生长调节剂，是一类具有植物激素活性、人工合成的非营养性化合物，主要调控植物的新陈代谢，它既能促进细胞扩大，也能使茎叶伸长。植物生长调节剂不是植物激素，但对植物的生长、发育和代谢起着很重要的生理调节作用，如打破或延长休眠，促进生根、发芽，促进或控制生长、开花和果实成熟，防止落花、落果，增强农作物抗逆性等。由于植物生长调节剂具有多方面的生物学效应，使用剂量小，活性大，成本低等特点，因此，广泛应用在大田粮食作物、经济作物、果树、林木、蔬菜、花卉等各方面，在提高农产品的产量、改善品质等方面都取得显著的成就。植物生长调节剂种类很多，根据它们不同的生理功能可以分为植物生长促进剂、植物生长抑制剂和植物生长延缓剂。植物生长促进剂能促进细胞的原生质流动，加快植物发根速度，对植物发根生长、生殖及结果等发育阶段均有程度不同的促进作用，尤其对花粉管的伸长具有显著的促进作用，提高植物受精率，可有效促进植物生长发育，提早开花，打破休眠，促进发芽，防止落花、落果，改善品质，增加产量。植物生长抑制剂不可逆地抑制植物分生组织细胞分裂或分化及抑制某一个生理生化过程。植物生长延缓剂延缓植物的生理或生化过程，使植物生长速度减慢。应用于控制木本植物、草坪和行道树的生长。施用植物生长调节剂的基本原则是在保证达到调节植物生长发育的前提下，以最少的用量获得最大的调节效果，既经济用药，又减少了植物生长调节剂在植物体内的残留量，同时也减少化学制剂对环境的污染。

3.2.1.3 危害与限量标准

(1)危害

如果严格按照推荐的农药剂量、方法和时间施药，农产品中不会有残留毒性问题，如果违反农药使用规定，超剂量使用或滥用国家明令禁止用于蔬菜、水果的高毒和剧毒农药。违反安全间隔期规定在接近收获期使用农药，就会在蔬菜、水果中造成农药残留。农药残留的危害有以下几方面：

①对健康的影响　食用含有大量高毒残留农药，会导致人、畜急性中毒，使人体各组织、脏器发生毒性反应，还常发生严重的神经系统损害和功能紊乱。但农药绝大多数是对人体产生慢性危害。长期食用农药残留超标的农副产品，会引起人和动物的慢性中毒，还可能对食用者产生遗传毒性、生殖毒性和产生致畸和致癌作用。据报道，儿童的某些肿瘤(脑瘤、白血病)与父母在围产期接触化学农药有一定相关性。孕妇接触农药，其子女患脑癌的危险明显增加。

②对农业生产的影响　由于不合理使用农药，特别是除草剂，导致药害事故频繁发生，经常引起大面积减产甚至绝产，严重影响了农业生产。

(2)对进出口贸易的影响

世界各国，特别是发达国家对农药残留问题高度重视，对各种农副产品中农药残留都规定了越来越严格的限量标准。许多国家以农药残留限量为技术壁垒，限制农副产品进口。2000 年，欧盟将杀虫剂氰戊菊酯在茶叶中的残留限量从 10 mg/kg 降低到 0.1 mg/kg，使我国茶叶出口面临严峻的挑战。日本于 2006 年 5 月 29 日起实施食品中《农药化学品肯定列表制度》，并执行新的残留限量标准。《农药化学品肯定列表制度》是日本为加强食品(包括可食用农产品)中农业化学品残留管理而制定的一项新制度。“肯定列表”中，不但对所有农业化学品在食品和农产品中的残留限量都作出了重新规定，而且设限指标大幅度增加，限量标准更加严格，检测项目成倍增长，该制度涉及 302 种食品，799 种农业化学品，54 782 个限量标准。标准之高，对农产品产生很大的影响，单是对从我国出口的香蕉就规定了 321 种农药残留限量标准。对于未制定最大残留限量标准的农业化学品，将执行“一律标准”，即在食品中的含量不得超过 0.01 mg/kg。“一律标准”(uniform limit)是日本对既不属于“豁免物质”又尚未制定最大残留限量标准的农业化学品在食品中的残留制定的统一标准。这是日本政府确定的对身体健康不会产生负面影响的限值。“肯定列表”中，食品中农业化学品残留的标准远远高于国际上的标准，这对中国对日农产品出口贸易是一个很大冲击。“肯定列表”涵盖范围几乎包括了我国所有对日出口的农产品，尤其是食用蔬菜、水海产品、禽肉、畜肉等我国优势农产品。日本是中国农产品第一大出口市场，中国也是日本农产品进口的第二大来源国，该制度的实施会对我国农产品生产、出口带来深远影响。《农药化学品肯定列表制度》实施以后，对我国的农药使用是个考验，促使我国农畜产品在生产上更加严格，能够促进我国绿色食品、无公害蔬菜和有机农业的发展。

•••有机磷农药污染食品案例•••

2003 年 7 月 28 日，浙江省绍兴市卫生监督局突击检查了市区两大水产品市场，发现市场上 6 000kg 左右的咸水产品中，竟然有 4 000kg 左右是有毒的。

原因分析：2003 年 8 月 1 日，绍兴市卫生监督局检测结果表明，在 4 000kg 左右的咸水产品浸泡液中检测出含量较高的敌百虫等有毒成分。敌百虫是国家明令禁止使用的有毒有机磷农药。因为天热，咸水产品容易被苍蝇等蚊虫叮咬，在上面洒上兑水的敌百虫药水，可以驱赶这些蚊虫。这样做就是让咸水产品不生虫，而且鱼体也会相对比较完整，色泽比较好看，总之是为了提高产品的“卖相”。

处理措施：这一事件引起浙江省领导高度重视，并要求工商管理部门吊销违法经营者的营业执照，严重者移送司法机关追究其刑事责任。绍兴市有关部门召集市场水产品经营户开会，并发布通告，彻底查清市场内的有毒咸水产品的加工、销售情况。为防止绍兴有毒咸水产品流入周边市场，杭州等地的卫生监督部门积极行动。杭州市卫生局又专门在杭州各个市场对相关咸水产品进行检查，到8月4日，尚未发现产地为绍兴的咸水产品在杭州市场出现。

(3)食品中农药的限量标准

为了适应中国加入世界贸易组织的新形势，卫生部会同国家标准化管理委员会、农业部等有关部门按照CAC农药残留标准与我国健康保护的危险性评估原则，修订了农药残留限量标准，重新颁布了我国《食品中农药最大残留限量》(GB 2763—2005)。该标准包括了我国正在使用的136种农药，基本涵盖了获得农药登记、允许使用的农药和禁止在水果、蔬菜、茶叶等经济作物上使用的高毒农药。该标准是依据安全性毒理学评价以及根据我国居民食物消费量估算摄入计量和实际污染水平的监测结果，并参考了CAC、美国、欧盟标准制定的。

3.2.1.4 预防和控制措施

农作物的种植过程普遍使用农药，农药会或多或少残留在农产品或产区的环境中。性质较稳定的农药存在的残毒问题更严重，如含铅、汞等重金属的有机或无机农药，经代谢或分解后，仍然存在于作物和土壤、水体中，持续污染产区农作物。因此，在农药使用的过程中应当严格遵守《农药安全使用规范》和《农药安全使用标准》(GB 4285—1989)，从源头上降低农药残留，保护环境。

(1)加强对农药生产和经营的管理

许多国家有严格的农药管理和登记制度，如美国由联邦政府环境保护署负责登记和审批农药，日本是由农业部负责。我国《农药管理条例》于1997年5月8日由国务院令第216号发布，根据2001年11月29日《国务院关于修改〈农药管理条例〉的决定》修订。《农药管理条例》中规定由国务院农业行政主管部门所属的农药检定机构负责全国的农药具体登记工作。申请农药登记需提供农药样品以及农药的产品化学、毒理学、药效、残留、环境影响、标签等方面的资料。申请资料分别由国务院农业、化学工业、卫生、环境保护部门和全国供销合作总社审查并签署意见后，由农药登记评审委员会综合评价，符合条件者由国务院农业行政主管部门发给农药登记证。《农药管理条例》中还规定我国实行农药生产许可制度，即生产有国家标准或者行业标准的农药，应当向国务院工业产品许可管理部门申请农药生产许可证。生产尚未制定国家标准、行业标准但已有企业标准的农药的，应当经省、自治区、直辖市工业产品许可管理部门审核同意后，报国务院工业产品许可管理部门批准，发给农药生产批准文件。未取得农药登记和农药生产许可证的农药不得生产、销售和使用。为了保证《农药管理条例》的贯彻实施，加强对农药登记、经营和使用的监督管理，促进农药工业技术进步，保证农业生产的稳定发展，保护生态环境，保障人畜安全，根据《农药管理条例》的有关规定，制定了《农药管理条例实施办法》，1999年4月27日经农业部部常务会议通过，中华人民共和国农业部令第20号发布，自1999年7月23日起施行。2002

年7月27日，农业部令第18号修订。2004年7月1日，农业部令第38号修订。

(2)安全合理使用农药

我国已颁布《农药安全使用标准》(GB 4285—1989)和《农药合理使用准则》(GB/T 8321.8—2007)，对主要作物常用农药规定了最高用药量或最低稀释倍数、最多使用次数和安全间隔期，以保证食品中农药残留不超过允许限量标准。农作物的种类和农药的剂型、施用方式都对农药残留量有较大的影响，例如，根菜类、薯类农作物吸收土壤中残留农药的能力较强，叶菜类、果菜类农作物吸收能力较弱；油剂比粉剂更易残留；根外追肥(喷洒)比拌土施用残留高，在灌溉水中施用农药则对植物根基部污染较大；施药浓度高、施药次数频、距收获间隔期短则农作物中的农药残留量高。应合理选择农药的种类、剂型和施用方式。

(3)制定和严格执行食品中农药残留限量标准

食品卫生监督部门应加强对农药残留量的检测，严格执行食品中农药残留限量标准。为了加强农产品中农药残留的控制和监测工作，全面提高我国农产品质量，从2005年10月1日起，我国开始执行《食品中农药最大残留限量》(GB 2763—2005)新的国家标准。

(4)制定适合我国的农药政策

制定适合我国的农药管理、使用政策，开发低毒、低残留的新品种，及时淘汰或停止使用高毒、高残留及污染环境的农药品种，严防不按规定范围使用农药。大力提倡作物病、虫、害的综合防治，整治农药生产和使用对环境造成的污染等。

(5)加强农药残留检测与监测

开展全面、系统的农药残留检测与监测工作，及时掌握农产品中农药残留的状况和规律，查找农药残留形成的原因，提供及时有效的数据，为政府职能部门制定相应的规章制度和法律、法规提供依据。

(6)加强法制管理

加强《农药管理条例》《农药合理使用准则》《食品中农药残留限量》等有关法律、法规的贯彻执行，加强对违反有关法律、法规行为的处罚，是防止农药残留超标的有力保障。

(7)科学加工处理食品

在进行农畜产品加工时可不同程度降低农药残留量，但特殊情况下亦可使残留农药浓缩、重新分布或生成毒性更大的物质。下列加工过程需特别注意：

①洗涤　可除去农作物表面的大部分农药残留，其残留量减少程度与施药后的天数有关。高极性、高水溶性农药容易除去，热水洗、碱水洗、洗涤剂洗、烫漂等能更有效地降低农药残留量。

②去壳、剥皮、清理　通常能除去大部分植物表面的残留农药。谷物去除谷皮后，大多数农药残留量可减少70%～99%。而内吸性的农药经此类处理后减少不显著，如马铃薯去皮后，其甲拌磷和乙拌磷分别减少50%和35%，而非内吸

性的毒死蜱和马拉硫磷几乎可完全去除。蔬菜清理后农药残留量亦可大幅度减少，但应注意剔除的外层叶片等用做饲料而引起动物性食品的农药残留问题。

③水果加工 对农药残留量的影响取决于加工工艺和农药的性质，带皮加工的果酱、干果、果脯等农药残留量较高，而果汁中的残留量一般较低，但果渣中残留量较高。

④粉碎、混合、搅拌 由于组织和细胞破坏而释放出的酶和酸的作用可增加农药代谢和降解，但亦可产生较大毒性的代谢物。

⑤发酵酒 生产啤酒的原料大麦、啤酒花等常有草甘膦、杀螟硫磷等农药的残留，但生产过程中的过滤、稀释、澄清等工艺可除去大部分农药，故啤酒中农药残留量较少。葡萄酒生产中因无稀释工艺，故其农药残留量较高，尤其是带皮发酵的红葡萄酒。

(8)加强贮存管理

农作物在贮存过程中，农药残留量也会发生变化。如谷物在仓贮过程中农药残留量会缓慢降低，但也有部分农药可逐渐渗入谷物内部而致谷粒内部农药残留量增高；蔬菜、水果在低温贮藏时农药残留量降低十分缓慢，在0~1℃贮藏3个月，大多数农药残留量降低均不到20%。贮藏温度对易挥发的农药残留量影响很大，如硫双灭多威在-100℃很稳定，在4~5℃时则很快挥发。易挥发的敌敌畏等在温度较高时，其残留量降低更快，但水果表皮残留的农药在贮藏过程中亦有向果肉渗入的趋势。

3.2.2 养殖过程的兽药残留

养殖业由庭院养殖方式发展为现代的规模化、集约化的养殖，畜产品产量大幅度提高，不断满足着人类动物性食品的需求量。这与饲料添加剂和兽药在养殖业的开发推广是分不开的。

在动物养殖过程中，为了预防和治疗疾病，将抗生素类化学药物作为添加剂加入饲料，在动物保健和畜牧生产中发挥了重要作用。但由于养殖过程长期使用饲料添加剂，加之有滥用现象，其弊端日益得到广泛的认识：①抗生素在畜产品肉、蛋、奶中残留，危害人体健康，如产生“三致”、过敏，甚至产生人类目前的科学水平还未能了解的疾病或潜在危害。②导致牲畜体内外的微生物对抗生素产生耐药性或抗药性，药效降低，用药量不断增加，使养殖成本不断增加的同时也使药物残留更为严重，形成恶性循环。③牲畜长期使用或滥用抗生素后，在抑制致病微生物的同时，也杀灭了动物体内正常的有益的微生物菌群，使机体正常微生态体系失衡，造成动物内源性感染或二重感染。④使牲畜对抗生素产生依赖，抑制动物免疫系统的生长发育或降低了动物的免疫功能，使抗病能力下降。

3.2.2.1 概述

养殖过程是通过人工饲养、繁殖，使牧草或饲料等植物转变为动物产品，如肉、蛋、奶等畜产品，是人类与自然界进行物质交换的极重要环节。养殖业是农业的主要组成部分之一，与种植业并列为农业生产的两大支柱。

发展养殖业，饲料是物质基础。只有开辟饲料来源，提高饲料质量，才能加快养殖业的发展。为了提高饲料的品质和饲料成分的利用率，常常在饲料中加入饲料添加剂。

饲料添加剂对动物具有一定功能和作用，多为人工合成或制取的生物化学物质，其种类繁多，作用各异，是现代饲料工业所使用的原料，可补充饲料的营养成分，满足饲养动物的营养需求，加入饲料添加剂还能促进饲料所含营养成分的有效利用。

非营养性添加剂包括抑菌剂(抗生素、抗菌剂等)、激素类添加剂、酶类添加剂、微生物添加剂、驱虫药物添加剂、中药添加剂、镇静类添加剂、抗氧化剂、防霉剂、调味剂、畜产品质量改进剂(增色剂等)、黏结剂、乳化剂、饲料青贮添加剂等。这类添加剂对动物没有营养作用，但是可以通过防治疫病、减少饲料贮存期饲料损失、促进动物消化吸收等作用来达到促进动物生长，提高饲料利用率，降低饲料成本，获取更大经济效益之目的。饲料添加剂在发展高效节粮型畜牧业起着重要作用。

但饲料添加剂尤其是抗生素、合成抗菌剂、抗球虫剂以及着色剂、防腐剂、甜味剂等的使用，应注意其安全性。

我国的动物源性食品中药物残留现象问题突出：2001 年 11 月，广东省河源市发生特大瘦肉精中毒事件，共 484 人中毒，所幸无人死亡。2002 年 3 月，苏州市 26 人食用猪内脏后发病，经检测是瘦肉精所致。2003 年 10 月，辽阳市 62 人瘦肉精中毒。2004 年 3 月，佛山市近百名群众中毒，罪魁祸首依然是瘦肉精。2006 年 9 月，上海发生瘦肉精中毒事件，波及 9 个区，先后有 300 多人中毒。2009 年 2 月 18 日、19 日，广州市发生多起因食用来源于广州市天河畜产品交易市场经营业户销售的含盐酸克伦特罗生猪导致多人中毒事件。

因此，兽药残留已逐渐成为人们普遍关注的一个社会热点问题。兽药残留不仅可以直接对人体产生急、慢性毒害作用，引起细菌耐药性的增加，还可以通过环境和食物链的作用间接对人体健康造成潜在危害。而且兽药残留还影响我国养殖业的发展和走向国际市场，因此必须采取有效措施，减少和控制兽药残留的发生。

(1)兽药(veterinary drugs)

兽药指用于预防、治疗畜、禽等动物疾病，有目的地调节生理机能并规定作用、用途、用法、用量的物质(含饲料药物添加剂)。

(2)饲料添加剂(feed additive)

饲料添加剂是指为提高饲料利用率，保证或改善饲料品质，满足饲养动物的营养需要，促进动物生长，保障饲养动物健康而向饲料中添加少量的营养性或非营养性的物质。饲料添加剂应具备的基本条件是：①对饲养动物有确实的生产和经济效果；②对人和动物有充分的安全性；③从动物体内排出后，很快分解，对植物及低等生物无毒害，对环境无污染，能符合饲料加工要求。

(3)兽药残留(residues of veterinary drugs)

兽药残留是指饲养动物用药后蓄积或存留于动物产品的任何可食部分(如鸡蛋、奶品、肉品等)中原型药物或其代谢产物，包括与兽药有关的杂质。

FAO/ WHO 对兽药残留定义为：动物产品的任何可食部分所含兽药的母体化合物或其代谢物，以及与兽药有关的杂质的残留。

所以，兽药残留既包括原药，也包括药物在动物体内的代谢产物和兽药生产中所伴生的杂质。

(4)MRLs

MRLs 即动物用药后产生的允许存在于食品表面或内部的该兽药残留的最高量。样品中药物残留高于最高残留限量，即为不合格产品，禁止生产出售和贸易。

我国农业部在 1999 年发布了《动物性食品中兽药最高残留限量》标准，其中对常用兽药及其残留物在不同动物品种的组织中的 MRLs 确定了具体的标准，并且对相关的名词术语进行了解释。

(5)休药期(off-drug period)

休药期是饲养动物停止给药到允许屠宰或其产品(肉、蛋、奶)许可上市的间隔时间。休药期是依据药物在动物体内的消除规律确定的，是按最大剂量和最长用药周期给药，停药后在不同的时间点屠宰，采集各个组织进行残留量的检测，直至在最后时间点采集的所有组织中均检测不出药物为止。休药期随动物种属、药物种类、制剂形式、用药剂量、给药途径及组织中的分布情况等不同而有差异。经过休药期，暂时残留在动物体内的药物被分解至完全消失或对人体无害的浓度。

若不遵守休药期规定，会造成药物在动物体内大量蓄积，动物产品中的残留药物超标，或出现不应有的残留药物，会对人体造成危害。如果休药期过短，就会造成动物性食品兽药残留过量，危害消费者健康。动物组织及产品中兽药的最高残留限量法规和休药期法规是由食品中兽药残留立法委员会(CCRVDF)每年在华盛顿召开的会议中，根据制定世界或地区性“法规标准”的步骤来制定的。

3.2.2.2 来源与种类

(1)兽药残留的来源

随着生活水平的不断提高，人们越来越关注动物性食品中兽药残留问题。动物性食品中兽药残留主要有 3 个来源：

①兽药使用不当　我国农业部有明文规定，不得使用不符合《兽药标签和说明书管理办法》规定的兽药产品，不得使用《食品动物禁用的兽药及其他化合物清单》所列 21 类药物及未经农业部批准的兽药，不得使用进口国明令禁用的兽药，畜产品中不得检出禁用药物。农业部发布的《饲料药物添加剂使用规范》中

明确规定：具有预防动物疾病、促进动物生长作用，可在饲料中长时间添加使用的饲料药物添加剂，其产品批准文号须用“药添字”，必须在产品标签中标明所含兽药成分的名称、含量、适用范围、停药期规定及注意事项等。但是，有的饲料生产企业受经济利益驱动，人为向饲料中添加饲养动物违禁药物，还有一些饲料生产企业为了保密或为了逃避报批，在饲料中添加了一些兽药，但不印在标签上，如果养殖户一直用到动物产品上市，便造成药物在动物产品中残留。这些是药物残留形成的重要因素。

②违规使用兽药及饲料添加剂　在养殖过程中用药不当，超剂量或长时间使用，可导致兽药残留在动物产品中。常见6种兽药滥用行为：一是非法使用违禁(如盐酸克伦特罗)或淘汰药物(如乙烯雌酚等)。事实上，养殖户为了追求最大的经济效益，将禁用药物当做添加剂使用的现象相当普遍，如饲料中添加盐酸克伦特罗(瘦肉精)引起的猪肉中毒事件时有发生。二是在养殖过程中，长期使用药物添加剂，随意使用新的或高效抗生素。在兽药的用药剂量、给药途径、用药部位和用药动物种类等方面，不严格按照用药规范合理使用，使药物在动物体内过量积累，导致兽药残留超标。三是不遵守休药期规定。休药期的长短与药物在动物体内的消除率和残留量有关，而且与动物种类、用药剂量和给药途径有关。国家对有些兽药特别是药物饲料添加剂都规定了休药期，但是部分养殖场(户)使用含药物添加剂的饲料时，为追求效益，很少按规定施行休药期，往往缩短休药期，将不到休药期的动物或动物产品送到市场，从而造成肉、蛋、乳、水产品等动物性食品的兽药残留量超标，危害人体健康。四是屠宰前用药。屠宰前大剂量使用兽药，用来掩饰有病饲养动物表面症状，以逃避宰前检验，这也能造成饲养动物产品中的兽药残留。此外，在休药期结束前屠宰动物同样能造成兽药残留量超标。五是食品加工、贮存时用药。动物性食品在进行加工和保鲜贮存时，为抑制微生物的生长，加入的抗菌剂，而产生残留。六是许多养殖户对控制兽药残留认识不足，缺乏药残观念，养殖过程不规范、不科学。另外还有超量用药，主要是饲料中药物添加剂超量使用，原因是我国饲料有药物饲料添加剂。常用药物的耐药性日趋严重而导致添加量越来越高，甚至比规定高2~3倍，以及重复添加促生长药也是造成超量用药的原因，如有的养殖户在鸡饲料中添加了喹乙醇，又加进了含喹乙醇的预混料，这就使喹乙醇的用量大大超过规定的标准，导致兽药残留。

③饲养环境污染导致药物残留　饲养过程所用饲料营养失调、生产管理放任自流，以致动物健康受损，抗病力下降，各种疾病均可感染，最终依靠药物，形成无药不能饲养的局面。饲料加工过程中的设备污染而导致饲料被污染，如用盛装药物的容器来贮存饲料。另外，动物在饲养过程中接触到一些被污染的水、粪、尿，如水或土壤中含有重金属汞(Hg)、铜(Cu)、镉(Ge)和铅(Pb)等。工业“三废”、农药和有害的城市生活垃圾，这些有害物质进入农田，不仅直接伤害作物，导致减产、绝收。而大多数植物饲料原料来自于种植业，由于病、虫害的长期危害使得农药被广泛地使用，某些残存于植物体或果实中的农药经动物食

入后停留于动物体内，如有机磷、有机氯、杀虫剂、除草剂、植物生长调节剂等。由于江、河、湖、海被工业废水、农药污染，使畜产品的药残程度日趋严重，这是兽药与农药的循环污染所致。

我国规定凡是含有药物的饲料添加剂，均按兽药进行管理。

(2)兽药的种类

养殖业常用的兽药有抗生素类药物、磺胺类药物、喹诺酮类药物、硝基呋喃类药物和激素类药物。

①抗生素类药物　抗生素主要用于防治动物的传染病，常用的有氯霉素、四环素、土霉素、青霉素等。抗生素对食品安全构成隐患主要是不合理地在动物饲料中使用抗生素，促使细菌产生抗药性，同时引起抗生素在食物中的残留。据报道，某地市售鲜奶抗生素检出率达22%，奶制品中检出率为3.3%，可见鲜奶及奶制品中抗生素污染不容忽视。人若长期食用含抗生素的鲜奶及奶制品，可引起消化道原有的菌群失调和二重感染，同时还可使致病菌产生耐药性；对抗生素有过敏史的，可引起过敏反应。由于抗生素在动物养殖过程中的广泛使用，由此造成的兽药残留而引发的危害日益严重。为此，世界各国均制定了动物性食品中抗生素类药物的最大残留限量。

②磺胺类药物　主要用于抗菌消炎，如磺胺嘧啶、磺胺脒、磺胺甲基异噁唑等。这类药物进入动物体内，被机体吸收、代谢、转化，经过一定时间，大部分药物以原形随排泄物排出体外，还有一部分以原形或降解产物形式残留在肉、蛋和乳汁中。短期大剂量或长期小剂量给药，均可造成磺胺类药物在动物的各部位蓄积，产生兽药残留。

③喹诺酮类药物　是新近合成的抗菌药，作用于细菌的DNA；与其他抗微生物药之间无交叉耐药性，不受质粒传导耐药性影响；对多种耐药菌株有较强的敏感性；杀菌力强，吸收快，分布广，不良反应少。

④硝基呋喃类药物　是一种广谱抗菌素，因价格较低且效果好，而广泛用于畜、禽及水产养殖业。作为治疗药物和饲料中兽药添加剂，硝基呋喃类药物被用于治疗和预防由埃希菌和沙门菌引起的哺乳动物消化道疾病。硝基呋喃类原型药在生物体内代谢迅速，无法检测。但其代谢产物因和蛋白质结合而相当稳定，故利用其代谢产物的检测可反映硝基呋喃类药物的残留状况。硝基呋喃类药物包括呋喃唑酮、呋喃它酮、呋喃苯烯酸钠及制剂等。该类药物已列入农业部2002年颁布的《食品动物禁用的兽药及其化合物清单》，被明令禁止用于所有食用养殖动物。

⑤激素类药物　在养殖过程中，为了使鸡产蛋多、猪生长快并提高瘦肉率、牛产奶多而在饲料中加入生长激素类制剂，或将其埋植于动物皮下，以达到促进动物生长发育、增加体重和育肥、消除腥臭以及动物的同期发情等目的。这些措施虽然使养殖业产量得到提高，但可导致畜产品中激素的残留，伴随而来的是对公众健康和环境的直接或潜在危害。

3.2.2.3 危害与限量标准

(1)危害

人长期摄入含残留兽药的动物性食品后，药物不断在体内蓄积，当浓度达到一定量后，就会对人体产生毒性作用，影响人体的正常生理功能和健康。兽药残留对人体的危害性主要表现为各种慢性、蓄积毒性，如过敏反应、“三致”作用、免疫毒性、发育毒性以及激素样作用。残留兽药还可以通过环境和食物链在人体蓄积，间接对人体健康造成潜在危害。兽药残留对人体的危害表现在以下几个方面。

①毒性作用

• 急性中毒　若一次摄入兽药残留量过大的食品，人体会出现急性中毒反应(如盐酸克伦特罗中毒)。

• 慢性潜在中毒　长期摄入含兽药残留的动物性食物，可造成兽药在人体内的积蓄(如氯霉素、氨基糖苷类、灰黄霉素)，当兽药达到一定浓度，会对人体产生毒性作用。动物组织中药物残留水平一般很低，仅少数能发生急性中毒，兽药残留的危害绝大多数是通过长期接触或逐渐蓄积而造成的。

• “三致”作用　即致癌、致畸、致突变作用。药物及环境中的化学药品可引起基因突变或染色体畸变而造成对人类的潜在危害。例如，苯并咪唑类抗蠕虫药，通过抑制细胞活性，可杀灭蠕虫及虫卵，抗蠕虫作用广泛，然而，其抑制细胞活性的作用使其具有潜在的致突变性和致畸性。许多国家要求在人的食品中不得检出已知致癌物。对曾用致癌物进行治疗或饲喂过的动物，屠宰时其食用组织中不允许有致癌物的残留。当人们长期食用含“三致”作用药物残留的动物性食品时，这些残留物便会对人体产生有害作用，或在人体中蓄积，最终产生致癌、致畸、致突变作用。

②过敏反应　经常食用抗菌药物(如青霉素、磺胺类药物、四环素及某些氨基糖苷类抗生素)残留的食品，能使部分人群发生过敏反应。过敏反应症状多种多样，轻者表现为荨麻疹、发热、关节肿痛及蜂窝织炎等，严重时可出现过敏性休克，甚至危及生命。

③对胃肠道菌群的影响　正常机体内寄生着大量菌群，如果长期与动物性食品中低剂量的抗菌药物残留接触，就会抑制或杀灭敏感菌，而耐药菌或条件性致病菌大量繁殖，微生物平衡遭到破坏，使机体易发感染性疾病，而且由于耐药而难以治疗。

④耐药性产生　饲料中添加抗菌药物，实际上等于在持续低剂量使用抗生素。动物机体长期与药物接触，造成耐药菌不断增多，耐药性也不断增强。抗菌药物残留于动物性食品中，同样使人也长期与药物接触，导致人体内耐药菌的增加。这使得抗菌药物药效越来越低。在动物养殖中，发生感染性疾病时，试用几种抗菌药物均无效，不但加大了饲养成本，更由于病程延长，影响了动物的生长发育。

⑤激素样作用　正常情况下，动物性食品中天然存在的性激素含量是很低的，被人食用后经过胃肠道的消化作用，大部分性激素已丧失其活性，因此不会

干扰人体的激素生理功能。在动物的饲养过程中，如果饲养人员严格按规定的用药方法和用药剂量使用激素类兽药，食用肉、蛋、奶等动物性食品是安全的。若在动物养殖过程中不适当的大量使用人工合成的性激素，使其残留在动物体内。消费者摄入此类动物性食品，就会影响人体的正常生理机能、内分泌功能、生育能力，并具有致癌作用。儿童食用后，会导致性早熟、发育异常，婴幼儿食品不允许有激素残留。对于激素类兽药的使用，世界各国要求不一。有的国家全面禁止使用性激素作为促生长剂。因此，各类动物性食品中不允许检出动物激素，否则，即视为违法使用。有些国家允许使用动物激素，但采取一定措施，严格管理性激素兽药的用法和用量。但仍有疏漏，造成动物性食品激素残留。

⑥非法使用违禁药物的危害　养殖户为了追求最大的经济效益，将禁用药物当做添加剂使用的现象相当普遍，如饲料中添加盐酸克伦特罗(瘦肉精)引起的猪肉中毒事件时有发生。

盐酸克伦特罗(HCl - Clenbuterol)商品名称有克喘素、氨哮素，俗称瘦肉精。分子式：$C_{12}H_{18}Cl_2N_2O$；白色或类白色的结晶粉末，无臭、味苦，熔点161℃，溶于水、乙醇，微溶于丙酮，不溶于乙醚。

瘦肉精是一种平喘药。该药物既不是兽药，也不是饲料添加剂，而是选择性β_2-肾上腺受体激动剂，具有调节动物神经兴奋功能。一次性摄入大量瘦肉精，会出现急性中毒。长期使用，可致染色体畸变，诱发恶性肿瘤。虽然，瘦肉精能使猪提高生长速度，增加瘦肉率，由于其毒副作用，人(女性)经口最低中毒剂量TD_{LO}为4 600 ng/kg。小鼠静脉LD_{50}为27 600 μg/kg，因此，被列为禁止使用的饲料添加剂。

USFDA和WHO规定盐酸克伦特罗在动物体内最高残留量为：肉0.2 μg/kg、肝、肾0.6 μg/kg、脂肪0.2 μg/kg、奶0.05 μg/kg。我国规定盐酸克伦特罗在动物体内最高残留量为：马和牛肌肉0.1 μg/kg、肝、肾0.6 μg/kg、牛奶0.05 μg/kg。

(2)有关规定和限量标准

我国农业部发布的《动物性食品中兽药残留最高残留限量》中规定了各类兽药在各种动物性食品中最高残留限量，在《关于兽药国家标准和部分品种的停药期规定》中列出“兽药停药期规定”和“不需要制订停药期的兽药品种”。

农业部第193号公告了《食品动物禁用的兽药及其化合物清单》，见表3-2。

表3-2　食品动物禁用的兽药及其化合物清单

序号	兽药及其化合物名称	禁止用途	禁用动物
1	β-兴奋剂类：克仑特罗(Clenbuterol)、沙丁胺醇(Salbutamol)、西马特罗(Cimaterol)及其盐、酯及制剂	所有用途	所有食品动物
2	性激素类：己烯雌酚(Diethylstilbestrol)及其盐、酯及制剂	所有用途	所有食品动物
3	具有雌激素样作用的物质：玉米赤霉醇(Zeranol)、去甲雄三烯醇酮(Trenbolone)、醋酸甲孕酮(Mengestrol)，Acetate及制剂	所有用途	所有食品动物

（续）

序号	兽药及其化合物名称	禁止用途	禁用动物
4	氯霉素(Chloramphenicol)及其盐、酯(包括琥珀氯霉素Chloramphenicol Succinate)及制剂	所有用途	所有食品动物
5	氨苯砜(Dapsone)及制剂	所有用途	所有食品动物
6	硝基呋喃类：呋喃唑酮(Furazolidone)、呋喃它酮(Furaltadone)、呋喃苯烯酸钠(Nifurstyrenate sodium)及制剂	所有用途	所有食品动物
7	硝基化合物：硝基酚钠(Sodium nitrophenolate)、硝呋烯腙(Nitrovin)及制剂	所有用途	所有食品动物
8	催眠、镇静类：安眠酮(Methaqualone)及制剂	所有用途	所有食品动物
9	林丹(丙体六六六)(Lindane)	杀虫剂	水生食品动物
10	毒杀芬(氯化烯)(Camahechlor)	杀虫剂、清塘剂	水生食品动物
11	呋喃丹(克百威)(Carbofuran)	杀虫剂	水生食品动物
12	杀虫脒(克死螨)(Chlordimeform)	杀虫剂	水生食品动物
13	双甲脒(Amitraz)	杀虫剂	水生食品动物
14	酒石酸锑钾(Antimonypotassiumtartrate)	杀虫剂	水生食品动物
15	锥虫胂胺(Tryparsamide)	杀虫剂	水生食品动物
16	孔雀石绿(Malachitegreen)	抗菌、杀虫剂	水生食品动物
17	五氯酚酸钠(Pentachlorophenolsodium)	杀螺剂	水生食品动物
18	各种汞制剂，包括：氯化亚汞(甘汞)(Calomel)、硝酸亚汞(Mercurous nitrate)、醋酸汞(Mercurous acetate)、吡啶基醋酸汞(Pyridyl mercurous acetate)	杀虫剂	动物
19	性激素类：甲基睾丸酮(Methyltestosterone)、丙酸睾酮(Testosterone Propionate)、苯丙酸诺龙(Nandrolone Phenylpropionate)、苯甲酸雌二醇(Estradiol Benzoate)及其盐、酯及制剂	促生长	所有食品动物
20	催眠、镇静类：氯丙嗪(Chlorpromazine)、地西泮(安定)(Diazepam)及其盐、酯及制剂	促生长	所有食品动物
21	硝基咪唑类：甲硝唑(Metronidazole)、地美硝唑(Dimetronidazole)及其盐、酯及制剂	促生长	所有食品动物
19	性激素类：甲基睾丸酮(Methyltestosterone)、丙酸睾酮(Testosterone Propionate)、苯丙酸诺龙(Nandrolone Phenylpropionate)、苯甲酸雌二醇(Estradiol Benzoate)及其盐、酯及制剂	促生长	所有食品动物
20	催眠、镇静类：氯丙嗪(Chlorpromazine)、地西泮(安定)(Diazepam)及其盐、酯及制剂	促生长	所有食品动物
21	硝基咪唑类：甲硝唑(Metronidazole)、地美硝唑(Dimetronidazole)及其盐、酯及制剂	促生长	所有食品动物

注：食品动物是指各种供人食用或其产品供人食用的动物。

3.2.2.4 预防和控制措施

食品中的兽药残留越来越成为全社会共同关注的公共卫生问题。必须在畜牧生产实践中规范用药，同时建立起一套药物残留监控体系，制订违规的相应处罚手段，才能真正有效地控制药物残留的发生。

(1)推行 HACCP 管理体系

HACCP 是一个国际上广为接受的以科学技术为基础的体系，该体系通过识别威胁食品安全的特定危害物，并对其采取预防性的控制措施，来减少生产有缺陷的食品风险，从而保证食品的安全。HACCP 作为一个评估危害源、建立相应的控制体系的工具，它强调食品供应链上各个环节的全面参与和采取预防性措施，而非传统的依靠对最终产品的测试与检验，来避免食品中的物理和化学性危害物，或使其减少到可接受的程度。

(2)发展绿色畜产品

我国由农业部颁布执行绿色畜产品认证准则《绿色食品动物卫生准则》《绿色食品饲料及饲料添加剂准则》和《绿色食品兽药使用准则》标志着我国绿色畜产品的认定走上规范化。

(3)建立市场监控体系

严格把好检验检疫关，严防兽药残留超标的动物产品进入市场。加快兽药检测方法的建立，积极开展兽药残留控制技术的国际交流合作，使我国的兽药残留检测和监控技术与国际接轨。

(4)合理使用兽药

动物养殖户要合理使用兽药，严格遵守兽药休药期的规定，在畜屠宰前 20 d，不能使用兽药及药物添加剂。并要定期更换不同类型药物，防止产生抗药性。禁止使用违禁药品，各国均禁止一些有潜在致癌和高毒性兽药及添加剂的使用，如氯霉素、乙烯雌酚。

(5)饲料管理

要提高畜产品的质量，饲料是保障，一定要做好饲料的原料检验，各项指标应达标，不得含有违禁添加剂，如氯苯砷酸、洛克杀砷；不得在饲料中自行再添加药物或含药物饲料添加剂；不应将含药物的前期、中期饲料用于动物饲养后期使用。

3.2.3 有害金属元素

重金属(如铅、汞、镉、钴)广泛存在于自然界中，由于人类对重金属的开采、冶炼、加工及交通运输业的日益发达，造成不少重金属进入大气、水体、土壤，引起严重的环境污染。重金属污染成为全社会十分关注的问题。

重金属元素进入人体后，多以金属元素或金属离子形式存在，有些可转变为毒性更强的化合物。一次大剂量摄入可引起急性中毒，但大多数情况属于低剂量长期摄入后在机体的蓄积造成的慢性危害，且在人体内不易排出。常将重金属元素称为有害金属元素。

3.2.3.1 概述

自然环境中存在着丰富的金属元素，密度大于4.5g/cm^{3}的金属称为重金属，如铜、铅、锌、铁、钴、镍、锰、镉、汞、钨、钼、金、银等。所有重金属超过一定浓度都对人体有毒。对环境产生污染的重金属主要指汞、镉、铅、铬以及类金属砷。重金属不能被生物降解，在食物链的生物放大作用下进入人体而产生毒性。

3.2.3.2 来源与种类

(1)来源

自然界重金属来源广泛。未经处理的工业废水、废气、废渣的排放，是汞、镉、铅、砷等重金属元素及其化合物对食品造成污染的主要渠道。大气中的重金属主要来源于能源、运输、冶金和建筑材料生产所产生的气体和粉尘。除汞以外，重金属基本上是以气溶胶的形态进入大气，经过自然沉降和降水进入土壤。农作物通过根系从土壤中吸收并富集重金属，也可通过叶片从大气中吸收气态或尘态铅和汞等重金属元素。据研究，蔬菜中铅含量过高与汽车尾气中铅污染有很大的关系。

食品在种植、养殖、加工、流通各环节都在与重金属紧密接触，如食品加工使用的机械、管道、容器等与食品摩擦接触，会造成微量的金属元素掺入食品中，引起食品的重金属污染；贮藏、运输时容器与包装材料也会将所含重金属转移至食品中使食品受到污染。

重金属污染食品与以下3点原因有关：

①自然环境高本底值 生物体内的元素含量与其所生存的大气、土壤和水环境中这些元素的含量呈明显的正相关，由于不同地区环境中元素分布的不均一性，可造成某些地区某种金属元素的本底值相对高于(或低于)其他地区，而使这些地区生产的食用动植物中这种金属元素含量较高(或较低)，即金属元素含量受地域影响。

②人为环境污染 随着工、农业生产的飞速发展，工业“三废”及汽车尾气排放量逐年增加，这些排放物中含有的大量有害金属元素被释放到环境中，会对环境造成严重的重金属污染。农畜产品在种植养殖环节，通过大气、土壤及灌溉水吸收了环境中有害金属元素，增加了重金属在其自身的含量。

③生物富集 重金属的特点是不能被生物降解，生物半衰期长，即使环境中这些元素的浓度很低，也可以通过食物链的生物放大作用，达到危害人体健康的量。农产品的废弃物回归环境，又污染了环境，形成有害金属的立体循环污染。如果鱼类或贝类富集重金属后被人类所食，或者重金属被稻谷、小麦等农作物所吸收再被人类食用，重金属就会进入人体使人体产生重金属中毒，轻则发生怪病

(如水俣病、痛痛病等),重者死亡。

(2)种类

影响食品安全性的主要重金属有:

①铅(Pb) 铅(lead)及其化合物广泛存在于自然界。当加热至400℃以上铅会随蒸气逸出,在空气中氧化并凝结成烟。使用铅及含铅化合物的工厂排放的废气、废水、废渣可造成环境铅污染。汽油防爆剂中含有铅,故汽车等交通工具排放的废气中含有大量的铅,可造成公路干线附近农作物的严重铅污染。植物可通过根部吸收土壤和水中的铅,通过叶片吸收大气中的铅。含铅农药(如砷酸铅等)的使用,可使农作物遭受铅的污染。动物性食品含铅相对植物少,但如果饲养环节用含铅高的饲料,也会使动物制品含铅。

②镉(Cd) 镉(cadmium)450℃沸腾,有较高的蒸气压。镉蒸气在空气中很快被氧化为氧化镉。当环境中存在二氧化碳、水蒸气、二氧化硫、三氧化硫、氯化氢等气体时,与镉蒸气发生反应,分别生成镉的化合物。这些化合物进入环境则可造成环境污染。金属镉一般无毒,镉化合物特别是氧化镉有较大毒性。镉在工业上的应用十分广泛,故由于工业"三废"尤其是含镉废水的排放,对环境和食物的污染较为严重。空气中的含镉烟尘随大气扩散后向地面降落,沉积于土壤中的镉是植物吸收镉的主要来源。一般食品中均能检出镉,含量范围在0.004～5 mg/kg。镉可通过食物链的富集作用而在某些食品中达到很高的浓度,如日本镉污染区稻米平均镉含量为1.41mg/kg(非污染区为0.0 8mg/kg),污染区的贝类含镉量可高达420 mg/kg(非污染区为0.05 mg/kg)。我国报告镉污染区生产的稻米含镉量亦可达5.43 mg/kg。一般而言,海产品、动物性食品(尤其是肾脏)含镉量高于植物性食品,而植物性食品中以谷类和洋葱、豆类、萝卜等蔬菜含镉较多。

③汞(Hg) 汞(mercury)又称水银,具有易蒸发特性,常温下易形成汞蒸气。汞及其化合物广泛应用于工农业生产和医药卫生行业,可通过废水、废气、废渣等污染环境。其中所含的金属汞或无机汞可以在水体(尤其是底层污泥)中某些微生物的作用下转变为毒性更大的有机汞(主要是甲基汞),并可由食物链的生物富集作用而在鱼体内达到很高的含量。由于水体的汞污染而导致其中生活的鱼贝类体内含有大量的甲基汞,是影响水产品安全性的主要因素之一。汞亦可通过含汞农药的使用和污水灌溉农田等途径污染农作物和饲料,造成谷类、蔬菜、水果和动物性食品的汞污染。

④砷(As) 砷(arsenic)是一种非金属元素,但由于其许多理化性质类似于金属,故常将其归为"类金属"之列。砷的化合物有无机砷和有机砷两类,无机砷多为3价砷和5价砷化合物。砷的毒性与砷的存在形式及砷的价态有关,无机砷的毒性大于有机砷,三价砷的毒性大于五价砷,如砒霜(As_2O_3)是剧毒的,五价砷可以被还原为三价砷,产生剧毒(这是服用大量维生素C,再大量摄入砷超标的海产品而发生中毒的原因)。故卫生标准以无机砷制定。砷及其化合物广泛存在于自然界,并大量用于工农业生产中。在含砷农药的使用方面,砷酸铅、砷

酸钙、亚砷酸钠等由于毒性大，已很少使用。有机砷类杀菌剂甲基砷酸锌(稻脚青)、甲基砷酸钙、甲基砷酸铁胺(田安)和二甲基二硫代氨基甲酸胂(福美胂)等用于水稻纹枯病有较好的效果，但由于使用过量或使用时间距收获期太近等原因，可致农作物中砷含量明显增加。水稻孕穗期施用有机砷农药后，收获的稻米中砷残留量可达3～10 mg/kg，而正常稻谷含砷不超过1 mg/kg。含砷废水对江、河、湖、海的污染以及灌溉农田后对土壤的污染，均可造成对水生生物和农作物的砷污染。水生生物，尤其是甲壳类和某些鱼类对砷有很强的富集能力，其体内砷含量可高出生活水体数千倍，但其中大部分是毒性较低的有机砷。

3.2.3.3 危害与限量标准

重金属对人体造成的危害，常以慢性中毒和远期效应(如致癌、致畸、致突变作用)为主。而这种慢性危害的隐蔽性，往往未予重视，当有害金属在人体中积累到一定量时就会危害人体健康。亦可由于意外事故或故意投毒等引起急性中毒。

(1)危害特点

①强蓄积毒性　重金属生物半衰期多较长，进入人体后排出缓慢。

②食物链的生物富集作用　从环境中重金属可以经过食物链的生物放大作用，在较高级生物体内高倍地富集，然后通过食物进入人体，在人体的某些器官中积蓄起来造成慢性中毒，危害人体健康。鱼虾等水产品中汞和镉等金属毒物的含量，可高达其生存环境浓度的数百倍甚至数千倍。

③生物转化作用　水体中的某些重金属可在微生物作用下转化为毒性更强的金属化合物，如汞的甲基化作用就是其中典型例子。

(2)重金属危害

重金属的污染有时对人类会造成很大的危害。例如，日本发生的水俣病(汞污染)和痛痛病(镉污染)等公害病，都是由重金属污染引起的。

①铅　铅在人体的生物半衰期为4年，骨骼中可达10年。铅对生物体内许多器官组织都具有不同程度的损害作用，尤其是对造血系统、神经系统和肾脏的损害更为明显，以慢性损害为主。非职业性接触人群体内的铅主要来自于食物。吸收入血的铅大部分(90%以上)与红细胞结合，随后逐渐以磷酸铅盐形式蓄积于骨中，取代骨中的钙。儿童对铅较成人更敏感，过量铅摄入可影响其生长发育，导致智力低下。随着蓄积量的增加，机体可出现一些毒性反应，在肝、肾、脑等组织亦有一定的分布并产生毒性作用。体内的铅主要经尿和粪排出，但因其生物半衰期较长，故可长期在体内蓄积。

②镉　镉在人体的生物半衰期为15～30年。镉进入人体的主要途径是通过食物摄入。食物中镉的存在形式以及膳食中蛋白质、维生素D和钙、锌等元素的含量等因素均可影响镉的吸收，进入人体的镉大部分与低分子硫蛋白结合，形成金属硫蛋白，主要蓄积于肾脏(约占全身蓄积量的1/2)，其次是肝脏(约占全身蓄积量的1/6)。体内的镉可通过粪、尿和毛发等途径排出。镉对体内巯基酶有

较强的抑制作用。镉中毒主要损害肾脏、骨骼和消化系统。临床上出现蛋白尿、氨基酸尿、糖尿和高钙尿，导致体内出现负钙平衡，并由于骨钙析出而发生骨质疏松和病理性骨折。镉除引起急、慢性中毒外，国内外亦有不少研究表明，镉及含镉化合物对动物和人体有一定的致畸、致癌和致突变作用。

③汞　食品中的金属汞几乎不被吸收，90%以上的汞是随粪便排出体外，而有机汞的消化道吸收率很高，如强毒性的甲基汞90%以上可被人体吸收。吸收的汞迅速分布到全身组织和器官，但以肝、肾、脑等器官含量最多。甲基汞的亲脂性和与巯基的亲和力很强，可通过血脑屏障、胎盘屏障和血睾屏障，在脑内蓄积，导致脑和神经系统损伤，并可致胎儿和新生儿的汞中毒。汞是强蓄积性毒物，在人体内的生物半衰期平均为70 d左右，在脑内的滞留时间更长，其半衰期为180～250 d。体内的汞可通过尿、粪和毛发排出，故毛发中的汞含量可反映体内汞潴留的情况。

④砷　砷进入人体后分布于全身，以肝、肾、脾、肺、皮肤、毛发、指甲和骨骼中蓄积量最高，生物半衰期为80～90 d。砷可造成代谢障碍，导致毛细血管通透性增加引发多器官广泛病变。急性砷中毒主要是胃肠炎症状，严重者可致中枢神经系统麻痹而死亡，并可出现七窍出血等现象。慢性中毒主要表现为神经衰弱综合征，皮肤色素异常（白斑或黑皮症），皮肤过度角化和末梢神经炎症状。无机砷化合物的“三致”作用亦有不少研究报告。

（3）影响因素

①金属元素的存在形式　以有机形式存在的金属及水溶性较大的金属盐类，因其消化道吸收较多，通常毒性较大。如氯化汞的消化道吸收率仅为2%左右，而甲基汞的吸收率可达90%以上。但也有例外，如有机砷的毒性低于无机砷。氯化镉和硝酸镉因其水溶性大于硫化镉和碳酸镉，故毒性较大。

②机体的健康和营养状况　食物中某些营养素的含量和平衡情况，尤其是蛋白质和某些维生素（如维生素C）的营养水平对金属毒物的吸收和毒性有较大影响。

③金属元素间或金属与非金属元素间的相互作用　如铁可拮抗铅的毒害作用，其原因是铁与铅竞争肠黏膜载体蛋白和其他相关的吸收及转运载体，从而减少铅的吸收，锌可拮抗镉的毒害作用，因锌可与镉竞争含锌金属酶；硒可拮抗汞、铅、镉等重金属的毒害作用，因硒能与这些金属形成硒蛋白络合物，使其毒性降低，并易于排除体外。但某些有毒、有害金属元素间也可产生协同作用，如砷和镉的协同作用可造成对巯基酶的严重抑制而增加其毒性，汞和铅可共同作用于神经系统，从而加重其毒性作用。

• • • 重金属镉污染案例 • • •

自20世纪初期开始，日本富山县发现水稻普遍生长不良。1931年又出现了一种怪病——“痛痛病”。

1946～1960年，日本医学界从事综合临床、病理、流行病学、动物试验和分析化学的人员经过长期研究后发现，“痛痛病”是由于神通川上游的神冈矿山废水引起的镉中毒。

神冈的矿产企业长期将没有处理的废水排放注入神通川，致使高浓度的含镉废水污染了水源。用这种含镉的水浇灌农田，稻秧生长不良，生产出来的稻米成为“镉米”。“镉米”和“镉水”把神通川两岸的人们带进了“痛痛病”的阴霾中。

(4)食品中重金属限量标准

我国《食品中污染物限量》(GB 2762—2005)对铅、镉、汞、砷在各类食品中的最高限量进行了规定(表3-3～表3-6)。

表3-3 《食品中污染物限量》(GB 2762—2005)对食品中铅容许限量的规定 mg/kg

食品	限量	食品	限量
谷类	≤0.2	水果	≤0.1
豆类	≤0.2	小水果、浆果、葡萄	≤0.2
薯类	≤0.2	茶叶	≤5.0
畜、禽肉类	≤0.2	果汁	≤0.3
可食用畜、禽下水	≤0.5	果酒	≤0.2
鱼类	≤0.5	鲜蛋	≤0.2
蔬菜(球茎、叶菜、食用菌类除外)	≤0.1	鲜乳	≤0.05
球茎蔬菜	≤0.3	婴儿配方奶粉(乳为原料，以冲调后乳汁计)	≤0.02
叶菜	≤0.3		

表3-4 《食品中污染物限量》(GB 2762—2005)对食品中镉容许限量的规定 mg/kg

食品	限量	食品	限量
粮食		畜、禽肾脏	≤1.0
米、大豆	≤0.2	水果	≤0.05
花生	≤0.5	根茎类蔬菜(芹菜除外)	≤0.1
面粉	≤0.1	椰菜、芹菜、食用菌类	≤0.2
杂粮(玉米、小米、高粱、薯类)	≤0.1	其他蔬菜	≤0.05
畜、禽肉类	≤0.1	鱼	≤0.1
畜、禽肝脏	≤0.5	鲜蛋	≤0.05

表3-5 《食品中污染物限量》(GB 2762—2005)对食品中汞允许限量的规定 mg/kg

食品	限量	
	总汞(以Hg计)	甲基汞
粮食(成品粮)	≤0.02	
薯类(马铃薯、白薯)、蔬菜、水果	≤0.01	
鲜乳	≤0.01	
肉、蛋(去壳)	≤0.05	
鱼(不包括食肉鱼类)及其他水产品		≤0.5
食肉鱼类(鲨鱼、金枪鱼及其他)		≤1.0

表 3-6 《食品中污染物限量》(GB 2762—2005)对食品中无机砷允许限量的规定 mg/kg

食品	限量	食品	限量
粮食		酒类	≤0.05
大米	≤0.15	鱼	≤0.1
面粉	≤0.1	藻类(以干重计)	≤1.5
杂粮	≤0.2	贝类及虾蟹类(以鲜重计)	≤0.5
蔬菜	≤0.05	贝类及虾蟹类(以干重计)	≤1.0
水果	≤0.05	其他水产食品(以鲜重计)	≤0.5
畜肉类	≤0.05	食用油脂	≤0.1
蛋类	≤0.05	果汁及果酱	≤0.2
乳粉	≤0.25	可可脂及巧克力	≤0.5
鲜乳	≤0.05	其他可可制品	≤1.0
豆类	≤0.1	食糖	≤0.5

重金属污染受到各国政府的关注。欧美等国多次修订了重金属限量标准。如欧盟在2005年发布的(EC)No. 78/2005法案中修订了食品中重金属限量，并于同一年在欧盟国家勒令停止销售含有硒酵母、镉、硼等多种营养素的保健品。(EC)No. 1881/2006号法规重新规定了对食品增补剂内的铅、汞及镉的最大限量。其中，建议所有食品增补剂内铅的最大限量为3.0 mg/kg；汞的最大限量为0.10 mg/kg；单独由或主要由干海藻或海藻派生品构成的食品增补剂内，镉的最大限量为3.0 mg/kg，其他食品增补剂内镉的最大限量拟定为1.0 mg/kg。(EC) No. 629/2008对(EC) No. 1881/2006进行了修订，调整了铅、镉、汞、锡重金属在各类食品中的含量，尤其在水产品中的含量做了较大调整。2006~2007年，日本劳动省决定对中国输日蔬菜水果的重金属铅、砷含量进行不定期抽样检测。韩国也在2005年发布了关于中草药中农残金属限量的修正案。

3.2.3.4 预防和控制措施

随着环保意识的提高及对环境污染的治理，重金属污染问题虽然得到逐步改善，但由于环境中的本底等原因，在短时间要使食品中的重金属污染降至与国际接轨估计还有相当的难度，要积极采取措施，控制环境重金属本底值，降低重金属污染，首先应治理环境。

(1)消除污染源

这一措施是降低有毒、有害金属元素对食品污染的主要措施。加强环境保护，控制工业“三废”的排放，加强污水处理，监测大气、土壤和水质重金属。

(2)严格管理

妥善保管有毒、有害金属及化合物，防止误食、误用以及意外或人为污染食品。禁用使用含汞、砷、铅的农药和劣质饲料添加剂，限制农药使用剂量、使用范围、使用时间及允许使用的农药品种，限制动物饲料添加剂中重金属加入量。要进行食品污染监测，建立健全食品污染预警机制，及时对相关食品采取有效措施加以控制。

3.2.4 环境中二噁英类化合物

二噁英是一类毒性极强的特殊有机化合物，包括75种氯代二苯并二噁英和125种多氯代二苯并呋喃。氯代二苯并对二噁英(polychlorodibenzo-p-dioxins，PC-DDs)和氯代二苯并呋喃(polychloro-dibenzofurans，PCDFs)一般通称为二噁英(dioxins，PCDD/Fs)，为氯代含氧三环芳烃类化合物，有200余种同系物异构体。其他一些卤代芳烃类化合物，如多氯联苯(又称多氯联二苯，polychlorinated biphenyl，简称PCB)、氯代二苯醚等的理化性质和毒性与二噁英相似，亦称为二噁英类似物。2，3，7，8-四氯二苯并-对-二噁英(2，3，7，8-tet-rachlorodibenzo-p-dioxins，TCDD)是目前已知此类化合物中毒性和致癌性最大的物质，其对豚鼠的经口LD_{50}仅为1μg/kg，致大鼠肝癌剂量为10ng/kg。此类化合物不仅毒性和致癌性强，而且其化学性质极为稳定，在环境中难于降解，还可经食物链富集，故已日益受到人们的广泛重视。

3.2.4.1 概述

二噁英类物质的理化特性相似，这些化合物无色、无味，沸点与熔点较高，具有亲脂性而不溶于水。PCDDs和PCDFs在环境中具有以下共同特征：

①热稳定性　PCDD/Fs对热极其稳定，在温度超过800℃时才会被降解，而在1 000℃以上才会被大量破坏。

②低挥发性　PCDD/Fs的蒸气压极低，除了气溶胶颗粒吸附外，在大气中分布较少，而在地面可以持续存在。

③脂溶性　PCDD/Fs的脂溶性很强，故可在脂质中富集并发生转移。

④在环境中的稳定性高　PCDD/Fs对于理化因素和生物降解有较强的抵抗作用，故可在环境中持续存在，其平均半衰期约为9年。在紫外线的作用下PC-DD/Fs可很快被破坏。

3.2.4.2 来源

二噁英可由多种前体物经过Ullmann反应和Smiles重排而形成，PCDD/Fs的直接前体物有多氯联苯、2，4，5-三氯酚、2，4，5-三氯苯氧乙酸(2，4，5-trichlorophenoxy acetic acid，2，4，5-T)、五氨酚及其钠盐等。许多农药如氯酚、菌螨酚、六氯苯和氯代联苯醚除草剂等也不同程度地含有PCDD/Fs。

垃圾焚烧可产生一定量的PCDD/Fs，尤其是在垃圾燃烧不完全时以及含大量聚氯乙烯塑料的垃圾焚烧时，可产生大量的PCDD/Fs。此外，医院废弃物和污水、木材燃烧、汽车尾气、含多氯联苯的设备事故及环境中的光化学反应和生物化学反应等均可产生PCDD/Fs。

食品中的PCDD/Fs主要来自于环境的污染，尤其是经过生物链的富集作用，可在动物性食品中达到较高的浓度。如英国、德国、瑞士、瑞典、荷兰、新西兰、加拿大和美国等对奶、肉、鱼、蛋类食物的检测结果表明，多数样品中均可检出不同量的 PCDD/Fs。此外，食品包装材料中 PCDD/Fs 污染物的迁移以及意外事故等，也可造成食品的 PCDD/Fs 污染。

3.2.4.3 危害与限量标准

二噁英类化合物是有毒的含氯化合物，具有强致癌性，它是生产过程中产生的副产物，特别是焚烧垃圾和医疗废弃物。人体微量摄入二噁英不会立即引起病变，但摄入后不易排出。如长期食用含二噁英的食品，这种有毒成分会蓄积，最终可能致癌或引起慢性病，危害人群健康。

(1)一般毒性

PCDD/Fs 大多具有较强的急性毒性，如 TCDD 对豚鼠的经口 LD_{50} 仅为 1μg/kg，但不同种属动物对其敏感性有较大差异，如对白鼠和豚鼠的经口 LD_{50} 可相差 5 000 倍。其急性中毒主要表现为体重极度减少，并伴有肌肉和脂肪组织的急剧减少，故称为“消瘦综合征”。此外，皮肤接触或全身染毒大量二噁英类物质可致氯痤疮，表现为皮肤过度角化和色素沉着。

(2)肝毒性

二噁英对动物有不同程度的肝损伤作用，主要表现为肝细胞变性坏死，胞浆内脂滴和滑面内质网增多，微粒体酶及转氨酶活性增强，单核细胞浸润等。不同种属动物对其肝毒性的敏感性亦有较大差异，仓鼠和豚鼠较不敏感，而对大鼠和兔的肝损伤极其严重，可导致死亡。

(3)免疫毒性

二噁英类对体液免疫和细胞免疫均有较强的抑制作用，在非致死剂量时即可致实验动物胸腺的严重萎缩，并可抑制抗体的生成，降低机体的抵抗力。

(4)生殖毒性

二噁英类物质属于环境内分泌干扰物，具有明显的抗雌激素作用。近年来还有一些研究表明，TCDD 亦有明显抗雄激素作用，可致雄性动物睾丸形态改变，精子数量减少，雄性生殖功能降低，血清睾酮水平亦有明显降低。人对 TCDD 的抗雄激素作用可能比鼠类更为敏感。

(5)发育毒性和致畸性

TCDD 对多种动物有致畸性，尤以小鼠最为敏感，可致胎鼠发生腭裂和肾盂积水等畸形。

(6)致癌性

TCDD 对多种动物有极强的致癌性，尤以啮齿类敏感，对大、小鼠的最低致肝癌剂量为 10ng/kg。有流行病学研究表明，PCDD/Fs 的接触与人类某些肿瘤的发生有关。国际癌症研究机构(International Agency for Research on Cancer，IARC) 1997 年已将 TCDD 确定为第 1 类致癌物，即对人致癌证据充分。但目前尚未发现 PCDD/Fs 有明显的致突变作用。

早在1990年，WHO对二噁英及其相关化合物进行了健康危险的评估，根据动物试验中出现的肝毒性，以及生殖和免疫毒性的结论和人的代谢动力学资料，将TCDD的每日耐受摄入量(tolerable daily intake，TDI)定为10 pg/kg。随后，流行病学和毒理学研究发现，二噁英对神经发育和内分泌的影响。1998年5月，WHO、欧洲环境健康中心(ECEH)以及国际化学品安全规划署(IPCS)联合召开研讨会，确定了二噁英及二噁英样PCBs的TDI为1～4 pg/kg。美国环境保护署(USEPA)计算的最低安全剂量是每日TCDD 0.006 pg/kg，目前也在重新审议这个结论。

2003年，我国卫生部在《食品安全行动计划》中，要求对食品中PCBs进行监测。2005年已制定的《食品中污染物限量》(GB 2762—2005)中提出海产食品多氯联苯的限量标准，其中规定海产品、贝、虾以及藻类食品中多氯联苯(以PCB28、PCB52、PCB101、PCB118、PCB138、PCB153和PCB180总和计)≤2 mg/kg，PCB138含量和PCB153含量均≤0.5 mg/kg。

3.2.4.4 预防和控制措施

各种危险性管理措施可降低食品中二噁英和PCBs的含量。但由于二噁英和PCBs在环境中十分稳定，如其污染源没有很好控制，环境中的存在量会不断升高。因此，需要其他法典委员会或各国主管部门、国际组织共同努力，针对污染源采取有效控制措施。

(1)控制环境污染

控制环境PCDD/Fs的污染是预防二噁英类化合物污染食品及对人体危害的根本措施。例如，减少含PCDD/Fs的农药和其他化合物的使用；严格控制有关的农药和工业化合物中各种PCDD/Fs的含量；改造焚化炉的设备技术，控制垃圾燃烧和汽车尾气对环境的污染等；禁止或减少在开放系统使用PCBs，同时移走或销毁旧的变压器和电容器，对工业生产设备进行技术革新，降低工业生产过程二噁英的排放。

(2)发展实用的检测方法

PCDD/Fs的异构体多达200余种，在环境和食品中的含量极微，定量分析十分困难。目前公认的检测方法主要是高分辨气质联用技术，但设备昂贵，检测周期长，检测成本高，使得对PCDD/Fs的研究及其在环境、食品中污染水平的检测较为困难。因此，发展可靠、实用和成本较低的PCDD/Fs检测方法，才能加强环境和食品中PCDD/Fs含量的监测，并制定食品中的允许限量标准，从而对防止PCDD/Fs的危害起到积极作用。

(3)其他措施

应深入研究PCDD/Fs的生成条件及其影响因素、体内代谢、毒性作用及其机制、阈剂量水平等，提出切实可行的预防二噁英类化合物危害的综合措施。

我国是发展中国家，环境污染的特点是三代污染物同时并存，第一代环境污染物如煤烟、氮氧化物，第二代环境污染物如汽车尾气，第三代环境污染物如环境内分泌物，对人类健康的影响会比发达国家严重得多。应尽快发展、建立环境雌激素的筛查方法和灵敏的检测方法，保证人民身体健康。

3.3 加工、运输环节

加工、运输环节是农畜产品原料经粗加工或深加工成为有包装的半成品、成品的过程。这是农畜产品成为食品的重要环节，也是食品安全性的保障环节，此环节中食品易受到多种化学性和物理性污染物的污染，它决定着农畜产品从农场进入餐桌的安全性。

食品生产加工过程操作方式不当，会产生N-亚硝基化合物、苯并(a)芘、杂环胺等对人体有害的物质。如果生产加工过程超量使用食品添加剂，滥用工业级添加剂，加工所用的金属机械、容器、管道等设备中所含金属毒物发生迁移，使用不符合卫生要求的包装材料，使其中的有害物质的溶出和迁移，均能使有害重金属污染食品。这些污染物会影响食品流通乃至销售的全过程。

3.3.1 贮存、腌制与N-亚硝基化合物

N-亚硝基化合物(N-nitroso compounds)是一类对动物有较强致癌作用的化学物。迄今已研究过的300多种亚硝基化合物中，90%以上对动物有不同程度的致癌性。

N-亚硝基化合物的前体物质硝酸盐、亚硝酸盐和胺类，广泛存在于人类的生活环境中，他们经过化学或生物学的途径合成多种N-亚硝基化合物。在鱼、肉制品或蔬菜的加工(尤其是腌制)中，常添加硝酸盐作为防腐剂和护色剂，而这些食品(如香肠、火腿等)，直接加热(如油炸、煎和烤等)会引起亚硝胺的合成。蔬菜在贮藏过程中，其所含有的硝酸盐和亚硝酸盐也会在适宜的条件下与食品中蛋白质分解的胺反应生成亚硝胺类化合物。

3.3.1.1 概述

N-亚硝基化合物按其分子结构可分成N-亚硝胺和N-亚硝酰胺两大类。

(1) *N-亚硝胺*(N-nitrosamine)

N-亚硝胺的基本结构为：

$$\begin{matrix} R_1 \\ \quad\diagdown \\ \qquad N{-}N{=}O \\ \quad\diagup \\ R_2 \end{matrix}$$

式中R_1、R_2可以是烷基或环烷基，也可以是芳香环或杂环化合物。

低相对分子质量的亚硝胺(如二甲基亚硝胺)在常温下为黄色油状液体，而高相对分子质量的亚硝胺多为固体。通常条件下，N-亚硝胺不易水解，在中性和碱性环境中较稳定，但在特殊条件下也可发生氧化、还原及水解等化学反应。

(2)N-亚硝酰胺(N-nitrosamide)

N-亚硝酰胺的基本结构为：

$$\begin{array}{l} R_1 \\ \quad \diagdown \\ \qquad N—N=O \\ \quad \diagup \\ R_2CO \end{array}$$

亚硝酰胺的化学性质活泼，在酸性或碱性条件下均不稳定。酸性条件下，分解为相应的酰胺和亚硝酸；碱性条件下快速分解成重氮烷。

亚硝胺和亚硝酰胺的致癌机制并不完全相同，亚硝胺是较稳定的化合物，需在体内代谢活化，可转化为具有致癌作用的活性代谢物，不是终末致癌物；而亚硝酰胺较不稳定，无需体内活化就在体内接触部位水解成具有致癌作用的烷基偶氮羟基化合物，属终末致癌物。因此，两类N-亚硝基化合物对人体的危害也不同。

3.3.1.2 来源

环境和食品中的N-亚硝基化合物是由两类前体化合物在体内或体外适合的条件下化合而成。一类前体化合物是硝酸盐和亚硝酸盐；另一类是仲胺和酰胺，这两类前体物质广泛存在于各种食物中。

(1)食物中的亚硝胺

一般天然食品中很少存在亚硝胺，主要是在人类的生产、烹调等过程中形成。

①鱼、肉制品中的亚硝胺　主要来源于食品加工及烹调过程。鱼、肉等动物性食品中含有丰富的蛋白质、脂肪和少量的胺类物质。在其腌制、烘烤等加工过程中，尤其是在油煎、油炸等烹调过程中，可产生较多的胺类化合物。长期存放、腐烂变质的鱼、肉类，蛋白质腐败会产生胺类物质，这些胺类与亚硝基化试剂反应生成亚硝胺。鱼、肉制品中的亚硝胺主要是吡咯烷亚硝胺和二甲亚硝胺。

②乳制品中的亚硝胺　主要存在于经过高温等工艺处理的乳制品中，但奶酪、奶粉等食品中含量很低，约0.5~5.2 μg/kg。

③蔬菜水果中的亚硝胺　蔬菜水果中含有的硝酸盐、亚硝酸盐和胺类在长期贮藏和加工处理过程中可生成微量的亚硝胺。

④啤酒中的亚硝胺　啤酒生产加工中，大麦芽在直火加热时，其所含的大麦芽碱和仲胺等能与空气中的氮被氧化产生的氮氧化物发生反应，生成二甲基亚硝胺。随着啤酒生产工艺的改变，亚硝胺含量也明显降低。

⑤霉变食品中存在亚硝胺。

(2)N-亚硝基化合物的前体物质

①环境中的硝酸盐和亚硝酸盐　植物体内硝酸盐含量与其品种、施肥、地区以及栽培条件等有关。硝酸盐和亚硝酸盐广泛地存在于人类生存的环境中，土壤和肥料中的氮可转化为硝酸盐。蔬菜等农作物可以从土壤中吸收硝酸盐等成分。

蔬菜的保存和处理过程对其硝酸盐和亚硝酸盐含量有很大影响，如在蔬菜的腌制过程中，亚硝酸盐含量明显增高，不新鲜的蔬菜中亚硝酸盐含量亦可明显增高。其含量须在0.01 ~6.0 μg/kg 范围内。

②动物性食物中的硝酸盐、亚硝酸盐　来源于亚硝酸盐腌制的鱼、肉等动物性食品。用硝酸盐腌制鱼、肉等动物性食品是许多国家和地区的一种古老和传统的方法，即可达到防腐的目的，又可使腌肉、腌鱼等保持稳定的红色，改善了食品的感官性状。因此，亚硝酸盐取代硝酸盐用做防腐剂和护色剂，仍允许限量使用。

③环境和食品中的胺类　有机胺类化合物是N-亚硝基化合物的另一类前体物，其广泛存在于环境和食物中。以仲胺(即二级胺)合成N-亚硝基化合物的能力为最强。鱼和某些蔬菜中的胺类和二级胺类物质含量较高，鱼和肉产品中二级胺的含量随其新鲜程度、加工过程和贮藏而变化，含量多在100 mg/kg 以上。

(3)体内合成

除食品中所含有的N-亚硝基化合物外，人体内也能合成一定量的N-亚硝基化合物。由于在pH <3 的酸性环境中合成亚硝胺的反应较强，因此，胃可能是人体内合成亚硝胺的主要场所。此外，在唾液中及膀胱内(尤其是尿路感染时)也可能合成一定量的亚硝胺。

3.3.1.3 危害与限量标准

目前，已有大量的研究结果表明，N-亚硝基化合物对多种实验动物有很强的致癌作用，人类接触N-亚硝基化合物及其前体物质，可能与某些肿瘤的发生有关。

(1)危害

①急性毒性　各种N-亚硝基化合物的急性毒性有较大差异，对称性烷基亚硝胺，随其碳链越长，急性毒性越低。N-亚硝胺主要引起肝小叶中心性出血坏死，还可引起肺出血及胸腔和腹腔血性渗出，对眼、皮肤及呼吸道有刺激作用。

②致癌作用　动物试验表明，N-亚硝基化合物能诱发各种实验动物的肿瘤。至今尚未发现有一种动物对N-亚硝基化合物的致癌作用有抵抗力。N-亚硝基化合物可诱发动物几乎所有组织和器官的肿瘤，多种途径摄入均可诱发肿瘤。一次大量给药或长期少量接触均有致癌作用，且有明显的剂量-效应关系。它还可通过胎盘对仔代有致癌作用。

胃癌是最常见的恶性肿瘤之一。胃癌的病因可能与环境中硝酸盐和亚硝酸盐的含量，特别是饮水中的硝酸盐含量有关。食管癌的发病率与环境因素尤其水中硝酸盐和亚硝酸盐的含量有关。N-亚硝基化合物有可能也是肝癌致病因素之一。在一些肝癌高发区的流行病学调查表明，喜食腌菜可能也是肝癌发生的危险性因素。对肝癌高发区的腌菜进行亚硝胺测定结果显示，亚硝胺的检出率可高达60%以上。

③致畸作用　亚硝酰胺对动物有一定的致畸性，如甲基(或乙基)亚硝基脲

可诱发胎鼠的脑、眼、肋骨和脊柱等畸形，并存在剂量-效应关系，而亚硝胺的致畸作用很弱。

④致突变作用 亚硝酰胺是一类直接致突变物，能引起细菌、真菌、果蝇和哺乳类动物细胞发生突变。许多研究表明，N-亚硝基化合物的致突变性强弱与致癌性强弱无明显的相关性。

(2)限量标准

目前，我国已制定的《食品中污染物限量》(GB 2762—2005)提出了食品中N-亚硝胺的限量标准及食品中亚硝酸盐限量(以亚硝酸钠计)标准。其中规定，海产品中N-二甲基亚硝胺≤4 μg/kg，N-二乙基亚硝胺≤7 μg/kg；肉制品中N-二甲基亚硝胺≤3 μg/kg，N-二乙基亚硝胺≤5 μg/kg，亚硝酸盐≤3 mg/kg；粮食中亚硝酸盐≤3 mg/kg；蔬菜中亚硝酸盐≤4 mg/kg；鱼中亚硝酸盐≤3 mg/kg；蛋中亚硝酸盐≤5 mg/kg；酱腌菜中亚硝酸盐≤20 mg/kg；乳粉中亚硝酸盐≤2 mg/kg；盐中(以氯化钠计)亚硝酸盐≤2 mg/kg。在制定标准的基础上，还应加强对食品中N-亚硝基化合物含量的监测，严禁食用N-亚硝基化合物及其前体化合物亚硝酸盐含量超过标准的食物。

3.3.1.4 预防和控制措施

维生素C、维生素E、许多酚类及黄酮类化合物等均有较强的抑制亚硝基化过程的作用。某些物质，如乙醇、甲醇、正丙醇、异丙醇、蔗糖等在高浓度时，尤其在pH≤3的条件下能抑制亚硝基化过程，而在pH≥5时反而能促进亚硝基化过程。

防止亚硝基化合物危害的主要措施有以下几点。

(1)防止食物霉变或被其他微生物污染

由于某些细菌或霉菌等微生物可还原硝酸盐为亚硝基盐，而且许多微生物可分解蛋白质，生成胺类化合物或有酶促亚硝基化作用，因此防止食品霉变或被细菌污染对降低食物中亚硝基化合物含量至为重要。在食品加工时，应保证食品新鲜，并注意防止微生物污染。

(2)控制食品加工中硝酸盐或亚硝酸盐用量

控制食品加工中硝酸盐或亚硝酸盐用量可以减少亚硝基化前体物的量，从而减少亚硝胺的合成。在加工工艺可行的情况下，尽可能使用亚硝酸盐的替代品。

(3)施用钼肥

农业用肥及用水与蔬菜中亚硝酸盐和硝酸盐含量有密切关系。使用钼肥有利于降低蔬菜中硝酸盐含量，如白萝卜和大白菜等施用钼肥后，亚硝酸盐含量平均降低1/4以上。

(4)增加维生素C等亚硝基化阻断剂的摄入量

维生素C有较强的阻断亚硝基化的作用。许多流行病学调查也表明，在食管癌高发区，维生素C摄入量很低，故增加维生素C摄入量可能有重要意义。除维生素 C 外，许多食物成分也有较强的阻断亚硝基化的活性，故对防止亚硝基化合物的危害有一定作用。我国学者发现大蒜和大蒜素可抑制胃内硝酸盐还原菌的活性，使胃内亚硝酸盐含量明显降低。茶叶中茶多酚、猕猴桃、沙棘果汁等对亚硝胺的生成也有较强阻断作用。

3.3.2 熏制、烘烤与多环芳烃化合物

多环芳烃(polycyclic aromatic hydrocarbons, PAH)化合物是一类具有较强致癌作用的食品化学污染物，目前已鉴定出数百种，其中苯并(a)芘[benzo(a)pyrene, B(a)P]系多环芳烃的典型代表，故在此仅以其作为代表重点阐述。

某些食物经烟熏、烘烤处理后，既耐贮藏又带有特殊的香味。因此，很多国家和地区都有烟熏贮藏食品和食用烟熏食品的习惯。我国利用烟熏的方法加工动物性食品历史悠久，如烟熏鳗鱼、熏红肠、熏火腿等。近年来，烘烤食品备受青睐。但经烟熏、烘烤加工后，食品中的苯并(a)芘含量显著增加。

3.3.2.1 概述

B(a)P，又称 3，4 -苯并芘。它是由 5 个苯环构成的多环芳烃，分子式 $C_{20}H_{12}$，相对分子质量 252。在常温下为浅黄色的针状结晶，不溶于水，易溶于脂肪、丙酮、苯、甲苯等有机溶剂。B(a)P 在有机溶剂中，用波长 360nm 紫外线照射时，可产生典型的紫色荧光。B(a)P 性质较稳定，但阳光及荧光可使之发生光氧化反应，氧也可使其氧化，与一氧化氮或二氧化氮作用则可发生硝基化。

3.3.2.2 来源

多环芳烃主要由各种有机物如煤、柴油、汽油及香烟的不完全燃烧产生。食品中的多环芳烃和 B(a)P 主要来源有：①食品在熏烤时，用煤、炭和植物燃料产生的熏烟中含有多环芳烃(包括 B(a)P)，直接受到污染；②食品成分在高温烹调加工时发生热解或热聚反应所形成，这是食品中多环芳烃的主要来源；③植物性食品可吸收土壤、水和空气中污染的多环芳烃；④食品加工中受机油和食品包装材料等污染，在柏油路上晒粮食使粮食受到污染；⑤污染的水可使水产品受到污染；⑥植物和微生物可合成微量多环芳烃。

由于食品种类、生产加工、烹调方法的差异以及距离污染源的远近等因素的不同，食品中 B(a)P 的含量相差很大。其中含量较多者主要是烘烤和熏制食品。烤肉、烤香肠中 B(a)P 含量一般为 0.68 ~ 0.7μg/kg，炭火烤的肉可达 2.6 ~ 11.2 μg/kg。由于 B(a)P 的水溶性很低，清洗蔬菜只能去除微量。

3.3.2.3 危害与限量标准

B(a)P 是目前世界上公认的强致癌、致畸、致突变物质之一。试验证明，B(a)P对多种动物有肯定的致癌性，并存在剂量-反应关系。B(a)P 在 Ames 试验、哺乳类培养细胞基因突变以及哺乳类动物精子畸变等试验中皆呈阳性反应。

人群流行病学研究表明，食品中B(a)P含量与胃癌等多种肿瘤的发生有一定关系。如在匈牙利西部一个胃癌高发地区的调查表明，该地区居民经常食用家庭自制的含B(a)P较高的熏肉是胃癌发生的主要危险性因素之一。冰岛也是胃癌高发国家，据调查当地居民食用含多环芳烃或B(a)P较高的自己熏制的食品较多。

目前，许多国家的科研机构都在探讨食物中多环芳烃和B(a)P的限量标准及人体允许摄入量问题，认为对机体无害的水中B(a)P水平为0.03 μg/L；前苏联提出水中B(a)P含量应限制在0.01 μg/L以下，藻类及水生植物中含量应限制在5 μg/kg以下，植物应限制在20 μg/kg以下，人体每日B(a)P摄入量不应超过10 μg，我国《食品中污染物限量》(GB 2762—2005)规定，熏烤肉及粮食中B(a)P含量≤5 μg/kg，食用植物油中B(a)P含量应≤10 μg/kg。

3.3.2.4 预防和控制措施

食物中的B(a)P主要是食物经烟熏、烘烤处理后产生，若改进食品加工烹调方法可预防B(a)P的污染。措施包括：①加强环境治理，减少环境B(a)P的污染，从而减少其对食品的污染。②改进烹调和加工方法，尽量避免食品成分热解和热聚，以减少苯并(a)芘形成。熏制、烘烤食品及烘干粮食等加工应改进燃烧过程，避免使食品直接接触炭火。③改变生产方式，不在柏油路上晾晒粮食和油料种子等，以防沥青沾污；不用苯并(a)芘含量高的材料生产或包装食品。④食品生产加工过程中要防止润滑油污染食品，或改用食用油做润滑剂。

采取措施，对污染的食品进行去毒处理。油脂可用活性炭吸附去毒，用吸附法可去除食品中的一部分B(a)P。此外，用日光或紫外线照射食品也能降低其B(a)P含量。

改变饮食习惯，尽量少吃烧烤、熏烤肉制品。不食用烤焦、炭化的肉制品，以减少B(a)P的摄入量。另外，维生素A及白菜、萝卜等十字花科蔬菜，有降解B(a)P的作用，宜经常食用。

3.3.3 高温烹调与杂环胺类化合物

食品中的杂环胺类化合物主要产生于高温烹调加工过程，尤其是蛋白质含量丰富的鱼、肉类食品在高温烹调过程中更易产生。

3.3.3.1 概述

杂环胺(heterocvclic amines，HCA)类化合物包括氨基咪唑氮杂芳烃(amino-imidazoaza -arenes，AIAs)和氨基咔啉(amino-carbolines)两类。二者都有致癌和致突变的作用。AIAs包括喹啉类(IQ)、喹噁啉类(IQx)和吡啶类(Pyr)。AIAs咪唑环的α-氨基在体内可转化为N-羟基化合物而具有致癌、致突变活性。AIAs亦称为IQ型杂环胺，其胍基上的氨基不易被亚硝酸钠处理而脱去。氨基咔啉类包括α-咔啉、γ-咔啉和δ-咔啉，其吡啶环上的氨基易被亚硝酸钠脱去而丧失活性。

3.3.3.2 来源

正常烹调食品中均含有不同量的杂环胺，如油炸牛肉、考沙丁鱼等都检出不同含量的杂环胺。食品中杂环胺主要来源于食物的高温烹调加工过程，影响食品中杂环胺形成的因素主要有以下两个方面。

(1)不同烹调方式对食品中杂环胺形成的影响

杂环胺的前体物质是水溶性的，加热反应主要产生 AIAs 类杂环胺。加热温度是杂环胺形成的重要影响因素。食物的杂环胺随加热温度的升高而增加，随烹调时间的不同杂环胺的生成量不同。食品中的水分是杂环胺形成的抑制因素。因此，加热温度越高、时间越长、水分含量越少，产生的杂环胺越多。故烧、烤、煎、炸等直接与火接触或与灼热的金属表面接触的烹调方法，使水分很快失去且温度较高，产生杂环胺的数量远远大于炖、焖、煨、煮及微波炉烹调等温度较低、水分较多的烹调方法。

(2)相同烹调方式对不同食品中杂环胺形成的影响

食物成分在烹调温度、时间和水分相同的情况下，营养成分不同的食物产生的杂环胺种类和数量有很大差异。蛋白质含量较高的食物产生杂环胺较多，而蛋白质的氨基酸构成则直接影响所产生杂环胺的种类。肌酸或肌酐是杂环胺中α-氨基-3-甲基咪唑部分的主要来源，故含有肌肉组织的食品可大量产生 AIAs 类(IQ 型)杂环胺，而肉中的肌酸含量也是杂环胺形成的主要限速因素之一。美拉德反应(maillard reaction)与杂环胺的产生有很大关系，由于不同的氨基酸在美拉德反应中生成杂环物的种类和数量也有较大差异。国外学者证实了蛋白质的种类和数量对杂环胺的生成有较大影响，如在食物中添加色氨酸和谷氨酸后加热，生成的 Trp-p-1 和 Trp-p-2、Glu-p-1 和 Glu-p-2 等急剧增加。正常烹调食品中多含有一定量的杂环胺，但不同食品中各种杂环胺含量不同。

3.3.3.3 危害与限量标准

杂环胺的致突变性、致癌性的毒作用机制目前尚不十分清楚。为了防止杂环胺对人体健康的危害，应该改善不良的生活方式，尽量避免过多食用烧、烤、煎、炸、熏的食物，有关部门应尽快制定食品中杂环胺限量标准。

(1)杂环胺的致突变性

杂环胺须经过代谢活化后才具有致突变性。杂环胺的活性代谢物是N-羟基化合物，杂环胺进行N-氧化，再经O-乙酰转移酶和硫转移酶的作用，将N-羟基代谢物转变成终致突变物。杂环胺对哺乳动物细胞的基因突变性较对细菌的致突变性弱。

(2)杂环胺的致癌性

杂环胺对啮齿动物有不同程度的致癌性，其主要靶器官为肝脏，其次是血管、肠道、前胃、乳腺、阴蒂腺、淋巴组织、皮肤和口腔等。研究表明，某些杂环胺对灵长类也有致癌性。大多数杂环胺在肝内形成加合物的量最多，其次是肠、肾和肺等组织。杂环胺-DNA加合物的形成具有剂量-反应和时间-反应关系，且研究表明极低剂量的杂环胺亦能形成DNA加合物，即可能不存在阈剂量。DNA加合物的形成可导致基因突变、癌基因活化和肿瘤抑制基因失活等遗传效应。杂环胺的毒性与含量有关，不同的杂环胺之间的毒性具有相加作用。据报道，当其他环境致癌物、促癌物和细胞增生诱导物存在时，杂环胺的毒性增加。烧烤食品中的杂环胺种类、含量较其他加工方式高，应予以重视。

3.3.3.4 预防和控制措施

杂环胺对人体有致癌、致突变等毒性，生活中应远离杂环胺对食物污染。

(1)改变不良烹调方式和饮食习惯

杂环胺的生成与过高温度烹调食物有关。因此，应避免使烹调温度过高，不要吃烧焦的食物，并减少食用烧烤煎炸的食物。

(2)增加蔬菜、水果的摄入量

膳食纤维有吸附杂环胺并降低其活性的作用，蔬菜、水果中的某些成分有抑制杂环胺的致突变性和致癌性的作用。因此，增加蔬菜水果的摄入量对于防止杂环胺的危害有积极作用。

(3)灭活处理

次氯酸、过氧化酶等处理可使杂环胺氧化失活，亚油酸可降低其诱变性。选择纸制包装的食品时，要注意观察包装纸的质量。

(4)加强监测

建立和完善杂环胺的检测方法，加强食物中杂环胺含量监测，深入研究杂环胺的生成及其影响条件、体内代谢、毒性作用及其阈剂量等，尽快制定食品中的允许限量标准。

3.3.4 油炸、烘烤与丙烯酰胺

丙烯酰胺(acrylamide)，是一种白色晶体物质，广泛用于生产化工产品聚丙烯酰胺的化工原料。聚丙烯酰胺主要用于水的净化处理、纸浆的加工及管道的内涂层等。在欧盟，丙烯酰胺年产量约为8万~10万t。

2002年4月瑞典国家食品管理局(National Food Administration，NFA)和斯德哥尔摩大学研究人员率先报道，在一些油炸和烘烤的淀粉类食品，如炸薯条、炸薯片、谷物、面包等中检出丙烯酰胺；之后，挪威、英国、瑞士和美国等国家也相继报道了类似结果。由于丙烯酰胺具有潜在的神经毒性、遗传毒性和致癌性，因此，食品中丙烯酰胺的污染引起了国际社会和各国政府的高度关注。

3.3.4.1 概述

丙烯酰胺分子式为$CH_2{=}CHCONH_2$，相对分子质量71.08。本品为无色片状

白色结晶体，纯品熔点84℃，易溶于水、乙醇、甲醇等溶剂，在空气中易潮解，易聚合，应低温、避光保存。溶于水、丙酮、乙醇，不溶于苯。放阴暗处较稳定，在熔点或紫外光照射下易聚合。易燃，遇明火能燃烧。受高热分解放出腐蚀性气体。有毒，对中枢神经有危害。

丙烯酰胺主要用做合成材料的单体。造纸工业用做纸张增强剂。建筑工业用作化学灌浆剂、防腐剂。有机工业用做中间体和用于制造黏合剂、光敏树酯交联剂。选矿、石油、采煤工业用做絮凝剂和丙烯酰胺凝胶。纺织工业用做纤维改性剂。实验室用于进行凝胶电泳。

3.3.4.2 来源

食物中丙烯酰胺的来源与食品的组成以及加工、烹调方式有关。研究结果提示，所有富含碳水化合物的油炸食品均可能含有丙烯酰胺，其中含量较高的食品有3类：高温加工的马铃薯制品、咖啡及其类似制品、早餐谷物(如油饼、面包)类食品。

(1)食品中丙烯酰胺形成

丙烯酰胺主要在高碳水化合物、低蛋白质的植物性食物加热(120℃以上)烹调过程中形成。140～180℃为生成的最佳温度，而在食品加工前检测不到丙烯酰胺；在加工温度较低，如用水煮时，丙烯酰胺的水平相当低。水含量也是影响其形成的重要因素，特别是烘烤、油炸食品最后阶段水分减少、表面温度升高后，其丙烯酰胺形成量更高；但咖啡除外，在焙烤后期反而下降。丙烯酰胺的主要前体物为游离天冬氨酸(马铃薯和谷类中的代表性氨基酸)与还原糖，二者发生美拉德反应生成丙烯酰胺。食品中形成的丙烯酰胺比较稳定；但咖啡除外，随着贮存时间延长，丙烯酰胺含量会降低。

(2)食品中丙烯酰胺含量

丙烯酰胺的形成与加工烹调方式、温度、时间、水分等有关，因此不同食品加工方式和条件不同，其形成丙烯酰胺的量有很大不同，即使不同批次生产出的相同食品，其丙烯酰胺含量也有很大差异。2005年2月，JECFA第64次会议上，从24个国家获得的2002～2004年间食品中丙烯酰胺的检测数据共6 752个，其中数据主要来源于欧洲、南美洲和亚洲。检测的数据包含早餐谷物、马铃薯制品、咖啡及其类似制品、奶类、糖和蜂蜜制品、蔬菜和饮料等主要消费食品，其中含量较高的3类食品是：高温加工的马铃薯制品(包括薯片、薯条等)，平均含量为0.477 mg/kg，最高含量为5.312 mg/kg；咖啡及其类似制品，平均含量为0.509 mg/kg，最高含量为7.3 mg/kg；早餐谷物类食品，平均含量为0.313 mg/kg，最高含量为7.834 mg/kg；其他种类食品的丙烯酰胺含量基本在0.1 mg/kg以下。

中国疾病预防控制中心营养与食品安全研究所提供的资料显示，在监测的100余份样品中，丙烯酰胺含量为：薯类油炸食品，平均含量为0.78 mg/kg，最高含量为3.21 mg/kg；谷物类油炸食品的平均含量为0.15 mg/kg，最高含量为

0.66 mg/kg；谷物类烘烤食品平均含量为0.13 mg/kg，最高含量为0.59 mg/kg；其他食品，如速溶咖啡为0.36 mg/kg、大麦茶为0.51 mg/kg、玉米茶为0.27 mg/kg。就这些样品的结果来看，我国的食品中的丙烯酰胺含量与其他国家的相近。

3.3.4.3 危害与限量标准

(1)危害

丙烯酰胺单体是一种有毒化学物质，动物试验证明，可引起动物致畸、致癌。

①急性毒性 急性毒性试验结果表明，大鼠、小鼠、豚鼠和兔的丙烯酰胺经口LD_{50}为150～180 mg/kg，属中等毒性物质，被列为第2类致癌物。

②神经毒性和生殖发育毒性 大量的动物试验研究表明，丙烯酰胺主要引起神经毒性，此外，为生殖、发育毒性。神经毒性作用主要为周围神经退行性变化和脑中涉及学习、记忆和其他认知功能部位的退行性变；生殖毒性作用表现为雄性大鼠精子数目和活力下降及形态改变和生育能力下降。大鼠90 d喂养试验，以神经系统形态改变为终点，最大无作用剂量(NOAEL)为0.2 mg/kg。大鼠生殖和发育毒性试验的NOAEL为2 mg/kg。

③遗传毒性 丙烯酰胺在体内和体外试验均表现有致突变作用，可引起哺乳动物体细胞和生殖细胞的基因突变和染色体异常，如微核形成、姐妹染色单体交换、多倍体、非整倍体和其他有丝分裂异常等，显性致死试验阳性。并证明丙烯酰胺的代谢产物环氧丙酰胺是其主要致突变活性物质。

④致癌性 动物试验研究发现，丙烯酰胺可致大鼠多种器官肿瘤，包括乳腺、甲状腺、睾丸、肾上腺、中枢神经、口腔、子宫、脑下垂体等。IARC 1994年对其致癌性进行了评价，将丙烯酰胺列为第2类致癌物(2A)，即对人类很可能致癌，其主要依据为丙烯酰胺在动物和人体均可代谢转化为其致癌活性代谢产物环氧丙酰胺。

⑤人体资料 对接触丙烯酰胺的职业人群和因事故偶然暴露于丙烯酰胺的人群的流行病学调查，均表明丙烯酰胺具有神经毒性作用，但目前还没有充足的人群流行病学证据表明通过食物摄入丙烯酰胺与人类某种肿瘤的发生有明显相关性。

(2)限量标准

鉴于丙烯酰胺的对人体健康的危害，各国都在研究和评估人群丙烯酰胺的可能摄入量。根据对世界上17个国家丙烯酰胺摄入量的评估结果显示，儿童丙烯酰胺的摄入量为成人的2～3倍(按体重计)。其中，丙烯酰胺主要来源的食品为炸薯条16%～30%，炸薯片6%～46%，咖啡13%～39%，饼干10%～20%，面包10%～30%，其余均小于10%。JECFA根据各国的摄入量，认为人类的平均摄入量大致为每日1μg/kg，而高消费者大致为每日4μg/kg，包括儿童。我国缺少各类食品中丙烯酰胺含量数据，以及这些食品的摄入量数据。因此，不能确定我国人群的暴露水平。但由于食品中以油炸薯类食品、咖啡食品和烘烤谷类食品中的丙烯酰胺含量较高，而这些食品在我国人群中的摄入水平应该不高于其他国家，因此，我国人群丙烯酰胺的摄入水平应不高于 JECFA 评估的一般人群的摄入水平。

3.3.4.4 预防和控制措施

由于煎炸食品是我国居民主要的食物之一，为减少丙烯酰胺对健康的危害，我国应加强膳食中丙烯酰胺的监测与控制，开展我国人群丙烯酰胺的暴露评估，并研究减少加工食品中丙烯酰胺形成的可能方法。对于广大消费者，专家建议：一是尽量避免过度烹饪食品（如温度过高或加热时间太长），但应保证做熟，以确保杀灭食品中的微生物，避免导致食源性疾病；二是提倡平衡膳食，减少油炸和高脂肪食品的摄入，多吃水果和蔬菜；三是建议食品生产加工企业，改进食品加工工艺和条件，研究减少食品中丙烯酰胺的可能途径，探讨优化我国工业生产、家庭食品制作中食品配料、加工烹饪条件，探索降低乃至可能消除食品中丙烯酰胺的方法。

3.3.5 调味品与氯丙醇

氯丙醇是继二噁英之后，食品污染领域又一个热点问题。随着人们对调味品需求量的提高，酱油加工工艺发生很大变化。水解植物蛋白被用于酱油工业，以提高产量、降低成本，但如果采用的水解工艺不适当，也会引入有害物质——氯丙醇。早在 20 世纪 70 年代，人们就发现氯丙醇会引起肝、肾脏、甲状腺等癌变，并使生殖能力下降。曾经有报道说，二氯丙醇生产车间的工人，因吸入大量氯丙醇，造成肝脏严重损伤而暴死。

3.3.5.1 概述

氯丙醇（chloropropanol），是甘油（丙三醇）上的羟基被氯取代所产生的一类化合物的总称，有 4 种同系物或异构体：单氯取代的氯代丙二醇：3－氯－1，2－丙二醇（又称 3－氯丙醇，3－monochloro－1，2－propanediol，3－MCPD）和 2－氯－1，3－丙二醇（2－monochloro－1，2－propanediol，2－MCPD）；双氯取代的二氯丙醇：1，3－二氯－2－丙醇（1，3－dichloro－2－propanol，1，3－DCP）和 2，3－二氯－1－丙醇（2，3－dichloro－1－propano，2，3－DCP）。

常温下氯丙醇为无色、有甜味的液体。比水重，沸点高于 100℃。可溶于水、丙酮、苯、甘油、乙醇、乙醚和四氯化碳。性质不稳定，放置后渐变为稻黄色，易潮解。

3.3.5.2 来源

天然食物中几乎不含氯丙醇。食品中的氯丙醇主要来自酸水解蛋白。酸水解蛋白主要以动物蛋白或植物蛋白做主要原料，加上水和盐酸，在一定的温度下进行水解，蛋白质分解成氨基酸，呈现出鲜美的味道。3-MCPD的形成与酸水解植物蛋白的加工过程有关。在适当调整工艺的情形下，其含量可大大降低。一般来说，传统发酵酱油不会受到3-MCPD的污染。

用纯净的蛋白质做原料，加适量盐酸，在较低的温度下，进行适当的水解，不会产生出氯丙醇。但是为了降低成本、提高产率，使用不纯净的蛋白质做原料，如豆粕、粗蛋白粉等，使得原料中除含有蛋白质外，还含有脂肪和碳水化合物。当加入过量的盐酸，在过高的温度下，经长时间的水解，不但使蛋白质水解生成氨基酸，脂肪也水解成甘油（丙三醇）和脂肪酸。在过量的盐酸作用下，甘油就会转变成氯丙醇。在生成的一系列氯丙醇产物中，3-MCPD生成量较多，且毒性比较大。水解蛋白的生产过程中，以3-MCPD为主要质量控制指标。因此，现在市场上非天然酿造酱油、调味品、保健食品、儿童营养食品中，很可能不同程度地含有氯丙醇。

另外，环氧树脂是目前食品工业中的主要包装材料之一，也是进行水纯化处理的交换树脂，它可水解产生3-MCPD，造成食品污染。

3.3.5.3 危害与限量标准

1993年，WHO技术报告发表了3-MCPD和1，3-DCP的毒性研究报告。报告显示，3-MCPD具有致癌作用，并可损伤肾脏和生殖系统；1，3-DCP可引发肝癌、肾癌、甲状腺癌、口腔上皮癌；3-氯丙醇能使大鼠肾小管坏死，猴子贫血、白细胞减少、血小板减少。同时，3-MCPD使雄性大鼠精子活性降低，从而降低大鼠的生殖能力，可使雄性大鼠肾脏及睾丸产生肿瘤。

1，3-DCP还具有体外遗传毒性，可致染色单体断裂，使精子减少和精子活性减低，并有抑制雄性激素生成的作用，使生殖能力减弱。3-MCPD无遗传毒性。

由于氯丙醇有致癌性、抑制男性精子形成和肾脏毒性，各国纷纷采取措施限制其在食品中的含量。表3-7列出各国规定的对氯丙醇最大限量标准。

表3-7 各国氯丙醇最大限量标准

氯丙醇异构体	加拿大	英国	美国	欧盟	中国
3-MCPD/(mg/kg)	1	1.1	1	0.02	1
1，3-DCP/(mg/kg)			0.05		

我国2000年制定了《酸水解植物蛋白调味液》（SB 10338—2000）的行业标准，在这个标准中规定了氯丙醇含量≤1 mg/kg。欧盟的最高允许限量仅为10 μg/kg。为保障广大消费者的健康，加快与国际接轨，适应国际贸易要求，建立食品污染物的安全预警系统，开展预报、预防和控制提供科学依据具有重要意义。

3.3.5.4 预防和控制措施

三氯丙醇是一类公认的食品污染物。劣质调味品中含有的氯丙醇可能危害人体健康，国外已经采取了一系列措施保护消费者，国内的相关标准也在酝酿中，不少厂家也在探索去除氯丙醇的方法。改进酱油生产的加工工艺，以减少产品中的氯丙醇污染。在选择食品时，一定要留意产品标签，尽量选择天然方法酿造的酱油等调味品，不要购买标识不清、来路不明的产品。

3.3.6 非法添加的非食用物质——三聚氰胺

2008 年，在中国由于食用了受三聚氰胺污染的婴儿配方奶粉和相关奶制品，超过 5.4 万名婴幼儿因可能的肾小管堵塞和肾结石等尿路疾病而寻求治疗。已证实 3 名婴幼儿死亡，1.4 万名婴幼儿住院治疗。婴幼儿患肾结石非常罕见，由此，食品中存在三聚氰胺的问题引起重视。

3.3.6.1 概述

三聚氰胺(melamine)是一种三嗪类含氮杂环有机化合物，化学名称 1，3，5－三嗪-2，4，6－三胺，或称为 2，4，6－三氨基-1，3，5－三嗪，简称三胺，俗称蜜胺、蛋白精，又叫三聚氰酰胺、氰脲三酰胺。重要的氮杂环有机化工原料。主要用途是与醛缩合，生成三聚氰胺－甲醛树脂，生产塑料，这种塑料不易着火，耐水、耐热、耐老化、耐电弧、耐化学腐蚀，有良好的绝缘性能和机械强度，是木材、涂料、造纸、纺织、皮革、电器等不可缺少的原料。它还可以用来做胶水和阻燃剂，在部分亚洲国家，也被用来制造化肥。

三聚氰胺化学式 $C_3H_6N_6$，相对分子质量 126.15，三聚氰胺为纯白色单斜棱晶体，无味，密度 1.573g/cm^3(16℃)。常压熔点 354℃(分解)；快速加热升华，升华温度 300℃。在水中溶解度随温度升高而增大，微溶于冷水，溶于热水，极微溶于热乙醇，不溶于醚、苯和四氯化碳，可溶于甲醇、甲醛、乙酸、热乙二醇、甘油、吡啶等。

呈弱碱性($pK_b = 8$)，与盐酸、硫酸、硝酸、乙酸、草酸等都能形成三聚氰胺盐。在中性或微碱性情况下，与甲醛缩合而成各种羟甲基三聚氰胺，但在微酸性中(pH5.5～6.5)与羟甲基的衍生物进行缩聚反应而生成树脂产物。遇强酸或强碱水溶液水解，胺基逐步被羟基取代，最后生成三聚氰酸。

3.3.6.2 来源

乳及乳制品中的三聚氰胺是非法添加的。三聚氰胺不是食品原料，不允许添加到乳及乳制品中。在乳中违法添加该物质，主要是为了虚增乳中蛋白质含量，牟取不法利益。食品中蛋白质的检测方法主要是通过测定氮含量来推算蛋白质含量。三聚氰胺含氮约 66%，奶中每加 1g 三聚氰胺可使奶中蛋白质含量虚高约 4g。三聚氰胺还具有改变产品加工特色和改变口感特性，由于三聚氰胺有一定的黏性，少量添加即可改变蛋白粉和饲料的黏韧性。其他可能受三聚氰胺污染的食品(如鸡蛋)中可能含有三聚氰胺。由于饲料厂家为使饲料蛋白质含量检测值虚高而将其添进饲料里，鸡吃了这种饲料，鸡蛋也就含有三聚氰胺。一般采用三聚氰胺制造的食具都会标明“不可放进微波炉使用”。

3.3.6.3 危害与限量标准

(1)危害

三聚氰胺是一种低毒的化工原料。动物试验结果表明，其在动物体内代谢很快且不会存留，主要影响泌尿系统。三聚氰胺剂量和临床疾病之间存在明显的剂量-效应关系。三聚氰胺对人体的危害如下。

①一般毒性 三聚氰胺不能被代谢，而是迅速随尿排出。但三聚氰胺进入人体后，发生取代反应(水解)生成三聚氰酸，三聚氰酸和三聚氰胺形成大的网状结构，造成结石。

目前没有三聚氰胺对人类的口服毒性的数据，但是有动物研究的数据显示，这种化合物急性毒性较低，大鼠的口服 LD_{50} 为 3 161 mg/kg；高剂量的三聚氰胺对膀胱有影响，特别是导致膀胱发炎，形成膀胱结石，以及尿液中的结晶。对膀胱结石的分析表明，其成分为三聚氰胺、蛋白质、尿酸和磷酸盐的混合物。

②致癌性 IARC 认为，动物试验的证据足以证明在三聚氰胺形成膀胱结石的情况下具有致癌性，尚缺乏足够的证据支持三聚氰胺对人体的致癌性。

③三聚氰胺对形成肾结石的影响 动物数据没有表明三聚氰胺本身能够导致肾衰竭，或者形成肾结石。早先暴发的与受到三聚氰胺污染的宠物食品有关的猫狗急性肾衰竭证据表明，三聚氰胺和三聚氰酸一起确实会导致肾中毒。除了三嗪化合物，这两种化合物在宠物食品中都有发现。动物试验表明，动物饲喂了三聚氰胺和三聚氰酸的混合物后，肾小管中形成结晶，最终梗阻肾小管，导致肾部伤害和肾衰竭。宠物食品中三聚氰酸的来源尚不清楚，可能来源于配制宠物食品时，非法添加到麸质或受三聚氰胺污染的成分。中国三聚氰胺污染事件中，尚未确认三聚氰酸的存在。USFDA 食品安全高官史蒂芬·桑德洛夫表示，研究发现，在食品中只有同时含有三聚氰胺和三聚氰酸这两种化学成分时才对婴儿健康构成威胁。但是三聚氰胺在胃的强酸性环境中会有部分水解成为三聚氰酸，因此只要含有了三聚氰胺就相当于含有了三聚氰酸，危害仍源于三聚氰胺。当三聚氰胺与氰尿酸共存时，毒性更大，但要计算出两者都存在时的健康相关指导值，尚缺乏足够数据。氰尿酸的每日耐受摄入量仍为每日 1.5 mg/kg。

(2)限量标准

消费者对三聚氰胺的暴露应该是比较低的，但是当柠檬汁、橙汁或凝乳等酸性食品在高温条件下，会将压塑模具中的三聚氰胺提取出来，消费者因而暴露于三聚氰胺。考虑上述来源后，经济合作与开发组织(Organization for Economic Co-operation and Development, OECD)规定三聚氰胺的口服摄入量约为每日 0.007 mg/kg(OECD, 1998)。

2008 年 12 月 1～4 日 WHO 在加拿大渥太华举办了一个由食品安全专家参加的会议，确定了三聚氰胺的 TDI 为 0.2 mg/kg。该 TDI 仅适用于三聚氰胺单独存在情况。

USFDA 公布的三聚氰胺和结构类似物的临时安全和风险评估，建议三聚氰胺的 TDI 为每日 0.63 mg/kg。三聚氰胺含量在 2.5mg/kg 以下不会对公众健康产生危险。许多国家制定的三聚氰胺在婴儿奶粉中含量不得超过 1mg/kg、在其他食品中不得超过 2.5 mg/kg 的标准有足够的安全度。欧盟、澳大利亚和新西兰、加拿大、香港等国家或地区对食品中三聚氰胺采取了相应的控制措施。欧洲食品安全局建议三聚氰胺及其类似物(三聚氰酸二酰胺、三聚氰酸一酰胺、氰尿酸)的 TDI 为 0.5 mg/kg。

2008 年 10 月 8 日，国家卫生部、工业和信息化部、农业部、工商行政管理总局、质量监督检验检疫总局五部委联合发表公告，公布了乳制品及含乳食品中三聚氰胺临时管理限量值(简称“限量值”)。三聚氰胺在乳制品及含乳食品中的限量值为：婴幼儿配方乳粉中最高含量为 1mg/kg；液态奶(包括原料乳)、奶粉、其他配方乳粉中最高含量为 2.5mg/kg；含乳 15% 以上的其他食品中最高含量为 2.5mg/kg。三聚氰胺含量高于相应产品限量值的产品一律不得销售。我国制定的限量控制水平与上述国家或地区的管理措施基本一致，这将有利于我国乳及乳制品的国际贸易。

3.3.6.4 预防及控制措施

三聚氰胺是非法加入食品中的非食用物质。国家相关安全标准不可能规定非法添加到食品当中的一些化学物质。鉴于国际上现在没有三聚氰胺残留量的标准，制定限量值是应急状态下的一项行政控制措施，为保护消费者的身体健康，也是为了加强奶制品质量控制，卫生部联合多部门和有关专家研究拟定了乳与乳制品三聚氰胺的限量值，便于掌握三聚氰胺含量检测判定的准则。这个标准的主要目的是判定它是否非法添加三聚氰胺。

安全食品是生产出来的，不是监管出来的。既要严把市场准入关，更要创建“从农场到餐桌”和“从餐桌到农田”的双向全程食品质量安全监控管理体系和安全控制技术体系。政府对保证食品安全有义不容辞的责任，包括立法、监管。消费者可向政府提出要加强监管，但监管是有限度的。食品生产经营者是食品安全的第一责任人，行业协会和生产经营者也有责任保证，这是三方面的事情。政府、经营者和消费者，三方面都要往同一方向努力形成合力，食品安全的问题才会越来越少。

3.3.7 食品添加剂

食品添加剂(food additive)是现代科技发展的产物，它的问世使食品工业得以迅猛发展，可以说，现代食品工业是建立在食品添加剂的基础上的，是食品添加剂改善了食品的品质和色、香、味、形，满足了社会需求，繁荣了食品市场，食品添加剂的广泛使用标志着现代科技的进步。

食品添加剂满足了人类对食品数量及质量的需求，但食品添加剂多数为化学合成物质，具有一定的毒性，可以说食品添加剂是一把“双刃剑”，若在规定的使用范围和使用剂量内使用，是安全的，只是对于像儿童、孕妇、肝功能不好等特殊人群来说，选择食物需要谨慎。如果违规滥用食品添加剂，可能引起人体急性中毒、亚急性中毒和慢性中毒。

3.3.7.1 概述

世界各国对食品添加剂的定义不尽相同，FAO 和 WHO 对食品添加剂定义为："食品添加剂是有意识地一般以少量添加于食品，以改善食品的外观、风味、组织结构或贮存性质的非营养物质"。按照这一定义，以增强食品营养成分为目的的食品强化剂不包括在食品添加剂范围内。

《食品安全法》定义：食品添加剂指为改善食品品质和色、香、味以及为防腐、保鲜和加工工艺的需要而加入食品中的人工合成或者天然物质。由此定义可见食品营养强化剂属于食品添加剂。日本定义食品添加剂系指在食品制造加工过程中，为达保藏目的及其他目的而加入食品，使之混合、浸润的物质。美国定义食品添加剂是由于生产、加工、贮存或包装而存在于食品中的物质或物质的混合物，而不是基本的食品成分。可见，中国、日本、美国的食品添加剂定义中均包括食品营养强化剂。

营养强化剂指增强营养成分而加入食品中的天然的或者人工合成的属于天然营养素范围的食品添加剂。营养强化剂不仅能提高食品的营养质量，而且还可以提高食品的感官质量和改善其保藏性能。食品经强化处理后，食用较少种类和单纯食品即可获得全面营养，从而简化膳食处理。这对某些特殊人群具有重要意义。

食品添加剂的作用各异，如为改善食品的感官性状及风味的添加剂有着色剂、香料、漂白剂、增稠剂、甜味剂、疏松剂、护色剂、乳化剂等，为防止食品腐败变质或生物污染的添加剂有抗氧化剂和防腐剂，为便于加工的添加剂有稳定剂、乳化剂、消泡剂、食品工业用加工助剂等，为增加食品营养价值的添加剂有营养强化剂，能满足保健或其他特殊人群需要，如无糖食品，碘强化食盐等。现代食品生产已离不开食品添加剂。

《食品安全法》第四十五条指出食品添加剂应当在技术上确有必要且经过风险评估证明安全可靠，方可列入允许使用的范围。只有在为了防腐、营养、加工等技术需要所必不可少时才允许使用。

3.3.7.2 来源与种类

食品添加剂都是在食品加工过程中根据需要人为加入的，可分为天然食品添加剂（如动植物的提取物、微生物的代谢产物及矿物质等）和化学合成食品添加剂（采用化学手段，使元素或化合物通过氧化、还原、缩合、聚合、成盐等合成反应而得到的物质）两大类。天然食品添加剂的毒性比化学合成食品添加剂弱，但是天然食品添加剂品种少，价格贵，目前使用的食品添加剂大多属于化学合成食品添加剂。化学合成食品添加剂若按照国家标准正确使用是安全的。

我国2008年6月1日实施的《食品添加剂使用卫生标准》(GB 2760—2007)将已批准使用的食品添加剂按功能分为22类1 500余种。

(1)酸度调节剂

酸度调节剂为增强食品中酸味和调整食品中pH值或具有缓冲作用的酸、碱、盐类物质的总称。我国规定允许使用的酸度调节剂有柠檬酸、柠檬酸钾、乳酸、酒石酸等，其中柠檬酸为广泛应用的一种酸味剂。

(2)抗结剂

抗结剂添加于颗粒、粉末状食品中防止颗粒或粉状食品聚集结块、保持其松散或自由流动的物质。我国允许使用的抗结剂有亚铁氰化钾、硅铝酸钠、磷酸三钙、二氧化硅、微晶纤维素、硬脂酸镁、磷酸镁、滑石粉和亚铁氰化钠等。其中，亚铁氰化钾在“绿色”标志的食品中禁用，一般食品加入量限为0.01 g/kg。

(3)消泡剂

可广泛用于植物有效成分提取、豆制品、制糖、乳品、食用蛋白、食品加工、饮料、啤酒、发酵等食品行业中。我国允许使用的消泡剂有乳化硅油、高碳醇脂肪酸酯复合物、聚氧乙烯聚氧丙烯季戊四醇、聚氧乙烯聚氧丙烯胺醚、聚氧丙烯甘油醚等。

(4)抗氧化剂

饮食中抗氧化剂长期以来备受国内外学者关注，这是因为：食物中抗氧化剂能够保护食物免受氧化损伤而变质；在人体消化道内具有抗氧化作用，防止消化道发生氧化损伤；吸收后可在机体其他组织器官内发挥作用；来源于食物的某些具有抗氧化作用的提取物可以作为治疗药品。抗氧化剂的作用机理包括络合金属离子、清除自由基、清除氧、抑制氧化酶活性等。我国允许使用的抗氧化剂有维生素E、茶多酚、磷脂、抗坏血酸、二丁基羟基甲苯等。

(5)漂白剂

漂白剂是破坏、抑制食品的发色因素，使其褪色或使食品免于褐变的物质，分氧化漂白及还原漂白两类。漂白剂是通过还原等化学作用消耗食品中的氧，破坏、抑制食品氧化酶活性和食品的发色因素，使食品褐变色素褪色或免于褐变，同时还具有一定的防腐作用。我国允许使用的漂白剂有二氧化硫、亚硫酸钠、硫磺等，其中硫磺仅限于蜜饯、干果、干菜、粉丝、食糖的熏蒸。

(6)膨松剂

膨松剂是在以小麦粉为主的焙烤食品中添加，并在加工过程中受热分解，产生气体，使面胚起发，形成海绵状致密多孔组织，从而使制品具有膨松、柔软或酥脆的一类物质。膨松剂不仅能使食品产生松软的海绵状多孔组织，使之口感柔松可口、体积膨大；而且能使咀嚼时唾液很快渗入制品的组织中，以透出制品内可溶性物质，刺激味觉神经，使之迅速反应该食品的风味；当食品进入胃之后，各种消化酶能快速进入食品组织中，使食品能容易、快速地被消化、吸收，避免营养损失。膨松剂可分为生物膨松剂(酵母)和化学膨松剂两大类。我国允许使用的膨松剂为碳酸氢钠($NaHCO_3$)和碳酸氢铵(NH_4HCO_3)。两者均是碱性化合物，受热分解产生CO_2等气体。NH_4HCO_3对温度不稳定，在焙烤温度下即分解。$NaHCO_3$分解的残留物Na_2CO_3在高温下会与油脂作用产生皂化反应，使制品品质不良、口味不纯、pH值升高、颜色加深，并破坏组织结构；而NH_4HCO_3分解产生的NH_3易溶于水形成$NH_3 \cdot H_2O$，使制品存有臭味、pH值升高，对于维生素类有严重的破坏性。所以，$NaHCO_3$和NH_4HCO_3通常只用于制品中水分含量较少产品，如饼干。

(7)胶姆糖基础剂

胶姆糖基础剂是赋予胶姆糖(香口胶、泡泡糖)起泡、增塑、耐咀嚼等作用的物质。一般以高分子胶状物质(如天然橡胶、合成橡胶等)为主，加上软化剂、填充剂、抗氧化剂和增塑剂等组成。我国允许使用的胶姆糖基础剂为聚乙酸乙烯酯、丁苯橡胶。

(8)着色剂

着色剂是使食品着色的物质，可增加对食品的嗜好及刺激食欲。我国允许使用的化学合成色素有：苋菜红、胭脂红、赤藓红、新红、柠檬黄、日落黄、靛蓝、亮蓝等。我国允许使用的天然色素有：甜菜红、紫胶红、越橘红、辣椒红、红曲红等。

(9)护色剂

护色剂为可增强肉及肉类制品色泽的非色素物质，也叫发色剂。我国允许使用的护色剂有硝酸钠(钾)、亚硝酸钠(钾)。

(10)乳化剂

乳化剂是乳浊液的稳定剂。我国允许使用的乳化剂有蔗糖脂肪酸酯、酪蛋白酸钠、单硬脂酸甘油酯等。

(11)酶制剂

酶制剂是指从生物中提取的具有酶特性的一类物质，主要作用是催化食品加工过程中各种化学反应，改进食品加工方法。我国允许使用的酶制剂有木瓜蛋白酶、α-淀粉酶、精制果胶酶、葡萄糖氧化酶等。

(12)增味剂

增味剂是指能增强或改进食品风味的物质。我国允许使用的氨基酸类型和核苷酸类型增味剂，有5′-鸟苷酸二钠、5′-肌苷酸二钠、5′-呈味核苷酸二钠、谷氨酸钠、琥珀酸二钠等。

(13)面粉处理剂

面粉处理剂是使面粉增白和提高焙烤制品质量的一类食品添加剂。我国允许使用过的面粉处理剂有过氧化苯甲酰、偶氮甲酰胺等。溴酸钾因有一定的致癌作用，现已明令禁止使用。

(14)被膜剂

被膜剂是一种覆盖在食物的表面后能形成薄膜的物质，可防止微生物入侵，抑制水分蒸发或吸收和调节食物呼吸作用。我国允许使用的被膜剂有紫胶、石蜡、白油(液体石蜡)、吗啉脂肪酸盐(果蜡)、松香季戊四醇酯等，主要应用于水果、蔬菜、软糖、鸡蛋等食品的保鲜。

(15)水分保持剂

水分保持剂指在食品加工过程中，加入后可以提高产品的稳定性，保持食品内部持水性，改善食品的形态、风味、色泽等的一类物质。多指用于肉类和水产品加工增强其水分的稳定性和具有较高持水性的磷酸盐类。我国允许使用的水分保持剂有：磷酸氢二钠、六偏磷酸钠、三聚磷酸钠、焦磷酸钠、磷酸二氢钠、磷酸钙、焦磷酸二氢二钠、磷酸氢二钾、磷酸二氢钾等。使用磷酸盐时，应注意钙磷比例为1：1.2较好。

(16)营养强化剂

食品营养强化剂是指为增强营养成分而加入食品中的天然的或者人工合成的属于天然营养素范围的食品添加剂。我国允许使用的营养强化剂主要有氨基酸类、维生素类及矿物质类等。

(17)防腐剂

防腐剂作用是抑制微生物的生长和繁殖，以延长食品的保存期。我国允许使用的防腐剂有苯甲酸、苯甲酸钠、山梨酸、山梨酸钾、丙酸钙等。

(18)稳定和凝固剂

稳定和凝固剂是使加工食品的形态固化、降低或消除其流动性、使组织结构不变形，增加固形物而加入的物质。我国允许使用的稳定和凝固剂有硫酸钙(石膏)、氯化钙、氯化镁(盐卤，卤片)、丙二醇、乙二胺四乙酸二钠(EDTA)、柠檬酸亚锡二钠、葡萄糖酸δ内酯、不溶性聚乙烯吡咯烷酮、六偏磷酸钠、磷酸三钠等。

(19)甜味剂

赋予食品以甜味的食物添加剂。通常所说的甜味剂是指糖醇类甜味剂、非糖天然甜味剂、人工合成甜味剂3类。

(20)增稠剂

又称胶凝剂，用于食品时又称糊料或食品胶。我国允许使用的增稠剂有琼脂、明胶 、羧甲基纤维素钠等。

(21)食品用香料

指能够调配食品用香精的香料。食用香料在食用香精中所占比例很小。食用香料包括天然香料、天然等同香料和人造香料3种。

(22)食品工业用加工助剂

是指保证食品加工能顺利进行的各种辅助物质，与食品本身无关，如助滤、澄清、吸附、润滑、脱膜、脱色、脱皮、提取溶剂、发酵用营养物等。一般应在制成最后成品之前除去，有的应规定食品中的残留量，其本身亦应为食品级商品。

3.3.7.3 危害与限量标准

食品添加剂有天然添加剂和化学合成的添加剂两类。天然食品添加剂危害性虽小，但天然添加剂的提取母体多为植物，而天然成分比较复杂，自然界中也存在自身有毒或可产生毒素的植物。因此，天然食品添加剂并非安全。食品添加剂的使用安全与否取决于添加剂的使用量。例如，防腐剂添加在食品中，能防止食品因微生物而引起的腐败变质，使食品在一般的自然环境中具有一定的保存期。但防腐剂过量使用不仅能破坏维生素 B_1，还能使钙形成不溶性物质，影响人体对钙的吸收，同时对人的胃肠有刺激作用，还可引发癌症。

硝酸盐、亚硝酸盐是护色剂。经常用于肉及肉制品的生产加工，若使用过量可引起中毒反应，3g 即可致死。另外，硝酸盐能透过胎盘进入胎儿体内，6 个月以内的婴儿对硝酸盐类特别敏感，有使胎儿致畸的可能。

磷酸三钠、三聚磷酸钠、磷酸二氢钠、六偏磷酸钠、焦磷酸钠是品质改良剂，通过保水、黏结、增塑、稠化和改善流变性能等作用而改进食品外观或触感的一种食品添加剂。品质改良剂过量不仅会破坏食品中的各种营养素，而且会严重危害人体健康，在人体内长期积累将会诱发各种疾病，如肿瘤病变、牙龈出血、口角炎、神经炎以及影响到后代畸形和遗传突变等，甚至对人的肝脏功能造成伤害。

食品添加剂引起的远期效应是致癌、致畸与致突变。因为这些毒性作用要经过较长时间才能被发现，而一旦发现，可能受害范围广泛，受害人数众多。尽管尚未有人类肿瘤的发生与食品添加剂有关的直接证据，但许多动物试验已证实大剂量的食品添加剂能诱使动物发生肿瘤。有的食品添加剂本身即可致癌，如糖精钠可引起实验动物的肝肿瘤。有的添加剂可在使用过程中与食品中的存在成分发生作用转化为致癌物质，如亚硝酸盐与肉制品的腐败变质产物季胺类化合物结合形成食品添加剂的致癌、致畸与致突变作用一直是研究的热点。常见致癌食品添加剂物有防腐剂、食用色素、香料、调味剂。

• • • 滥用食品添加剂案例 • • •

1955 年日本的森永奶粉事件是因添加剂污染砷造成的。当时森永奶粉公司在加工奶粉中所用的稳定剂磷酸氢二钠，是几经倒手的非食品用原料，其中砷含量较高，结果造成 12 000 余名儿童发热、腹泻、肝肿大、皮肤发黑，死亡 130 名。为此，森永公司负担 6 亿多日元的赔偿费用。事情并未到此结束，14 年后的调查表明，多数受害者有不同程度的后遗症，社会上再次起诉，至事发 20 年后原生产负责人被判 3 年徒刑，森永公司再次承担约 3 亿日元的责任赔偿。

我国现行的《食品添加剂使用卫生标准》(GB 2760—2007)，对允许使用的食品添加剂品种、适用范围、最大使用量和允许残留量作出了明确规定。如果超过该标准中规定的最大使用量，应按照《食品添加剂卫生管理办法》规定，向卫生部提出审批，卫生部批准后方可使用。该标准规定了同一功能的食品添加剂在混合使用时，各自用量占其标准中最大使用量的比例之和不应超过1。以防腐剂为例说明：将两种防腐剂中的2-苯基苯酚钠盐和2，4-二氯苯氧乙酸分别用A(经查询标准，其最大使用量0.95g/kg)和B(最大使用量0.01g/kg)表示，在混合使用时A/0.95+B/0.01应≤1。按照标准检测方法检出食品添加剂或其分解产物在最终食品中的残留量超过该标准规定的残留量水平则是违法的。

登陆食品安全网(www.tbt-sps.gov.cn/foodsafe./foodadditive.aspx)可查询CAC、欧盟、澳新、美国、加拿大、日本、韩国、新加坡、南非、印度、俄罗斯、中国、中国香港、中国台湾15个国家及地区的全部食品添加剂的限量标准。

2009年3月16~20日，每年一届的国际食品添加剂法典委员会(Codex Committee on Food Additives，CCFA)第41届会议在上海举行。本次会议共审议了20种食品添加剂的新标准或修订标准，以及111种香料的新标准。若国际食品法典大会审核批准，即可成为新的国际食品添加剂标准。

3.3.7.4 预防和控制措施

食品添加剂的研制、使用最重要的是安全性。因此，世界各国都很重视对食品添加剂安全使用的监管，对各种食品添加剂能否使用、适用范围和最大使用量，都有严格的规定，并受法律、法规的制约。

1962年WHO/FAO联合成立了CAC，下设CCFA，标志着食品添加剂已被认可并纳入了安全管理的范畴。食品添加剂法典委员会对食品添加剂的使用进行了严格的规定，并制订了食品添加剂的毒理学安全性评价程序。食品添加剂在被批准以前，都进行了严格的毒理学安全性评价，证明所获批的食品添加剂是经过毒理学安全性评价，在规定的使用量下是安全的。

欧盟环境委员会指出，非加工食品应当禁止使用食品添加剂；儿童食品应当禁止使用甜味剂、色素；其他食品应使用对人体无害的添加剂。

我国和世界其他国家一样对食品添加剂的管理非常严格，《食品添加剂卫生管理办法》要求建立完善的食品添加剂审批程序和监督机制。我国规定食品添加剂产品必须符合国家或行业质量标准，尚无国家、行业质量标准的产品，应制订地方或企业标准，按照地方或企业标准组织生产。

但是，食品企业使用食品添加剂仍然存在4类问题：一是使用目的不正确，一些企业使用添加剂并非为了改善食品品质，提高食品本身的营养价值，而是为了迎合消费者的感官需求 、降低成本，违反食品添加剂的使用原则；二是使用方法不科学，不符合食品添加剂使用卫生规范要求 ，超范围、超量使用；三是在达到预期效果的情况下没有尽可能降低在食品中的用量；四是未在食品标签上明确标志，误导消费者。为确保食品添加剂生产和使用的安全性，应建立HACCP体系，对食品添加剂的生产、加工、调制、处理、包装、运输、贮存等过程，采取切实有效的措施来加以管制。由于HACCP要求食品添加剂生产企业和使用企业通过对食品添加剂加工、使用过程中的危害进行分析，确定关键控制点(CCP)，为每一个关键控制点确定预防措施，并建立关键限值，监测每一关键控制点，当监测显示已建立的关键限值发生偏离时，采取已建立的纠偏措施，使食品添加剂的潜在危险得到预防和控制。

(1)使用食品添加剂的基本要求

①食品添加剂在对食品进行加工和烹调过程中应被分解或破坏，而不被摄入人体。若进入人体，在体内能参与正常代谢，并可被排出体外，不在人体内蓄积或生成有害物质，不应对人体产生任何健康危害。

②不应掩盖食品腐败变质。

③不应掩盖食品本身或加工过程的质量缺陷或以掺杂、掺假、伪造为目的。

④食品添加剂加入食品后不影响食品自身的感官性状和理化指标，对营养成分无破坏作用，不应降低食品本身的营养价值。

⑤在达到预期的效果下，尽量降低食品添加剂在食品中的用量。

⑥食品工业用加工助剂一般应在制成最后成品之前除去，有规定食品中残留量的除外。

(2)食品添加剂的质量标准

食品添加剂应经食品毒理学安全性评价，在其使用限量内长期使用对人体安全无危害。应由卫生部颁布并批准执行使用卫生标准和质量标准，并有明确的定量检验在食品中残留量的方法。

(3)易滥用的食品添加剂

正确使用食品添加剂是安全的，目前为止，国内外尚未发现因正确使用食品添加剂而发生大规模食品安全事故的。如果不按要求滥用食品添加剂，就会发生食品安全事故。我国监管部门公布了食品中易滥用的食品添加剂品种见表3－8。

表3－8 食品加工过程中易滥用的食品添加剂

序号	食品类别	可能易滥用的添加剂品种或行为
1	渍菜(泡菜等)	着色剂超量(胭脂红、柠檬黄等)或超范围(诱惑红、日落黄等)使用
2	水果冻、蛋白冻类	着色剂、防腐剂的超量或超范围使用，酸度调节剂(己二酸等)的超量使用
3	腌菜	着色剂 、防腐剂、甜味剂(糖精钠、甜蜜素等)超量或超范围使用
4	面点、月饼	超量使用乳化剂、防腐剂、甜味剂，违规使用着色剂
5	面条、饺子皮	面粉处理剂超量
6	糕点	使用膨松剂过量(硫酸铝钾、硫酸铝铵等)，造成铝的残留量超标准；超量使用水分保持剂磷酸盐类(磷酸钙、焦磷酸二氢二钠等)；超量使用增稠剂(黄原胶、黄蜀葵胶等)；超量使用甜味剂(糖精钠、甜蜜素等)

（续）

序号	食品类别	可能易滥用的添加剂品种或行为
7	馒头	违法使用漂白剂硫磺熏蒸
8	油条	使用膨松剂（硫酸铝钾、硫酸铝铵）过量，造成铝的残留量超标准
9	肉制品和卤制熟食	使用护色剂（硝酸盐、亚硝酸盐），易出现超过使用量和成品中的残留量超过标准问题
10	小麦粉	违规使用二氧化钛，超量使用过氧化苯甲酰、硫酸铝钾
11	小麦粉	滑石粉
12	臭豆腐等	硫酸亚铁

(4)生产绿色食品禁止使用的食品添加剂

绿色食品是无污染、安全、营养类食品的统称，这类食品的原料对种植环境有严格的要求，执行“环境友好”的生产条件，在加工中有食品配料的特定标准。例如，专门有绿色食品生产中食品添加剂的使用准则，在食品“从农场到餐桌”的过程中，绿色食品能协调环境－资源－加工－健康的关系，是食品工业发展的主要方向之一。生产绿色食品禁止使用的食品添加剂见表3－9。

表3－9 生产绿色食品禁止使用的食品添加剂

类别	食品添加剂名称（代码）
抗结剂	亚铁氰化钾（02.001）
抗氧化剂	4－乙基间苯二酚（04.013）
漂白剂	硫磺（05.007）
膨松剂	硫酸铝钾（钾明矾）（06.004） 硫酸铝铵（铵明矾）（06.005）
着色剂	赤藓红 赤藓红铝色淀（08.003） 新红 新红铝色淀（08.004） 二氧化钛（08.001）
着色剂	焦糖色（亚硫酸铵法）（08.109） 焦糖色（加氨生产）（08.110）
护色剂	硝酸钠（钾）（09.001） 亚硝酸钠（钾）（09.002）
乳化剂	山梨醇酐单油酸酯（司盘80）（10.005） 山梨醇酐单棕榈酸酯（司盘40）（10.008） 山梨醇酐单月桂酸酯（司盘20）（10.015） 聚氧乙烯山梨醇酐单油酸酯（吐温80）（10.016） 聚氧乙烯（20）－山梨醇酐单月桂酸酯（吐温20）（10.025） 聚氧乙烯（20）－山梨醇酐单棕榈酸酯（吐温40）（10.026）
面粉处理剂	过氧化苯甲酰（13.001） 溴酸钾（13.002）

（续）

类 别	食品添加剂名称（代码）
防腐剂	苯甲酸（17.001） 苯甲酸钠（17.002） 乙氧基喹（17.1010） 仲丁胺（17.011） 桂醛（17.012） 噻苯咪唑（17.018） 过氧化氢（或过碳酸钠）（17.020） 乙萘酚（17.021） 联苯醚（17.022） 2－苯基苯酚钠盐（17.023） 4－苯基苯酚（17.024） 五碳双缩醛（戊二醛）（17.025） 十二烷基二甲基溴化胺（新洁而灭）（17.026） 2，4－二氯苯氧乙酸（17.027）
甜味剂	糖精钠（19.001） 环乙基氨基磺酸钠（甜蜜素）（19.002）

3.4 流通环节

流通环节（circulation links）是农畜产品原料及其半成品加工成为食品进入消费市场的重要环节。食品在包装、贮藏、运输全程都会产生生物性污染、化学污染性和物理性污染。流通环节在整个食物链起着承上启下的作用，此环节的食品安全性即受种植、养殖阶段的影响，又受销售环节的影响。因此，加强流通环节食品安全监管，能确保消费者健康、社会稳定和经济的发展。

食品在流通环节易受包装材料、贮存容器中化学物质的污染。由包装材料带入食品的污染物见表3－10。

表3－10 食品容器及包装材料中所含的污染物

包装材料	主要化学物质
纸类（包括玻璃纸）	着色剂（包括荧光染料）、填充剂、上胶剂、残留的纸浆防腐剂
金属制品	铅（由于焊接的原因）、锡（由于镀锡的原因）、涂敷剂（单体物、添加剂）
陶瓷器具、搪瓷器具、玻璃器具类	铅（釉、铅晶体玻璃）、其他金属（釉）、颜料
塑料	残留单体物（氯乙烯、丙烯腈、苯乙烯）、添加剂（金属系稳定剂、抗氧化剂、增塑剂）、残留催化剂（金属、过氧化物等）

3.4.1 塑料制品的安全问题及其限量标准

塑料是以高分子树脂为基础，添加适量的增塑剂、稳定剂、抗氧剂等助剂，在一定的条件下塑化而成的。可分为热塑性和热固性两类。目前我国容许使用的食品容器包装材料的热塑性塑料有聚乙烯、聚丙烯、聚苯乙烯、聚氯乙烯、聚碳酸酯、聚对苯二甲酸乙二醇酯、尼龙、苯乙烯-丙烯腈-丁二烯共聚物(acrylonitrile butadiene styrene，ABS)、苯乙烯与丙烯腈的共聚物(acrylonitrile styrene，AS)等；热固性塑料有三聚氰胺甲醛树脂等。

3.4.1.1 常用塑料制品及其危害

目前，市场上用于食品包装的塑料主要有聚乙烯、聚丙烯、聚苯乙烯、聚氯乙烯、三聚氰胺甲醛塑料等。合成这些塑料的高分子树脂是以煤、石油、天然气、电石等为原料，在高温下聚合而成的高分子聚合物，塑料及高分子树脂是由很多小分子单体聚合而成，单体的分子数目越多，聚合度越高，则塑料性质越稳定，与食品接触时向食品中迁移的可能性就越小。

食品工业用塑料包装食品时，应严格遵守国家食品卫生标准中包装标准及法规要求，一般不会产生污染。但也不容忽视，聚苯乙烯的单体苯乙烯及甲苯、乙苯和异丙苯等杂质具有一定的毒性，用聚苯乙烯容器贮存牛奶、肉汁、糖液及酱油等可产生异味。

聚氯乙烯本身无毒，氯乙烯单体和降解产物有毒，聚氯乙烯在高温和紫外线照射下促使其降解，能引起血管肉瘤。聚氯乙烯塑料使用的大量的增塑剂和助剂有毒，也可以向食品迁移。

三聚氰胺甲醛树脂本身无毒，但在制造过程中如果反应不完全会含有大量游离甲醛，此类塑料遇高温或酸性溶液可能分解，有甲醛和酚游离出来。甲醛是一种细胞的原浆毒，动物经口摄入甲醛，可出现肝细胞坏死和淋巴细胞浸润。因此，酚醛树脂和脲醛树脂不得用于食品容器和包装材料。聚对苯二甲酸乙二醇酯塑料无毒，使用锑做催化剂，可能有锑的残留。锑为中等急性毒性的金属，三氧化二锑对心肌有损害作用。聚酰胺本身无毒，但含有已内酰胺，长期摄入能引起神经衰弱。不饱和聚酯树脂及其玻璃钢制品本身无毒，但在不饱和聚酯树脂及其玻璃钢聚合、固化时需要使用引发剂和催化剂，造成残留，产生毒性。苯乙烯的残留具有较大的毒性。

3.4.1.2 塑料助剂及其危害

塑料助剂种类很多，对于保证塑料制品的质量和理化特性非常重要。但有些助剂对人体可能有毒害作用并向食品中迁移，必须加以注意。

增塑剂具有增加塑料制品的可塑性，使其能在较低温度下进行加工。一般多采用化学性质稳定、在常温下为液态并易与树脂混合的有机化合物，某些增塑剂有较低的毒性，长期摄入会危害人的健康。稳定剂具有防止塑料制品受光或高温度下发生降解的作用，多数为金属盐类，其中铅盐、钡盐和镉盐对人体危害较大，不得用于食品容器和工用具的塑料中。还有一些助剂，如抗氧化剂、抗静电剂、润滑剂、着色剂等，在使用时也应注意其危害。

3.4.1.3 限量标准

各种塑料由于其树脂、助剂种类和用量、加工工艺以及使用条件的不同，对不同塑料制品应有不同要求，但总的要求应是对人体无害。根据我国有关规定，对塑料制品提出了树脂和成型品的卫生标准。如《食品包装用聚氯乙烯成型品卫生标准》(GB 9681—1988)、《食品容器、包装材料用聚氯乙烯树脂卫生标准》(GB 4803—2003)和《食品容器、包装材料用添加剂使用卫生标准》(GB 9685—2008)等。采用模拟食品作为浸泡液，按接触“食品”的面积加入浸泡液(一般为2 mL/cm^2)，浸泡一定时间后测定浸泡液中迁移物的含量。此外，对许多树脂和成型品还制订特异性指标，有些有色的塑料制品还须做控制褪色试验。

3.4.2 橡胶制品的安全问题及其限量标准

橡胶制品一般以橡胶基料为主要原料，配以一定助剂，组成特定配方加工而成。橡胶是一种高分子化合物，分天然橡胶与合成橡胶。橡胶中的毒性物质来源于橡胶基料和添加助剂。

3.4.2.1 橡胶基料及其危害

(1)天然橡胶

天然橡胶由橡胶树流出的乳胶，经过凝固、干燥等工艺加工而成的弹性固形物。它是以异戊二烯为主要成分的不饱和的高分子化合物，本身无毒。由于加工工艺的不同，天然橡胶基料不同，其质量不同。

(2)合成橡胶

合成橡胶单体因橡胶种类不同而异，大多是由二烯类单体聚合而成，主要有硅橡胶、丁橡胶、乙丙橡胶、丁苯胶、丁腈胶、氯丁胶等。丁橡胶的合成单体异戊二烯和异丁二烯、乙烯和丙烯单体都具有麻醉作用。合成丁苯胶的苯乙烯单体有一定毒性，但聚合物本身并无毒性作用，也可用做食品用橡胶制品；丁腈胶由丁二烯和丙烯腈共聚而成。虽然耐油性较强，但丙烯腈单体的毒性较大，能引起溶血且有致癌、致畸作用。USFDA1977 年将丁腈橡胶成型品中丙烯腈溶出量由0.3mg/kg 下降到0.05mg/kg。氯丁胶由二氯-1，3-丁二烯聚合而成，有报道二氯-1，3-丁二烯单体局部接触有致癌作用，一般不得用于制作食品用橡胶制品。

3.4.2.2 橡胶助剂及其危害

橡胶加工成型时，往往需要加入大量加工助剂，食品用橡胶制品中添加的助剂一般不是高分子化合物，有些并没有结合到橡胶的高分子化合物结构中，有些则有较大的毒性。常用的橡胶加工助剂主要有促进剂、防老剂、填充剂等。

硫化促进剂简称促进剂，起促进橡胶硫化的作用，提高橡胶的硬度、耐热性和耐浸泡性。目前食品用橡胶制品中容许使用的促进剂有二硫化四甲基秋兰姆、二乙基二硫代氨基甲酸锌、N-氧二乙撑-2-苯并噻唑次磺酰胺。其他的促进剂毒性较大，如乌洛托品能产生甲醛而对肝脏有毒性，乙撑硫脲有致癌性，二苯胍对肝脏、肾脏有毒性，这些毒性较大的促进剂我国已禁止使用。USFDA1974 年作出规定，禁止在食品用橡胶制品中使用乌洛托品和乙撑硫脲。防老剂具有防止橡胶制品老化的作用，提高橡胶制品的耐热、耐酸、耐臭氧、耐曲折龟裂性。容许使用的防老剂有防老剂 264（叔二丁基羟基甲苯）、防老剂 BLE（丙酮和二苯胺高温反应物）。填充剂是橡胶制品中使用量最多的助剂。食品用橡胶制品容许使用的填充剂有碳酸钙、重质碳酸钙、轻质碳酸钙、滑石粉。其中使用的炭黑中含有较多的 B(a)P，有明显的致突变作用。有些国家规定去除 B(a)P 的炭黑才能用于食品用橡胶制品中。

3.4.2.3 限量标准

我国要求食品用橡胶制品及生产过程中加入的各种助剂和添加剂必须符合相应的卫生标准。食品用橡胶制品须符合《食品用橡胶制品卫生标准》(GB 4806.1—1994)要求；食品用橡胶制品使用的助剂须符合《食品容器、包装材料用添加剂使用卫生标准》(GB 9685—2008)的要求；并且禁止再生胶、乌洛托品（促进剂 H）、乙撑硫脲、乙苯基-β-萘胺（防老剂 J）、对苯二胺类、苯乙烯化苯酚等材料和助剂在食品用橡胶制品中使用。

3.4.3 其他器具、包装材料的安全问题及其限量标准

陶器和瓷器本身没有毒性，但其表面涂覆的陶釉或瓷釉均为金属盐类，如硫化镉、氧化铅、氧化铬等，同食品长期接触迁移至食品，导致使用者中毒，尤其是易溶于酸性食品，如醋、果汁、酒中等。

搪瓷是铁坯表面喷涂搪釉高温烧结而成。搪瓷食具容器具有耐酸、耐高温、易于清洗等特性。为降低搪瓷表面的釉彩加入硼砂、氧化铝等，釉彩的颜料采用金属盐类，应尽量少用或者不用铅、锌、砷、镉的金属氧化物。搪瓷制品中铅、镉、锑的迁移量应分别控制在 1.0 mg/L、0.5 mg/L、0.7mg/L 以下。

不锈钢具有耐腐蚀、外观洁净、易于清洗消毒的特性。不同型号的不锈钢组分和特性不同。奥氏体型不锈钢含有铬、镍、钛等元素，其硬度较低，耐腐蚀性较好，适合于制作食品容器、食品加工机械、厨房设备等，其铅、铬、镍、镉、砷的迁移量必须分别控制在 1.0mg/L、0.5mg/L、3.0mg/L、0.02mg/L、0.04mg/L 以下。马氏体型不锈钢含有铬元素，其硬度较高，耐腐蚀性较差，俗称不锈铁，适合制作刀、叉等餐具，其铅、镍、镉、砷的迁移量必须分别控制在 1.0mg/L、1.0mg/L、0.02mg/L、0.04mg/L 以下。

用于制造食品容器和包装材料的铝材有精铝和回收铝。精铝纯度较高，杂质含量较低，但硬度较低，适合于制造各种铝制容器、餐具、铝箔；回收铝杂质含量高，不得用于制造食具和食品容器，只能用于制造菜铲、饭勺等炊具。精铝制品和回收铝制品的铝溶出量应分别低于 0.2mg/L 和 5mg/L，锌、砷、镉则分别控制在 1mg/L、0.04mg/L、0.02mg/L 以下。

玻璃是以二氧化硅为主要原料，配以一定的辅料，经高温熔融制成。有些辅料的毒性很大，如红丹粉、三氧化二砷，尤其是中高档玻璃器皿，如高脚酒杯的加铅量可达30%以上。铅和砷的毒性都比较大，是玻璃制品的主要卫生问题。

造纸的原料包括纸浆和辅料。应注意纸浆中的农药残留；回收纸中油墨颜料中的铅、镉、多氯联苯等有害物质；劣质纸浆漂白剂，有致癌作用；造纸加工助剂的毒性。

目前我国尚无食品包装材料印刷专用油墨颜料，一般工业印刷用油墨及颜料中的铅、镉等有害金属和甲苯、二甲苯或多氯联苯等有机溶剂均有一定毒性。我国在印刷油墨方面的法规仍处于真空状态。欧盟规定食品包装印刷油墨材料内的4-甲基二苯甲酮及二苯甲酮总的迁移量应≤0.6mg/kg。

3.4.4　预防和控制措施

食品容器包装材料种类繁多，原材料复杂，且与食品直接接触，从保证食品卫生角度而言，其大多数都具有这样或那样的缺点，其材料中的有害物质有可能转移到食品内造成食品污染，造成对人体健康的损害。因此，用于生产食品容器及包装材料的卫生不容忽视。

(1)食品包装容器应避免意外污染

食品包装材料、容器除选择符合卫生标准或卫生要求的品种外，还要注意避免受到有毒、有害物质的意外污染。

常见的意外污染来源有：食品容器、包装材料在生产、运输、贮存过程中可能受到农药或其他有毒、有害物的意外污染；回收使用的食品容器、包装材料在流通过程中可能盛放有毒、有害物，残留的食品原料变质(油脂酸败)并受到微生物污染；回收再生制品用做食品包装，其材料可能含有有毒、有害物质。

为避免食品容器、包装材料受到有毒、有害物的污染，工厂必须健全食品包装材料采购制度和卫生管理制度，在食品包装材料、容器上标明“食品包装用”明显字样，备用的包装材料、容器应专库贮存，回收重新使用的包装材料、容器必须彻底清洗和进行必要的消毒处理。

(2)食品容器及包装材料的管理

为加强对食品容器包装材料设备的卫生管理，以避免或降低其对食品的污染和对人体的危害，我国已制定了相应的法律法规、管理办法和卫生标准，涉及原材料、配方、生产工艺、新品种审批、抽样及检验、包装、运输、贮存、销售以及食品卫生监督等各个环节。其主要内容有6个方面：一是食品包装容器材料必须符合相应的国家标准和其他有关卫生标准，并经检验合格方可出厂；二是利用新原料生产食品容器包装材料，在投产前必须提供产品卫生评价所需的资料(包括配方、检验方法、毒理学安全评价、卫生标准等)和样品，按照规定的食品卫生标准审批程序报请审批，经审查同意后方可投产；三是生产过程中必须严格执行生产工艺和质量标准，建立健全产品卫生质量检验制度，产品必须有清晰完整的生产厂名、厂址、批号、生产日期的标识和产品卫生质量合格证；四是销售单位在采购时，要索取检验合格证或检验证书，凡不符合卫生标准的产品不得销售，食品生产经营者不得使用不符合标准的食品容器、包装材料与设备；五是食品容器包装材料设备在生产、运输、贮存过程中，应防止有毒、有害化学品的污染；六是食品卫生监督机构对生产经营与使用单位应加强经常性卫生监督，并根据需要采取样品进行检验。对于违反管理办法者，应根据有关规定追究法律责任。

思考题

1. 如何预防食品兽药残留？
2. 食品农药残留的来源？
3. 食品重金属的限量标准？说明食品中多环芳烃和苯并(a)芘来源及其预防措施。
4. 简述食品中二噁英的污染来源、毒性及其预防措施。
5. 防止N-亚硝基化合物危害的主要预防措施有哪些？
6. 影响食品中杂环胺形成的主要因素是什么？防止杂环胺危害的措施有哪些？
7. 简述我国对食品容器、包装材料、食品用工具设备进行卫生管理的主要内容。
8. 何谓食品添加剂？

推荐阅读书目

美国食源性疾病指南. 宋钰. 沈阳出版社，2003.

粮农组织/世卫组织亚洲及太平洋区域食品安全会议. 食源性疾病的监测和监控体系. 2004.

营养与食品卫生学. 李勇. 北京大学医学出版社，2005.

相关链接

世界卫生组织(WHO)食品安全网　http：//www.who.int/foodsafety/

世界卫生组织(WHO)全球沙门菌监测网(GSS)　http：//www.who.int/emc/diseases/zoo/SALM-SURV

美国国家食品安全信息网络　http：//www.foodsafety.gov/

第4章
食源性疾病预防和控制

重点与难点 食源性疾病是因摄入含有生物性或化学性致病因子的食物而引起的疾病，学习本章要着重掌握不同类型的食源性疾病的病原学区别、基本特点及其防控要点，熟悉各种食源性疾病的危害和表现，了解食源性疾病暴发时的现场处理和控制手段。深入理解检测和监测在预警和应对食源性疾病暴发中的基础性、决定性作用，并学习国际先进经验，结合实际情况，完善我国食源性疾病的防控工作。

食品受到生物性或化学性危害污染后，有两个转归，一是导致食品的腐败变质，二是导致食源性疾病。食源性疾病是全球公共卫生问题，发达国家每年约有1/2的人感染食源性疾病，这一问题在发展中国家更为严重。食源性和水源性腹泻在一些尚不发达国家仍是死亡的主要原因，每年约有220万人为之丧生，其中绝大多数为儿童。基于对摄入不安全食品导致亿万人发病和死亡的关注，第53届世界卫生会议通过一项决议，请求WHO及其会员国将食品安全作为一个重要的公共卫生问题予以足够的重视，决议还要求WHO创建旨在降低食源性疾病暴发的全球战略计划。

4.1 食源性疾病概述

过去几十年，进食被沙门菌、空肠弯曲菌、肠出血性大肠埃希菌等食源性致病菌污染的食品而引起的食源性疾病的发病率居高不下。美国每年约有7 600万例食源性疾病患者，其中325 000人入院治疗，5 000人死亡，而医疗费用和生产力损失估计达350亿美元(1997年)；近年来新发食源性肠出血性大肠杆菌(*Escherichia coli* O_{157}: H_7)病正在逐渐蔓延，可导致血性腹泻和肾衰竭，1996年，日本大肠杆菌的暴发导致6 300多所学校儿童受到感染，2人死亡；在澳大利亚，每天有11 500人感染食源性疾病；秘鲁1991年暴发的霍乱，导致当年鱼类和渔产品的出口损失达5亿美元；我国各地也经常发生不洁食物引起细菌性食物中毒事件。这些事件严重危害人体健康和生命安全，也造成巨大的经济损失。食源性疾病严重威胁了人类健康和公共卫生安全，甚至由其带来的生物入侵和生物恐怖，将给政治、社会、经济、军事、旅游、文化、体育、百姓生活等方方面面带来影响，最终将影响到国家的安全、地方的安全和百姓的安全。

目前，国内有些专家学者认为凡与饮食相关的疾病都应归为食源性疾病。认为除感染性和急性、亚急性食源性疾病类型外，还应包括由农药残留、兽药(抗生素)残留、环境污染物或雌激素(如二噁英、生物毒素、氯丙醇等)和重金属等通过动植物进入人类食物链引起的疾病，以及滥用食品添加剂、营养强化剂和食品本身营养素发生了化学变化等，因一次大量或长期少量多次摄入而引起的疾病和健康损害。这些由食品和摄食造成的，对人体的慢性、蓄积性毒害作用或对健康的损害和影响，也可导致疾病。这类疾病虽不具有感染性和急性、亚急性中毒性表现，也应属于食源性疾病的范畴。食源性疾病还应包括与食品和摄食有关的其他疾病或原因不明的疾病。

保障食品安全的最终目的是为了预防与控制食源性疾病的发生和传播，避免人类的健康受到食源性疾病的威胁。天然食物原料生产的全球化、新的食品加工技术的应用、食品生产模式及饮食方式的改变、食品流通的广泛性、发展中国家对肉禽的需求量增加，以及各种新的病原体和传播媒介的出现和流行等因素是导致食源性疾病发病率升高的原因，也是经济生产率降低的主要原因，因而食源性疾病成为当今世界上广泛关注的食品安全问题。因此，掌握各种食源性疾病的发生原因和基本特点、暴发处置和预防控制措施，了解食源性疾病的监测网络及其重要性，都十分重要。

4.1.1 食源性疾病的概念

食源性疾病(foodborne disease，FBD)是“由食物和摄食而引起的疾病”的统称，这是一种广义上的食源性疾病概念。从这一概念出发，食源性疾病包括某些慢性病、代谢病和营养不平衡导致的疾病，如糖尿病、肥胖症、高血脂症和肿瘤等，还应包括食源性变态反应性疾病和急、慢性传染性的和非传染性的疾病。

WHO将食源性疾病定义为“凡是通过摄食进入人体的各种致病因素所引起的，通常具有感染性质或中毒性质的一类疾病”。这是一种狭义上的食源性疾病概念，特指与饮食相关的感染性和非传染性疾病，感染性疾病包括以食品为媒介而引起的肠道传染病、寄生虫病等；非传染性疾病包括食物中有毒、有害物质引起的急性食物中毒(food poisoning)和慢性中毒性疾病等，而不包括与饮食相关的慢性病和代谢病。

WHO定义的食源性疾病具有3个重要特征：经食品介导引发疾病、致病因素源自食品、具有中毒性或感染性临床表现。本章所讲述的食源性疾病以WHO定义为依据。

4.1.2 食源性疾病的分类

按WHO定义可将食源性疾病分为以下5种类型。

(1)食物中毒

细菌或细菌毒素、真菌或真菌毒素污染食品后，可引起细菌性和真菌性食物中毒。细菌性和真菌性食物中毒统称为生物性食物中毒，是食物中毒中最多见的类型，除此之外，还有化学性病原物引起的食物中毒和有毒动植物食物中毒。

按WHO食源性疾病定义，食物中毒属于急性(亚急性)食源性疾病，其他感染性食源性疾病属于慢性食源性疾病。由于食物中毒不具人传人特性，其流行曲线多为点源暴发。

(2)食源性细菌性传染病

细菌是食源性疾病中最常见和最重要的致病因素。引起食源性肠道传染病的病原菌主要有弧菌科的霍乱弧菌和肠杆菌科的沙门菌、志贺菌。

人食用了被上述细菌污染了的食品后，可患肠道传染病，如霍乱、伤寒和副伤寒、痢疾。细菌污染食品后是引起肠道传染病还是食物中毒，取决于病原菌，同一属中不同种、甚至不同型的病原菌致病性不同，如伤寒、副伤寒沙门菌引起肠道传染病，肠炎沙门菌引起食物中毒。由于食源性传染病可人传人，其流行曲线在一个潜伏期内可出现多个流行高峰。

有些病原菌在引起食源性疾病的同时易导致其他疾病，如李斯特菌会引起脑膜炎、败血症和孕妇流产或死胎等；空肠弯曲菌会引起格林-巴利综合征(Gulliain-Barre syngrome，GB)；出血性大肠埃希菌 O_{157}: H_7会引起溶血性尿毒综合症。

(3)细菌性人畜共患传染病

家畜感染了李斯特菌、肠杆菌科细菌和患了炭疽、结核、布氏杆菌病后，人吃了病畜的肉或奶，可引起人体患病。禽类感染了空肠弯曲菌和沙门菌后，人吃了未煮熟的肉或蛋，也可引起人的腹泻。

(4)食源性病毒性传染病

在食源性病原体中，除了细菌和真菌毒素外，还有那些能以食品为传播载体并可经粪-口途径传播的病毒。目前发现的这类病毒有：轮状病毒、星状病毒、腺病毒、Norovirus、甲型肝炎病毒和戊型肝炎病毒等，引起病毒性胃肠炎和病毒性肝炎；此外，乙型、丙型和丁型肝炎病毒虽主要经血液等非肠道途径传播，但也有它们通过人体排泄物和经过食品传播的报道。

许多食源性病毒也是人畜共患病原体，如 Prion 是引起人和动物中枢神经系统变性致死疾病的病原体，可引起牛的海绵状脑病(spongiform encephalopathyu，SE)，即疯牛病(mad cow disease，MCD)；通过摄入被 prion 污染的食物可引起可传播性人海绵状脑病(TSE)和人类新型克-雅病(Creutzfeldt-Jakob disease，CJD)。

由病毒引起的食源性疾病主要为病毒性胃肠炎和甲型、戊型病毒性肝炎。由于病原体检测技术要求较高，人们对病毒性腹泻的控制还比较难，需进一步深入研究。

(5)食源性寄生虫病

由于摄入污染了寄生虫或其虫卵的食品而感染的寄生虫病称为食源性寄生虫病。主要病原有原虫(如隐孢子虫)、吸虫(如华支睾吸虫)、绦虫(如猪带绦虫)和线虫(如蛔虫)等。

4.2 食物中毒

我国食品卫生国家标准《食物中毒诊断标准及技术处理总则》(GB 14938—1994)中对食物中毒的定义为：摄入了含有生物性、化学性有毒、有害物质的食品或者把有毒、有害物质当做食品摄入而出现的非传染性急性、亚急性疾病。食物中毒是食源性疾病的暴发形式。

按照致病因子不同，可以将食物中毒分成 4 类：细菌性食物中毒、真菌性食物中毒、化学性食物中毒和有毒动植物食物中毒。

4.2.1 细菌性食物中毒

(1)概念

细菌性食物中毒(bacteriogenic food poisoning)系指因摄入大量被致病活菌和(或)其毒性产物污染了的食品而引起的以急性胃肠炎和相应中毒表现为主要症状的疾病。我国发生的细菌性食物中毒以沙门菌、变形杆菌和金黄色葡萄球菌食物中毒较为常见，其次为副溶血性弧菌、蜡样芽孢杆菌食物中毒等；但在沿海地区，以副溶血性弧菌引起的食物中毒最为常见。

(2)流行病学

细菌性食物中毒是最常见的一类食物中毒，发病率高、病死率相对较低。多数细菌性食物中毒，如由沙门菌、变形杆菌、金黄色葡萄球菌等引起的食物中毒，发病特点是病程短、恢复快、预后好、病死率低。但由肉毒梭菌、椰毒假单胞菌引起的食物中毒病程长、病情重、恢复慢，近年来此类食物中毒虽有大幅度的降低，但在救护不当情况下，病死率仍较高。

细菌性食物中毒发病季节性明显。全年皆可发生，但绝大多数发生在夏、秋季的5～10月。这是由于在此期间的温度与湿度利于细菌生长繁殖或产生毒素，此外，也与此时机体防御功能降低、易感性增高有关。

引起细菌性食物中毒的食品主要是动物性食品。其中畜肉类及其制品居首位，其次为禽肉、鱼、乳、蛋类。植物性食物(如剩饭、米糕、米粉)则易出现金黄色葡萄球菌、蜡样芽孢杆菌等引起的食物中毒。

(3)常见病原菌

沙门菌、志贺菌除引起肠道传染病外，也是食物中毒的常见病原菌。此外，主要的细菌性食物中毒病原菌还包括：空肠弯曲菌、致泻性大肠埃希菌、肠出血性大肠埃希菌、金黄色葡萄球菌、单增李斯特菌、变形杆菌、肉毒梭菌、副溶血性弧菌、小肠结肠炎耶尔森菌、蜡样芽孢杆菌、椰毒假单胞菌、产气荚膜梭菌、气单胞菌和岐崎肠杆菌等。

沙门菌作为食源性疾患的致病菌，已被认识数十年，在许多国家很常见。肠炎沙门菌在西半球和欧洲是占主导的致病菌，此菌多与肉和蛋品有关。人食用被单增李斯特菌污染的食品后，会患脑膜炎、败血症、引起孕妇流产或死胎等；食用被出血性大肠埃希菌 O_{157}: H_7污染的食品后，会患出血性肠炎和溶血性尿毒综合症。空肠弯曲菌多源自禽类，可污染生奶和肉类，人感染后可并发胆囊炎、胰腺炎、腹膜炎和胃肠道大出血、脑炎、心内膜炎、关节炎、骨髓炎、格林-巴利综合征。阪崎肠杆菌通常是通过配方奶粉引起婴儿脑膜炎和败血症等。副溶血性弧菌嗜盐，容易在沿海地区的食品中“兴风作浪”，尽管加热和食醋在1 min内即可将其杀死，但它所产生的溶血毒素却不能被去除，可以通过食物引起腹泻和食物中毒。

目前我国已制定并颁布或修订了食品中上述细菌的标准检验方法《食品卫生微生物学检验》(GB 4789—2008)，并颁布了58类食品的沙门菌、金黄色葡萄球菌、志贺菌的限量标准，58种食品中，如为水产品，还规定了副溶血性弧菌的限量标准。

(4)发病类型与机制

细菌性食物中毒可分为感染型、毒素型、混合型及过敏型4种。

①感染型　主要由食入被大量病原活菌污染的食物引起，潜伏期较长，其临床表现以感染症状为主，常伴有发热。

②毒素型　由食入被病原活菌污染、繁殖并产生大量毒素的食物引起，其潜

伏期和症状与毒素类型有关，除肉毒毒素中毒和椰毒假单胞菌食物中毒外，潜伏期通常较短，少有发热。

③混合型 某些病原菌，如副溶血性弧菌，进入肠道除侵入黏膜引起肠黏膜的炎性反应外，还产生引起急性胃肠道症状的肠毒素，这类病原菌引起的食物中毒是致病菌对肠道的侵入及其产生的肠毒素的协同作用，因此，其发病机制为混合型。

④过敏型 具有脱羧酶的莫根变形杆菌和普通变形杆菌，可使新鲜鱼肉的组氨酸脱羧形成组胺，组胺可引起过敏型食物中毒，其潜伏期在 30 min 左右，出现全身潮红似醉酒状等症状。

(5) 临床表现

潜伏期的长短与食物中毒的类型有关。临床表现以急性胃肠炎为主，如恶心、呕吐、腹痛、腹泻等。但不同菌引起的食物中毒其呕吐、腹痛、腹泻等症状的特点不同。表 4-1 列出了几种常见细菌性食物中毒的临床表现，供参考。

(6)救治原则

细菌性食物中毒的一般救治原则可概括为 10 个字：排毒(常用催吐、洗胃和灌肠法迅速彻底地排出毒物)、禁食(避免增加胃肠黏膜的损伤)、补液(纠正酸中毒)、消炎(有发热时使用抗生素治疗)、对症(使用缓解症状的药物治疗)。肉毒中毒和耶毒假单胞菌食物中毒时常需要特殊治疗，即肉毒中毒时须尽早使用多价抗毒素血清；耶毒假单胞菌食物中毒时须尽快找到同餐人，无论发病与否均作为病人对待，在催吐、洗胃后，以保护脏器为主。

(7)诊断和鉴别诊断

确切的诊断与鉴别诊断有赖于实验室最终结果和流行病学研究结果，但在暴发和中毒案例现场，可利用症状特征暂将食物中毒与下列疾病区分开来。

①非细菌性食物中毒 食用发芽马铃薯、苍耳子、苦杏仁、河豚鱼或毒蕈等中毒者，潜伏期仅数分钟至数小时，一般不发热，以多次呕吐为主，腹痛、腹泻较少，但神经症状较明显，病死率较高。汞、砷中毒者有咽痛、充血、吐泻物中含血，经化学分析可确定病因。

②霍乱及副霍乱 霍乱及副霍乱为无痛性泻吐，先泻后吐为多，且不发热，粪便呈米泔水样，因潜伏期可长达 6 d，故罕见短期内大批患者。粪便涂片荧光素标记抗体染色镜检及培养找到霍乱弧菌或爱尔托弧菌可确定诊断。

③急性菌痢 偶见痢疾志贺菌引起的食物中毒型暴发。一般呕吐较少，常有发热、里急后重；粪便多混有脓血，下腹部及左下腹明显压痛，粪便镜检有红细胞、脓细胞及巨噬细胞，粪便培养约半数有痢疾志贺菌生长。

④病毒性胃肠炎 是由多种病毒引起，以急性小肠炎为特征，潜伏期 24～72h，主要表现有发热、恶心、呕吐、腹胀、腹痛及腹泻。排水样便或稀便。病毒性胃肠炎一般吐泻并重，吐泻严重者可发生水、电解质平衡及酸碱平衡紊乱；而细菌性食物中毒或吐重、或泻重，很少出现吐泻并重者。

表4－1 几种常见细菌性食物中毒的临床表现和有毒食品

食物中毒		潜伏期	腹痛	腹泻	呕吐	发热/℃	中毒	其他	病程	预后	有毒食品
沙门菌		4～12h	+	+	+	38～40		霍乱型、类伤寒型、类感冒型，败血症型	3～4d	良好	各种食品，尤肉禽蛋类
变形杆菌（急性胃肠炎型）		3～20h	骤起	继之，重症伴黏液血液	－	38～40		过敏型、中毒型	1～3d	良好	冷荤菜类动物性食品，外观无腐败现象
致病性大肠埃希菌	胃肠炎型	4～10h	骤然脐周围剧痛	骤然，恶臭	少见	38～40		产毒性大肠埃希菌引起	1～3d	良好	各种尤熟肉食品
	急性菌痢型	48～72h	里急后重	浓血便	－	38～40		侵袭性大肠埃希菌引起	1～2周	良好	
	出血性肠炎型	3～4d	剧烈腹痛	先水便后血便	－	38～40		出血性大肠埃希菌引起	10d	病死率3%～5%	
金黄色葡萄球菌		1～6h		+	＋＋＋＋ 呕吐物含胆汁，带血和黏液	－			1～2d	良好	冷饮、乳制品、鱼肉蛋类，贮存通风不良食品
副溶血性弧菌		2～26h	上腹部阵发性绞痛	继之，血水便，后期可浓血便，5～10次/d	+ 再继之	+ 37.5～39		菌痢型、中毒性休克型、慢性肠炎型	3～4d	良好	沿海地带食品、海产品，盐腌食品
蜡样芽孢杆菌	呕吐型	0.5～2h		+	＋＋＋＋	+			8～10h	良好	米饭、淀粉类食品
	腹泻型	10～12h		＋＋＋＋	+	+			12～36h	良好	肉类、水果蔬菜类

（续）

食物中毒		潜伏期	腹痛	腹泻	呕吐	发热/℃	中毒	其他	病程	预后	有毒食品
肉毒中毒		6h ~ 15d		偶尔			+ 运动 神经毒			较差	腌制、罐头食品、外伤感染、蚊虫叮咬、蜂蜜
椰毒假单胞菌		5 ~ 9h					+ 脏器毒			不良	酵米面、变质银耳
李斯特菌	腹泻型	8 ~ 24h	+	+	−	+			1 ~ 3d	良好	冷藏乳、肉制品、水产品、蔬菜水果
	侵袭型	2 ~ 6 周	+	+	−	+		脑膜炎、败血症、孕妇流产或死胎		病死率 20% ~ 50%	
空肠弯曲菌		20h ~ 5d	全腹/右下腹绞痛	水样/黏液血便腐臭味	+	38 ~ 40		胆囊炎、胰腺炎、腹膜炎、胃肠道大出血、脑炎、心内膜炎、关节炎、骨髓炎、格林 - 巴利综合征	3 ~ 7d	良好	禽肉、牛乳、肉制品

注：预后指经救治后的预后；潜伏期为大多数情况下的平均时间，不是最短和最长时间；“ + ”代表阳性，“ − ”代表阴性。

(8)预防和控制

预防细菌性食物中毒，应加强食品卫生质量检查和监督管理，严格遵守牲畜屠宰前、屠宰中和屠宰后的卫生要求，防止污染；食品加工、贮存和销售过程严格遵守卫生制度，做好食具、容器和工具的消毒，避免生熟交叉污染，食品食用前充分加热以杀灭病原体和破坏毒素，在低温或通风阴凉处存放食品以控制细菌繁殖和毒素的形成；食品加工人员、医院、托幼机构人员和炊事员应认真执行就业前体检和录用后定期体检制度，应经常接受食品卫生教育，养成良好的个人卫生习惯。

4.2.2 真菌性食物中毒

(1)概念

人畜食用了被真菌毒素污染了的粮食、食品和饲料后，发生的食物中毒，称为真菌毒素食物中毒或真菌性食物中毒。

麦角中毒是人类历史上第一个有记载的真菌性食物中毒，早在9~14世纪的欧洲就频繁发生；18世纪的法国由于麦角中毒死亡8 000余人。已发现的真菌毒素多达300余种，与食品关系密切的、比较重要的有几种，如黄曲霉毒素、单端孢霉烯族化合物、玉米赤霉烯酮、伏马菌素、3-硝基丙酸和展青霉素等。

(2)中毒的特点

真菌毒素结构简单，相对分子质量小，对热稳定，一般的烹调方法和加热处理不能破坏食品中的真菌毒素。中毒的发生主要通过被污染了的食品，在可疑食品中可检出真菌或其毒素。与细菌性食物中毒表现为急性胃肠炎症状不同，真菌性食物中毒主要损害实质器官，临床表现为脏器损伤症状。按毒素损害的不同病变特征，可将真菌毒素分为肝脏毒、肾脏毒、神经毒、造血组织毒、细胞毒、生殖系统毒等。一种毒素可作用于多个器官，引发多部位病变和多种症状。一种真菌可产生多种毒素，一个毒素可由多种真菌产生；真菌菌株的产毒性也是不稳定的。

由于真菌毒素相对分子质量小而不能引发机体的免疫反应，因此，真菌性食物中毒没有传染性和免疫性。由于真菌繁殖和产毒需要一定的温度和湿度条件，有明显的季节性和地区性。目前尚未发现特效治疗药物。

(3)常见真菌性食物中毒

①赤霉病麦中毒　是我国最重要的真菌性食物中毒之一，早在19世纪30年代我国已有记载。此类中毒指食用了被镰刀菌侵染而发生赤霉病的麦类引起的食物中毒。我国乌苏里江地区发生的“昏迷麦”中毒，前苏联、北欧发生的“醉谷病”，欧洲的“醉黑麦病”等都属于赤霉病麦中毒。美国、加拿大、日本等国均有报道。我国许多省都发生过赤霉病麦中毒，长江以南各省，每隔3~5年就有一次较大的暴发。赤霉病麦中毒的病原菌主要是禾谷镰刀菌(有性繁殖阶段称为玉米赤霉菌)，它可产生单端孢霉烯族化合物类真菌毒素，目前已知引起赤霉病麦

中毒的主要毒素是单端孢霉烯族化合物中的DON、NIV、T-2毒素等。人类单端孢霉烯族化合物中毒的主要临床表现为消化系统和神经系统症状，一般在0.5~1h出现恶心、呕吐、头晕、头痛、腹痛、腹泻、手足发麻、颜面潮红和醉酒样症状，持续2h后恢复正常。症状特别严重者，还有呼吸、脉搏、体温及血压等轻微波动，但未见死亡报告。

②霉变甘蔗中毒　是由于食用了保存不当发生霉变的甘蔗而引起的急性食物中毒。霉变甘蔗中毒仅在我国有所报道，发病地区主要是我国北方。这些甘蔗都来自广东、广西、福建等省(自治区)，收割后运至北方，在仓库贮存过冬，到春季出售时由于贮存不当而发霉，食后发生中毒，一般发病季节都在每年的2~3月。霉变甘蔗中毒的病原菌是节菱孢霉，该菌的代谢产物3-硝基丙酸是致病毒素。该毒素为无色针状结晶，溶于水和有机溶剂，是神经毒素。除了节菱孢霉能产生3-硝基丙酸外，还有些曲霉和青霉也可产生此类毒素。临床发病急，潜伏期一般15~30min，最短10min，最长48h；最初为头晕、头痛、恶心、呕吐、腹痛、腹泻、视力障碍，进而出现阵发性抽搐、四肢强直等神经症状。最有特征性的症状是眼球向上凝视，最后进入昏迷、呼吸衰竭而死亡。

③霉变谷物中毒　是指食用了在田间已污染真菌毒素的谷物，这些谷物在收获后未及时晾晒或保存不当，致使真菌继续生长繁殖产生毒素从而引起的食物中毒。霉变谷物中毒可发生在任何季节，主要发生在南方高温高湿地区，特别是以玉米为主的地区较易发生霉变谷物中毒。引起霉变谷物中毒的真菌毒素有黄曲霉毒素和脱氧雪腐镰刀菌烯醇。黄曲霉毒素引起的急性中毒临床表现的特点是出现短时间、一过性的发热、呕吐、厌食、黄疸，有些症状较轻的病人可以恢复，重症病人在2~3周内出现腹水、下肢浮肿、肝脾肿大，很快死亡。脱氧雪腐镰刀菌烯醇引起的急性中毒性临床表现与赤霉病麦中毒相同。

(4)预防和控制

自然界中食物很容易受到真菌的污染，要保证食品卫生安全，就必须将食品中真菌毒素含量控制在限量标准内，同时减少各环节真菌的污染和毒素的产生。

各国对食品中重要的真菌毒素都采取了有效措施，并将真菌毒素作为食品检测的重要指标，制定了真菌毒素允许量标准。我国于20世纪70年代开始制定食品中真菌毒素允许限量标准，对玉米、花生及其制品、食用油、粮食、豆类、发酵食品和婴儿代乳品的黄曲霉毒素B1提出了限量标准。除此之外，我国分别颁发了《牛乳及其制品中黄曲霉毒素M1限量卫生标准》(GB 9676—2003)、《苹果和山楂制品中展青霉素限量卫生标准》(GB 14974—2003)和《小麦、面粉、玉米及玉米粉中脱氧雪腐镰刀菌烯醇限量标准》(GB 16329—1996)。2005年，我国又对这4项国家卫生标准进行了修订，并颁布《食品中真菌毒素限量》(GB 2761—2005)代替这4项标准。

为减少真菌的污染和毒素的产生，在保存粮食、花生及其制品时，应随时注意其水分和温度，积极采取措施保持干燥，低温贮存，以达到防止真菌生长的目的。食品库房应保持清洁、干燥，并定时消毒处理。环氧乙烷防霉效果较好，用

100 ~ 200 g/m^2环氧乙烷熏蒸封闭数日之后可减少真菌达90%，且可维持4个月。食品加工的原料及食品不宜积压过久；已经发生变质的食品，不应再食用，并应与其他食品隔离；发酵食品（如酱、臭豆腐、酱油、啤酒、面包等）应妥善保存，以免食物被有毒真菌污染，必要时，可定期进行菌种分离、分型检查以便发现污染的食品，避免中毒发生。

4.2.3 化学性食物中毒

(1)概念

化学性食物中毒(chemical food poisoning)，是指由于食用了被有毒、有害化学物质污染的食品，被误认为是食品及食品添加剂或营养强化剂的有毒、有害化学物质、添加了非食品级的或伪造的或禁止使用的化学物质的食品，违规使用了食品添加剂的食品或营养素发生了化学变化的食品等所引起的食物中毒。我国较重要的化学性食物中毒有亚硝酸盐中毒、砷中毒、有机磷农药中毒和锌中毒等。

(2)中毒的特点

化学性食物中毒发生率低于细菌性食物中毒，但一起化学性食物中毒的病死率和预后却比细菌性食物中毒严重得多。化学性食物中毒的潜伏期与化学物摄入的多少有关，摄入量越大，潜伏期越短，可由几分钟至一两天不等，但一般都在10min左右。混放误食或误食毒死的家禽、家畜而引发的情况多见，接触有毒化学物质后未严格去除、滥用农药或化肥致使作物残留量高等也是引发化学性食物中毒的主要原因。

(3)临床表现和救治原则

化学性食物中毒的临床表现，除伴有严重的或不明显的胃肠道症状外，其中毒症状与有毒化学物质的毒性作用相关。表4-2列出几种常见化学性食物中毒的临床表现和救治原则，供参考。

(4)预防和控制

食品加工过程中所使用的原料、添加剂等其砷含量不得超过国家允许标准；严格遵照国家卫生标准的限量规定在肉制品中添加硝酸盐、亚硝酸盐；健全管理制度，亚硝酸盐、含砷化合物及有机磷农药的标识要鲜明，要实行专人专库、领用登记，不准与食品、食盐混放、混装；盛装含砷化合物、有机磷农药的容器、用具应有明显的标记并不得再用于盛装食品；禁止食用因剧毒农药致死的各种畜、禽。砷酸钙、砷酸铅等农药用于防治蔬菜、果树害虫时，于收获前半个月内停止使用，以防蔬菜、水果农药残留量过高；食品加工、运输和贮存过程均不可使用镀锌容器和工具接触酸性食品；加强对补锌制剂和保健食品审批，并加强对市场的监督管理；是否需要补锌及补锌剂量应在临床医生指导下进行，不可自己乱补、乱用；保持蔬菜的新鲜，勿食存放过久或变质的蔬菜，剩余的熟蔬菜不可在高温下存放过久；腌菜时所加盐的含量应达到12%以上，至少需腌制15d以上再食用。

表 4－2 常见化学性食物中毒的临床表现和救治原则

	中毒剂量（致死剂量）	中毒机制	潜伏期	消化道症状	中毒症状	救治原则	
						一般	特效解毒
亚硝酸盐中毒	0.3～0.5g（1.0～3.0g）	使低铁血红蛋白氧化成高铁血红蛋白	>10min	呕吐、腹痛、腹泻	头晕头痛、无力心悸、嗜睡或烦躁；重者昏迷惊厥、大小便失禁、呼吸衰竭	催吐、洗胃、导泻	美兰、注意不得过量；补充大量维生素 C
砷中毒	需要剂量 5～50mg，中毒剂量 60～300mg	与细胞内酶的巯基结合影响细胞代谢导致脏器缺氧，肠道腐蚀，使血管扩张	>10min	口咽烧灼感、吞咽困难、口中金属味、恶心呕吐至吐出胆汁、甚呕血、稀便、米泔样混血便	黄疸、尿少、蛋白尿；头痛烦躁、抽搐昏迷；呼吸中枢麻痹	催吐、洗胃、导泻；口服氢氧化铁/硫酸亚铁水溶液	二巯基丙磺酸钠，二巯丙醇
有机磷农药中毒	<2h	与胆碱酯酶结合使神经处于过渡兴奋状态而中毒	2h	少见	瞳孔缩小、肌束震颤、血压升高、肺水肿、多汗；胆碱酯酶活力减少	敌百虫中毒不能用碱性溶液；对硫磷、内吸磷、甲拌磷及乐果中毒不能用酸性溶液	阿托品和胆碱酯酶复能剂（如解磷定，氯磷定）并用
锌中毒	需要剂量 10～20mg/d，中毒剂量 80～400mg	数分钟～1h		恶心、持续性剧烈呕吐、上腹部绞痛，腹泻；口中烧灼感及麻辣感	眩晕及全身不适		

注：马拉硫磷、敌百虫、对硫磷、伊皮恩、乐果、甲基对硫磷等有机磷农药有迟发性神经毒性，即在急性中毒后的第二周产生神经症状，主要表现为下肢软弱无力、运动失调及神经麻痹等。敌敌畏、敌百虫、乐果、马拉硫磷中毒时，由于胆碱酯酶复能剂的疗效差，治疗应以阿托品为主救治。

4.2.4 有毒动植物食物中毒

有毒动植物性中毒多发生于一家一户或一个人、几个人中，集体食堂、饭店也有暴发发生。常见的动植物性中毒为河豚中毒、菜豆中毒和毒蘑菇(蕈)中毒；死亡率高的是由毒蘑菇、河豚鱼、麻痹性贝类、发芽马铃薯、曼陀罗、白果、苦杏仁、桐油等引起的食物中毒。有毒动植物食物中毒的发生率虽不及细菌性和化学性食物中毒高，但病死率却高于细菌性和化学性食物中毒。

4.2.4.1 河豚中毒

河豚又名河鲀，或称鲢鲃鱼，我国沿海各地及长江下游均有出产，属无鳞鱼的一种，在淡水、海水中均能生活。河豚是一种味道鲜美，但含有剧毒物质的鱼类。

(1)有毒成分

引起中毒的河豚毒素可分为河豚素、河豚酸、河豚卵巢毒素及河豚肝脏毒素。其中河豚卵巢毒素是毒性最强的非蛋白质神经毒素。河豚毒素为无色针状结晶，微溶于水，易溶于稀醋酸，对热稳定，需220℃以上方可分解，煮沸、盐腌、日晒均不能将其破坏。河豚毒素主要存在于河豚的肝、脾、肾、卵巢、卵子、睾丸、皮肤、血液及眼球中，其中以卵巢毒性最大，肝脏次之。每年春季2～5月为河豚鱼的生殖产卵期，此时毒素含量最多，因此春季最易发生中毒。

(2)中毒机理

河豚毒素主要是作用于神经系统，阻碍神经传导，可使神经末梢和中枢神经发生麻痹，使血压急剧下降，最后出现呼吸中枢和循环运动中枢麻痹而死亡。

(3)诊断

根据食用河豚鱼史和中毒表现即可做出临床诊断。河豚毒素中毒发病急速而剧烈，潜伏期一般在10min至3h。起初感觉手指、口唇和舌有刺痛，然后出现恶心、呕吐、腹泻等胃肠症状。同时伴有四肢无力、发冷，口唇、指尖和肢端知觉先出现麻痹并有眩晕；重者瞳孔及角膜反射消失，四肢肌肉麻痹，以致身体摇摆、共济失调，甚至全身麻痹、瘫痪，最后出现语言不清、血压和体温下降。一般预后不良。常因呼吸麻痹、循环衰竭而死亡，致死时间最快在食后1.5h。

(4)预防和治疗

为防止河豚中毒，需加强宣传教育，防止误食。新鲜河豚鱼应统一加工处理，经鉴定合格后方准出售。河豚毒素中毒尚无特效解毒药，一般以排出毒物和对症处理为主。

由于河豚鱼巨大的市场潜力使开放鲜河豚鱼市场的呼声越来越高。但由于缺乏对河豚鱼安全利用的系统研究，现行的卫生法规的修改仍没有科学依据。目前，我国沿海地区鲜河豚鱼的制售活动异常活跃，虽然卫生执法和管理部门尽最大努力予以控制，但由于原有的卫生规定与当前市场需求和消费者的意愿相驳，又无法采取合理措施进行疏导和管理，结果是屡禁不止，致使我国因非法食用鲜河豚鱼引起的食物中毒病死人数曾达到占全年食物中毒死亡人数的33.33%。此类中毒事件的发生应引起有关部门的高度重视。

4.2.4.2 麻痹性贝类中毒

太平洋沿岸地区有些贝类在3~9月份可使人中毒，中毒的特点为神经麻痹，所以称为麻痹性贝类中毒(paralytic shellfish poisoning，PSP)。我国东南沿海一带，如中山地区、宁波地区，贝类中毒时有发生。贝类中毒和河豚中毒一样，没有特效的解毒剂，死亡率高，危害性极大。

(1)有毒成分

贝类在某些地区、某个时期有毒与海水中的藻类有关。贝类在“赤潮”时食入有毒的藻类(如膝沟藻科的藻类)后，便使贝类带毒，虽对贝类本身没有毒性，对人却呈现毒性作用。目前，已从贝类中分离、提取和纯化了几种毒素，其中石房蛤毒素发现的最早，是一种白色、溶于水、耐热、相对分子质量较小的非蛋白质毒素，很容易被胃肠道吸收。该毒素耐热，一般烹调温度很难将其破坏。

(2)中毒机理

石房蛤毒素为神经毒，主要的毒作用为阻断神经传导，作用机制与河豚毒素相似；该毒素的毒性很强，对人的经口致死量为0.84~0.9mg。

(3)诊断

中毒的潜伏期短，仅数分钟至20 min。开始为唇、舌、指尖麻木，随后腿、颈部麻痹，然后运动失调。伴有头痛、头晕、恶心和呕吐，最后出现呼吸困难。膈肌对此毒素特别敏感，重症者常在2~24 h因呼吸麻痹而死亡，病死率为5%~18%。病程超过24h者，则预后良好。

(4)预防和治疗

当发现贝类生长的海水中有大量海藻存在时，应测定当时捕捞的贝类所含的毒素量。USFDA规定，新鲜、冷冻和生产罐头食品的贝类中，石房蛤毒素最高允许含量不应超过80μg/100g。目前对贝类中毒尚无有效解毒剂，有效的抢救措施是尽早采取催吐、洗胃、导泻等设法去除毒素的做法，同时对症治疗。

贝类毒素不仅是一个公共卫生问题，同时也祸及到水产经济的发展。针对麻痹性贝类中毒，许多国家已经建立了相应的标准，但是我国在这方面的管理相对仍很薄弱，目前没有有效的检测手段和管理办法。因此，必须建立贝类毒素检测技术，对有毒赤潮监测和对养殖贝类产品监测，在此基础上进行贝类毒素的调查分析，以建立适合我国国情的科学管理体系。

4.2.4.3 毒蕈中毒

蕈，通称蘑菇，属于真菌植物。毒蕈是指食后可引起中毒的蕈类，我国毒蘑菇约有100种，对人生命有威胁的有20多种，致人死亡的至少有10种。摄入毒蕈引起中毒即毒蕈中毒(mushroom poisoning)，常因误食而中毒，多散发于高温多雨季节，我国每年有几十人到几百人中毒死亡。

(1)有毒成分和临床表现

毒蕈中的毒素种类繁多，成分复杂，中毒症状与毒物成分有关，主要的毒素有胃肠毒素、神经精神毒素、血液毒素、原浆毒素、肝肾毒素。由于毒蕈的种类颇多，一种蘑菇可能含有多种毒素，一种毒素可能存在于多种蘑菇中，故误食毒蘑菇的症状表现复杂，常常是某一系统的症状为主，兼有其他症状。蕈中毒的临床表现主要分4型：胃肠炎型、神经精神型、溶血型和肝脏损害型。

(2)中毒原因

蘑菇种类繁多，有毒与无毒蘑菇不易鉴别，人们缺乏识别有毒与无毒蘑菇的经验，将毒蘑菇误为无毒蘑菇食用，特别是儿童更易误采毒蘑菇食用。

(3)急救和治疗

目前对毒蘑菇中毒尚无特效疗法，首先尽早排出毒物，包括催吐、洗胃，口服活性碳以吸附毒物。然后进行解毒治疗和对症治疗。另外，还没有简单易行的毒蘑菇鉴别方法，民间流传着的一些识别毒蘑菇方法，经事实证明并不可靠。

(4)预防和控制

预防毒蘑菇中毒的根本办法就是千万不要采集野蘑菇食用。

4.2.4.4 含氰苷类食物中毒

含氰苷类植物食物中毒以苦杏仁引起的最为多见，后果最严重，此外还有苦桃仁、枇杷仁、李子仁、樱桃仁和木薯等。

(1)有毒成分及中毒机理

有毒成分为氰苷，在酶或酸的作用下释放出氢氰酸。氰离子与含铁的细胞色素氧化酶结合，妨碍正常呼吸，因组织缺氧，机体陷入窒息状态。氢氰酸还能作用于呼吸中枢和血管运动中枢，使之麻痹，最后导致死亡。苦杏仁苷属剧毒，1~3颗苦杏仁即可中毒，甚至死亡。

(2)中毒原因

苦杏仁中毒多发生于杏熟时期，多见于儿童因不了解苦杏仁有毒，生吃苦杏仁而中毒。木薯中毒是因为人们不了解木薯的毒性，生食或食用未煮熟的木薯，或喝洗木薯的水、煮木薯的汤而中毒。

(3)临床表现

苦杏仁中毒潜伏期为0.5h至数小时，一般1~2h，长者12h。苦杏仁中毒时，常见症状有口腔苦涩、流涎、头痛、头晕、恶心、呕吐、心悸、脉数、紫绀并瞳孔放大，对光反射消失，牙关紧闭，全身阵发性痉挛，最后因呼吸麻痹或心跳停止而死亡。患者呼吸时可有苦杏仁味。

(4)急救和治疗

对病人应进行催吐、洗胃、解毒治疗，吸氧，重症病人可用细胞色素C、三磷酸腺苷(ATP)、辅酶A(CoA)、胰岛素静脉注射。

(5)预防和控制

向人们讲解苦杏仁、木薯中毒的知识，不吃苦杏仁、李子仁和桃仁。用杏仁做咸菜时，应反复用水浸泡，充分加热，使其失去毒性。千万不能生吃木薯。木薯要煮熟、蒸透后方可食用。

4.2.4.5 四季豆中毒

四季豆又叫菜豆、扁豆、芸豆、刀豆、豆角等，菜豆中毒一年四季均可发生，但多发生于秋季。

(1)有毒成分及中毒机理

致病物质尚不十分清楚，可能与其豆荚外皮含有皂素，且种子含有植物血球凝集素(PHA)有关，还有人认为四季豆含有亚硝酸盐和胰蛋白酶抑制剂。四季豆中含有以上4种毒素中一种或几种，烹调加工方法不当，加热不透，毒素不能被破坏，即可引起食物中毒，而在一般情况下，并不引起中毒。四季豆中毒，多发生在集体食堂和公共饮食业，很少发生在家庭。

(2)临床表现

潜伏期0.5~5h，发病初期多感胃部不适，继而以恶心、呕吐、腹痛为主，部分病人可有头晕、头痛、出汗、畏寒、四肢麻木、胃部烧灼感、腹泻，少有发热。病程为数小时或1~2d，预后良好。

(3)治疗

症状轻者不需治疗，症状可自行消失。症状重者给予对症治疗。

(4)预防和控制

主要是教育厨师一定把菜豆彻底加热后再食用，用大锅加工四季豆更要注意翻炒均匀、煮熟焖透，失去四季豆的豆腥味方可食用。

4.2.5 食物中毒现场调查处理

调查处理食物中毒事件总体原则是迅速查清中毒食物和中毒原因，阻断中毒食源，避免其他人继续食入而引起中毒。

4.2.5.1 各类食物中毒的特点

上述4类食物中毒的病因可归纳为病原生物感染和毒素污染两类，无论何种病因、何种类型生物中毒，均具有5个特点，据此可与其他食源性疾病相区别，尤其是与食源性传染病相区别。

(1)暴发流行

即潜伏期较短，发病时间集中，短期内多人发病。

(2)症状基本一致

一起暴发中，不论男女老弱、年龄大小和进食量多少，在同一起食物中毒中，所出现的中毒症状及其潜伏期基本一致(食物中毒的潜伏期不以算术平均值计算，而以大多数人的潜伏期为准)。

(3)发病均与某种食品或某餐有关

中毒病人都是在同一时间内进食了一种或几种共同的食品，而且可疑食品往往来源于同一地区、同一单位、同一食堂、同一家庭或同一销售链，未进食该食品者即便同桌共餐也不发病。

(4)无人传人现象

由于引起细菌性食物中毒的病原菌不引起传染性疾病，故病人的分泌物、排泄物无传染性，护理、接触食物中毒病人不会被传染而成为第二代病人。

(5)采取措施后控制快

食物中毒只要诊断准确、发现及时、可疑食品控制迅速，则局势能迅速得到控制，不会有新病人出现，无流行病学余波。除肉毒毒素中毒和椰毒假单胞菌食物中毒外，病人一旦接受治疗，则病情很快好转，痊愈较快，后遗症很少。这些特点在暴发性食物中毒时较明显，而在散发中就不太明显，需要深入细致地调查分析乃至做同源性、相关性分析，才能找出原因，采取有效措施。

4.2.5.2 现场调查处理

食物中毒发生后，通过单位、学校、医院、群众、新闻媒体等多种渠道将食物中毒的信息传递到卫生行政部门、卫生监督机构或疾病预防控制机构。接到报告的卫生行政部门应及时组织卫生监督所和疾病预防控制机构赶赴现场，进行调查和控制。各级卫生监督所和疾病预防控制机构应立即组织必要的人员、车辆、采样器材、药品器械、调查表格和必要的技术资料赶赴现场。一般各级卫生监督所和疾病预防控制机构对食物中毒调查制订有相应的预案，并按照预案要求做好人员、技术和物资储备。

(1)诊断标准总则

食物中毒诊断主要以流行病学调查资料、病人的潜伏期和中毒的特有表现及现场卫生学调查资料为依据；实验室诊断是为了确定中毒的病因而进行的，应尽可能有实验室诊断资料，由于采样不及时或患者已用药或其他原因而未能取得实验室诊断资料时，可判定为原因不明食物中毒，必要时可由3名副主任医师以上的食品卫生专家进行评定。最终诊断由食品卫生监督检验机构根据现行国家食物中毒诊断标准及技术处理总则确定。

(2)调查处理程序与内容

一是初步调查、掌握中毒人数、病情程度等情况，以确定事件的性质类别、明确诊断，同时积极救治病人。二是采取措施，控制暴发，对中毒者(救治)、同餐者或共同饮食史人群(医学观察或预防性治疗)和危险因素(强制性切断污染途径和封存、禁止销售、销毁并追回可疑有毒食品及现场消毒等)分别采取必要的控制措施。三是现场流行病学调查和个案调查。四是取样检测，确定病原。五是总结评价，依法责任追究。

(3)诊断和检验国家标准

各类食物中毒的诊断、检验和处理，均应依照国家有关标准和办法来实施，近年来，这些国家标准和办法均在不断修订之中，应执行现行的法规和标准。

4.3 食源性传染病

食源性传染病病人的粪便及呕吐物有很强的传染性，可传染给他人，产生第二、第三代患者。这类疾病具有3个重要特征，即经食品介导、致病因素来自食品、具有传染性。食源性传染病的病原体包括细菌、病毒和寄生虫，根据传染源、卫生环境和易感人群的不同，可以引起散发，也可以引起暴发。大量的食源性传染病是以散发形式出现的，不被人们所重视。无症状的食品加工和餐饮业从业者，如果在食品加工过程中违反卫生操作规则而污染了食品，就可以经食品引起食源性传染病暴发。人们对寄生虫和病毒引起的食源性疾病掌握的数据很少，事实上有许多病因不明的腹泻和感染性的肠炎是由于食物和水污染病毒引起的。根据病原体的不同，食源性传染病可分为食源性细菌性传染病、食源性病毒病和食源性寄生虫病。

4.3.1 食源性细菌性传染病

常见的食源性细菌性传染病的致病菌有沙门菌、致贺菌、致病性大肠埃希菌、副溶血性弧菌、霍乱弧菌、变形杆菌、小肠结肠炎耶尔森菌、单增李斯特菌、空肠弯曲菌和阪崎肠杆菌。这些菌在自然界中广泛存在，可污染各种食品，引起食源性细菌性传染病。

食源性细菌性传染病包括霍乱、细菌性痢疾、伤寒、副伤寒、沙门菌病、志贺菌病、传染性腹泻等。传统上认为霍乱和其他许多肠道传染病是经水或人与人接触传播的，而事实上，大多数是由食品传播的。夏秋是食源性细菌性传染病的高发季节。

各种食源性传染病分别具有各自的特定病理特征和临床表现，敏感抗生素治疗有效。食源性细菌性传染病与食物中毒的最主要区别在于前者具有传染性和特定的病理改变，而后者不具有传染性和病理改变，即食物中毒属于功能性改变。食源性细菌性传染病通常症状有呕吐、腹痛、腹泻等，还会引起并发症，如脱水、毒血症等，严重者可导致死亡；一旦发生暴发流行，将严重威胁人民群众的生命和身体健康，对社会、经济均可造成极大危害。

4.3.2 食源性病毒病

自然环境可作为病毒的生境并成为病毒传播疾病的载体，寄生于食品并可传播食源性疾病的病毒主要有甲型肝炎病毒、戊型肝炎病毒、Norovirus、扎幌样病毒、星状病毒、轮状病毒、腺病毒和Prion。除Prion外，食源性病毒病的暴发和流行常与食用贝类食品有关，一方面是由于贝类生存场所常为污染的港湾，它们的两腮常泵入大量港湾水而起过滤、浓缩病毒的作用；另一方面是由于它们的加工方式常为生食或半熟制品。

食源性病毒病中甲型肝炎病毒和戊型肝炎病毒引起甲型肝炎和戊型肝炎，Prion 可引起牛海绵脑病（BSE）和人的传染性病毒性痴呆（TVD）又名克-雅病（CJD），其他食源性病毒引起病毒性腹泻。病毒具有耐寒、不耐热的特性，因此，病毒性腹泻与细菌性腹泻不同，其高发季节为秋冬季。

在世界范围内，病毒性腹泻已逐渐成为一种新的严重的公共卫生问题。美国目前每年有2 300万例 Norovirus 性胃肠炎，其中5万患者需住院治疗，300人死亡。欧洲10个监测系统的数据显示，在1995～2000年，85%以上的食源性病毒病是由 Norovirus 引起的。我国人群 Norovirus 血清特异抗体的检出率大大高于国外，但一直没有 Norovirus 腹泻暴发的报告，说明我国对这种病毒的认识不足，检测也还存在差距。至2006年，杭州市余杭区疾病预防控制中心应用先进的 Norovirus 检测技术侦破了3起秋冬季节的群发 Norovirus 性腹泻，阳性标本经测序鉴定证实均为 NoVGGⅡ4 型，与国外报道 NoV 流行株基因型相同。1988年上海甲型肝炎暴发流行，患病人数达29万之多，一代病人由使用携带甲型肝炎病毒的毛蚶引起暴发，再由人传人产生二代、三代患者，导致流行。这种由食品引起暴发、再由人传人引起流行的现象，是食源性病毒病的普遍现象。

4.3.3 食源性寄生虫病

在寄生与被寄生关系中，以其机体给寄生虫提供居住空间和营养物质的生物称为宿主（host），寄生虫侵入人体并能生活一段时间，这种现象称为寄生虫感染（parasitic infection），有明显临床表现的寄生虫感染称为寄生虫病（parasitosis）。易感个体摄入污染寄生虫或其虫卵的食物而感染的寄生虫病称为食源性寄生虫病（foodbome parasitosis）。

寄生虫能通过多种途径污染食物和饮水，经口进入人体，引起人的食源性寄生虫病的发生和流行。按照食物宿主的不同，可将寄生虫分成植物源性寄生虫、肉源性寄生虫、螺源性寄生虫、淡水甲壳动物源性寄生虫和鱼源性寄生虫等6种食源性寄生虫，共有30余种。能在脊椎动物与人之间自然传播和感染的人兽共患寄生虫病（parasitic zoonoses），不但对人体健康与生命构成严重威胁，而且给畜牧业生产及经济带来严重损失。

值得注意的是，过去我国发现的寄生虫病以通过人类粪便传播的、寄生在人体肠道内吸食人的营养的土源性寄生虫为主，如今农民种田基本改用化肥后，使寄生在人类粪便中的寄生虫，如蛔虫、钩虫感染率大幅下降。与此同时，随着人们饮食的变化，致使肝吸虫、颚口线虫、肺吸虫、广州管圆线虫、绦囊虫等食源性寄生虫感染率不断上升。食源性寄生虫比土源性寄生虫对人类健康更具危害性，多寄生在人体的各个器官内，对人体器官造成严重危害。如肝吸虫寄生在人类的胆道中，阻塞胆管，严重的会引发肝硬化、肝腹水，并转化成癌症；广州管圆线虫主要寄生在人的脑内，引发脑炎，严重的造成死亡；肺吸虫寄生在人体肺部，引起肺肿、肺空洞等。我国还新出现一些极少见、罕见的食源性寄生虫病，如因生食淡水鱼、吞食活泥鳅而患上的棘颚口线虫病、阔节裂头绦虫病；吃生的海鱼、海产软体动物患上的异件尖线虫病；吃福寿螺患上的广州管圆线虫病；生饮蛇血、生吞蛇胆患上的舌形虫病和生吃龟肉、龟血患上的比翼线虫病等。由于食源性寄生虫是近年来才较多发生的寄生虫病，临床医生对其了解、认识不多，往往造成错诊、误诊、漏诊。多数食源性寄生虫病防治难度大，并严重侵害人体健康，甚至危及生命。

寄生虫病仍然是影响我国人体健康的重要疾病。卫生部2005年对餐饮单位出售的1 165份水产品样品进行抽检，发现其中147份水产品含有寄生虫或副溶血弧菌，检出率为12.6%。对人类健康危害严重的食源性寄生虫有华支睾吸虫(又称肝吸虫)、卫氏并殖吸虫(又称肺吸虫)、姜片虫、广州管圆线虫等。

4.4 新发食源性疾病

20世纪70年代以来，先后发现了40种新的传染性疾病和多个感染性疾病，其中由食品介导引发食源性疾病的病原有空肠弯曲菌、小肠结肠炎耶尔森菌、阪崎肠杆菌、单核细胞增生李斯特菌、肠出血性大肠埃希菌 O_{157}: H_7 和杯状病毒(如Norovirus)、轮状病毒、星状病毒、戊型肝炎病毒、A型流感病毒 H_5N_1 及微小隐孢子虫等。其中空肠弯曲菌、肠出血性大肠埃希菌 O_{157}: H_7、单核细胞增生李斯特菌引发的腹泻与其引发的食物中毒类似。

在今天旅游、交通发达，各种交流贸易往来频繁和食品工业国际化的情况下，增加了疾病流行和暴发的危险性。不容置疑的是世界上没有任何一个国家或地域可能成为安全的避风港，许多暴发在某一地区或国家流行，会迅速波及邻近国家，甚至席卷全球。因此，我们应未雨绸缪，早加防范，充分认识新病原体，制定相应卫生标准和管理办法，以最大限度杜绝这类食品安全问题。

4.4.1 阪崎肠杆菌感染症

阪崎肠杆菌(*Enterobacter sakazakii*)是肠杆菌科肠杆菌属的菌种之一，是1980年由产黄色素阴沟肠杆菌重新分类命名而来。婴儿配方奶粉受阪崎肠杆菌污染，特别是生物膜污染生产线是阪崎肠杆菌感染的关键因素。2002年9月，德国产的“美乐宝HN25”婴幼儿配方奶粉被香港特别行政区食物环境署检测出含有阪崎肠杆菌，随后产品被厂家召回；2002年11月1日，USFDA公告，因在惠氏婴儿配方奶粉中发现微量的阪崎肠杆菌，惠氏公司自愿召回美国费蒙特工厂于2002年7月12日~9月25日期间生产的婴儿配方奶粉，上海检验检疫局获悉后立即对上述产品进行了封存和处理。

(1)传染源与传播途径

阪崎肠杆菌的自然宿主尚不清楚，初步认为，家蝇等昆虫叮咬奶牛后使牛奶带菌。阪崎肠杆菌的存在不仅限于婴儿配方奶粉产品及其生产单位，而是广泛分布于环境中，包括医院和家庭。因此，奶粉生产、运输、食用的各个环节均有被污染的可能。

阪崎肠杆菌耐热性较强，不同菌株耐热性也有很大的差异。冲调奶粉的水温过低(低于70℃)、冲调好的奶粉保温时间过长或在室温下长时间搁置而使病原菌大量繁殖，是增加感染危险的重要因素。阪崎肠杆菌对脱水的抗性很强，在婴儿配方奶粉中至少可存活9个月以上；在6～47℃范围内均可生长，36℃左右是最适温度，菌落总数为1CFU/mL的冲调好的奶粉在室温下放置10 h，菌落数可达到10^5CFU/mL。部分菌株产毒，但对其毒理作用机制尚不清楚。

(2)易感人群

新生儿、早产儿、低出生体重儿、免疫力低下的患病婴幼儿是最主要的易感人群；成人也偶有阪崎肠杆菌感染的病例发生，均为患有严重疾病的继发感染。

(3)主要感染疾病与治疗

婴幼儿阪崎肠杆菌感染疾病主要为脑膜炎、败血症及新生儿坏死性小肠结肠炎。病死率40%～80%。成人阪崎肠杆菌感染的脑膜炎病例发生，均为神经外科手术后的继发感染，可能是由于创伤破坏了中枢神经的屏障作用，从而导致感染发生。

治疗主要是应用敏感性抗生素治疗、对症治疗、并发症治疗和支持疗法。目前，阪崎肠杆菌耐药菌株的报道还很少见。

(4)预防和控制

2004年2月，WHO/FAO就婴幼儿配方奶粉含阪崎肠杆菌这个课题共同召开专家会议，作出了初步的危险性评估，提出了4条危险度降低措施：降低婴幼儿配方奶粉中各原料的污染程度及污染范围；冲调制备好的奶粉在食用前应通过加热降低其污染水平；在准备期间，将冲调的奶粉被污染的可能性降到最低；冲调好的奶粉尽快食用，防止阪崎肠杆菌繁殖。初步的危险评估表明上述第2条和第4条能最大限度地降低危险度。

专家会议向CAC各成员国提出两条建议：修改现行的法规及条文，以便致力于解决婴幼儿配方奶粉中微生物的危险度；制订婴幼儿配方奶粉中阪崎肠杆菌相应的微生物标准。向各国政府、企业及相关团体提出4条建议：制定婴幼儿配方奶粉的制备、使用及处理的指导说明，以降低危险度；加强危险度的交流、训练、标识与培训活动，确保大众对危险问题所在及使用操作关键点的了解；鼓励企业降低阪崎肠杆菌在生产环境及产品中的存在程度及范围；鼓励企业开发更广泛的经过商业灭菌的替代产品，以供高危人群使用。

预防与控制致病微生物感染要从防止污染、抑制繁殖与产毒及杀灭微生物3个方面采取措施，这3个方面在以上措施中均能体现。

(5)阪崎肠杆菌的检验

病人标本的采集，包括暴发期间受感染婴幼儿的肛门拭子、胃抽吸液、血液及脑脊液；环境标本的采集，包括食用的奶粉、冲调奶粉的容器、冲调奶粉的水，如果奶粉中检出含有病原菌，还应在生产设备及生产原料中进一步采样。

阪崎肠杆菌产生α-葡萄糖苷酶，是检验和签定的关键指标。我国制订了国家标准检验方法，2009年3月开始实施。

尽管阪崎肠杆菌感染疾病在国内未见报道，阪崎肠杆菌的潜在污染应引起奶粉生产商提高警惕，加强国产及进口乳品、特别是婴儿代乳品中阪崎肠杆菌的监测势在必行。

4.4.2 Norovirus急性胃肠炎

1972年，美国俄亥俄州诺瓦克城的一所学校暴发了一起急性胃肠炎，从患者粪便中分离出一种新病毒，人们称之为诺瓦克样病毒(Norwalk like viruses，NLVs)，2002年国际病毒分类学委员会将其命名为Norovirus，NoV，为Φ27nm的小圆状结构病毒(SRSV)。最近几年，Norovirus的活性不断增强，被国际上认为是急性胃肠炎暴发最重要的病原。

(1)发病情况

USCDC仅在2002年11~12月间，就接到来自华盛顿、新罕布什尔和纽约3个州的104起Norovirus引起的胃肠炎暴发报告；欧洲10个监测系统的数据显示，Norovirus应该对1995~2000年间超过85%的病毒性食源性疾病负责；日本仅2003年10月一个月，在青森、岩手和滋贺3个县就相继发生4起Norovirus引起的胃肠炎暴发；同时，日本冬季儿童腹泻的主要病原也是Norovirus。

我国至今还没有Norovirus引起急性胃肠炎大规模暴发的报道，但我国1995年首次在腹泻患儿粪便中发现Norovirus后，1997年即报道北京市8岁以上人群的感染率接近100%。根据国际上的经验，这种无症状的感染很容易通过食品及水等引发大规模的传播和暴发。因为粪便中可高度浓缩Norovirus，并且可长时间持续存在，使得食品很容易被无症状感染者污染；而Norovirus导致感染所需要的病毒量又非常少(10~100个病毒粒子即可造成感染)，所以食品中即使被有限地污染，也极易导致重大暴发。

(2)传染源与传播途径

食品(尤其是非加热使用的食品和牡蛎等新鲜海产品)及水是主要传播途径，食品加工人员和餐饮业从业人员如是无症状感染者，会立即引起经食品的暴发，暴发后病人的粪便和呕吐物都有很强的传染性，可传染给他人而产生第二、第三代患者；Norovirus感染的患者、隐性感染者及健康携带者也可为传染源。病毒可在感染者粪便中高度浓缩，并且可持续存在很长时间；导致感染的病毒量很小(10~100个病毒粒子)。家畜也是Norovirus的宿主，从猪、鸡、小牛圈棚内粪便中采样，发现44%的小牛粪便、2%的猪粪便为阳性结果，还在猪粪便中见有Norovirus颗粒。暴发地点多在学校、医院、社区、军队、托儿所、养老院和宾馆饭店等。各国资料表明，Norovirus感染一年四季都可发生，但冬季是高发季节。

目前还没有证据表明Norovirus感染者会像乙肝那样成为长期带毒者，但病毒在痊愈后患者的粪便中可持续存在2周左右，这期间仍然可传染给别人或造成食品污染。由于 Norovirus 遗传基因的变异性非常大，人类感染它之后无法获得持久的免疫力，因此一生可多次遭受 Norovirus 的感染。

(3) 易感人群

任何人、任何食品都有被 Norovirus 感染和污染的可能，发病率在年龄和性别上没有明显差别，但最近的研究证明 O 型血的人对 Norovirus 的敏感性最强，即最易被感染。

(4) 临床表现

潜伏期一般为24～48 h，但最短可在感染后的12 h发病；恶心、剧烈呕吐、腹泻(或不腹泻)并伴有腹部绞痛；有时还会出现头痛、发热或寒战、肌肉疼痛和疲劳。病程一般虽只持续1～2 d，但病人在这期间会感到病得很重，1 d内会数次突然剧烈呕吐，因剧烈呕吐和腹泻而脱水。Norovirus 感染后，一般不会留下后遗症，但幼儿、老人、体弱多病者和免疫力低下者可能产生严重后果。

(5) 治疗和处理

如发生暴发，应在患者的粪便和呕吐标本及传播源中查出 Norovirus；如无法检查病毒，可根据患者恢复期血清中 Norovirus 的抗体浓度明显高于初发期的浓度来诊断；暴发时，厨师和有关餐饮从业人员的血清和粪便标本必须被检查，以帮助确诊和寻找传染源。确诊为 Norovirus 感染或暴发后，要让患者大量喝水和果汁或通过静脉点滴输液，以防止脱水；运动饮料对脱水没有任何帮助，因为它们不能补充丢失了的营养素和矿物质。除此之外，没有其他方法可治疗 Norovirus 感染的患者，人类还没有研制出抗 Norovirus 的药物，也没有研制出预防 Norovirus 感染的疫苗。

(6) 预防和控制

Norovirus 流行大多源于某种食物或水的污染，再因人传人而流行，故预防措施需全面着手。在流行区避免进食生冷食物，注意饮水卫生；应特别关注牡蛎、蛤等贝类水生物，这类生物依赖滤食水中浮游物生长，从而可将 Norovirus 大量浓集在体内，且用消灭大肠埃希菌的方法不能净化；限制向海水排污，防止养殖水体污染；水型暴发相对少见，但已有市政供水网、井水、溪水、湖水、游泳池水和市售商品冰介导暴发的报道。Norovirus 性急性胃肠炎有明显的家庭聚集性，家庭中一旦有 Norovirus 感染的病人，要用家用漂白剂类消毒剂彻底消毒物体表面，餐布、毛巾和内衣要彻底煮开消毒。Norovirus 常在冬季引起暴发流行，在4℃冷藏食品中更易生存，加热60℃不能将其灭活，因此新鲜海产品必须彻底煮沸才能将其中的 Norovirus 杀死。

目前，很多国家都相继建立了 Norovirus 的监测和预警系统。

4.4.3 先天性弓形体病

细胞内鼠弓形体(toxoplasmosis)是一种寄生虫，全球都有发病。美国每年造成330万~1 230万人患病和3 900人死亡的7种食源性病原体中就有弓形体虫，这7种病原体是空肠弯曲菌、产气荚膜梭状芽孢杆菌、出血性大肠埃希菌O_{157}: H_7、单核细胞增生性李斯特菌、沙门菌、金黄色葡萄球菌、弓形体虫。澳大利亚和新西兰等国的法定报告疾病监测系统中，弓形体病是主要被监测的食源性疾病之一。

(1)临床表现

先天性弓形体病一般无明显的临床症状或仅有轻微的症状，但如感染的是免疫缺陷的人或孕妇腹中的胎儿就会出现严重的病症。多数先天性弓形体病婴儿在出生时，看上去和健康婴儿没什么区别，但在20岁内患严重的眼科疾病和神经系统疾病的机率要比一般孩子高得多；严重的先天性弓形体病婴儿出生时或出生后6个月内就会出现症状，如脉络视网膜炎、视力损伤、失明、大脑钙化和脑积水、智力迟钝、脑瘫、癫痫等。无论是孕妇、婴儿，感染弓形体寄生虫后都应尽快去医院就诊和治疗。

(2)弓形体寄生虫感染的预防

孕妇怀孕期间如得了急性鼠弓形体病，就会通过胎盘感染胎儿，但孕妇在怀孕前感染就几乎没有经胎盘感染婴儿的可能。因此，孕妇怀孕期间如果检测血清中弓形体寄生虫抗体阳性，不能证明就是怀孕期间的急性感染，也不一定会发展成为弓形体病；但如果怀孕期间抗体阴性，就一定要避免吃不安全的食物，这些不安全的食物包括应该加热后吃而未彻底加热的食物，未彻底煮过的海鲜、肉类和蛋类，并且要避免吃、喝任何有可能被猫的粪便等排泄物和土壤污染了的食物和水，以免感染上弓形体寄生虫。

澳大利亚和新西兰等国家的法定报告疾病监测系统里，弓形体病是主要被监测的食源性疾病之一。

4.5 食源性疾病的报告和监测

食源性疾病是日益严重的全球性公共卫生问题，发生的范围十分广泛，从最发达的国家到最落后的国家，每天都有食源性疾病发生。国外发达国家为了应对日益严峻的食源性疾病已建立了完善的食源性疾病的监测体系。尽管我国自2000年起建立国家食源性致病菌的监测网，但总的说来，目前尚缺乏快速、准确检测多种污染物的技术和仪器设备，特别是食源性危害检测技术，仍未全面采用与国际接轨的危险性评估技术，食品安全标准体系、监测体系有待完善。

4.5.1 食源性疾病的报告

食源性疾病监控数据来源应包括疾病报告、实验室报告、环境指数(食品公司检验的原始数据；农业、兽医和食品分析)、暴发调查报告、科学研究、发病率报告、病例调查、观察岗报告、调查报告、人口普查和媒体报道。由若干机构收集的有关致病因子、疾病特征、运输车辆等信息，这些信息可以成功地用于减少食源性疾病的发生。

虽然多数国家都已具有疾病报告系统，但很少包括食源性疾病监测项目，世界范围对食源性疾病的了解均较少。仅有少数国家建立了食源性疾病年度报告系统，包括美国、英国、加拿大及日本。过去10年间，一些欧洲国家在WHO控制食源性感染及中毒检测项目的指导和赞助下，已开始进行食源性疾病的报告。此外，有些国家也欲开展此项目，但是由于缺乏资金，该项目未能展开。除年度报告，全世界的科学家还进行暴发流行的报告，并积极进行病例对照研究以确定最相关的危险因素，其工作通常是建立在特定基础上的，所提供的信息对于认识新的及正在出现的食源性疾病具有重要价值。

4.5.1.1 美国

美国食源性疾病的报告开始于50多年前，当时的州卫生官员对伤寒热婴儿腹泻引发的高发病率和死亡率感到担忧，于是建议对"肠热病"病例进行调查和报告。食源性疾病的报告不仅仅对疾病的预防和控制起着重要作用，而且还能更为准确地对社区食源性疾病的负担进行评估。

到目前为止，美国的食源性疾病报告体系是最完善的，美国州及区域流行病学者联合会和CDC联合制订了全美必须报告的食源性疾病的报告要求：①在发现必须报告的食源性疾病后，卫生保健人员的报告程序一般是与地方或卫生部门联系。然而，在进行诊断实验前，病人是否患食源性疾病往往不明朗，因此，卫生保健人员还应报告潜在的食源性疾病，如在两名或多名病人共同食用某食物后出现相似疾病时，地方卫生部门则需将疾病向州卫生部门报告，并判断有无进行进一步调查的必要。②州卫生部门将食源性疾病向CDC报告。CDC将全国的数据汇总并通过发病率和死亡率周报和年度报告向外界发布，CDC协助州和地方卫生当局进行流行病学调查以及设计预防和控制食物相关暴发的干预措施，CDC还协调全国公共卫生实验室参与的PulseNet网络，通过脉冲场凝胶电泳技术开展细菌的"分子学指纹鉴定"，以支持流行病学调查。

除了报告潜在的食源性疾病病例外，美国医师还向公共卫生当局报告他们所发现的明显增加的不常见疾病和症状，即使这些症状或疾病没有被明确地诊断，也被认为是非常重要的，因为迅速地报告腹泻或胃肠道疾病或症状不寻常的增多或变化，将使公共卫生官员能够早于病原学诊断报告出具前就开始进行流行病学调查。

这样，有关食品安全的新信息会不断地发布，每当有新的预防食源性疾病的资料出现时，针对高危人群的建议和预防措施也会得到相应的更新，医师及其他卫生保健人员迅速获取最新的食品安全信息，并以此指导相关行动。

4.5.1.2 中国

我国作为一个人口众多、居住拥挤的发展中国家，食源性疾病种类多，腹泻患病率高，婴儿腹泻死亡率高。但是，我国食源性疾病的监测工作和基础研究尚较薄弱。虽然建立了食源性疾病的报告制度，但由于各种原因尚未有效执行。

我国食源性疾病信息的报送过程通常是：全国每个疾控中心要先把采集到的数据，报送给地市级监测站，随后地市级监测站再报送给省级监测站，最后再汇总到国家疾病预防控制中心和卫生部。而通常疾病预防控制中心通过人工或 E-mail 方式报送几百份的数据，效率非常低，整个过程来回要花几十天，而且报送上来的都是每个省发布的最后统计结果，无法看到每一个具体案例。在原来的人工报送方式下，不仅数据传送不及时，数据的准确性也无法保证。

目前，我国已经着手建立全国食品安全监测信息系统。至 2006 年 3 月，16 个省级监测站已经能通过登录该套系统，把食源性疾病的发生和污染物的监测情况直接报送上来，基本能够实时采集受污染的食品信息，并及时传达给社会，把危害降至最低。

4.5.2 食源性致病因素的检测

解决食品安全问题，也就是要减少食源性疾病的问题，食品安全离不开科学技术，检测是保证食品安全最为基础的手段。技术手段的不足，直接导致了对一些问题食品检验的困难。例如，食用河豚鱼中毒死亡人数占食物中毒总死亡人数的 33%，但我国目前并没有检验河豚鱼毒素 TTX 的快速检测方法。食品的风险评估是 WHO 和 CAC 用于制定食品安全法律、标准和评估食品安全技术措施的重要手段，但我国目前还没有一套健全的风险评估体系，技术装备不足和食品安全“家底不清”，严重制约了我国的食品安全。而食品安全中的技术作用越来越受到社会的关注。

我国检测技术的发展，一种是跟踪国际先进技术；另一种是面向国内市场的一些快速、简便的检测技术，以满足监管部门日常监管工作所需。如一些便携式的检测仪，可以在执法的过程中，现场就对一些食品不安全因素进行检测，这样可以大大增加执法的公信力。

我国正努力提升食品安全技术，开展了一些科研项目，如“十五”重大科技专项——“食品安全关键技术”。本专项以食品安全监控技术研究为突破口，针对一些我国迫切需要控制的食源性危害（生物性、化学性）进行系统攻关，大力加强关键检测、监控技术与仪器设备开发研究。特别加强了对农药与兽药残留、食品添加剂、饲料添加剂、环境持久性有毒污染物、生物毒素、违禁化学品、食源性疾病和人畜共患病病原体（细菌、病毒、寄生虫等）的监测与溯源技术及设备的研究，这些技术的敏感性和特异性还有待于完善。

4.5.3 食源性疾病的监测与预警

食品安全监督管理的主要任务和最终目标是降低食源性疾病的发生，对食源性疾病进行主动监测和早期预警，对于制定新的预防措施，降低食源性疾病的发生率具有十分重要的意义。

4.5.3.1 全球食源性疾病的监测与预警

在国际一级，为了加强在全世界范围进行沙门菌的分离、鉴定、血清分类以及抗菌药物耐药性测试，WHO 于 2000 年开始建立全球沙门菌监控网络。该网络由人类健康、兽医和与食品有关的学科等领域的机构和个人(流行病学家和微生物学家)组成。其活动包括微生物学家的区域培训、外部质量保障和基准测试、中等范围的电子讨论小组以及基于网络的数据库，其中含有实验室在沙门氏菌血清分类上结果的年度概要。

WHO 的网络实验室和专家工作组已在全球开展沙门菌、空肠弯曲菌等监测，已有 100 多个国家的相关机构加入了该项目。WHO 的全球沙门菌监控网络还在中国举办了 3 期微生物学家和流行病学家的培训班。

4.5.3.2 美国食源性疾病监测与预警

美国、英国、澳大利亚和荷兰已经建立了国家食源性疾病主动监控体系。而美国食源性疾病监测与预警体系是最为完善的。主要采用三套监测网工具系统，即食源性疾病主动监测网系统(FoodNet)、细菌分子分型国家电子网络(PulseNet)和国家抗生素耐药性监测网系统(NARMS)，对全国食源性疾病发生及变化趋势进行监测。

例如，2006 年 FoodNet 监测到美国境内发生大范围的食物中毒事件，波及 26 个州，造成多人感染，甚至有死亡病例；PulseNet 立即展开了病原分析和溯源分析，对 10 个州病人提交的 13 份“袋包装菠菜”样本进行分析，发现所含污染 O_{157}: H_7亚型大肠埃希菌与暴发流行患者所感染菌株完全一致，从而确定这次食物中毒是因食用新鲜菠菜导致的大范围污染事件；USFDA 于 9 月公告此次“毒菠菜”流行来源为一家位于加州的某一食品处理加工厂，该食品公司立即经媒体公告召回市面上所有问题袋包装菠菜，而另外 4 家公司也发布第二公告召回与该公司有关联的袋包装菠菜；USCDC、FAO 及加州卫生当局建议民众对这些公司的莴苣等可用于做沙拉的其他绿叶植物产品也尽量避免食用或慎用。再如，2008 年，麦当劳食物中毒事件席卷美国 16 州，此次大范围沙门菌感染可能与病患生吃了一些品种的大西红柿和相关产品有关；2008 年 11 月，美国暴发的鼠伤寒沙门菌感染，波及 43 个州，从 2008 年 9 月 1 日 ~2009 年 1 月，116 人住院，8 人死亡，USCDC 的 PulseNet 工作小组通过对分离菌株 PFGE 型别的比对及流行病学调查，确证该次感染暴发与某工厂生产的花生酱有关；2009 年 2 月，美国食物中毒暴发，波及 13 个州 228 例病人。通过 FoodNet 和 PulseNet，确证该食物中毒暴发为圣保罗血清型沙门菌污染苜蓿苗所致。

近年来，美国借助于 PulseNet 国家网络显著提高了发现疾病大规模暴发的监控能力，PulseNet 网络使不同实验室能够将各自的试验结果在线进行相互比较或者和全国数据库资料进行比较。该网络已经成为“国际化”网络，即加拿大 PulseNet、欧洲 PulseNet、新西兰 PulseNet，以及最近建立的亚洲太平洋 PulseNet。

NARMS 网络系统是由 USCDC 的兽医中心与食品安全和应用营养中心以及CDC 和 USDA 合作建立的全国性的监测网络，由 FDA 兽医中心牵头，其他部门配合。网络系统对人类和动物类疾病病原菌的耐药性进行监测，准确掌握并预报人类和动物类病原菌对抗生素的耐药性及其变化趋势，指导人类和动物疾病的治疗用药，同时也作为食源性疾病暴发调查分析、提出控制和预防滥用抗生素对人类健康造成危害的公共卫生建议的重要依据。

4.5.3.3 我国食源性疾病监测与预警

我国目前在着手建立和完善食源性疾病的预警和控制系统，参见 2.3.2.3 “各国监测现状”。另外，我国还初步建立了国家电子网络(PulseNet)和国家食品安全监测信息系统，并在不断完善。

思考题

1. 食源性疾病定义及其 3 个主要特征是什么？
2. 举例说明细菌性食物中毒与肠道传染病的主要区别。
3. 如何防控有毒动植物食物中毒？
4. 细菌性食物中毒与真菌性食物中毒有何异同？如何防控？
5. 你所了解的近年来国际上新发食源性疾病有哪些？如何防控？

推荐阅读书目

食品安全与化学污染防治．孙秀兰，姚卫蓉．化学工业出版社，2009.
食品卫生学．何计国，甄润英．中国农业大学出版社，2007.
食品安全监测．朱坚，邓晓军．化学工业出版社，2007.
HACCP 原理与实施．钱和．中国轻工业出版社，2006.

相关链接

国家食品安全网　http://www.cfs.gov.cn/cmsweb/webportal
国家食品质量安全网　http://www.nfqs.com.cn/
中华人民共和国卫生部　http://www.fmprc.gov.cn
国家食品药品监督管理局　http://www.sda.gov.cn
食品法典与食品安全　http://www.cac.org.cn
中国食品安全资源网　http://www.fsr.org.cn
食品安全管理体系　http://www.haccp.com
国家食品安全信息中心　http://www.fsi.gov.cn

第5章 转基因食品安全

重点与难点　转基因食品安全问题的特殊之处在于转基因食品中可能存在的潜在不确定性，除要对其进行普通食品的安全性评价之外还需要结合转基因食品的特点进行特殊的安全性评价，其评价原则也与普通食品不同。学习本章的难点是转基因食品安全性评价的内容和评价原则的特殊性。学习本章的重点是要掌握转基因食品的主要安全问题及检测方法。

转基因食品主要涉及农业基因工程和食品基因工程，前者强调提高农作物产量和改善农作物的抗虫、抗病、抗除草剂和抗旱能力；而后者则强调改善食品的营养价值和食用风味，如营养素含量、风味品质、延长食品贮藏和保存时间，以及用食品工程菌生产食品添加剂和功能因子等。转基因技术及其他生物技术的发展与应用，为人类解决粮食、疾病、能源和环境等一系列重大问题带来希望，但也可能对人类健康带来潜在风险，因此研究利用转基因技术生产食品的安全性十分必要。

5.1 转基因食品概述

转基因食品是现代生物技术的产物，它利用现代分子生物学技术，将某些生物的基因转移到其他物种中去，改造它们的遗传物质，使其在性状、营养品质、消费品质等方面向人们所需要的目标转变。

5.1.1 概念

转基因食品（genetically modified foods，GMF）是基因修饰生物体（genetically modified objects，GMO）中的一类。以 GMO 为食物或为原料加工生产出的食品就是 GMF，指以利用基因工程技术（gene engineering）改变基因组构成的动物、植物和微生物而生产的食品和食品添加剂。GMF 包括 3 种形式：一是转基因动物、植物和微生物；二是以转基因动物、植物和微生物为原料的直接加工品，如由转基因大豆加工的豆油；三是以转基因动物、植物和微生物直接加工品为原料生产的食品，如用转基因大豆油加工的食品。通常将转基因动物、植物和微生物统称为转基因生物，转基因作物特指转基因植物中含有转基因成分的农作物。供人们食用的所有加工、半加工或未加工过的各种转基因产品和所有在食品的生产与加工过程中，由于工艺原因加入食品中的各种转基因产品都属于 GMF。以转基因动物、植物和微生物生产的食品添加剂虽不属于食品，但因其含有转基因成分，也应按 GMF 进行管理。

5.1.2 特征

GMF 的特征包括技术特征和产品特征两部分，技术特征有 2 个：一是利用载体系统的重组 DNA 技术；二是利用物理、化学和生物等方法把重组 DNA 导入有机体的技术。产品特征有 4 个：一是产品具有食品或食品添加剂的特征；二是产品的基因组成发生了改变并含有外源 DNA；三是产品的成分中存在外源 DNA 的表达产物及其生物活性；四是产品具有其本身的基因工程所设计的性状和功能。

传统食品是通过自然选择或人为的杂交育种实现的，转基因技术与传统杂交技术相比，在基本原则上并无实质差别，仅是转基因技术着眼于分子水平进行操作，因而更加精致、严密和具有更高的可控制性。GMF 与传统食品比较具有如下特点：

①成本低、产量高 成本是传统产品的40%～60%，产量至少增加20%，有的增加几倍甚至几十倍。

②具有抗草、抗虫、抗逆境等特征 这种特征可以降低农业生产成本，提高农作物的产量。2000年世界范围内抗除草剂转基因作物的种植面积达74%；抗虫性状转基因作物的种植面积占19%；抗虫害转基因作物的种植面积占7%。

③食品的品质和营养价值提高 通过转基因技术可以提高谷物食品赖氨酸含量以增加其营养价值，通过转基因技术改良小麦中谷蛋白的含量及提高烘焙性能的研究等也都取得了一定的成果。

④保鲜性能增强 利用反义 DNA 技术抑制酶活力来延迟番茄果实的成熟和软化，能够使其贮藏和保鲜时间都显著延长。

5.1.3 主要安全问题

GMF 自产生之日起就成为争论的焦点，转基因技术在给人类带来更加丰富的食品供应和巨大的经济效益的同时，可能引起的问题也使人们对其安全性产生了疑问。GMF 安全性问题的研究成为转基因技术研究的一个热点。

一般说来，GMF 中外源基因本身对人体不会产生直接毒害作用，因为任何食品中的基因都会在人体消化道内分解成同样的物质后再被吸收和利用。

目前认为，GMF 的食用安全性问题主要表现在4个方面：①可能含有对人体有毒害作用的物质（如致癌物）；②可能含有使人体产生致敏反应的物质；③营养价值可能与非 GMF 显著不同，长期食用可能对人体健康产生某些不利影响，如可能影响人体的抗病能力；④由于转基因植物中有90%以上都使用卡那霉素抗性基因作为标记基因，这些标记基因表达的蛋白质可能对人体肠道中的正常微生物群落造成不利影响，卡那霉素抗性基因还可能被肠道中有害菌吸收，使肠道中耐药性致病菌增多。

5.1.3.1 蛋白质

影响食品中某种蛋白质食用安全性的因素包括该蛋白质的化学组成、含量、每天摄入量及其在消化道中的稳定性等。评判 GMF 中外源基因编码蛋白食用安全性的评价依据，一是根据外源基因编码蛋白的化学组成判断其毒性；二是采用动物试验或体外模拟试验的方法评判外源基因编码蛋白的毒性。由于各国政府对 GMF 的审批程序中，对外源基因编码蛋白的毒性评价都有严格的标准，因此通过严格审查后被批准商业化生产的 GMF 中的外源基因编码蛋白对人体产生直接毒性的可能性极小。

食品中含有的毒素主要成分是蛋白质，转基因技术可能由于增加了食品中毒素的含量或产生了新的毒素而存在潜在的食品安全问题，因为遗传修饰在打开了一个目的基因的同时，可能无意中提高了某种毒素成分的表达。某些天然毒素基因，如豆科的蛋白酶抑制剂等就有可能被打开而使这种物质的含量增加，从而给食用者造成伤害。

5.1.3.2 影响营养均衡的代谢物

Padgette 的研究结果证明，转基因大豆(GTS40－3－2)中抗营养因子的含量与其原始大豆接近，总异黄酮、水苏糖、棉子糖等的含量未见明显改变。Novar 等总结了近些年的相关研究得到结果，从食品本身的多样性考虑，GMF 中天然有害物质和抗营养因子的含量范围与其相应的原物种基本一致。许多食品本身能产生大量的毒性物质和抗营养因子，以抵抗病原菌和害虫的入侵。如在豆科植物中的凝血素类和有害氨基酸类；在马铃薯、芋头和小麦中可以抑制胰蛋白酶和淀粉酶活性的酶抑制剂；存在于植物类食物中的酚类和生物碱类，叶类蔬菜中的亚硝酸盐类以及动物食品毒素等。GMF 中含有的外源基因表达产物可能对人体物质代谢产生干扰作用，传统食品中这类毒性物质和抗营养因子的含量较低，或者在加工过程中可以除去，并不影响人体健康。但 GMF，特别是抗虫转基因作物的产品，则有可能增加这类物质的含量或改变了这类物质的结构，使其在加工过程中很难破坏，从而可能给机体带来潜在威胁。

5.1.3.3 致敏原

GMF 引起食物过敏的可能性是人们关注的焦点之一，GMF 中外源基因编码蛋白是否会产生过敏性，可通过 4 个方面进行判断：①外源基因是否编码已知的过敏蛋白；②外源基因编码蛋白与已知的过敏蛋白的氨基酸序列在免疫学上是否具有明显的同源性；③外源基因编码蛋白属某类蛋白成员，而此类蛋白家族的某些成员是否是过敏蛋白；④在转基因操作中，某种生物的蛋白质也会随基因加入，因而有可能导致过敏现象的扩展，特别是对儿童和具有过敏体质的成人。

如果外源基因来自一种常见致敏性生物，必须用 14 种针对该物质的免疫血清进行血清学试验。若免疫分析结果为阴性，则可判定外源基因供体的某种主要致敏原未转入 GMF 的概率大于 99.9%，某种次要致敏原未转入 GMF 的概率大于 95%。如果外源基因来自一种非致敏生物，则须用 5 种免疫血清进行血清学试验。如免疫分析结果为阴性，则可判定供体的某种主要致敏原未转入 GMF 的概率大于 95%。如果血清学试验结果若为阳性，则已经充分证明 GMF 有高度致敏危险性。

若基因来自已知的过敏原，不管是常见的还是不常见的过敏原，只要其编码的蛋白存在于转基因生物的可食用部分，就应该提供数据来确定该基因是否编码一种过敏原。如果基因来自未知是否有过敏性的生物，如病毒、细菌、非食品植物等，则分析就比较困难。

5.1.3.4 标记基因传递

标记基因是与外源目的基因构建在同一表达载体上，一起转化进入细胞，而后在特定条件下帮助筛选出已转化细胞的基因。目前应用的标记基因有抗生素抗性标记基因和除草剂抗性标记基因等，其中抗生素抗性标记基因应用的最为广泛。理论上说，GMF 中的抗生素抗性标记基因可能传递给人(畜)肠道和反刍动物胃中的微生物，并在其中表达，获得抗药性，这就可能影响口服抗生素的药效，对健康造成危害。因此，与临床上使用的抗生素抗性编号相同的标记基因，不宜用于生产 GMF。此外，提供标记基因的微生物必须没有致病性。当然，基因传递是需要一定条件的，如抗除草剂草丁膦转基因水稻的 *pat* 基因对热不稳定，因此米饭中应该没有 *pat* 基因，吃了米饭后肠道内也不会有基因转移的情况发生。抗生素抗性基因的另一个问题是 GMF 中的标记基因能否传递给人肠道正常微生物群，影响肠道微生态环境，通过菌群影响胃肠道正常消化功能。

标记基因可能产生的不安全因素包括两个方面：一是标记基因的表达产物是否有毒或有过敏性，以及表达产物进入肠道内是否继续保持稳定的催化活性。由于对标记基因表达产物的结构和功能了解的比较详细，因此一般不存在毒性和过敏性，在正常的肠道环境下，这类蛋白也很易分解，不会继续保留催化活性。二是基因的水平转移。微生物之间可能会通过转导、转化或接合等形式，进行基因水平转移。由于微生物之间可以通过转导、转化或接合进行基因转移，转基因微生物进入人体后如果导致人体胃肠道微生物的特性发生变化，将会导致肠道内环境平衡的紊乱。用做食品或在食品加工过程中所用的转基因微生物必须是已知的无致病性的，如果编码微生物致病性的基因发生转移，后果将十分严重。发生基因转移的可能性可根据转入基因的特性和功能来进行评估。如果转入基因能给予胃肠道微生物特定的优势，如抗生素抗性、黏着力等，那么发生基因转移的可能性将会增大。但如果转入基因未能增强胃肠道微生物的任何生存特性，就不必作进一步的安全评估。

5.1.3.5 外源基因的次生效应

外源基因的次生效应是指由于外源基因的插入而对宿主体内某些基因的表达所产生的影响，可能会使原本沉默的基因活动起来，或使原本活动的基因沉默，进而导致产品中某些重要成分的出现或消失。这种现象的出现，与目前的科学技术水平还无法准确控制外源基因在宿主染色体中的插入位点有关，现还无法对外源基因的次生效应进行控制和预测，但目前尚无随机插入激活毒性代谢途径的报道。对外源基因的次生效应可能对 GMF 食用安全性产生的影响，一般采用“实质等同性”原则和个案分析程序进行评价分析。

WHO(1993)认为，尚无标记基因插入不同位点而引起特殊的次生效应或多效性的证据，标记基因的次生效应分析应作个案处理，采用实质等同性原则进行评价分析，即比较转基因植物及其常规品种的关键成分是否有实质等同性。GMF 中的外源基因特别是抗生素抗性基因被摄入人体后，水平转移至肠道微生物或上皮细胞，从而对人体产生不利影响的可能性非常小，既无基因从植物转移到肠道微生物的证据，也没有在人类消化系统中细菌转化的报道。

5.1.3.6 加工中的安全问题

在食品加工过程中，不同的地区，不同的文化，不同的消费者，都会有不同的食品加工方法，而在进行 GMF 安全性评估时，能否兼顾到这样多种多样的加工方法，是不得而知的。例如，在一些国家中不被作为食物的棉花子粒，在我国部分地区就会被压榨成棉子油供人类食用。在不同的国家和地区烹调的方法也相差很大，食品在加工过程中的温度等条件都会导致食物成分发生改变。

5.1.3.7 其他食品安全问题

GMF 除需对以上食品安全问题进行评价和注意之外，以下安全问题也是经常在 GMF 中出现的。

(1)抗药性

抗生素基因标记在商业转基因作物中大量使用。例如，先正达公司的抗除草剂、抗昆虫的转基因玉米中含有氨苄青霉素抗性基因；孟山都的保铃棉既对抗放线菌素等表现抗性，也对卡那霉素和新霉素表现抗性；安万特公司的转基因抗除草剂油菜也含有抗卡那霉素和抗新霉素基因，这些抗生素抗性基因会一直存在于植物器官中，并具有潜在的进入动物体内的危险性。在转基因过程中，如使用具有临床治疗效果的抗生素基因作为标记基因转入食物，在食用了这种改良的食物后，如果食物将抗药性基因传给致病性细菌，则可能使病菌产生抗药性。抗生素抗性的危险可能通过食物链中的标记基因传递给人体内的细菌。抗生素抗性基因可能被转入人畜消化系统中的细菌体内，可能会使其对抗生素药物的治疗产生抗性。

(2)营养成分

有研究发现，外来基因会以一种人们目前还不甚了解的方式破坏食物中的营养成分。英国伦理与毒性中心的实验报告称，与一般天然大豆相比，在两种耐锈剂或抗除草剂的转基因大豆中具有防癌功能的异黄酮成分分别减少了 12% 和 14%。转基因作物中插入外源性目的基因改变了生物自身原有的复杂生物化学途径，改变了原有的新陈代谢，其生化作用的结果很难预料，还可能受环境条件变化的影响而导致变异。例如，转基因油菜中类胡萝卜素、维生素 E、叶绿素均发生变化；油菜子中芥子酸胆碱也有变化；转基因玉米中胰岛素抑制剂和肌醇六磷酸(均为破坏营养成分)也有变化。在炎热干燥气候条件下，RR 转基因大豆发生大规模茎干爆裂事件，与亲本相比，木质素含量增加，生长激素的含量比亲本低 12% ~14%，这意味着大豆营养质量下降。

5.1.3.8 对环境的安全问题

转基因作物对环境的危害远远大于食品本身，因为它直接改变了生态环境，更应该引起重视。环境安全性的核心问题是转基因作物释放到田间后，是否能把插入的基因漂移到野生植物或传统植物中，是否会破坏自然生态环境，打破原有生物种群的动态平衡。

(1)转基因作物对生物多样性的影响

转基因作物所特有的旺盛生命力和抗病虫害能力，使其可能成为超级生物，抑制其他生物的生长和繁殖，形成一枝独秀的局面，从而限制和干预自然界的生物多态性。转基因作物在杀死害虫的同时也可能杀死害虫的天敌，可能使害虫产生抗体，如用转基因抗虫棉喂饲的害虫，其结果可能是生物多样性的平衡发生变化，害虫本身抗性增加，其天敌数量却减少。

(2)转基因作物对土壤的影响

转基因作物能够掠夺性地吸收土壤中的各种养分，可能引起土壤肥力水平逐渐降低、土壤沙化等后果。转基因作物的抗农药基因有可能通过花粉传给其他妨碍农作物生长的野草，这可导致除草剂的滥用，引起土壤板结，土质变坏，加重环境污染问题。

(3)转基因作物对除草剂和杀虫剂使用的影响

转基因作物对除草剂具有抵抗力，实际用药量高于正常的3倍，从而增加了除草剂的使用量。转基因作物常需要使用自己特有的杀虫剂，这就意味着随着转基因作物的广泛种植，将有更多的特有杀虫剂种类进入食品和田野。这就使得将抗杀虫剂特性基因植入农作物的同时，可能会使周围野生植物一并获得改良，呈现出抗杀虫剂的特征。

(4)基因污染

转基因作物中含有从不相关的物种转入的外源基因，如美国孟山都公司的转基因大豆含有矮牵牛的抗除草剂基因。这些外源基因有可能通过花粉传授等途径扩散到其他物种，从生物学角度来看这种过程称为“基因漂流”(geneflow)，从环保角度来说则称做“基因污染”(genetic-contamination)，其概念核心均是外源基因扩散到其他物种，造成了自然界基因库的混杂或污染。

5.1.3.9 对社会的安全问题

在2003年1月Illinois大学Urbana-Champaign分校的一个研究所向USFDA承认用于研究的转基因猪在市场上和普通猪一样被屠宰和销售。这些已经被卖掉的动物似乎很难再找到，因为通过两年内的屠宰过程追查非常困难。所以，有386头转基因猪的后代也许已经出现在美国的食品供应市场上，造成了社会的恐慌。

可见，GMF现在已经不仅是生物科学、环境保护或者管理技术的安全问题，GMF还产生了广泛而深远的社会问题。例如，附加在转基因生物上的专利问题，这影响了生物资源的自由运用；由于跨越物种进行基因转移造成的伦理道德问题，特别是可能会和一些人群的宗教信仰相冲突；把GMF作为两市援助，倾销到贫困地区，并且暗示与艾滋病的各种援助捆绑，从而造成的政治问题；由于欧盟对于转基因生物实施的临时禁令，美国等国家在世界贸易组织里对欧盟这一禁令起诉，所造成的贸易纠纷；对于GMF的恐慌和无知，引起的对于GMF的排斥热潮，造成商业销售的波动。

5.1.3.10 粮食安全和粮食主权问题

粮食安全和粮食主权都涉及国家的安全和主权问题，所以从战略眼光上，我们需要审视转基因生物对国家的粮食安全和粮食主权的影响，特别是由于转基因生物的专利和开发等技术都掌握在发达国家的跨国公司手里，而在一些发展中国家，已经有前车之鉴说明转基因作物生产很可能造成粮食安全问题。

5.1.4 发展现状与趋势

1983 年，世界上第一例转基因植物——转基因烟草和马铃薯在美国成功培植。3 年后，转基因抗虫和抗除草剂植物即开始了田间试验。1995 年成功地生产出抗杂草大豆，并在市场上出售，随着技术的不断成熟，利用基因技术已批量生产出抗虫害、抗病毒、抗杂草的转基因玉米、大豆、油菜、马铃薯、西葫芦等。目前，GMF 的主要产地是美国、加拿大、欧盟、南非、阿根廷等。

1992 年，我国首先在大田生产上种植抗黄瓜花叶病毒(CMV)转基因烟草，成为了世界上第一个商品化种植转基因作物的国家。到 2000 年上半年止，我国进入中间试验和环境释放试验的转基因作物分别为 48 项和 49 项，其中转基因棉花、大豆、马铃薯、烟草、玉米、花生、菠菜、甜椒、小麦等均已经进行了田间试验，其中转基因棉花已经实现了大规模的商品化生产。至 2002 年，我国转基因作物种植面积已突破 2.10×10^6 hm^2。目前我国已经研究和开发的转基因植物达 40 余种，涉及各类基因百余个；农业微生物基因工程供试微生物 30 余种，涉及基因 50 余种；转基因鱼、畜禽动物基因工程已达 30 余种，覆盖面较广。

基因改良后的农作物具有改善食品品质、抗虫、抗病毒、抗除草剂、改良品质、抗干旱、抗盐碱、抗重金属、增产、增加作物对真菌的抵抗力、减少水土流失、减少农药的使用量的特点，从而带来显著的农业效益、经济效益。对于提高作物产量、减少收获后损失以及增加农产品营养价值具有重要意义。如今，国外转基因大豆等大量涌入我国，并以产量高、价格低廉等优势冲击着我国的大豆市场。表 5－1 所示为转基因植物的研究已取得的显著成绩。

表 5－1 已经进入市场的主要转基因植物

作 物	性 状	上市时间
番茄	延缓成熟	1994
番茄	抗真菌	1996
水稻	抗病毒	1994
棉花	抗虫	1994
棉花	抗除草剂	1995～1996
西葫芦	抗病毒	1995～1996
白兰瓜	抗病毒	1995～1996

（续）

作　物	性　状	上市时间
马铃薯	支链淀粉	1995～1996
马铃薯	抗虫	1995～1996
烟草	抗除草剂	1995～1996
油菜	抗除草剂	1995～1996
油菜	品质改良	1995～1996
大豆	抗除草剂	1995～1996
甜椒	品质改良	1996～1997
玉米	品质改良	1997～1998
马铃薯	抗真菌	1997～1998
甜菜	抗除草剂	1998～1999
甜菜	抗病毒	1999～2000

5.1.4.1　转基因植物

(1)转基因番茄

为了解决番茄这类果实的贮藏问题，研究者发现，控制植物衰老激素乙烯合成的酶基因，是导致植物衰老的重要基因。如果能够利用基因工程的方法抑制该基因的表达，那么衰老激素乙烯的生物合成就会得到控制，番茄也就不易变软和腐烂了，大大延长其贮存期和货架寿命。1994年，第一种转基因的番茄被美国FDA批准在美国上市销售，该番茄就是美国的Calgene公司利用反义基因技术转基因成功的番茄植株生产的，这种番茄采收时果色虽已转红，但仍然坚硬，这种状态持续时间可达2周，为传统番茄的2倍。这样，农民无需在番茄尚未成熟时就采摘，也不必在采摘后、销售前喷洒催熟剂，从而保证了番茄具有天然的口味和营养。

(2)转基因水稻

瑞士植物研究所利用农杆菌介导法将维生素A原(β-胡萝卜素)合成途径的3个关键酶：八氢番茄红素合成酶(psy)、细菌八氢番茄红素去饱和酶(crtI)、番茄红素β-环化酶(lcy)的基因整合到水稻基因组中，并使它们在胚乳中稳定地表达而生成维生素A原生物合成所必需的酶，从而解决了水稻胚乳不能合成维生素A原的难题，这种水稻加工的米颜色金黄，又称"金米"(golden rice)。为以水稻为主食的人们早日解决维生素A缺乏问题展示了希望。该研究还表明，只要明确了解某一物质的代谢过程，就有可能利用转基因技术来加以改良，从而为育成营养全面的粮食作物新品种提供了技术支持。与维生素不同，人体必需的矿物质营养元素主要来自植物从土壤中吸收的矿物质，因此，利用基因工程技术解决人类矿物质元素不足的关键是深入了解植物吸收和贮藏矿物质养分的机理。

(3)转基因大豆

美国杜邦公司已育成了抗营养因子(如寡糖、水苏糖、棉子糖和半乳糖等)

水平较低的大豆新品系。在大豆油品质改良方面，他们也取得若干新进展。豆油的主要成分是热不稳定的多不饱和脂肪酸。为了提高豆油的热稳定性，过去的做法是对豆油进行工业氢化作用，使多不饱和脂肪酸转变成单不饱和脂肪酸。但其后果是要产生一些对人体有不良影响的有害物质，如反式脂肪酸。理想的途径是通过改变植物的遗传组成，使其能直接生产单不饱和脂肪酸。科学家通过长期的不懈努力，获得了油酸相对含量高达85%的大豆新品系，比原来提高了3.4倍，而且农艺性状优良。

(4)转基因马铃薯

病虫害是马铃薯生产的主要制约因素之一，阿根廷布宜诺斯艾利斯遗传工程与分子生物学研究所利用农杆菌介导法已创建了16个转基因马铃薯新品系，每个新品系均具有2个不同的抗病毒、抗真菌或抗细菌病基因，其中抗欧文菌属细菌病的转基因新品系已在智利和巴西进行田间试验。另外，一个由13个南美洲和欧洲国家实验室共同组成的研究小组致力于将6个抗病毒、抗真菌、抗细菌、抗除草剂和Bt基因(苏芸金芽胞杆菌杀虫晶体蛋白基因)转育到同一个马铃薯品种中去。转基因马铃薯的另一研究重点是生产可食疫苗。Arakawa等报道，霍乱毒素B亚基可在转基因马铃薯得到高效表达，而且可以折叠成该抗原天然状态的、能与神经节苷酯相结合的具有完全免疫原性的五聚体形式。

(5)转基因甘薯

在1998年举行的第二届国际农业生物技术大会上，美国科学家Prakash博士报告了利用转基因技术改良甘薯蛋白含量及品质方面的进展。他们将人工合成的富含人体必需氨基酸的贮藏蛋白基因整合到甘薯基因组后，两个转基因品系的贮藏蛋白含量比对照增加2.5~5倍，而且产量也略有增加。

(6)转基因木薯

木薯是世界上继水稻和玉米之后的第三大热量来源植物，是非洲国家的主食之一。目前，木薯产量因真菌、细菌和病毒病的危害而徘徊不前。10年前，国际热带农业和生物技术实验室(ILTAB)、国际热带农业研究中心(CITA)和木薯生物技术网络共同发起了木薯基因组计划，旨在利用分子生物学手段加速木薯的品种改良。至今，该计划已定位了300多个分子标记，而且已利用ILTAB创立的农杆菌介导体系将抗木薯花叶病毒基因和另一种表达复制酶的抗病基因导入到木薯基因组中，并得到了转基因植株。如果能将这些新品系应用于大田生产，预计木薯可增产10倍。

(7)转基因棕榈

油棕榈主要分布于马来西亚、印度尼西亚和中非地区，是世界的主要油料植物之一，其产油量比大豆、油菜等高8~10倍。马来西亚棕榈研究所(PORIM)已成功地利用基因枪法将抗除草剂基因导入到棕榈中，并获得了转基因幼苗。1999年5月，PORIM启动了一个投资巨大的研究项目，旨在利用遗传工程方法改良棕榈油品质和使其能生产包括生物可降解塑料在内的特殊产品。目前的研究重点是提高油酸(用做食用油)或硬脂酸(用做可可、黄油的替代品或生产肥皂的原料)含量，以此来扩大棕榈油的市场。但棕榈作为多年生植物，其转基因研究周期较长。

(8)转基因香蕉

目前，香蕉的转基因研究主要集中于提高抗病性和可食疫苗上。比利时的科学家在前人的研究基础上，已将编码抗斐济球腔菌(香蕉最严重的真菌病害)的基因整合到香蕉的基因组中。同时，转基因香蕉还被作为生产腹泻和 Norovirus 病毒的疫苗进行研究。

(9)转基因葡萄

德国已经种下了一批转基因葡萄植株，这是德国首次允许试种用于酿造葡萄酒的转基因葡萄。霉菌是决定葡萄酒质量的重要因素，过去酿造业一直通过品种杂交来改善抗霉菌性能，但这样会影响上乘葡萄酒的纯正口味。德国葡萄育种研究所利用植物基因技术，对德国雷司令等上乘葡萄品种进行转基因培育，经过近10年的试验，培育出了能抗霉菌的转基因葡萄。

(10)转基因可食疫苗

用转基因植物生产基因工程疫苗——食品疫苗是当前食品生物技术研究的热点之一。科学家利用生物遗传工程，将普通的蔬菜、水果、粮食等农作物变成能预防疾病的神奇的“疫苗食品”。科学家培育出了一种能预防霍乱的苜蓿植物。用这种苜蓿来喂小鼠，能使小鼠的抗病能力大大增强。而且这种霍乱抗原，能经受胃酸的腐蚀而不被破坏，并能激发人体对霍乱的免疫能力。于是，越来越多的抗病基因正在被转入植物，使人们在品尝鲜果美味的同时，达到防病的目的。可食疫苗开始的目的植物是马铃薯和烟草，但是烟草中表达的抗原必须经提炼后才能使用，马铃薯块茎必须煮熟才能食用。无论是提炼还是煮烤，都会破坏抗原，给转基因可食疫苗的研究提出了挑战。

5.1.4.2 转基因动物

转基因动物是指在一类动物的基因组中整合了外源目的基因，通过转基因技术，将改建后的目的基因或基因组片段导入实验动物的受精卵，使其与受精卵DNA 发生整合。然后将此受精卵转移到雌性受体的输卵管或子宫中，使其顺利完成胚胎发育。因此，后代的体细胞和性细胞的基因组内就携带有目的基因，并能表达而呈现其生物效应。外源基因如果只整合入动物的部分组织、细胞的基因组，称嵌合体动物；如果动物所有的细胞均整合有外源基因，则具有将外源基因遗传给子代的能力称转基因动物(图5-1)。

1981 年，人类第一次成功地将外源基因导入动物胚胎，创立了转基因动物技术。由于转基因动物体系打破了自然繁殖中的种间隔离，使基因能在种系关系很远的机体间流动，它将对整个生命科学产生全局性影响。因此，转基因动物技术在1991 年第一次国际基因定位会议上被公认是遗传学中继连锁分析、体细胞遗传和基因克隆之后的第4代技术，被列为生物学发展史上的第 14 个转折点。1982 年获得转基因小鼠，是在小鼠的基因组中转入大鼠的生长激素基因，使小鼠体重为正常个体的 2 倍，因而被称为“超级小鼠”。应用转基因技术也获得了饲料利用率高、生长速度快、抗病力强、肉质好的转基因兔、猪、鸡、牛、羊、淡水鱼等转基因动物。目前，转基因动物研究正在全世界范围内掀起前所未有的高潮，转基因动物研究在许多领域都取得了令人瞩目的成就。一般来讲，根据不同的目的，转基因动物的研究可以简单地划分为 4 个用途，分别为制造转基因动物疾病模型、利用转基因动物制药、动物品种的改良、基础生物学研究。

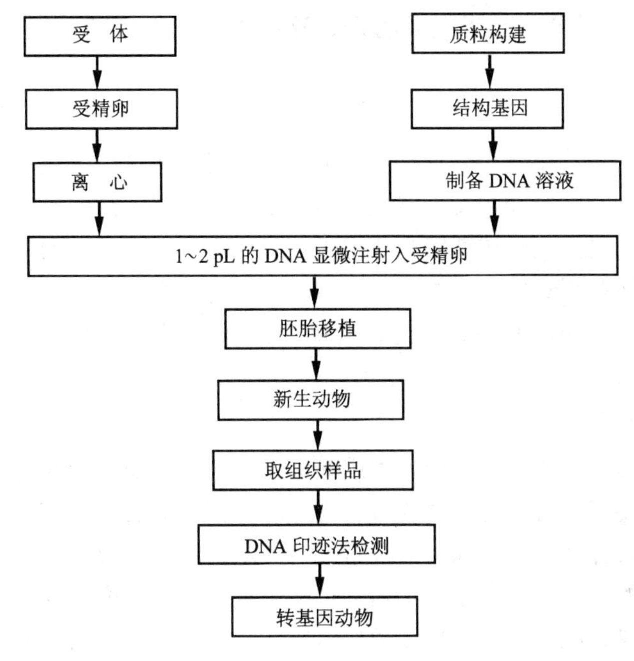

图 5－1 制备转基因动物的程序

(1)转基因羊

1988 年研究人员成功地利用转基因羊在羊乳中表达了人的凝血因子 IX。还有人将疫苗的基因转入羊的乳腺，使这些产物随乳汁而分泌。近 10 年来已经有几十种不同的蛋白质在泌乳家畜的乳中得到表达，其中 11 种蛋白质的表达量达到 1g/L 以上。而到 1998 年就已有 3 种转基因动物生产的蛋白质进入临床试验阶段。

(2)转基因猪

转基因猪于 1988 年首先在美国生产，采用基因重组的猪生长激素，注射至猪体内，可使猪肉瘦型化，有利于改善肉的品质。在肉的嫩化方面，可利用生物工程技术对动物体内的生长发育基因进行调控，通过基因工程获得嫩度好的肉，这可以从两方面入手：一是活体调控钙激活酶系统，来达到提高瘦肉的生产量和改善肉质的目的；二是调控脂肪在动物体内沉积顺序来达到改善肉质的目的。在猪的基因组中转入人的生长素基因，猪的生长速度能够增加一倍，猪肉的质量也大大提高，现在转基因的猪肉已经在澳大利亚被请上了餐桌。

(3)转基因牛

世界上第一头转基因公牛赫尔曼诞生于荷兰，现在赫尔曼的后代已携带了外源的乳铁蛋白基因。目前转基因牛的研究主要集中于研究转基因奶牛，研究的主要目的是改变牛奶的成分和提高产奶量。给牛体内转入了人的基因，牛长大后产生的牛乳中含有基因药物，提取后可用于人类病症的治疗。英国生物技术公司PPL曾与英国罗斯林研究所合作，在世界上首次利用成年动物体细胞克隆出小羊多利，PPL公司经过8年的研究，已掌握有效技术使奶牛生产出含有部分人类蛋白质的奶，这种奶的成分跟人奶基本一致，适合早产婴儿及老年人饮用。

(4)转基因家禽

由于鸟类的繁殖系统与其他动物差别很大，家禽卵的受精是排卵时发生的，受精卵排出的同时已经开始发生卵裂，因此生产转基因家禽的操作十分困难。目前转基因家禽的研究仅有转基因鸡获得成功的报道。提高肉鸡和蛋鸡的抗病能力和生产能力是转基因鸡研究的主要目标，其方法为病毒包衣蛋白的表达，目前能稳定生产家禽白血病病毒(ALV)包衣糖蛋白(由编码艾滋病病毒HIV-1外膜蛋白的env基因编码)的转基因鸡已经问世。

(5)转基因鱼

随着天然鱼种的大批量灭绝，利用转基因技术生产和改良食用鱼品质的研究日益显示出重要性，目前此领域的研究已经取得很大进展。目前转基因鱼的研究主要集中在观察各种动物来源的生长激素对其生长速度的影响上，已有多种哺乳类动物和鸟类的基因被成功地整合到了鱼类的基因组中，这一技术可使转基因鱼的生长速度加快、肌肉蛋白含量和饲料转换率明显提高，表现出了转基因鱼在渔业生产和水产养殖业潜在的经济效益，如转羊生长激素鲤鱼、转大马哈鱼激素鲤鱼等。我国研究者从鲤鱼身上提取抗病毒基因，然后注入草鱼受精卵，将其置入一个特殊环境成长，结果每百条鱼有16条携带有这个外源基因，检测证实，它们的确携带了外源抗病毒基因，其抗病率提高了75%以上。

目前，转基因动物的研究主要集中在医药方面，如建立生物反应器；生产可用于人体器官移植的动物器官；建立诊断、治疗人类疾病及新药筛选的动物模型等。转基因动物在诸多领域具有更广阔的应用前景，转基因动物是对多种生命现象本质深入了解的工具，如研究基因结构与功能的关系，细胞核与细胞质的相互关系，胚胎发育调控以及肿瘤等；可以用来建立多种疾病的动物模型，进而研究这些疾病的发病机理及治疗方法；由于转基因动物技术可以改造动物的基因组，使家畜、家禽的经济性状改良更加有效，如使生长速度加快、瘦肉率提高，肉质改善，饲料利用率提高，抗病力增强等。对于动物遗传资源保护的意义更加深远，对挽救濒危物种是必不可少的；转基因动物还可作为医用或食用蛋白的生物反应器，并已经广泛应用。

5.1.4.3 转基因微生物

由于微生物具有种类多、繁殖快、生产简单、能进行遗传改造等优点，使得微生物是转基因最常用的转化材料，转基因微生物比较容易培育，应用也最广泛。例如，生产奶酪的凝乳酶，以往只能从杀死小牛的胃中才能取出，现在利用转基因微生物已能够使凝乳酶在体外大量产生，避免了小牛的无辜死亡，也降低了生产成本。

(1)酵母

英国在1990年成为在食物中允许使用活的转基因生物体的第一个国家，采用基因工程改造的食品微生物为面包酵母。由于把具有优良特性的酶基因转移至该菌中，使该菌含有的麦芽糖透性酶及麦芽糖酶的含量比普通酵母高，面包加工中产生的二氧化碳的量较多，从而使制得的面包制品具有膨发性能良好、松软可口的特点。普通的啤酒酵母能利用多种碳水化合物作为能源，如今在工业发酵上，采用基因工程技术，将大麦中的α-淀粉酶基因转入啤酒酵母中并实现高速表达，这种酵母便可以直接利用淀粉进行发酵，不需要淀粉酶再进行液化，可缩短生产流程，简化工序，导致啤酒生产的革新。

(2)大肠埃希菌

大肠埃希菌是生产基因工程产品的主要原核生物，是发展最早、应用最广泛的微生物表达系统。早在1976年Sturhl等就分别将酵母核链孢霉的DNA导入大肠埃希菌并使其表型改变。1980年Guarante以质粒核乳糖操纵子为基础初步建立了大肠埃希菌表达系统，这一系统在以后不断完善发展。与其他微生物系统相比，大肠埃希菌系统具有遗传背景清晰、目标基因表达水平高、培养周期短和抗污染能力强等优势。用大肠埃希菌生产的干扰素，产量很高，创造了极大的经济效益。大肠杆菌表达的目的基因往往形成无活性的包涵体，而且蛋白的翻译后加工体系相当不完善，因此不能对重组蛋白质进行加工，这是限制其应用的主要原因。

(3)棒状杆菌

微生物发酵产生氨基酸主要使用的菌种是棒状杆菌，主要包括棒状菌属及短杆菌属。其中最重要的是谷氨酸棒状杆菌。与大肠埃希菌相同，用做外源基因表达的棒状杆菌必须是缺陷型的。由于受体菌大都用来克隆和表达氨基酸生物合成途径中的关键酶编码基因，有时还必须是营养缺陷型。棒状杆菌的转化方法主要有原生体转化法、电穿孔转化法及同源重组转换法。

(4)乳酸菌

乳酸菌是一类以乳酸发酵为基本特征的革兰阳性菌群，包括乳杆菌、乳球菌、链球菌、片球菌和串球菌5个菌属。几乎所有的乳酸菌菌种都是非致病性的。目前对奶酪的主要生产菌——乳球菌的分子遗传学研究的最为详尽，其基因操作的主要目的是稳定蛋白酶生产、提高乳糖利用率以及生产菌的噬菌体抗性等。性能卓越的乳球菌基因工程菌已投入食品生产。此外，由于乳酸菌在酸奶和奶酪生产中的重要作用，有关基因操作的研究也取得了很大的进展。

转基因微生物主要应用在两个方面：一是在发酵工业中，生产各种酶制剂、维生素、激素、抗生素等食品或饲料添加剂，通过转基因技术可使这些微生物的生产效率明显提高。目前，奶酪生产中使用的凝乳酶、饲料中使用的植酸酶以及养殖业中使用的牛生长激素(BST)和猪生长激素(PST)等，大部分来自转基因微生物。二是在作物生产中，如生物农药、固氮菌等。20 世纪 80 年代中期，猪、牛等胰岛素、干扰素、生长素基因克隆入微生物，开创了微生物生产高等动物基因产物的新途径。

5.1.4.4 GMF 的发展趋势

GMF 的研究和应用趋势表现在原料更加广泛、工艺更加先进、产品更加多样。

(1)基因操作技术将进一步完善

表现为高效、定位更准确基因操作技术的研究、高效表达系统的研究和定时、定位表达技术的研究等，导致对生物技术发展的推动，一些地球上从未有过的生物物种将会出现，丰富地球的生物物种。

(2)形成高度综合的学科

蛋白质工程、食品酶工程、食品发酵工程在食品转基因技术的基础上得到长足的发展，它们将会把分子生物学、结构生物学、计算机技术、信息技术、现代工程技术等有机地结合起来，形成一个相互包含、相互依赖的高度综合的学科。

(3)转基因技术被用来改善食物营养成分

人体需要多种多样的营养素，但现在人们经常使用的很多食物都存在各种不足。例如，大米中虽然含有铁，但大米中大量同时存在的植酸会严重抑制胃肠道对铁的吸收功能的发挥。如果只是提高大米中铁元素的含量并不能起到多大作用。科学家们尝试提高大米铁元素含量的同时，在大米中转入对植酸有降解作用的植酸酶基因，就可很好地解决这个问题。在大米中转入其他富含对人类健康有益的微量元素或其他成分的基因，如可使稻米颗粒增大的腺苷酸转移载体(*ant*)基因、利用土壤杆菌降大豆蛋品的基因(此基因可减少血清胆固醇含量，防止动脉硬化)，可以提高产量、改善品质和增加各种对人体有益的功能性作用。可以预期，在不久的将来，将有更多既可满足营养要求，又可防病、治病的各类食物出现在人们的餐桌上。

食品转基因技术将会伴随着现代生物技术的进步飞速向前发展，会有更多的新食品和新技术出现，这不仅可以丰富人们对食品多样化的要求，而且还将解决由于人类人口“爆炸”带来的食品短缺问题。新一代的 GMF 即将上市，同时给食品安全带来了挑战。由于转基因生物的环境危害和健康风险具有科学上的不确定性，随着转基因技术向农业、食品和医药领域的不断渗透和迅速发展，以及转基因产品商品化速度的加快，社会公众对转基因产品的安全性和风险的关注程度与日俱增。政治因素、经济因素、宗教问题、社会伦理问题等都将影响GMF发展的方向。

5.2 转基因食品的安全性评价

GMF的安全性评价遵循一个逐步的过程，这一过程涉及影响GMF安全性的相关因子、新品种的描述、宿主及其被用于食品的描述、供体的描述、遗传修饰的描述、遗传修饰的特性。安全性评价包括：所表达的物质(非核酸物质)、重要组分的组成分析、代谢评价、食品加工、营养的改变和其他。目前，GMF安全性评价主要存在以下4个难点：一是过敏性评价的方法与程序；二是毒性物质的评价方法和程序；三是模型动物的建立；四是高通量检测芯片的研究。

5.2.1 评价内容

GMF在人体内是否会导致发生基因突变而危害人体健康，是人们对GMF的安全性产生怀疑的主要原因，对转基因动植物食品的安全性评价，除包括传统食品的各项分析指标之外，还有其特殊的安全性评价内容。

(1)营养学评价

食品的功能就在于它的营养，因此营养成分和特殊营养因子是GMF安全性评价的重要组成部分。

①常规营养成分　对于GMF营养成分的评价主要针对蛋白质、脂肪、碳水化合物、膳食纤维、矿物质、维生素等与人类健康密切相关的营养物质。外源基因的插入是否会影响GMF的营养成分，是评价的一个主要问题。对于主要对植物的抗逆性状进行改善的第一代GMF，营养上具备实质等同性就可以认为在营养水平上安全；对于主要以改善营养品质为目的的第二代GMF，改善营养品质，则需要在营养成分上做更多的分析，除对主要营养成分进行分析外，还需要对增加的营养成分做膳食暴露量和最大允许摄入量的分析与试验。例如，某转基因油菜是利用农杆菌介导法将耐受除草剂基因转入非转基因油菜中，在经过多年的选择后，获得表达稳定的转基因油菜，在连续3年对转基因油菜和非转基因亲本的主要营养成分进行检测后发现，转基因油菜与非转基因亲本对照在主要营养成分方面没有显著差异，并且，所有的数值均在历史上已有数据的范围内，表明该转基因油菜的主要营养成分与传统油菜食品一样，不会对人类健康产生不利影响。某种转基因玉米的脂肪酸含量与其非转基因玉米亲本存在显著差异，但该玉米的脂肪酸含量在不同种类玉米的脂肪酸含量范围以内，则可以认为在脂肪酸方面，该转基因玉米是安全的。

②特殊营养因子　根据GMF的种类以及为人类提供的主要营养成分，还需要有重点地开展一些营养成分的分析。例如，转基因大豆的营养成分分析，还应重点对大豆中的大豆异黄酮、大豆皂苷等进行分析，这些成分一方面是对人类健康具有特殊功能的营养成分；另一方面也是抗营养因子。在食用这些成分较多的

情况下，这些物质会对人体吸收其他营养成分产生影响，甚至造成中毒。在评价时如果按照“实质等同性原则”考虑生物技术食品与传统亲本生物食品在营养方面的不等同，还应充分考虑这种差异是否在这一类食品的营养范围内。如果在这个范围内，就可以认为在营养方面是安全的。在抗营养因子方面，经济合作发展组织于2003年颁布了13个系列文件，在文件中列出了主要食品的抗营养因子，以及在传统食品中的数值范围，但是不同地区、不同国家还应该按照本国食品的具体情况制订安全的数值范围，用于对GMF进行评价。

(2)毒理学评价

①传统毒理学评价　对GMF的毒性检测主要包括对外源基因表达产物的毒性检测和对整个GMF的毒理学检测，通常是二者结合进行。检测主要依据《食品毒理学评价程序》进行。食品毒理学评价程序和方法是一个传统的标准方法，但是，转基因生物的特殊性，使得传统的毒理学评价方法不能完全适用，1990年召开的第一届FAO/WHO专家咨询会议在食品安全性评价方面迈出了第一步。会议首次回顾了食品生产加工中生物技术的地位，讨论了在进行GMF安全性评价时的一般性和特殊性的问题。认为传统的食品安全性评价毒理学方法已不再适用于GMF，目前的问题主要表现为3个方面：一是GMF在试验中的剂量设置问题，应该怎样设置剂量，最高剂量应该是多少；二是转基因产品应该做哪些毒理学试验，在CAC《转基因食品食用安全评价指南》中指出考虑到转基因植物的复杂性和种类多样性，需按照个案评价的原则，考虑进行到毒理检测的哪个步骤；三是在动物试验的时间方面，以美国为主的一些专家认为，动物的全食品喂养试验应该控制在45d以内，但是，以中国和欧盟为主的国家和地区认为需要进行90d的喂养试验。从目前的趋势来看，包括美国在内的国家已经逐渐接受了90d的喂养试验。

考虑到暴露原因，当一种物质或一种密切相关的物质作为食品可安全食用时，不需考虑传统的毒理学试验。而在对含有转基因成分的GMF进行安全性评价时，则必须进行所有的传统毒理学试验研究。

②特殊毒理学评价　在进行毒理学评价的过程中，需要从GMF中分离出转基因成分或通过另一种替代来源合成或产生这种转基因成分。在这种情况下，该物质必须在结构、功能和生化方面都与GMF中所产生的物质具有等同性。在对转基因成分的毒理学评价之前应该确定其在GMF中可食用部分的浓度，还应考虑到其在亚人群当前膳食中的暴露和可能产生的效应。以蛋白质为例，在对其进行毒理学评价时应主要针对蛋白质、蛋白毒素和抗营养物质(如蛋白酶抑制剂、凝集素)的氨基酸序列相似性、这些物质热加工的稳定性以及胃肠模型降解的稳定性。当需要进行毒理学评价的外源蛋白没有安全食用历史的相似蛋白质可供参考时，必须进行动物经口急性毒性试验。

如果外源基因所表达的特性与供体的任何特性(即使可能对人体健康产生危害)无关，在进行毒理学评价时，要提供确保供体中编码已知毒素或抗营养素的基因不被转入到正常情况下并不表达这些毒素或抗营养素的信息，这在GMF与亲本的加工方式不同时显得尤为重要，因为对亲本的传统加工技术可能使抗营养素或毒素失活。在按个例处理的基础上还需对引入物质的毒性经体内、外研究加以评价，主要依赖于引入转基因成分的最初来源及它们的功能，研究内容可包括代谢测定、毒物动力学、慢性毒性/致癌性、对生殖功能的影响以及致畸性。此外，GMF 的毒理学评价还应考虑 GMF 中转基因成分的潜在蓄积，如毒性代谢物、污染物或可能由于基因修饰而产生的害虫控制剂等。

(3)过敏性评价

GMF 引起食物过敏的可能性是人们关注的焦点之一，特别是如果转入蛋白质是新蛋白质时，这些异源性蛋白质本身具有引起食物过敏的可能性，其在胃肠内消化后的片段也可能导致食用者过敏，这种过敏性在儿童或过敏体质的人更容易出现。一个典型的例子就是对巴西坚果过敏的人对转入巴西坚果基因后的大豆也产生了过敏。

1996 年国际食品生物技术委员会(IFBC)和国际生命科学研究院提出采用"判定树"(decision-tree)的原则与方法，对 GMF 的过敏原性进行评估。其内容是：了解被评价食品的遗传学背景与基因改造方法；检测食品中可能存在的毒素；进行毒理学试验。IFBC 认为没有必要对这三方面的内容都进行试验，一旦在某一层次得到满意的答案，便无需再进入下一个层次。2000 年和 2001 年修改后的"判定树原则"如图 5-2 所示，评价主要分两种情况：①在 GMF 中含有的外源基因来自已知含有过敏原的生物，在这种情况下，2001 年的判定树主要针对氨基酸序列的同源性和表达蛋白对过敏病人潜在的过敏性；②在 GMF 中含有的外源基因来自未知含有过敏原的生物，则应该考虑与环境和食品过敏原的氨基酸同源性、用过敏原病人的血清做交叉反应、胃蛋白酶对基因产物的消化能力、动物模型试验。

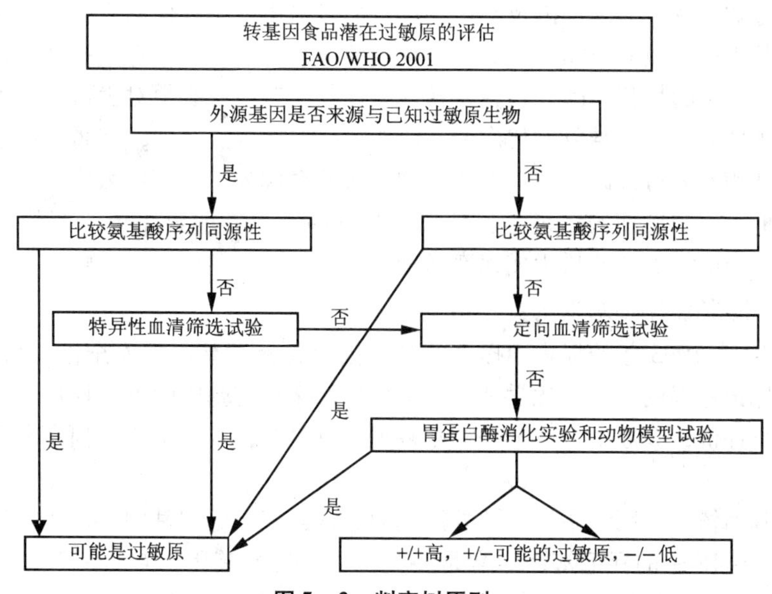

图 5-2 判定树原则

(4)非期望效应分析

非期望效应是指人为地把新基因插入物体时，不可避免地新基因并非全部插入到研究者期待的位点上，由此可能会产生某些没有预料到的效应。

①非期望效应的分类　非期望效应分为可预料的非期望效应和不可预料的非期望效应。可预料的非期望效应是指插入了目的基因后超出其预期效应的效应，用目前的认识水平可以解释的；不可预料的非期望效应指的是目前的认识水平所不能解释的变化。为了解转基因植物的遗传稳定性，至少要考察5代才能得出结论。对健康有不良作用的各种非期望效应对GMF的安全性评价至关重要。

②非期望效应的内容　插入基因(目的基因)编码蛋白的功能及其与人体健康的关系决定了GMF的安全性，外源基因的插入对亲本原有基因表达的干扰，可能会使原来未表达的基因表达，其表达产物(一般为蛋白质)可能有害；也可能会导致原有编码营养素的基因表达下调或不表达，使营养价值下降；还有可能导致原有编码毒素的基因表达上调，产生更多的毒素。因此，GMF非期望效应的分析涉及：

- 受体生物体毒素的增多，或者带来新的毒素，引起急性的或慢性的中毒。众所周知，在不少的传统食用植物中含有少量的毒素，如芥酸、黄豆毒素、番茄毒素、棉酚、龙葵素、腈水解酶、氢氰酸、固醇、酪胺和组氨酸等，它们可以被带入传统食品中。这些原有毒素的量在GMF中不应该增加，更不应该产生新的毒素，但这点又是难以预知的。
- 插入的外源基因产生新的蛋白质可能会引起人体的过敏反应。
- GMF的营养成分改变了，可能使人类的营养结构失衡。这些可能的改变就是上面提到的非期望效应，要加以检测和评价。

③非期望效应对转基因植物代谢的影响　无论哪一种原因引起转基因植物的细胞成分的改变，插入基因及其产物都可能对宿主细胞的代谢产生很大影响，因为激活基因的蛋白质产物可能导致非预期效应并产生有潜在毒性的产物，调节代谢会造成有害的累积。因此，在将转基因作物上市前，必须对由插入基因可能引起的非预期和非目标结果的代谢紊乱给予足够的重视。例如，在番茄中表达反义酸性蔗糖酶基因可以改变番茄果实中的可溶性糖成分，使蔗糖浓度增加，己糖的浓度降低。但非预期的结果是蔗糖浓度高的番茄果实明显小于对照约30%，同时发现变小的果实中乙烯生成速率增加。

(5)抗生素标记基因的安全分析

WHO在1993年的报告中提出的转基因植物标记基因的安全性评价原则是：①分析标记基因的分子、化学和生物学特性；②标记基因的安全性应与其他基因一样进行评价；③原则上，某一标记基因一旦安全，可应用于任何一种目的基因的连接。

转基因植物基因组中插入的外源基因通常连接了标记基因，用于帮助转化子的选择。GMF中的标记基因通常是一类抗生素抗性基因，它是用于基因工程操作中对转换基因外植体的最初选择。人们食用GMF后，其中的绝大部分DNA已降解，并在肠胃道中失活。那极小部分（<0.1%）是否会有安全性问题呢？例如，标记基因特别是抗生素抗性标记基因是否会转移至肠道微生物或上皮细胞，从而产生抗生素抗性？就目前的研究来看，基因水平转移（horizontal gene transfer）的可能性非常小。随着技术的发展，现在已能够将转基因植物中的标记基因通过无选择标记基因植物转化系统去除。

（6）加工过程对GMF安全性影响的分析

在评价GMF食用安全性问题上，加工过程对安全性的影响非常重要。CAC的评价指南中专门提出了要对GMF加工过程对安全性影响进行评价，但是，目前还没有形成一个具体评价哪些内容的共识，要求采取个案评价的原则对这部分内容进行评价。

①加工过程对GMF安全性影响分析的内容　进行加工过程对GMF安全性影响的评价应与亲本进行比较，对生产加工、贮存过程是否可改变转基因植物产品特性的资料，包括加工过程对转入DNA和蛋白质的降解、消除、变性等影响的资料，如油的提取和精炼、微生物发酵、转基因植物产品的加工、贮藏等对植物中表达蛋白含量的影响等进行评价。

②加工过程对GMF成分的影响　适当的GMF加工过程（包括在消费过程中的其他加工方式）可以消除或者减少原食品中的某些危害因素。例如，动物食品中的病原微生物可通过加热的方式消除，天然毒素可通过生化的方式降解，外源基因编码产物也可以在加工的过程中发生变化，甚至消失。对转基因大豆和对照大豆成分分析结果显示，两种大豆加工产品（包括烘烤物、去脂物、粗卵磷脂和脱色除味的精炼油）的灰分、脂肪、糖类的含量有统计学显著性差异，但由于绝对差值很小，故无生物学意义。在当前研究的一些转基因植物中，一些蛋白酶抑制剂的基因使用在转基因作物中，这些基因的产物很多也是人的抗营养因子，如转基因水稻中使用的豇豆蛋白酶抑制剂等。加工过程能否使这些物质改变其原有的毒性，能否使它们变得安全，是需要在安全评价中考虑的问题。

（7）GMF对有毒物质的富集能力的评价

一些生物在生长期间，会对一些毒物有富集作用，如一些食用菌可以富集重金属，螺旋藻对三价铬的富集等。转基因技术是否会造成食品对一些有害物质的富集，是人们关心的问题。目前，还没有研究发现GMF具有对有害物质的富集作用。但是按照预先防范的原则，需要对GMF是否对有害物质具有富集作用进行评价。可以根据GMF的具体特点，确定评价的内容。例如，抗虫病的转基因作物，可以评价是否比非转基因亲本能富集更多的农药残留、真菌毒素和重金属。美国孟山都公司对转基因玉米的研究表明，抗虫转基因玉米中农药残留与非转基因亲本没有显著的差异，而玉米中赭曲霉毒素、黄曲霉素和伏马毒素在转基因玉米中显著降低，主要是因为抗虫转基因玉米减轻了害虫对玉米穗的危害，从而减少了产毒微生物侵染的机会，使玉米中的真菌毒素显著降低。

（8）转基因生物的环境安全评价

转基因生物特别是转基因植物对其周围环境可能出现一些难以预料而且有具

有潜在的极大危险性的问题。

①转基因生物对环境的影响　目前国家对转基因生物特别是转基因植物对生态环境安全性问题主要聚焦在几个方面，包括对转基因生物环境生物多样性的影响、转基因生物基因漂移的生态风险、转基因生物杂草化及生存竞争力风险、靶标生物对转基因生物抗性或适应性风险等。转基因植物的独特性状是通过转基因技术实现的，并非经过长期的自然选择和遗传进化获得，所以一旦转基因植物释放到环境中，其生态行为是难以预料的。他们的存在可能会引起生物多样性的丧失，改变生态环境中的物种组成，加快许多濒危物种的灭绝速度，从而导致生态环境的恶化。

②转基因植物对生物多样性影响的评价程序　主要包括：在抗除草剂转基因作物的大田里，施用了除草剂以后，对杂草群落、使用杂草的植食性昆虫及其他动物的影响评价。以使用除草剂和不使用除草剂进行对照。

转基因生物对土壤生物群落影响的评价程序：

• 转基因作物的外源基因和基因表达产物在土壤中的活性。检测转基因及其产物在土壤中的持续情况(检测报告、浓度、时间、活力等指标)。

• 转基因植物对土壤生物的影响。主要表现在转基因作物的根系分泌物对土壤生物群落的影响和转基因作物的残体对土壤生物的影响。

5.2.2 评价原则

5.2.2.1 实质等同性原则

“实质等同性原则”是1993年经济合作与发展组织(OECD)提出的。所谓实质等同性，是指如果一种新食品或食品成分与已存在的食品或食品成分实质等同，就安全性而言，它们可以等同对待。1996年，FAO/WHO召开的第二次生物技术安全性评价专家咨询会议，将转基因植物、动物、微生物生产的食品分为3类：分别是GMF与现有的传统食品具有实质等同；除某些特定的差异外，与传统食品具有实质等同；与传统食品没有实质等同。

(1)实质等同性的内容

①生物学特性的比较　对植物来说包括形态、生长、产量、抗病性及其他有关的农艺性状；对微生物来说包括分类学特性、定殖潜力或侵染性、宿主范围、有无质粒、抗生素抗性、毒性等；对动物来说包括动物方面是形态、生长生理特性、繁殖、健康特性及产量等。

②营养成分的比较　包括主要营养素、抗营养因子、毒素、过敏原等。主要营养素包括蛋白质、脂肪、碳水化合物、矿物质和维生素等；抗营养因子主要指一些能影响人对食品中营养物质的吸收和对食物消化的物质，如豆科作物中的一些蛋白酶抑制剂、脂肪氧化酶以及植酸等；毒素指一些对人体能够产生有毒、有害作用的物质，在植物中有马铃薯的茄碱、番茄中的番茄碱等；过敏原指能造成某些人群食用后产生过敏反应的一类物质，如巴西坚果中的2S清蛋白。一般情况下，对食品的所有成分进行分析是没有必要的，但是，如果其他特征表明由于

外源基因的插入产生了不良影响，就应该考虑对广谱成分予以分析。对关键营养素和毒素物质的判定是通过对食品功能的了解和插入基因表达产物的了解来实现的。

(2)实质等同性的核心

实质等同性的核心观点为：实质等同性不是GMF安全性评价的全部内容，而是评估过程的一部分，或者说是评估过程的起点；为证实实质等同性，必须将进行过基因改造的活生物体或以其为来源的某一食品产品的性状与传统食品的同一性状进行比较；在评估未预想到的效果的过程中，通过我们对未经基因改造的农作物及其相关植物的了解，我们可以选择在特定作物中与人类健康有关的主要营养成分和有毒成分作为我们重点观察的指标；在实质等同性评估的应用过程中，一旦证明某种GMF与传统食品具有实质等同性，就可认为这种GMF与其相应的传统食品一样安全，不需要再进一步的安全评估。

(3)GMF按照实质等同性的分类

生物技术产生的食品及食品成分是否与目前市场上销售的食品具有实质等同性。根据产品的不同情况大致可以分为3类：

①GMF或食品成分与目前市场上销售的同类食品或其相应的食品具有实质等同性　受体与转基因生物为同一传统食品物种，外源基因的插入对食品的组成和特性没有影响，即为完全等同或基本等同，例如，通过转入外源基因增加或抑制受体生物原有的某些成分表达的GMF，因为传统食品中本身就含有这些成分，与之相比，GMF只改变了这些成分的表达量。

②GMF或其成分除某些特定的性状外，与目前市场上销售的同类食品或其相应的食品具有实质等同性　例如，受体与转基因生物为同一传统食品物种，目的基因的插入对食品的某一组成和特性有影响，即为部分等同或主要等同，目前大部分的GMF属于这一类型。

③GMF或成分在市场上销售的食品中无法找到同类产品或其相应的食品　例如，受体虽为传统食品物种，但转入了一种全新的基因，使产物的组成和特性发生了显著的变化的GMF产品，即从本质上改变了传统食品的性状；或受体为非传统食品物种，但产物与市场上某一类传统食品相似的GMF产品，即从本质上改变了传统食品的生产过程。

对这3类不同的GMF，其安全性评价的差异非常大，因此判定其实质等同性就显得非常重要。

(4)实质等同性局限性

实质等同性本身是一个比较模糊的概念，一方面目前尚没有明确的标准来判别GMF是否与原作物符合实质等同性原则，而在一定程度上依赖于人的主观认知；另一方面实质等同性重视的是化学方法而疏于生物、毒性和免疫学方法的分析，因而有一定局限性。例如一种GMF与亲本之间即使有99%的性状与成分相同，也不能完全否认剩余的1%的部分对人类有害的可能性。

(5)实质等同性的应用

①转卡那霉素抗性基因、*gus* 基因和氯霉素抗性基因的马铃薯　对其营养品质进行测定，转基因马铃薯的粗蛋白质、脂肪、碳水化合物、可溶性和不可溶性食物纤维、灰分和干物质等的含量，与非转基因的亲本植物产品都十分相似，而且其支链氨基酸(亮氨酸、异亮氨基)等的含量也与非转基因的亲本植物产品相同；喂养实验动物35d，无任何不良影响，确认该转基因马铃薯与非转基因的亲本植物产品基本等同。

②转基因抗甲虫马铃薯　从形态及农艺性状、所表达的蛋白的安全性、重要的营养成分和抗营养因子等方面与对照起始品种进行等同性分析。结果为，选出的7个株系的产量水平、长势、薯块性状和对病、虫的敏感性均与对照品系相同；重要营养组分和抗营养因子的分析表明，两者的蛋白质、脂肪、碳水化合物、可食性纤维、灰分和维生素C、维生素B_1、维生素B_6、维生素B_2、烟酸、叶酸及矿物质(钙、铜、铁、碘、磷、钾、钠和锌等)的含量和水平相同；两者的抗营养因子——茄碱的含量是相当的；用转基因和非转基因的生薯块添加到饲料中，喂养大鼠28d，两者在进食、生长速率和器官毛重等方面无差异；薯块中所表达的Bt蛋白与市售微生物抗虫制品所含的Bt蛋白相同，具有相同的特异杀虫活性、相似的相对分子质量和相似的免疫反应；从大肠埃希菌重组表达的蛋白质重分离纯化出了克级的Bt蛋白，对大鼠进行急性毒性试验，并在类似于胃肠条件下进行了体外降解试验，证明Bt蛋白半衰期很短，低于30s，对人、畜是安全的；Bt蛋白对人无明显的过敏性反应；转基因抗甲虫马铃薯与起始品种有实质等同性。

③转基因抗草苷磷大豆　对转基因抗草苷磷大豆品种40-3-2的食品安全性进行详细的研究，上千份样本分析结果表明，该品种的营养成分(蛋白、脂肪、纤维、灰分、碳水化合物、水分)和抗营养因子(消化抑制剂、植物细胞凝集素、大豆苷、植酸盐、棉子糖、水苏糖)和它的亲本没有实质性差异。抗草苷磷大豆品种40-3-2的抗性基因所表达的5-烯醇丙酮莽草酸-3-磷酸合成酶(CP4 EPSPS)是芳香族氨基酸合成途径中的一种酶。人们关心导入该基因后对作物的芳香族氨基酸的含量是否影响。分析结果显示，40-3-2品种的所有氨基酸(包括芳香族氨基酸)的含量和普通大豆品种没有显著的差异。40-3-2品种的抗性基因来源于一种细菌，它转移到大豆后是否增加潜在的过敏性反应，研究结果表明，40-3-2品种的内源蛋白致敏原及其含量与普通大豆没有差异。CP4 EPSPS蛋白不具有已知的蛋白致敏原所具有的特性，在加热下不稳定，在哺乳动物的消化系统中也极易降解，不存在潜在的危险。

④转抗菌基因辣椒　经PCR、电泳、质谱、氨基酸序列分析和生物活性分析表明，从转抗菌肽基因辣椒中提取的抗菌肽D与从柞蚕蛹中提取的抗菌肽D具有相同的基因序列、蛋白质相对分子质量、氨基酸序列和抗菌活性。经营养成分分析表明，转抗菌肽基因辣椒除表达的抗菌肽外，其蛋白质、粗脂肪、维生素C、β-胡萝卜素、维生素B_1、维生素B_2的含量与其受体亲本辣椒基本相同。经

氨基酸分析表明，转抗菌肽基因辣椒与其受体亲本辣椒的氨基酸含量基本相同。转抗菌肽基因辣椒与其受体亲本辣椒在果实大小、单果质量、外形、坚硬度及子粒多少等方面无显著差异。转抗菌肽基因辣椒的表达产物抗菌肽 D 与传统食品蚕蛹的同一组分相同。其相对分子质量不在食物过敏原的相对分子质量范围之内。

目前一些意见，特别是来自欧盟的意见认为，实质等同性应更多地作为比较方法的框架指导对食品安全的评估。新食品与常规食品的不同将作为进一步研究的基础，即确定新食品与常规食品在组成、营养价值和新陈代谢的异同后，安全评估将重点研究新食品存在的不同点对人类健康的影响，来看 GMF 潜在的危险，具体包括：基因饰变过程中的受体的历史和转基因生物体的性状；对新基因产品和/或其代谢物的安全评估；食物组成；潜在毒性；潜在过敏性；其他间接效应；可能的摄入量和对饮食的影响等。

5.2.2.2 预先防范的原则

1992 年，联合国环境与发展会议（UNCED）对“预先防范原则”的定义为“……当环境与人类健康安全遭受严重或不可逆的威胁时，不应以缺乏充分的科学定论为理由，而推迟采取旨在避免或尽量减轻此种威胁的措施”，同时确认预先防范原则为保证环境与人类健康安全以及经济社会可持续发展的关键原则之一。

转基因技术作为现代分子生物学最重要的组成部分，是人类有史以来，按照人类自身的意愿实现了遗传物质在人、动物、植物和微生物四大系统间的转移。早在 20 世纪 60 年代末期斯坦福大学教授 P. Berg 就尝试用来自细菌的一段 DNA 与猴病毒 SV40 的 DNA 连接起来，获得了世界上第一例重组 DNA。这项研究曾受到了其他科学家的质疑，因为 SV40 病毒是一种小型动物的肿瘤病毒。可以将人的细胞培养转化为类肿瘤细胞。如果研究中的一些材料扩散到环境中，将对人类造成巨大的灾难。正式转基因技术的这种特殊性，必须对 GMF 采取预先防范（precaution）作为风险性评估的原则。必须采取以科学为依据，对公众透明，结合其他的评价原则，对 GMF 进行评估，防患于未然。

5.2.2.3 个案评估的原则

目前已有 300 多个基因被克隆，用于转基因生物的研究，这些基因来源和功能各不相同，受体生物和基因操作也不相同，因此，必须采取的评价方式是针对不同 GMF 逐个进行评估，该原则也是世界许多国家采取的方式。

5.2.2.4 逐步评估的原则

GMF 的研究开发是经过了实验室研究、中间试验、环境释放、生产性试验和商业化生产等几个环节。每个环节对人类健康和环境所造成的风险是不相同的。研究的规模既能够影响风险的种类，又能够影响风险发生的概率。一些小规模的试验有时很难评估大多数 GMF 的性状或行为特征，也很难评价其潜在的效应和对环境的影响。逐步评估的原则就是要求在每一个环节上对 GMF 进行风险评估，并且以前一步的试验结果作为依据来判定是否进行下一阶段的开发研究。一般来说，GMF 在进行安全性评价的过程中，按照逐步评估的原则可能会有 3 种可能性：第一，可以进入下一阶段试验；第二，暂时不能进入下一阶段试验，需要在本阶段补充必要的数据和信息；第三，不能进入下一阶段试验。例如，1998 年在对转入巴西坚果 2S 清蛋白的转基因大豆进行评价时，发现这种可以增加大豆甲硫氨基酸含量的转基因大豆对某些人群是过敏原，因此，终止了进一步的开发研究。

5.2.2.5 风险效益平衡的原则

发展转基因技术就是因为该技术可以带来巨大的经济和社会效益。但作为一项新技术，该技术可能带来的风险也是不容忽视的。因此，在对 GMF 进行评估时，应该采用风险和效益平衡的原则，综合进行评估，以获得最大利益的同时，将风险降到最低。

5.2.2.6 熟悉性原则

GMF 安全性评价原则中的熟悉是指 GMF 的有关性状、与其他生物或环境的相互作用、预期效果等背景知识。GMF 的风险评估既可以在短期内完成，也可能需要长期的监控。这主要取决于人们对 GMF 有关背景的了解和熟悉程度。在风险评估时，应该掌握这样的概念：熟悉并不意味着 GMF 安全，而仅仅意味着可以采用已知的管理程序；不熟悉也并不能表示所评估的 GMF 不安全，也仅意味着对此 GMF 熟悉之前，需要逐步地对可能存在的潜在风险进行评估。因此，“熟悉”是一个动态的过程，不是绝对的，而是随着人们对 GMF 的认知和经验的积累而逐步加深的。

5.3 转基因食品的检测

GMF 中被整合到宿主基因组中的外源基因都具有共同的特点，即由启动子、结构基因和终止子组成，称之为基因盒(gene cassete)。在许多情况下，可以有两个或更多的基因盒插入宿主基因组的同一位点或不同位点。GMF 的检测是指对深加工食品和食品原料中的转基因成分进行检测，是对 GMF 进行确定、生产和管理的必要手段。进行转基因操作以后，外源基因是否进入到亲本细胞内，进入细胞的外源基因是否整合到染色体上，整合的方式如何，整合到染色体的外源基因是否表达，只有获得充分证据后才可以认定被测的材料是转基因的。

在检测 GMF 时，主要针对外源启动子、终止子、筛选标记基因、报告基因和结构基因的 DNA 序列和产物进行检测。目前，国内外报道的转基因检测方法主要有两大类：在核酸水平上进行检测，即通过 PCR 和 Southern 杂交的方法检测基因组 DNA 中的转基因片段，或者用 RT - PCR 和 Northern 杂交检测转基因植物

mRNA 和反义 RNA，主要检测 *CaMV*35S 启动子和农杆菌 *NOS* 终止子、标记基因（主要是一些抗生素抗性基因，如卡那霉素、新潮霉素抗性基因等）和目的基因（抗虫、抗除草剂、抗病和抗逆等基因）；在蛋白质水平上进行检测，包括检测 GMF 中目的基因表达蛋白的酶联免疫吸附测定（enzyme-linked immunosorbent assay，ELISA）方法和检测表达蛋白生化活性的生化检测法。这些免疫学方法主要是应用单克隆、多克隆或重组形式的抗体成分，可定量或半定量地检测，方法成熟可靠且价格低廉，用于转基因原产品和粗加工产品的检测。

5.3.1 蛋白质检测

对 GMF 中的蛋白质进行检测的目的是在 GMF 中找出是否含有外源蛋白质，一般是在细胞水平对 GMF 中的蛋白质进行检测。大多数 GMF 都以外源结构基因表达出蛋白质为目的，因此可以通过对外源蛋白的定性、定量检测来达到转基因检测的目的。将外源结构基因表达的蛋白质制备抗血清，根据抗原抗体特异性结合的原理，以是否产生特异性结合来判断是否含有此蛋白质。该技术具有高度特异性，即便有其他干扰化合物的存在，特异性抗原抗体也能准确地结合。但由于蛋白质容易变性，蛋白质检测方法只适用于未加工的产品。另外，有的 GMF 中外源基因未表达或表达低时，蛋白质检测方法也不适用。常用的外源蛋白检测方法有 ELISA 和 Western 印迹法。

（1）ELISA

免疫测定法是目前最常用的检测和定量分析目标蛋白的方法之一，免疫测定法主要基于针对检测蛋白的抗体与检测蛋白具有极高和特异亲和力，实现对目标蛋白的灵敏检测。最常用的具体方法有 ELISA 等。

ELISA 是抗原抗体的免疫反应和酶的高效催化反应有机的结合，有直接法、间接法和双抗夹心法之分，使用较多的是双抗夹心法，其灵敏度最高。ELISA 一般用于定性检测，但若做出已知转基因成分浓度与吸光度值的标准曲线，也可据此来确定此样品转基因成分的含量，达到半定量测定。ELISA 法具备了酶反应的高灵敏度和抗原抗体反应的特异性，具有简便、快速、费用低等优点，但易出现本底过高，缺乏标准化。使用同一方法，若在操作方法上出现某些差异，如保温时间的长短、洗涤方法不同等都会导致试验结果的不同。

（2）蛋白印迹法

蛋白印迹法（Western blot）是将蛋白质电泳印迹、免疫测定融为一体的特异蛋白质检测方法，具有很高的灵敏性，此技术是利用 SDS 聚丙烯酰胺凝胶电泳分离植物中各种蛋白质，随后将其转移到固相膜上进行免疫学测定，据此得知目的蛋白表达与否、大致浓度及相对分子质量。具有很高的灵敏性，可从植物细胞总蛋白中检出 50ng 的特异蛋白质，若是提纯后的蛋白质，可检出 1 ~ 5ng。

此法已经应用于分析 Roundup Ready 大豆的蛋白成分。该检测方法具有较高的特异性，可提供对样品中目标蛋白的定性和半定量的测定结果。尤其适合于检测难溶或不溶性蛋白。但操作烦琐，费用较高，不适用于检验机构批量检测。

Western 杂交检测的关键是抗体的制备。由于电泳分离蛋白是在变性的情况下进行的，任何与目标蛋白的溶解度、聚合及共沉淀等有关问题均可进行蛋白质均一化，从而大幅度减少实验条件对测定结果的影响。

(3)试纸条法

这种测定方法是将特异的抗体交联到试纸条上和有颜色的物质上，当纸上抗体和特异抗原结合后，再和带有颜色的特异抗体进行反应，就形成了带有颜色的三明治结构，并且固定在试纸条上，如果没有抗原，则没有颜色。与 ELISA 法相比，应用试纸条检测蛋白质也是根据抗原抗体特异性结合的原理，不同之处之一是硝化纤维代替聚苯乙烯反应板为固相载体。试纸条法是一种快速简便的定性检测方法，将试纸条放在待测样品抽提物中，就可得出结果，不需要特殊仪器和熟练技能。但这种试纸条只能检测很少的几种蛋白质，不能区分具体的转基因品系，且检测灵敏度低影响检测结果的准确性。当有些插入基因根本不表达或表达量很低时，就会影响检测结果。

(4)“侧流”酶联免疫测定

“侧流”酶联免疫测定与 ELISA 方法相似，这种测定法也是基于三明治夹心式技术原理，但该法是固定在一种膜支持物上，而不是在管子里进行的，标识的抗原抗体复合物侧向迁移直至遇到在一种固定表面上的抗体，所用的设备中一般包括了所需的试剂。因此，整个操作相对简单一些。目前市场上也出现了用于“侧流”分析并能用于野外测试的试剂盒。与 DNA 的测定相比，特性蛋白分析的一个重要特点是样品处理简单，目标蛋白一般是水溶的且抗体具有高度转移性，这就使样品仅需粗提便能达到测试的要求，因此这种测定具有如下优点：分析迅速，可用于野外操作，且易于避免由于样品的制备不适当而产生的错误结果。

(5)酶学检测技术

报告基因和抗性筛选标记基因是所有 GMF 的共同特点。一般来说，对它们的检测是检测外源基因是否转化成功的第一步。报告基因和抗性筛选标记基因一般都具有两个主要特点：一是其表达产物和产物功能在未转化的生物组织中并不存在；二是便于检测。目前，在基因工程中应用的报告基因和抗性筛选标记基因都是编码某一种酶，主要有：卡那霉素抗性标记基因(*nptII*)、β-葡萄糖苷酸酶基因(*gus*)、氯霉素乙酰转移酶基因(*cat*)、胭脂碱合成酶基因(*nos*)、章鱼碱合成酶基因(*oct*)等，在瑞士已将对它们的检测列为官方指定的对转基因检测的筛查项目。

酶学检测方法一般适用于对鲜活组织的检测和对接受基因工程改造生物体的初步检测，目前，在许多情况下，国外一些公司可以通过一些技术手段删除抗性筛选标记基因，因此用酶学检测 GMF 原料，在应用上具有一定的局限性。

5.3.2 核酸检测

随着分子生物学的发展，各种针对核酸分子的检测方法不断出现和完善，逐步形成了一套核酸分子的检测方法，主要包括聚合酶链反应(PCR)、Southern 杂交、Northern 杂交、连接酶链反应(LCR)、PCR - ELISA、NASBA 检测等，这些技术广泛应用与对转基因生物和非转基因生物的检测和功能分析。

(1)初筛试验

DNA 初筛试验是直接检测基因重组体中通用元件的方法。常检测的元件包括35S启动子和NOS终止子。初筛试验只能鉴别产品是否含基因重组体，但不能鉴定转基因产品的种类以及可能存在的来自该元件供体生物本身的污染。例如，自然发生的被烟草花叶病毒污染了的油菜子等。故检出的阳性结果还须通过进一步的鉴定试验进行确认。

(2)多聚酶链反应(PCR)

在 GMF 检测方面，主要是用于从 DNA 即基因水平鉴定被测食品是否含有认为导入的外源基因。由于 PCR 的快速、灵敏、费用低、检测仅需微量的 DNA 并且可以同时检测多个样品，正成为这一领域日趋成熟的方法之一。利用 PCR 法检测 GMF 关键是选择设计合适的引物，决定其能否准确检测到外源基因。而 PCR 扩增结果的检测同样需要关注，由于 PCR 扩增是在一个小小的扩增管中进行的，肉眼难以观察到是否有特异性扩增产物生成，所以必须用琼脂糖凝胶电泳或聚丙烯酰氨凝胶电泳分离扩增产物。根据相对分子质量 Marker 确定条带的相对分子质量，扩增条带的相对分子质量与理论上应该产生的条带相对分子质量相同，则可说明被检测对象基因组中含有外源基因，否则即为非转基因产品。

(3)插入位点构成特性试验

单子叶植物和双子叶植物往往采用不同的转化方法。单子叶植物常采用微射轰击法，双子叶植物转化常用农杆菌转化法。两种方法均为随机整合的非定向重组。所以，插入序列与植物基因组之间的连接区则成为具有唯一性的转基因生物鉴定的内在标志和指标。因此，采用该方法可区分同一插入序列在基因组中不同的重组状态。

(4)定性检测

当目的基因与内源基因 DNA 无同源性时可用斑点印迹法，首先提取 DNA，然后将其转移至硝酸纤维素膜或尼龙膜上，以用做转入基因的片段为探针进行杂交，放射性自显影检测是否为阳性个体。此方法的缺点是容易出现假阳性。但是，斑点印迹法对产品的纯度要求低，快速、简便、经济，因此仍然被广泛采用。

(5)定量检测

GMF 的管理、标识、标准样品的制作和检验均需要对样品中的转基因成分进行定量测定。目前常用的定量方法是定量 PCR 法、斑点印迹法和 Southern 印迹法。应用于 GMF 检测的定量 PCR 法主要包括竞争性定量 PCR 法(QC - PCR)及实时定量 PCR(Real-time PCR)。这两种方法均需要待测转基因生物的高纯度标准品作为对照和定量参控标准。由于需要对加工后产品进行检验，故所选择的 PCR 片段一般不能太长(<500 bp)。QC - PCR 的扩增产物需要琼脂糖凝胶电泳进行

检测分析，而 Real-time PCR 则是通过荧光检测器直接在进行 PCR 扩增的过程中获取数据信息。定量 PCR 法已应用于转基因生物及其种子、原料和食品的检测。

5.3.3 其他检测

除对 GMF 中的特征性蛋白质和核酸进行分析之外，还有一些利用 GMF 的特点进行检测的技术。

(1)色谱分析

当 GMF 的化学成分较非 GMF 有很大变化时，可以用色谱技术对其化学成分进行分析从而进行鉴别。再有一些特殊的 GMF，如转基因植物油，无法通过传统的外源基因或外源蛋白检测方法来进行转基因成分的检测，但可以借助色谱技术对样品中的脂肪酸或三脂酰甘油的各组分进行分析以达到转基因检测的目的。该方法是一种定性检测方法，但在对转基因与非转基因混合的食品进行检验时准确性有限。

(2)SPR 生物传感器技术

SPR(surface plasmon resonance)生物传感器是将探针或配体固定于传感器芯片的金属膜表面，含分析物的液体流过传感器表面，分子间发生特异性结合时可引起传感器芯片金属膜表面折射率的改变，通过检测 SPR 信号改变而检测分子间的相互作用。SPR 生物传感器检测方法实时快捷，所需分析物量小且对分析物的纯度要求不高，因此研究者正将其逐步应用在转基因检测领域。

(3)近红外线光谱分析法

有的转基因过程会使植物的纤维结构发生改变，通过对样品的红外光谱分析可对转基因作物进行筛选。一些研究表明用近红外线光谱分析法成功地区分了 RR 大豆和非转基因大豆，对 RR 大豆的正确检出率为 84%。近红外线光谱分析法的优点是不需要对样品进行前处理，并且简单快捷，但它不能对转基因与非转基因混合的食品进行检测。

5.3.4 检测步骤

目前通用的以 PCR 技术为基础的 GMF 定性检测，根据其特异性的不同至少分为4类：筛查法、基因特异性方法、构建特异性方法和转化事件特异法。具体的检测步骤如图 5－3 所示。

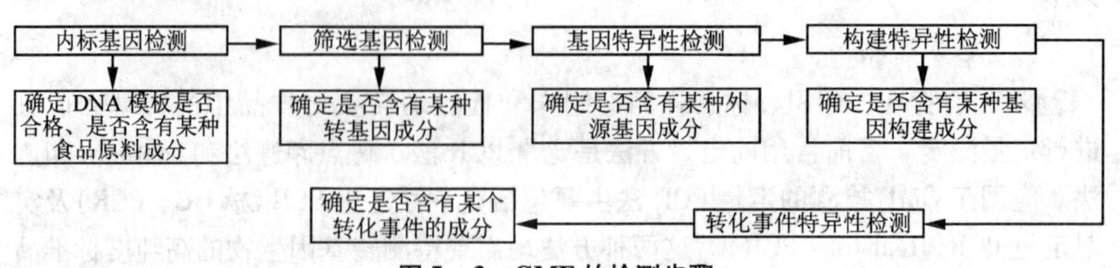

图5－3 GMF 的检测步骤

5.4 转基因食品的安全管理

目前，世界各国对GMF管理的出发点都是在保证人类健康、农业生产和环境安全的同时，促进其发展，使之为人类创造最大的利益。GMF跨越政治界限的生态影响和地理范围，在一国或地区表现安全的GMF，在另一地区是否安全，既不能一概肯定，也不能一概否定，需要经过评价，实施规范管理。了解国际组织和一些国家对GMF的管理经验和我国GMF管理的法律、法规，对于促进GMF的发展和完善我国GMF的管理制度是十分必要的。

5.4.1 国际组织

(1)联合国

1999年，CAC第23届会议提出，1998~2002年中期计划研究发展GMF的标准，成立有关GMF的国际组织，以实施该计划。联合国2000年制定的GMF贸易协定已由62个国家签署通过。《〈生物多样性公约〉卡塔赫纳生物安全议定书》规定：任何含有转基因成分的产品都必须粘贴“可能含有转基因成分”的标签，并且出口商必须事先告知进口商，他们的产品是否含有转基因成分，政府或进口商有权拒绝进口GMF。

(2)FAO

2004年6月1日，FAO公布了由FAO国际植物保护协议管理委员会制定的新的《植物生物风险防范纲要》，该纲要将主要用于判断活体转基因生物(LMO)是否含有对植物有害的物质。《植物生物风险防范纲要》可以用于确定哪些转基因物质有可能对植物健康构成危害，从而决定是否应禁止其出口，甚至禁止其在本国使用。该纲要的标准还适用于其他对植物有潜在危害的转基因生物体，如昆虫、真菌和细菌等。

全世界约130个国家已经采纳了这个转基因生物风险评估标准。纲要的发布意味着今后发展中国家可以采用与发达国家相同的风险分析标准，因此，对于发展中国家具有更加重要的意义。

(3)FAO/WHO联合

1990年FAO和WHO研究建立了有关生物技术食物安全评估程序，以确保其安全性。1993年WHO研究了转基因植物使用抗菌素抗性标记基因的潜在危险性问题。经济合作与发展组织(OECD)在1993年提出了评价GMF安全性的实质等同性原则。1996年，WHO/FAO提出生物技术食物安全性问题国际统一的具体操作规程，由国际生物技术研究所等机构发展了一种评估转基因食物过敏性的“树型判定法”的策略。

2000年，FAO和WHO在瑞士日内瓦召开了转基因事物联合专家顾问委员会会议。会议对以下几方面问题进行了讨论：对“实质等同性”概念的评价、转基因事物安全性评估的基本原则和内容、动物模型的必要性、非预期效应、营养学问题、转基因植物的基因转移、GMF的过敏性问题、抗菌素抗性标识、新蛋白的副作用以及转基因食物对人体长期作用。会后发布了《关于转基因植物食物的健康安全问题》。此次会议的讨论结果对指导各国所进行的转基因食物的安全性评价工作具有指导意义。

WHO和FAO于2001年联合宣布：联合国食品法典委员会已制定了世界首批评价转基因食物是否符合健康标准的原则，即转基因食物在推向市场前，其卫生标准必须经过政府的检验与批准，特别需要检验的是其“引起变态反应的能力”。

5.4.2 美国

各国在GMF安全管理方面本着相同的目的，但具体的管理方式又各不相同。美国是以产品为基础的生物安全管理模式。这种管理模式也称为宽松管理模式，这种模式认为，转基因生物和非转基因生物没有本质的区别，监控管理的对象应该是生物技术产品，而不是生物技术本身。在1992年修订的《生物技术协调管理框架》，阐明了转基因生物安全管理的基本框架，按照产品的最终用途规定了相应的管理部门，分阶段、分用途对转基因生物进行管理。

在美国，GMF已经比较普遍了，这种主要归因于美国对GMF的管理没有区别对待，而视GMF与其对应的传统食品实质等同，采用以基于产品的管理模式，而非基于过程的管理模式。2000年以后，在美国国内，药用转基因玉米和饲料用转基因玉米混入食品，引起消费者的恐慌；其他国家对GMF采取严格的控制。迫于国内外的压力，美国政府发布了新的政策，要求加强安全管理，增加审批的透明度，让消费者和农民有更多的知情权。同时，对医药用、工业用转基因植物研究、试验、应用实施严格的安全评价和监督管理。

(1)管理机构

美国的食品安全管理体系是以联邦、各州的法律与产业界生产安全食品的法律责任为基础建立起来的。联邦政府、各州政府和地方的权利结构扮演着相互独立又相互补充的维护GMF安全的角色管理GMF和食品的加工。在美国食品安全管理体系下，主要是有USFDA、USFPA、USDA依照现行的食品安全法和环境法对通过生物技术制成的植物、动物和食品以及饲料进行管理。USEPA负责转入植物的农药物质对人类健康和环境是安全的，而USFDA负责经过基因工程制成的或衍生的食品与其对应的用传统方法制成的常规食品同样安全。

(2)USFDA对GMF的管理

USFDA对转基因技术持支持乐观的态度。1992年，USFDA公布了转基因植物作为食物的政策，该政策规定转基因植物新品种及其产品，不需由USFDA作市场前评价，除非它引起新的安全问题。但是，USFDA要求各生产开发商参照“工业指南”里的有关条例和方法进行自我评估。1997年，USFDA重申并公布了此类食品咨询程序指南，要求开发商在其商品上市前做好下面的准备：一是向USFDA提交基于试验数据的安全性及营养性评估的简要报告；二是与有关顾问、科学家们讨论支持评估的试验数据及信息，并组织企业及 USFDA 的专家们就此开讨论会，以便对该产品深入了解。

2001 年 1 月，USFDA 出台了 GMF 管理草案。该草案规定，来源于植物且被用于人类或动物的 GMF 在进入市场之前至少 120d，生产开发商必须向 USFDA 提出申请并提供此类食品的相关资料，以确认此类食品与相应的传统产品相比具有同等的安全性。USFDA 还准备增加这些食品的审批透明度，并发布草案指导如何对转基因食物进行标识。USFDA 将在标签中使用“来源于生物工程的”和“生物工程改造过的”等字样，而不用“GMO”、“非 GMO”、“GMF”等字样。同年 7 月，美国政府对转基因玉米的种植颁布了新的限令，以防止害虫对转基因玉米中的毒素形成抗药性。USEPA 限令美国大部分玉米产区的农场主应至少种植 20% 的传统玉米，在同时种植玉米和棉花的地区，传统玉米要达到 50% 。

5.4.3 欧盟各国

欧盟法律明确向世界宣布它对转基因产品是不欢迎的，同时，欧盟在国际上极力主张对 GMF 采取“预先预防态度”。欧盟食品工业要经政府主管部门审批，管理严格，在没有得到官方授权的情况下，GMF 不能投放到欧盟市场。欧盟实行了针对分别对转基因技术及其产品的相应法规，其中包括对 GMF 的限制使用、劳动者保护、环保控制以及新食品范围、上市前通告、审批和详尽的标签规定。

(1)新食品法

2002 年 1 月 28 日，欧盟《新食品法》正式生效，并在 2003 年作出修订。该法规规定，如果经基因工程修饰使得新食品或食品成分不再等同于已经上市的食品，则应对该基因工程食品加贴特殊标签。所有含有可以检测到的转基因成分的食品都必须加贴标签；如果转基因食物不符合实质等同性原则，即使检测不到最终产品中含有的转基因成分，也必须对该产品加贴标签。

(2)相关法规

2002 年 10 月 17 日以前，GMF 的试验释放和进入市场主要是由欧共体授权的，相关指令为 90/220EEC 和 2001/18/EC。在 2001/18/EC 指令中，欧盟议会和理事会对 GMF 的准备释放设置了一个正式批准程序，即在环境释放或投放市场之前，任何一个 GMF 或含有转基因成分的食品，如转基因玉米和番茄，都必须要进行对人类健康和环境案例的评估，并且要受到 2002 年 1 月 28 日的新食品和新食品成分法规的限制(法规 2002/178/EC)，90/219/EEC 指令，以及理事会改进的 98/81/EC 指令所做出的转基因材料(genetically modified material，GMM)的含量以及 GMM 作为研究和产业用途的含量等作出了规定。2002/178/EC 法规规定，欧盟对新的食品和新的食品添加剂实行审定和可回溯制度，包括产品的成分及构成，或转基因成分有多少。该法实际上不但要求以 GMO 为原材料的产品加贴标签，而且要求所有食品，无论加工食品还是非加工食品，如果其含有转基因成分都必须加贴同样标签。

2003 年 10 月 18 日，欧盟颁布了两项有关 GMF 标识的法规，即《GMF 及饲料条例》及《转基因生物追溯性及标识办法以及含转基因生物物质的食品及饲料产品的追溯性条例》。与此同时，欧盟委员会还将就这两项新法规颁布补充实施纲要，以促进欧盟各成员国对这两项法规的理解和实施。第1829、2003号条例规定对转基因成分含量大于0.9%的食品进行标识，管理更趋严格。此外，欧盟还坚持对转基因产品从“农田到餐桌”中的各环节进行标识，保证转基因产品的可追溯性。

(3)评估和审批

欧盟对有关GMO和GMF评估和审批的法规是十分清晰的，但是，各成员国和欧盟的职责却是相互分离的。为了改进这种相互分离的状况，欧盟提议了对GMO、GMF和饲料进行科学评估和审批，来代替“一个国门一把钥匙”的审批程序。对所有进入市场的申请而言，这种程序将是改进的、统一的和透明的欧盟程序，而不管申请是否涉及GMO自身或食品和饲料是否来源于GMO。这意味着从事相关经营的人，在使用GMO以及将其使用在饲料或食品上不需要分别进行审批，但是对此GMO及其可能的有关使用要进行一个风险评估和一次审批。这种审批将确保GMO的安全使用，因为GMO很可能利用在食品上，而饲料只能在审批能够利用在食品和饲料两种用途上之后，才能被使用。

5.4.4 日本

由于转基因技术在提高单位面积产量等方面优于传统技术，对于日本这个耕地面积相对其人口数量严重不足的国家而言，这无疑是一个福音。因此，GMF在日本得到了部分民众的支持。但是，作为一个农产品进口大国，GMF的不安全因素又使国内许多民众对GMF存在质疑。

(1)管理机构

日本有文部科学省、通产省、健康劳务和福利部、农林水产省4个部门进行GMF安全的管理。文部科学省负责审批实验室生物技术研究与开发阶段的工作。1987年，日本文部科学省颁布了《重组DNA试验准则》，负责审批试验阶段的重组DNA研究。通产省也称经济产业省，负责推动生物技术在化学药品、化学产品和化肥生产方面的应用。有关的准则于1986年6月颁布，该准则是针对将重组DNA技术的成果应用于工业化活动，规定了在工业应用中的基本要求及条件，以确保重组DNA技术的安全，并促进该技术的合理应用。

(2)相关法规

1996年4月，日本健康劳务和福利部的食品卫生调查委员会批准了第一个转基因产品进口，此后，包括玉米、大豆在内的20余种转基因产品通过了福利部的食品安全控制标准进入日本，而这些产品都没有加贴标签。但是由于消费者强烈要求加强管理，1999年11月，农林水产省公布了对以进口大豆和玉米为主要原料的24种产品加标签规范标准，并要求对转基因生物和非转基因生物原料实施分别运输管理系统，以确保转基因品种的混入率控制在5%以下。为了提供有关使用基因修饰生物技术的信息及维护消费者选择转基因产品的权利，2000年4

月实施的《日本农业标准修订法》规定，对被政府测评为安全的转基因作物制成的食物和食物配料和主要由转基因作物制成的食品，质量上处在所有组成成分中的前3名，而且不少于5%的食品进行标识。福利部从2001年4月起，允许37种转基因产品用于生产，2002年增加到44种；从国外进口不在此列的转基因产品为非法行为；采取的措施为健康劳务和福利部对进口产品在报关时未经批准的转基因进行检测。农林水产省在2001年4月1日出台GMO标识规定，规定如果24种大豆、玉米产品转基因含量超过5%，进行强制性标识，2003年1月增加到30种；如果转基因含量小于5%或者证明产品在生产和销售的每一个阶段都是基于“身份保持”基础之上的，要标识为“不含转基因”。

5.4.5 加拿大

在加拿大，源于生物技术的食品被列为“新食品”的一种。加拿大主要由两家管理机构负责对转基因植物产品进行监督：一是加拿大食品检查服务站，主要负责环境排放、田间测试、对环境的安全性、种子法案、饲料法案、品种登记等；二是加拿大健康组织主要负责新型食品的安全性评估。加拿大规定GMF的厂家须在生产前向健康保护部门备案，并得到该部门的审批；此类食物及其产品都应符合所有适用进入市场之后的标准；生产厂商应负责确保食物及产品安全，而且符合条例管理要求。根据加拿大对新食品的管理条例，GMF在进入市场准入前需要进行安全评估，安全评估将需要确定该食品根据其申请的既定用途消费是否安全。具体步骤包括：提交申请前的咨询程序、投入市场前的通知、科学评估、其他信息的补充、总结评估结果、草拟批准或驳回的决定、不反对的信函、将此决定公开在卫生部的网页上。加拿大关于GMF的有关条例主要有《新食品法规》(1995、1996)、《新食品安全性评估标准》(1994)，并且从2001年1月起对上市销售的GMF和药物进行标识。

5.4.6 俄罗斯

俄罗斯从2001年开始对进出口产品进行转基因成分检测，并要求对GMF加贴标签。俄罗斯政府规定，从2002年9月1日起所有GMF必须予以标明，食品中转基因成分含量超过5%(欧盟是0.9%)，即被视为GMF并需要在食品包装上明确标注。鉴于普通消费者很难识别食品中是否含有转基因成分，俄罗斯卫生部标准化中心发布了已批准进口的转基因原料清单、获准正式注册的转基因豆类和食品添加剂清单以及向俄罗斯进口GMF的企业及产品清单，以上3个清单即所谓“绿名单”。同时，俄罗斯还公布了已检测出含有转基因成分但未经申报的食品清单，即“黑名单”。

5.4.7 韩国

为建立食物安全评价体系，韩国食品与药品管理局1999年8月发布了《GMF安全评价办法》。目前，韩国有两种转基因产品的标识办法：一是2001年3月起开始实施的《转基因农产品标识办法》；二是2001年7月开始实施的《GMF标识办法》。《转基因农产品标识办法》中列入的标识范围包括大豆、豆芽和玉米。马铃薯的标识从2002年3月开始实施，由转基因产品的经营商负责进行标识。转基因产品含量超过3%的必须进行标识。转基因农产品可标为"转基因产品""含有转基因产品"和"可能含有转基因产品"3种类型。《GMF标识办法》规定，GMF上加贴"GMF"或"含GMF"的标识。对于大豆、玉米等4种农作物必须标明是否为转基因作物。

5.4.8 泰国

泰国对GMF实行强制性标识，这一标识制度主要针对大豆、玉米、马铃薯以及相关产品。澳大利亚和新西兰两国决定，从2002年7月开始，在澳、新两国出售的所有食品，只要原料是改良基因或其中含有改良基因的，必须在食品上用标签标明是GMF，并标明含量，让消费者能够进行识别和决定是否购买。

5.4.9 中国

我国由于转基因技术起步较晚，转基因作物商品化的历史还比较短，GMF的食用安全性和环境安全性问题长期以来一直受到各方面的关注。我国GMF的管理方面，虽然出台了几部法规，但是法规的执行需要强大的技术支持，我国对GMF安全性评价体系还不健全，没有严格的实施标准和技术监督措施。我国政府对GMF安全管理非常重视，国家有关部门先后出台了GMF安全管理条例和办法。随着转基因技术的发展，必然会出现更多的法律、规范的需求。2009年我国颁布的《中华人民共和国食品安全法》第一百零一条规定：GMF的食品安全管理，适用本法；法律、行政法规另有规定的，依照其规定。我国农业转基因生物安全管理体系主要包括法规体系、安全评价体系、技术检测体系、技术标准体系和安全监测体系。在此基础上制定了一系列为保证GMF安全的法律和法规。

(1)《新资源食品卫生管理办法》

我国将GMF归类于新资源食品，从1989年开始着手制定重组DNA工作的安全管理条例，于1990年由卫生部颁布了《新资源食品卫生管理办法》(以下简称《办法》)。《办法》规定，新资源食品的试生产和正式生产由卫生部审批，并规定由卫生部聘请食品卫生、营养和毒理等方面的专家组成新资源食品审评委员会，委员会审评结果作为卫生部对新资源食品试生产和生产的审批依据。但是，这个《办法》既不是专门针对GMF的，也显得有些简单，难以完全消除人们对GMF安全性的困惑和担心。

(2)《基因工程安全管理办法》

1993年12月24日，原国家科学技术委员会发布《基因工程安全管理办法》。办法按照潜在的危险程度将基因工程分为4个安全等级，分别为Ⅰ、Ⅱ、Ⅲ、Ⅳ级，分别表示对人类健康和生态环境尚不存在危险、具有低度危险、具有中度危险、具有高度危险，规定从事基因工程试验研究的同时，还应当进行安全性评价。其重点是目的基因、载体、宿主和遗传工程体的致病性、致癌性、抗药性、转移性和生态环境效应，以及确定生物控制和物理控制等级。

(3)《农业转基因生物安全管理条例》

2001年5月9日实施的《农业转基因生物安全管理条例》(以下简称《条例》)，是目前我国对GMF管理的核心法规。它主要有6个方面的内容：①农业转基因生物，指利用基因工程技术改变基因组构成，用于农业生产或者农产品加工的动植物、微生物及其产品；②农业转基因生物安全，指防范农业转基因生物对人类、动植物、微生物和生态环境构成的危险或者潜在风险；③国务院农业行政主管部门负责全国农业转基因生物安全的监督管理工作；④国务院建立农业转基因生物安全管理部际联席会议制度；⑤国家对农业转基因生物安全实行分级管理评价制度、安全评价制度、实行标识制度；⑥对研究与试验、生产与加工、经营、进出口、监督与检查、罚则等作了详细的规定。《条例》明确规定不得销售未标识的农业转基因生物，其标识应当载明产品中含有转基因成分的主要原料名称；有特殊销售范围要求的，还应当载明，并在指定范围内销售。出口农产品，外方要求提供非转基因农产品证明的，由口岸出入境检验检疫机构进行检测并出具非转基因农产品证明。进口农业转基因生物，必须取得国务院农业行政主管部门颁发的农业转基因生物安全证书和相关批准文件，否则做退货或销毁处理。进口农业转基因生物不按照规定标识的，重新标识后方可入境。

(4)《转基因条例细则》

2001年6月农业部颁布《转基因条例细则》，规定对进口的转基因产品需要进行安全测试，但相关安全测试需要较长周期，为了不影响正常的大豆贸易，2002年3月11日，农业部发布《转基因安全管理临时措施公告》，规定临时措施有效期至2002年12月20日，在到期日之前，对有关转基因农产品的贸易问题实行此临时措施，保证贸易的持续性。由于技术问题，在临时措施到期前两个月，农业部又发文决定延期9个月至2003年9月20日，按照此公告的规定，还制定了进出口转基因农产品临时措施管理程序。2003年7月16日，农业部又宣布延长到2004年4月20日，这是2002年12月20日以来第二次延长到期时间。

(5)《农业转基因生物标识管理办法》

2002年3月，农业部颁布了《农业转基因生物安全评价管理办法》《农业转基因生物进口安全管理办法》《农业转基因生物标识管理办法》《农业转基因生物安全评价管理程序》《农业转基因生物进口安全管理程序》和《农业转基因生物标识审查认可程序》。《农业转基因生物标识管理办法》中规定转基因动物、植物(含种子、种畜禽、水产苗种)和转基因微生物及其产品，含有转基因动物、植物、微生物或其产品成分的种子、种畜禽、水产苗种、农药、兽药、肥料和添加剂等产品，直接标注“转基因××”；转基因农产品的直接加工品，标注为“转基因××加工品(制成品)”或者“加工原料为转基因××”；用农业转基因生物或用含有农业转基因生物成分的产品加工制成的产品，但不再含有或检测不出转基因成分的产品，标注为“本产品为转基因××加工制成，但本产品已不再含有转基因成分”或者标注为“本产品加工原料中有转基因××，但本产品中已不再含有转基因成分”。第一批实施标识管理的农业转基因生物包括：大豆种子、大豆、大豆粉、大豆油、豆粕；玉米种子、玉米、玉米油、玉米粉；油菜种子、油菜子、油菜子油、油菜子粕；棉花种子；番茄种子、鲜番茄、番茄酱。

《农业转基因生物标识管理办法》规定，不得销售或进口未标识和不按规定标识的农业转基因生物，其标识应当标明产品中含有转基因成分的主要原料名称，有特殊销售范围要求的，还应当明确标注，并在指定范围内销售。进口农业转基因生物不按规定标识的，重新标识后方可入境。

(6)国际公约

我国加入了有关国际公约，如《国际植物保护公约》《生物多样性保护公约》《濒危野生动植物种国际贸易公约》和《卡塔赫纳生物安全议定书》等。为了贯彻有关公约，环境保护部已经联合农业部、科技部、教育部、中国科学院、国家食品药品监督管理局、国家林业局、外经贸部、国家法制局等部门，编制完成了《中国国家生物安全框架》，提出了中国生物安全管理的体制、法规建设和能力建设方案。

思考题

1. 何谓 GMF?
2. 试述 GMF 的主要食品安全问题。
3. 如何从分子水平对 GMF 进行食用安全性评价。
4. 以检测过敏蛋白为例，试述判定树原则。
5. 列举我国目前对 GMF 的管理所依据的法律、法规。

推荐阅读书目

转基因生物安全．曾北危．化学工业出版社，2004.

转基因生物风险与管理．薛达元．中国环境科学出版社，2005.

相关链接

国家食品安全网　http：//www. foodsafe. net/

中国生物技术信息网　http：//www. biotech. org. cn/

转基因生物信息网　http：//www. apqchina. org/gmoindex. asp

EMBL 网址　http：//www. ebi. ac. uk

第6章 各类食品安全与管理

重点与难点　各类食品的安全与管理有很大的差异，各类食品的特点不同决定了影响各类食品安全性的因素不同，进而保证其安全性的管理也不相同。学习本章要掌握动物性、植物性食品及其加工制品和调味品等食品各自的特点，动物性食品与植物性食品的管理关键有何异同，食品安全管理与“从农场到餐桌”各环节管理的关系以及各类食品的安全管理与食品法规、标准等要素管理的关系，了解引起各类食品安全问题的危害因素与各类食品特点之间的关系等，为科学管理各类食品打下基础。

各类食品的营养成分和生产、加工、运输、贮存条件及变化规律等均有各自的特点，因此根据各类食品的特点，进行针对性的安全管理是保证食品安全的有力措施。

6.1 肉和动物性水产品及其制品

肉(畜、禽肉)和动物性水产品是一大类动物性食品，富含蛋白质等营养物质，是食品安全事故中最常见的食品类别。我国是肉和动物性水产品生产和加工大国，还是消费人口和消费总量最大的国家，生产和消费规模仍在不断扩大，保证这类食品的安全已经成为我国食品安全的重要任务之一。

6.1.1 畜肉类

畜肉类指生鲜肉、冷却肉(排酸肉、冰鲜肉、冷鲜肉)和冻肉。其安全问题和安全管理与牲畜的养殖和宰前、宰后管理关系密切。

6.1.1.1 变质过程

牲畜宰杀后，一般将发生僵直阶段、后熟阶段、自溶阶段和腐败阶段4个阶段的变化。在前两个阶段的肉品为新鲜肉，第三、第四个阶段的肉品分别为次鲜肉和变败肉。

(1)僵直阶段

刚宰杀后的牲畜，其肉品呈中性或弱碱性，即pH 7.0~7.4，随着肌肉中组织酶和微生物酶的作用，其糖原和含磷有机化合物被分解为乳酸和磷酸，使肉品pH值下降，当pH值下降至5.4时便达到了肌凝蛋白的等电点，使肌凝蛋白凝固，肌纤维变硬呈现僵直状态。僵直现象一般在夏季牲畜宰后的1.5h、冬季3~4h出现。进入僵直阶段的肉品具有两点食品卫生学意义：一是为最适宜冷藏阶段，二是不适宜做烹饪原料。

(2)后熟阶段

肉品出现僵直现象后，糖原及含磷有机化合物的继续分解和乳酸及磷酸的继续增加，使肉品的pH值继续下降、结缔组织变松，僵直过程结束而进入后熟阶段，俗称排酸。后熟阶段的肉品松软多汁，具有弹性，滋味鲜美；形成的乳酸，具有一定的杀菌作用；表面形成的薄层干膜，可防止微生物的侵入。在4℃环境温度时，肉品经1~3d就可完成后熟过程，环境温度较高时可缩短后熟阶段。后熟阶段的肉品，有3方面食品卫生学意义：一是最适合做烹饪原料，二是适宜冷藏，三是具有一定的抗腐败性。

(3)自溶阶段

后熟阶段后，肉品如仍存放在室温或室温以上条件下，则肌肉中的酶类将继续呈现活性，不断分解组织成分而发生“自溶”。蛋白质分解产生的硫化氢和硫醇等物质与血红蛋白或肌红蛋白中的铁作用形成硫化血红蛋白，使肉呈暗绿色，肌肉纤维松弛，破坏了肉品的正常生态，为细菌的侵入和繁殖创造了条件，肉品开始变质。变质程度较轻时，经高温处理后可食用。由于内脏含组织酶比肌肉多，因此内脏自溶速度较肌肉快。自溶阶段的肉品具有两点食品卫生学意义：一是肉品品质下降；二是失去了贮藏价值。

(4)腐败阶段

自溶阶段的肉品，在大量微生物的作用下，作为其营养成分的蛋白质、脂肪和碳水化合物等被分解而发生腐败、酸败和发酵等变败过程，产生恶臭、酸臭和变绿、发黏等变化。畜肉的腐败原因主要有3个方面：一是健康牲畜在屠宰、加工、运输和销售等环节中被微生物污染；二是病原体在牲畜生前抵抗力低时蔓延至全身各组织；三是牲畜因疲劳过度导致宰后肉的后熟力不强、产酸量减少而难以抑制细菌的繁殖。腐败阶段肉品的食品卫生学意义是禁止食用。

引起畜肉腐败变质的细菌最初为在肉表面出现的各种需氧球菌，继之为大肠埃希菌、普通变形杆菌、化脓性球菌、兼性厌氧菌(如产气荚膜杆菌、产气芽孢杆菌等)，最后是厌氧菌。因此，根据菌相的变化可确定畜肉的腐败变质阶段。

6.1.1.2 安全问题

畜肉的安全问题主要是生物性污染和化学性污染问题。

(1)腐败变质

腐败变质的畜肉既含有大量的病原体，又含有腐败变质的有毒产物，如胺类、吲哚和毒素等，肉品已失去营养价值并对人类健康有很大的危害，如导致食源性疾病的发生，甚至导致暴发和流行。因此，腐败变质的畜肉禁止出售。

(2)食物中毒

食用了被中毒性病原微生物和有毒化学物质污染了的畜肉，可导致人的食物中毒，造成食用者在短时间内出现腹痛、腹泻、发热和中毒等一系列症状。

(3)人畜共患传染病

自然屠宰的牲畜也可能携带有某些传染性病原和寄生虫，如果这些病原体同时能够感染人，进食此类处理不当的畜肉即可出现这些病原体导致的传染病和寄生虫病，如炭疽、布氏杆菌病、囊虫病等。

(4)农药和兽药的残留

饲料中含有的农药、化肥和杀虫剂可以通过牲畜的消化系统进入体内，并残留在畜肉中，对牲畜进行体表杀虫时使用的杀虫剂、避免疾病时使用的抗生素、促进生长和改善体质结构使用的生长促进剂和激素等都可以在畜肉中残留。生猪饲养中，饲料违法添加盐酸克伦特罗引起人急、慢性中毒事件仍时有发生，而中国人有吃内脏的饮食习惯，内脏是盐酸克伦特罗的主要蓄积器官，因此，在中国，饲料添加此类药物的危害性极大。由于兽药市场混乱，产品质量鱼目混珠，人药兽用也是一个较普遍的现象。

(5)重金属和砷污染

用含汞废水灌溉农田或作物施用含汞农药，汞可以进入植株并蓄积在果实内。牲畜如食用含汞饲料则肉中也会含有甲基汞，并且不容易通过加工去除。但汞污染食品的问题，主要还是发生在具有汞富集作用的水产品中。镉在一般环境中的含量相当低，但牲畜的饲料和饮水被冶炼、化学工业、电器电镀工业、陶瓷、印刷工业等排出的“三废”污染，可通过食物链的富集后在畜肉中达到相当高的含量。牲畜如食用被含铅农药(如砷酸铅)污染的饲料或在养殖过程中接触了大量的铅粉尘、含铅废气和废水，可使畜肉铅残留量超标。铜和锌的高剂量残留与养殖户在饲料中添加的剂量过高有关，其目的在于追求牲畜“皮红毛亮、粪便黑”，使之看起来更健康活跃。畜肉的重金属残留会造成人中毒和环境污染。牲畜如食用含砷肥料、农药及含砷废水污染的饲料，可使畜肉中剧毒的无机砷含量超标，引起广泛的神经系统、肝脏、肾脏等重要器官发生病变。

(6)“注水肉”

“注水肉”也称“灌水肉”，是不法商贩为增加肉品(主要为猪肉和牛肉)质量以牟利，于屠宰前给动物强行灌水，或者屠宰后向肉内注水制成，注水量可达净质量的15% ~20%。在“注水肉”里，可能添加了阿托品、矾水、卤水、洗衣粉、明胶、工业色素和防腐剂等，可能注入污水、泔水，带入重金属、农药残留等有毒、有害物质和各种寄生虫、病原微生物等，使肉品失去营养价值，易腐败变质，产生细菌毒素，还可能传播动物疫情。

因此，“注水肉”不仅仅是掺假问题，对人体健康的危害之严重性亦不可忽视。

6.1.1.3 安全管理

为保证畜肉食品的安全，除须加强检验检疫和宰前、宰后管理工作外，还应合理使用农业投入品和净化养殖环境等。

(1)宰前管理

牲畜宰前管理有助于降低宰后肉品的污染率，增加宰后肉品的糖元含量，便于进行屠宰加工。宰前检验检疫须进行严格的外观、行为和体温观察，必要时进行病原学检查。根据宰前牲畜的健康或所患感染性疾病的危害性，检验检疫结果可分为以下8种情况：①经检查认为健康、符合政策规定的准予屠宰。②确诊为无碍肉食卫生的普通病患畜、禽，以及一般性传染病畜、禽而有死亡危险时，可随即签发急宰证明书，送往急宰。③发现是一般性传染病或普通病且有治愈希望的，或疑似患有恶性传染病而又未确诊的畜、禽，应予缓宰，但必须考虑隔离条件和消毒设备。④有饲养肥育价值的牲畜、幼畜、孕畜应予缓宰。⑤凡是发现危害性大而且目前防治困难的疫病，或急性烈性传染病，或重要的人畜共患病，以及国外有而国内无或国内已经消灭的疫病(如口蹄疫、猪水疱病、猪瘟、牛瘟、牛传染性胸膜肺炎、牛海绵状脑病、痒病、蓝舌病、禽流感)时，禁止屠宰，禁止调运牲畜及其产品，应采取紧急防疫措施，并向当地农牧主管部门报告疫情。⑥经宰前检疫发现炭疽、鼻疽、恶性水肿、气肿疽、狂犬病、羊肠毒血症、羊猝殂、羊快疫、马传染性贫血、钩端螺旋体病、李斯特菌病、布鲁氏菌病、急性猪丹毒、牛鼻气管炎、牛病毒性腹泻-黏膜病(mucosal disease，MD)等，应采用不放血的方法扑杀，病畜尸体销毁或化制(化制指将不符合卫生要求，即不可食用的屠体或其病变组织、器官、内脏等，经过干法或湿法处理，达到对人体无害的过程)。⑦在牛、羊、马、骡、驴畜群中发现炭疽时，除患畜采用不放血方法扑杀并销毁外，其同群的全部牲畜应立即进行测温，体温正常者急宰，体温不正常者隔离，并注射有效药物，观察3d后，无高温和临床症状的，准予屠宰。⑧畜群中发现恶性水肿或气肿疽时，除对患畜用不放血方法扑杀并销毁外，其同群牲畜经检验体温正常者急宰，体温不正常者予以隔离观察，确诊为非恶性水肿或气肿疽时方可屠宰。

(2)屠宰场卫生要求

根据我国《肉类加工厂卫生规范》(GB 12694—1990)的规定：肉类联合加工厂、屠宰厂及肉制品厂应建在地势较高、干燥、水源充足、交通方便、无有害气体、灰沙及其他污染源，便于排放污水的地区。屠宰厂的选址，必须与生活饮用水的地表保护区有一定距离，厂房设计须符合流水作业的要求，即按饲养、屠宰、分割、加工、冷藏的作业线合理设置，避免交叉污染。

(3)宰后卫生检验检疫

牲畜在屠宰后还要进行检验检疫，这是兽医卫生检验检疫最重要的环节，是宰前检验检疫的继续和补充，可发现宰前检验检疫中未被发现或症状不明显的疾病，保证肉品卫生质量和食用者安全。宰后检验检疫通常包括头部检验(检查颌下淋巴结有无炭疽、结核、猪瘟和猪丹毒等病灶和切面检查咬肌是否有囊虫寄生)、内脏检验(主要观察脏器外表、形态、大小、色泽是否有异常和寄生虫寄生等)和肉品检验(主要检验皮肤是否有充血、出血、溃疡、疹块等，肌肉和脂肪的色泽、弹性及有无异常等)。

(4)检验检疫结果分类

经过检验检疫，肉品质量可分3类：不受限制可鲜销的“良质肉”(指健康畜肉)；轻度腐败和轻度感染的肉经处理后可食用的“条件可食肉”(指畜肉经无害化处理后可供食用)；因烈性传染病(如炭疽和鼻疽等)死亡的肉尸、严重感染囊尾蚴的肉尸、严重腐败变质或死因不明的畜肉，一律不准食用，属于应销毁或化制的“劣质肉”。根据宰前、宰后检验检疫结果，作为检疫标识，畜肉将被加盖相应的印章。

(5)贮藏、运输、销售过程的卫生要求

肉及肉制品贮藏时须做好检验工作，凡质量不合格的肉及肉制品不能入库贮藏。肉及肉制品应按入库时间、生产日期和批号分别存放，存放时应吊挂或放置于容器中，不能直接着地或着运输工具箱壁放置和存放。存放时垛间的距离须相隔30～40cm，距离墙边应有30cm距离。贮藏期间库内的温度、湿度应按不同肉制品设置。定期检查肉品质量，及时处理已有变质迹象的肉品，出库时遵循先进先出的原则。贮藏库须有防蝇、防尘、防鼠措施，定期进行清洗消毒工作。运输鲜肉和冻肉要使用专用密闭冷藏车，鲜肉应倒挂，冻肉可堆放运输；合格肉与病畜肉、鲜肉与熟肉制品不可同车运输；鲜肉与内脏不可混放。运输熟肉制品应有专用车辆和专用容器，并有防雨、防晒、防蝇、防尘等设施，每次使用前后必须进行清洗、消毒；无专用车辆则要有专用的密闭包装容器；禁止用运输过化学药品或污染严重且不易清除的车辆运输肉及肉制品。搬运工人应穿戴清洁、消毒的工作衣帽、鞋和手套。

(6)畜肉消费过程的加热与冷藏

用加热杀灭畜肉中微生物或冷藏保存畜肉时，必须注意畜肉是温度的不良导体。例如，厚度约7 cm的肉块煮沸30min时，其中心温度约为60～70℃；熏蒸后中心温度为38℃的香肠在71～73℃的热水中经70min后，其中心温度才能达到65℃。又如，－20℃下冻结的1/4屠牛尸身，24h后其中心温度只降到－10℃；将10cm×10cm×20cm大小的成年牛臀肉块(肉温为30℃)置于－45℃下冻结4h，其中心温度只降至－10℃，若于－25℃下冻结则需9～10h。

(7)病畜及病畜肉的处理

一些病原体是人畜共患病原体。常见人畜共患传染病有以下4种。

①炭疽病　炭疽为烈性传染病，主要通过皮肤接触或经空气吸入炭疽病菌而传染。对于患有炭疽的病畜一律不准屠宰或解体，须在6 h内整体化制或深坑(2m以下)加石灰掩埋。同群牲畜立即隔离，并进行炭疽疫苗和免疫血清预防注射。饲养间和屠宰间用20%有效氯漂白粉、5%氢氧化钠、5%甲醛消毒。畜肉中的炭疽病菌，在未形成芽孢前经55～58℃、10～15s即可被杀死，一旦形成芽孢后即需高温干热或高压湿热方式才能被杀灭。

②布氏杆菌病　布氏杆菌分为6型，其中羊型、牛型和猪型是人类布氏杆菌病的主要致病菌，羊型对人的致病性最强，猪型次之，牛型较弱。人通过接触患布氏杆菌病牲畜分泌物污染的饲料、饮水、环境和羊毛、羊皮等感染。得病动物的生殖器、腺体和乳房须销毁，其他肉经高温处理后可食用。

③结核病　结核病是由结核分枝杆菌引起的一种人畜共患的慢性传染病。乳牛易感性最强，猪较少，羊及马少见。结核病人和患病牲畜、尤其开放型病例接触是本病的主要传染源。大量的结核分枝杆菌随着痰液、粪尿、乳汁和生殖道分泌物排出体外，通过污染食物、饲料、饮水、空气和环境而广泛流行。人的牛型结核主要是通过接触病牛畜产品，特别是饮用患结核病牛的生乳或消毒不彻底的牛乳而发生感染。值得注意的是，病畜的肉品对人也有一定的威胁。对于全身结核、消瘦的病畜肉禁止销售，必须销毁；不消瘦的病畜肉和患局部结核的病畜肉，必须将病变部位彻底切除销毁，其余的经高温处理后作为条件可食肉食用。

④寄生虫病　一是囊虫病。家畜为绦虫的中间宿主，幼虫在猪、牛或羊肌肉组织内形成囊尾蚴，寄生在其舌肌、咬肌、臀肌、深腰肌和膈肌内，人吃下有囊

尾蚴的肉后，囊尾蚴在人肠道内发育为成虫，使人患绦虫病；成虫节片或卵逆行入胃，孵化为幼虫入血到达全身肌肉时，使人患囊尾蚴病。我国规定如果猪肉、牛肉查出的囊虫为≤3 个/40cm²时，采取冷冻或盐腌方法处理后方可食用，冷冻的肉品内部温度为 -10 ~ -12℃时 10d 后、-13 ~ -12℃时 4d 后方可出厂或食用，盐腌 20d 后方可食用；如果囊虫污染量为 4 ~5 个/40cm²时，须高温处理后方可出厂食用；如果为 5 ~6 个/40cm²时，则只能作为工业用或销毁。羊肉≤8 个/40cm²时不受限制即可出厂食用；如果≥9 个/40cm²但肌肉无病变时可高温或低温处理后出厂食用，有病变时须销毁。二是旋毛虫病。病原体为旋毛虫，猪、野猪、狗和鼠等易感，人食入有旋毛虫包囊的肉后，约 1 周发育为成虫，寄生于肠黏膜并产生大量新幼虫，钻入肠壁，并随血液循环移行到身体各部位。当低倍镜下镜检病畜肉时，发现每 24 个视野中含 5 个以下旋毛虫包囊或钙化囊，肉尸高温处理后可食用，超过 5 个时为工业用或销毁。

(8)“注水肉”的监管

“注水肉”的长期泛滥首先与管理机制和要素缺失有关。《中华人民共和国动物防疫法》中对“注水肉”无相关规定，检疫员不需检查注水项目，直到肉进入流通领域，工商部门才可依法监管。许多地方屠宰企业仅为屠宰客户提供服务，不承担产品的质量责任，仍为“代宰制”，也是肉类安全问题的极大隐患。加强对屠宰行业的监管，全面取消代宰制，明晰屠宰场对其产品的责任，出台相关法律、法规，将有利于治理“注水肉”的泛滥。

(9)兽药残留的对策

①完善法律、法规和技术标准　为了促进畜牧业可持续发展，保障动物性食品安全，国家先后出台了《兽药管理条例》和《允许作饲料添加剂的药物品种及使用规定》，并制订了《动物性食品中最高残留限量》，发布了《食品动物禁用的兽药及其化合物清单》和《农产品质量安全法》，用法律、法规规范了动物及动物性产品从养殖到加工的全过程，使动物性食品安全质量有了一定的改变和提高，但与欧美发达国家比较，还有一定差距。应进一步完善法规，减少国内外法律、法规的交叉盲点，杜绝动物性食品安全的危害从出口转为内销。进一步细化检测技术标准使之符合国际通用标准，以促进畜产品的国际贸易，提高动物产品安全的可信度。强化兽医行政执法部门依法行政能力，加大行政执法力度，明确执法机构，行使公共权利，打击养殖企业使用违禁兽药及其化合物的违法行为。

②强化畜牧兽医技术推广的社会公益性服务体系　贯彻、落实《中华人民共和国畜牧法》，改变服务层次低，产业链条短，对产前、产中、产后服务不充分，发展活力和后劲不足，农民很难获得全面的养殖技术的现状。

③加强风险评估　建立不同时期动物疾病、新兽药、新兽药添加剂及有毒、有害化合物的生物风险评价制度，加强风险评估，制定相应措施以最大限度降低风险。

④减少疾病的发生　要想减少兽药的使用，首先要减少疾病的发生。引种、种畜(禽)等的垂直传播、病死畜(禽)和粪便的传播、活疫苗的散毒、饲养管理

不善都是直接或间接的因素。养殖户和国家有关部门都应该严格每一环节的管理，增加科技投入，要合理规划养殖用地，实行 GAP 和 HACCP 等。

⑤提高兽药监管能力　欧盟自2005年已完全禁止使用抗生素做饲料添加剂，美国禁用部分抗生素。我国应完善兽药、饲料、药物添加剂的生产、经营、使用全程监控体系。保证兽药的合理和安全使用，提高人们对畜产品的安全意识，认识兽药残留的危害和科学使用兽药方法，自觉维护公共利益。

⑥在继续贯彻实施《兽药管理条例》的同时，对兽药的研究、开发、安全评价、生产、经营和使用管理都应该进一步科学化管理。有关抗生素替代品的研发现状参见6.1.3.3(3)“动物性水产品类”。

(10)有关卫生标准

动物性食品由于酶和细菌的作用而发生变败，使蛋白质分解而产生具有挥发性的氨及胺类等碱性含氮物质，称为挥发性盐基氮，是一种有毒物质。

中华人民共和国国家标准《鲜(冻)畜肉卫生标准》(GB 2707—2005)规定，鲜(冻)畜肉须持有产地兽医检疫证明，无异味、无酸败味；其理化指标为：挥发性盐基氮≤15 mg/100 g，铅≤0.2 mg/kg，无机砷≤0.05 mg/kg，镉≤0.1 mg/kg，总汞≤0.05 mg/kg；农药残留按《食品中农药最大残留限量》(GB 2763—2005)执行，兽药残留按国家标准及有关规定执行。

我国《饲料卫生标准》(GB 3078—2001)规定，猪、家禽配合饲料中砷含量≤2 mg/kg，猪、家禽浓缩饲料、添加剂预混饲料中砷含量≤10 mg/kg，但未规定铜、锌的含量。猪饲料营养标准中，一般含铜4~6mg/kg。

6.1.2　禽肉类

禽肉的自然变化、安全问题和安全管理与畜肉类似。

6.1.2.1　变质过程

禽类宰杀后，其肉品也会经过僵直、后熟、自溶、腐败4个阶段的变化，因其肌肉中结缔组织含量少，禽肉的僵直、后熟期较畜肉短，所以禽肉比畜肉易腐败变质。

6.1.2.2　安全问题

禽肉的安全问题主要为致病性细菌污染和有毒重金属、农药、抗生素、雌激素的污染。

(1)细菌污染

污染禽肉的病原体多见沙门菌、弯曲菌、金黄色葡萄球菌，也常见其他致病菌，这些细菌侵入肌肉深部，食用前未充分加热可引起食物中毒。腐败菌多见假单胞菌等，能在低温下生长繁殖，在适宜条件下大量繁殖，引起禽肉感官改变甚至腐败变质，在禽肉表面可产生各种色斑、发臭、发黏；冻禽冷藏时，只有产生绿色的假单胞菌易繁殖，所以腐败的冷冻禽肉多呈绿色。

(2)重金属和砷污染

禽肉中重金属铅和汞的污染，主要来源于本底较高的地理环境和农用化学物质的使用及工业“三废”的排放。使用砷制剂在养猪户与养鸡户中相当常见，其功能是促进动物消化，提高饲料吸收率，促进动物生长。国家对砷制剂的使用有严格规定，但常发生不遵守停药规定和超标使用的情况。动物的砷制剂排泄会严重污染环境，人若食用残留砷制剂的畜、禽产品可致癌。

(3)农药残留

我国早已禁止使用六六六、DDT、敌敌畏等农药，但由于土壤中仍有较高的残留和一些不法养殖户的违规使用，使禽类的生活环境中含有较高含量的六六六、DDT、敌敌畏等农药，禽类因食用原料含有六六六、DDT、敌敌畏的饲料，禽肉中也含有这些农药。

(4)抗生素残留

为了防疫，禽类的饲料中常违规添加抗生素，在动物体内残留过量，转移到人体后会给健康带来难以估量的危害，导致人体对抗生素的耐药；我国的禽产品进入国际市场时，由于抗生素残留量超标而被退货、销毁，甚至中断贸易往来的事件时有发生。

(5)雌激素残留

养殖户在饲料中违规添加的激素一般为性激素，以维持副性征和生殖周期，使动物增重，提高饲料转化率和改良肉质；人类长期食用含有激素的肉制食品，即使含量甚微，但由于其作用极强，也会明显影响机体的激素平衡，且有致癌危险，对幼儿可造成发育异常。

6.1.2.3 安全管理

(1)宰前、宰后管理

为保证禽肉的食用安全，必须加强禽肉的卫生质量检验，合理进行宰杀，宰后冷冻保存。禽类宰前、宰后的管理及病禽处理等与畜肉相同。家禽在宰前，应保证休息24~48h，并须停食，停食时间与屠宰加工方法(全净膛、半净膛、不净膛)有关。一般鸡、鸭停食时间是12~24h，鹅为8~16h。家禽经过宰前检验如确认患有禽流感、鸡新城疫、马立克氏病、小鹅瘟、鸭瘟等传染病则禁止屠宰，须用不放血方式扑杀后销毁；确认患有或疑似患有鸡痘(鸡白喉)、鸡传染性支气管炎、鸡传染性喉气管炎、传染性法氏囊病、禽衣原体病(鹦鹉病)、禽霍乱、禽伤寒、副伤寒等疾病的家禽，应速急宰，同群的其他家禽，也应迅速屠宰并按规定处理。

(2)减少抗生素使用，降低药物残留

影响养殖场使用抗生素和激素的因素很多，必须采取综合控制措施。具体参见本章6.1.1.3(9)“兽药残留的对策”和6.1.3.3(3)“有机养殖”。

(3)鲜、冻禽肉卫生标准

鲜、冻禽肉的卫生要求须符合中华人民共和国国家标准《鲜、冻禽产品》(GB 16869—2005)规定，该标准适用将活禽屠宰、加工后，经预冷处理的鲜产品和经冻结处理的冻禽产品，包括净膛后的整只禽、整只禽的分割部位(禽肉、禽翅、禽腿等)、禽的副产品(禽头、禽脖、禽内脏、禽爪)等。该标准对鲜、冻禽肉的重金属限量规定为：汞≤0.05 mg/kg，铅≤0.2 mg/kg，砷≤0.5 mg/kg。对农药残留的限量规定为：六六六在脂肪含量低于10%时，以全样计≤0.1 mg/kg，在脂肪含量不低于10%时，以脂肪计≤1 mg/kg；DDT在脂肪含量低于10%时，以全样计≤0.2 mg/kg、在脂肪含量不低于10%时，以脂肪计≤2 mg/kg；敌敌畏≤0.05 mg/kg。对抗生素和激素残留限量规定为：四环素在肌肉≤0.25 mg/kg、肝≤0.3 mg/kg、肾≤0.6 mg/kg；金霉素≤1 mg/kg；土霉素在肌肉≤0.1 mg/kg、肝≤0.3 mg/kg、肾≤0.6 mg/kg；磺胺二甲嘧啶≤0.1 mg/kg；二氧二甲吡啶酚(克球酚)≤0.01 mg/kg；乙烯雌酚不得检出。

6.1.3 动物性水产品类

动物性水产品类的特点和安全管理与畜肉、禽肉类似，但其安全性受生活水体的影响较大。

6.1.3.1 鱼、虾类捕捞后的变质过程和贝类的富集作用

(1)鱼、虾类捕捞后的变质过程

鱼、虾类在保藏时的变化与畜、禽肉相似，仅各阶段时间的变化比畜、禽肉都短，所以较畜、禽肉更易腐败变质。

①黏液分泌阶段　鱼、虾在垂死时，从皮肤腺分泌出较多的黏液，新鲜的黏液透明，随着污染微生物对黏液分解作用的加强，逐渐变浑浊。

②死后僵硬阶段　鱼、虾体死后不久，肌肉组织发生了比较复杂的生物学变化，呈现僵硬状态。鱼体僵硬持续过后，又逐渐变软，而且肌肉具有弹性，此时便进入了后熟阶段，后熟阶段很短。

③自溶阶段　因为鱼、虾类是冷血动物，体内酶在较低的温度下仍保持较强的活性，使肌肉组织开始自体分解而过渡到自溶阶段。决定自溶发生快慢的主要因素是保存的温度和鱼、虾的种类、肉中所含无机盐类及加用防腐剂等。

④腐败变质阶段　腐败变质是腐败细菌引起的，主要微生物有两部分：一是来自鱼体自身带染的污染物，二是来自捕获后环境的污染物。捕获后污染的细菌多自鳃和眼窝开始，其次是皮肤和内脏。鱼体腐败变质可见鱼鳃与虹膜的颜色变化、胆汁渗漏、鳞片松弛脱落、“脊柱旁红染”、“肉刺分离”等现象。

(2)贝类的富集作用

贝类是生活在海湾水域的双壳软体动物，靠泵入大量港湾水摄食，可将水体环境中的病原体浓集于腮上，再把海水滤出。贝类体内保存和浓缩的病原体经生物富集作用后，其含量可达周围环境的几百倍甚至上千倍。

6.1.3.2 安全问题

威胁动物性水产品类食品安全的因素来自两个方面：一是这类食品本身的腐败变质；二是生活环境中的污染物对其的污染。

(1)腐败变质

鱼类易腐败变质与鱼类水分含量、体内酶活性、鱼体 pH 值较高和生产环节污染等有关。按压肌肉不凹陷、鳃紧闭、口不张、体表有光泽、眼球光亮是鲜鱼的标志；手持鱼身时鱼尾不下垂是僵硬阶段的标志；鱼鳞脱落、眼球凹陷、鳃呈暗褐色、有臭味、腹部膨胀、肛管突出、鱼肌肉碎裂并与鱼骨分离等是发生严重腐败变质的标志。

(2)化学性污染

动物性水产品常因生活水域被污染，使其体内含有较多的重金属(如甲基汞、镉、铅等)和无机砷以及有机磷、有机氯等农药的污染，海水产品还易受到多氯联苯的污染。如前所述，汞污染食品的问题，主要还是发生在具有汞富集作用的水产品中，特别是鱼、贝类。水体中的汞可以通过特殊的食物链富集作用在食物中浓集。鱼体表面黏液中微生物即有较强的甲基化能力，鱼体中的汞 90% 为甲基汞。鱼体吸收甲基汞迅速，在体内蓄积不易排出。试验证明鱼体甲基汞生物半减期，鲤鱼为 230 d，鲶鱼 190 d，硬头鳟鱼为 220 d，比人体内半减期长得多。环境中毒性低的无机汞还可通过化学作用形成甲基汞。生活在含镉工业废水中的鱼、贝类及其他水生生物的含镉量可增大到 450 倍，个别海贝类可高达 10 万～100 万倍。

(3)渔药残留

动物性水产品的渔药残留问题比较突出，尤其是虾养殖场为了赢得最大利润以及防病治病、促进生长、提高饲料利用率而大量使用抗生素，这会影响自然细菌的活动，而且会引起抗药性病原体增加，降低生物的免疫力，对沿海的生态环境也具有极大的破坏力。在产品出口过程中，最常见的是氯霉素和硝基呋喃被检出残留。许多抗生素不能被生物降解，就会进入更广阔的环境中，并导致人类致病菌的抗药能力进化，有些抗生素具有致癌性。有研究发现，养殖场虾体上的细菌中有 77% 具有抵抗一种或数种抗生素的能力。

(4)食源性病毒污染

由于人畜粪便和生活污水对水体的污染，使其受肠道病原体的污染较重，最常见的是 Norovirus、甲肝病毒和副溶血性弧菌的污染。由食物引起的食源性病毒病，其原因食品最常见的是贝类海产品。1988 年上海甲型肝炎暴发流行，就是因食用被甲肝病毒污染的毛蚶所引起的。日本厚生省对市场销售的 723 个进口鱼、贝类样本的 Norovirus 污染情况进行了为期 3 年的摸底调查。调查结果显示，14.8% 的进口鱼、贝类受到 Norovirus 的污染。其中，自越南进口的污染率达 42.9%，中国产的污染率为 17.4%；蛤蜊、江珧、赤贝的污染率分别为 20.2%、

19.0%和16.8%，排在受污染种类的前3位；而2月和5月受污染的比率最高，分别为34%和24%，其他月份均在20%以下。在欧、美、日等各地区流行的Norovirus急性胃肠炎等，也多由新鲜贝类海产品引起。沿海地区发生在夏秋季的食物中毒，90%以上应由副溶血性弧菌负责，原因食品为各种海产品和以海产品为原材料的制品。此外，鱼体携带的寄生虫可引起人类寄生虫病。

(5)鱼与禽、畜混养

鱼与禽、畜混养可极大降低养殖成本，但混养禽、畜所带来的安全风险也不容忽视：大肠埃希菌、重金属等常常严重超标。

(6)自身含有毒、有害物质

有些水产品体内含有天然毒素，如几乎全身都含毒的河豚鱼，肝脏含毒的鲨鱼、旗鱼、鳕鱼等。

6.1.3.3 安全管理

对动物性水产品类食品的安全管理主要为保证鱼、贝类自身的新鲜和保证相关环境不受污染。

(1)保鲜

鱼处在僵直期时，组织状态完整、质量新鲜。鱼的保鲜就是要抑制酶的活力和微生物的污染和繁殖，使自溶和腐败延缓发生。有效的措施是低温、盐腌、防止微生物污染和减少鱼体损伤。鱼类在冷冻前应进行卫生质量检验，只有新鲜、清洁程度高的鱼体方可冷冻保藏。冷藏保存期限较短，一般为5～14d，多采取人工冰将鱼体温度降低至-1℃左右。冷冻则采用-40～-25℃急速冷冻，然后在-20～-15℃冷库中存放，保藏期较长，但冷藏期限以不超过6～9个月为宜，尤其是脂肪含量高的鱼体不宜长期贮藏，因为鱼体组织中脂肪酶的活性只有在-23℃以下才可受到抑制。盐腌保藏所用盐量视鱼的品种、贮存时间及气温高低等因素而定，一般要求盐含量达到15%以上，但盐含量高时常使鱼体出现发红现象，也不宜保藏时间太长。

(2)保证运输、销售卫生

生产运输车船应经常冲洗，保持清洁卫生，减少污染；外运供销的产品须符合该产品一、二级鲜度的标准，尽量用冷冻调运，并用冷藏车船装运。淡水活鱼可养在水中进行运输和销售，但应避免水的污染。使用冰保存鲜鱼时应做到一层鱼一层冰，才可装入木箱中运输。凡接触鱼类及水产品的设备用具应用无毒、无害的材料制成。所有接触鱼类的设备、容器、工具做到按规定清洗、消毒。提倡用桶、箱装运，尽量减少鱼体损伤。为了确保鱼体的卫生质量，供销各环节应该建立质量验收制度，如含剧毒的河豚鱼禁止流入市场，应剔除有毒部位并由有关部门统一收购，集中处理，经检验合格后方可销售；因甲鱼、螃蟹、黄鳝和某些青皮红肉海产鱼类含组氨酸多，其死后易产生有毒物质组胺而引起食物中毒，故加工前就已死去的这些鱼类不得销售和加工；大型鱼类(如鲨鱼、旗鱼、鳕鱼等)须去除肝脏，方可出售。沿海地区有生食鱼类的饮食习惯，其鱼体的加工、贮藏、运输和销售过程中必须严格遵守卫生规程，防止食物中毒和食源性寄生虫病的发生。

(3)有机养殖

应对抗生素在养殖中负面效应的对策，一方面需要加强监管，在实际生产中科学合理用药；另一方面需要开发饲料添加剂的抗生素替代品。2002 年 4 月，农业部第 193 号公告《食品动物禁用的兽药及其他化合物清单》将硝基呋喃类药物列为禁止使用的药物。2003 年开始，我国将硝基呋喃纳入残留监控计划中。表 6-1 列出《无公害食品 水产品中渔药残留限量》(NY 5070—2002)对水产品中渔药残留限量的要求。

表 6-1 水产品中渔药残留限量

药物类别		药物名称		指标(MRL)/(mg/kg)
		中文	英文	
抗生素类	四环素类	金霉素	Chlortetracycline	100
		土霉素	Oxytetracycline	100
		四环素	Tetracycline	100
	氯霉素类	氯霉素	Chloramphenicol	不得检出
磺胺类及增效剂		磺胺嘧啶	Sulfadiazine	100(以总量计)
		磺胺甲基嘧啶	Sulfamerazine	
		磺胺二甲基嘧啶	Sulfadimidine	
		磺胺甲噁唑	Sulfamethoxazole	
		甲氧苄啶	Trimethoprim	50
喹诺酮类		噁喹酸	Oxilinic acid	300
硝基呋喃类		呋喃唑酮	Furazolidone	不得检出
其他		己烯雌酚	Diethylstilbestrol	不得检出
		喹乙醇	Olaquindox	不得检出

目前，国内外已在抗生素替代品的酶制剂、微生态制剂、化学益生剂和酸化剂等的研发方面取得较大进展；我国在中草药制剂的研发方面取得较大进展。

①酶制剂　它主要通过降解饲料中各营养成分的分子链或改变动物消化道内酶系的组成，促进消化吸收，从而大幅度提高饲料利用率，促进动物健康生长。

②微生态制剂　是动物有益菌经工业化厌氧发酵生产出的菌剂，这种制剂加入饲料中，在动物消化道内生长，形成优势的有益菌群，抑制有害菌生长与繁殖，提高动物健康水平，促进生长。常用的微生物主要是乳酸菌、芽孢杆菌、酵母菌及其培养物。

③化学益生素　是指既不能被动物机体自身吸收和利用，又不能被肠道大部分有害菌利用，只能唯一被肠道有益菌选择性吸收并促使增殖的一类物质，包括

异麦芽糖、果寡三糖、果寡四糖、半乳寡糖、甘乳糖等。由于化学益生素克服了微生态制剂的不耐高温和不耐胃酸等弱点，其研究和应用得到了广泛的开展。

④酸化剂　酸化剂已广泛应用于畜、禽、水产养殖中，以提高饲料的利用率，促进生长。常用的酸化剂有柠檬酸、延胡索酸、乳酸、异位酸等。

⑤中草药制剂　是一类兼有营养和药用双重作用，具备直接杀灭或抑制细菌和增强免疫能力，且能促进营养物质消化吸收的无残留、无耐药性的天然药物。中草药资源的开发与可持续利用颇具潜力，应用现代技术手段，在传统中医药的基础上发展创新，寻求抗生素促生长剂替代物大有可为。

(4)有关标准

鲜、冻动物性水产品卫生须符合中华人民共和国国家标准《鲜、冻动物性水产品卫生标准》(GB 2733—2005)，该标准对其感官指标、理化指标和农药残留量进行了强制性规定：挥发性盐基氮为海水鱼、虾、头足类≤30 mg/100 g，海蟹≤25 mg/100 g，淡水鱼、虾≤20 mg/100 g，海水贝类≤15 mg/100 g，湟鱼、牡蛎≤10 mg/100 g；组胺(不适用于获得水产品)为鲐鱼≤100 mg/100 g，其他鱼类≤30 mg/100 g；铅为鱼类≤0.5 mg/kg；无机砷为鱼类≤0.1 mg/kg，其他动物性水产品≤0.5 mg/kg；甲基汞食肉鱼(鲨鱼、旗鱼、金枪鱼、梭子鱼等)≤1.0 mg/kg，其他动物性水产品≤0.5 mg/kg；镉为鱼类≤0.1 mg/kg；海水产品多氯联苯总值≤2.0 mg/kg，PCB 138 和 PCB 153≤0.5mg/kg。

国家质量监督检验检疫总局2004年印发的《出境加工用水产养殖场检验检疫备案要求》规定：不得鱼与禽、畜混养，明确要求出境加工用水产养殖场应“周围无畜、禽养殖场、医院、化工厂、垃圾场等污染源，具有与外界环境隔离的设施，内部环境卫生良好。”

6.1.4 肉和动物性水产制品

肉制品包括预制肉制品和熟肉制品。预制肉制品包括调理肉制品(生肉添加调理料)和腌腊肉制品类(如咸肉、腊肉、板鸭、中式火腿、腊肠等)；熟肉制品包括酱卤肉类，熏、烧、烤肉类，油炸肉类，西式火腿(熏烤、烟熏、蒸煮火腿)类，肉灌肠类，发酵肉制品类，熟肉干制品(肉松类、肉干类、肉脯类)，可食用动物肠衣类和其他肉制品。肉罐头类在本章第3节另述。

动物性水产制品包括鱼类、甲壳类、贝类、软体类、棘皮类等加工制品，分为冷冻水产制品和预制水产半成品。冷冻水产制品包括冷冻制品，冷冻挂浆制品，冷冻鱼糜制品(包括鱼丸等)；预制水产半成品包括醋渍或肉冻状水产品，腌制水产品，鱼子制品，风干、烘干、压干等水产品和其他预制水产品(鱼肉饺皮)等。

6.1.4.1 安全问题

常见安全问题中，除加工过程易产生有毒、有害物质(如多环芳烃化合物、杂环胺化合物和丙烯酰胺等)外，主要是不法商贩在加工、贮存、运输和销售过程中违规、违法滥用食品添加剂和违法添加非食用物质，目的多为着色和改善外观、质地、形状、色泽及掺假等，添加物质的名称、主要成分、可能添加的主要食品类别、可能的行为与作用及检测方法参见3.1.2“人类活动污染”和3.3.7“食品添加剂”。此处择市场较为常见的肉和动物性水产制品中违法滥用的非食用物质做一简介，其他加工过程中产生的有毒、有害物质参见本书第3章。

(1)苏丹红Ⅰ(Sudan Ⅰ)

各国严格审批的食品添加剂中有许多限量使用的红色着色剂，苏丹红并非食品添加剂，而是一种人工合成的化学红色染色剂，常作为工业染料，广泛用于石油、机油和其他一些工业溶剂、油、蜡、汽油的增色以及鞋、地板等的增光。

苏丹红主要包括Ⅰ、Ⅱ、Ⅲ和Ⅳ4种类型，化学成分中均含有萘的化合物，该物质具有偶氮结构，由这种化学结构的性质决定了它具有致癌性。IARC基于体外和动物试验的研究结果，将苏丹红I、Ⅱ、Ⅲ、Ⅳ均归为第3类致癌物，即未能对人类致癌性进行分级的物质。苏丹红III的初级代谢产物4-氨基偶氮苯(4-aminoazobenzene)和苏丹红Ⅳ的初级代谢产物邻-甲苯胺(ortho-toluidine)均被列为第2类致癌物，分别为2B和2A类致癌物。2B即对人有可能致癌、对动物也可能致癌，2A即对人很可能致癌、对动物致癌。肝脏是苏丹红I产生致癌性的主要靶器官，还可引起膀胱、脾脏等脏器的肿瘤。

由于苏丹红I用后不易褪色，不法分子使用其保持辣椒鲜亮的色泽，掩盖辣椒久置变色的现象，一些企业还将玉米等粉末用苏丹红染色后混在辣椒粉中以降低成本牟取利益，使原材料中含有辣椒粉的食品污染苏丹红。此外，我国还发生过由苏丹红导致的“红心鸭蛋”事件。

依据欧盟辣椒粉中苏丹红的检出量和辣椒粉的可能摄入量进行的危险性评估，如果食品中的苏丹红含量很低(仅几毫克)，则苏丹红诱发动物肿瘤的剂量是人体最大可能摄入量的10万~100万倍，对人体的致癌可能性极小；但如果食品中的苏丹红含量较高，达上千毫克，则苏丹红诱发动物肿瘤的剂量就是人体最大可能摄入量的100~10 000倍。

卫生部2005年4月6日发布的《苏丹红危险性评估报告》称，卫生部对苏丹红染料系列类型的致癌性、致敏性和遗传毒性等危险因素进行了评估，由于实际在辣椒粉中苏丹红的检出量通常较低，因此对人健康造成危害的可能性很小，偶然摄入含有少量苏丹红的食品，致癌危险性不大，但如果经常摄入含较高剂量苏丹红的食品就会增加其致癌的危险性，特别是由于苏丹红有些代谢产物是人类可能致癌物，目前对这些物质尚没有耐受摄入量，因此在食品中属禁用物质。针对我国一些食品中也可能含有苏丹红色素的情况，应加大对食品中苏丹红I的监测，但同时不能放松对苏丹红II、III、IV的监测，并对我国人群可能的摄入量进行评估。

我国已制订了《食品中苏丹红染料的检测方法　高效液相色谱法》(GB/T 19681—2005)。

(2)酸性橙(acid orange)

酸性橙用于丝、毛织品及纸的染色，木制品和生物的着色，铅笔和墨水的制造，为化工染料，毒性中等，有强致癌性，非食用色素，禁止作为食品添加剂使用。但由于其具有色泽鲜艳、着色稳定和价廉等特点，不法商贩将其用于食品生产与加工，尤其是卤制熟食、灌制品类、辣椒面等违法使用的情况较常见，奶制品、焙烤食品和饮料中也检出过违法添加，严重危害了消费者身体健康。

我国尚未建立简便易行的标准检测方法。

(3)孔雀石绿(malachite green)

孔雀石绿既是杀真菌剂，又是染料，具有高残留和致癌、致畸、致突变等毒性。许多国家都将孔雀石绿列为水产养殖禁用药物。我国也于2002年5月将孔雀石绿列入《食品动物禁用的兽药及其化合物清单》中，禁止用于所有动物食品。但因其价格低廉，对鱼水霉病、鳃霉病、小瓜虫病等有疗效，在成鱼运输、销售过程中，能延长鱼的存活时间，不法贩运商在运输前用孔雀石绿溶液对车厢进行消毒，甚至贮放活鱼的鱼池也采用这种消毒方式，一些不法酒店为了延长鱼的存活时间，也投放孔雀石绿进行消毒。农业部办公厅2005年7月发出《关于组织查处"孔雀石绿"等禁用兽药的紧急通知》，在全国范围内严查违法经营、使用孔雀石绿的行为。但是，孔雀石绿不属于水产品常规检测项目，相应检测机构缺乏试剂、标样等必需品，检测存在难度。

(4)工业用甲醛

甲醛是一种重要的有机原料，主要用于塑料工业、合成纤维、皮革工业、医药、染料等，35% ~40%的甲醛水溶液通称福尔马林，具有杀菌和防腐能力，可浸制生物标本，0.1% ~0.5%的稀溶液在农业上用来浸种，给种子消毒。很多国家曾将甲醛用于酒类、肉制品、乳品及其他食品的防腐，后来发现了甲醛对人体健康的危害性，才开始限制甲醛在食品上的应用。日本曾发生过连续20 d摄入含有万分之一甲醛的牛奶后导致婴儿死亡的事件。还有研究证据表明，甲醛可引发白血病和其他多种癌症。研究发现，甲醛对果蝇和微生物有致突变性。IARC和美国公共健康管理机构均已将甲醛列为第1类致癌物，即对人类致癌证据充分。甲醛是我国明令禁止添加到食品中的非食品添加剂，严谨在食品中添加。

由于水产品或水发食品极难保鲜，甲醛具有杀菌防腐作用，能使蛋白变性并使蛋白组织保持吸水膨胀，不法商贩在水发食品、动物性水产品、劣质肉品以及豆制品和面制品等食品中使用甲醛的违法行为屡禁不止。其中，以水发产品最为严重，一方面是为了防腐；另一方面是为了增加食品质量，使产品外观肉体饱满、光泽更佳。用甲醛处理的水发产品(如鱿鱼)，能使质量翻倍而获利更多。

由于甲醛制备工艺简单、价格低廉、容易获得，在食品加工、贮藏、运输、批发、零售等各个环节都可能被人为加入。我国虽已制订水产品中甲醛的测定方法(SC/T 3025—2006)，但检测水发产品中是否含甲醛，还没有简便的、适合普通群众掌握的方法，如何对数以百万计的店铺摊点进行实时监控是一个难题。在实际工作中，只有卫生检验、质量监督、工商行政管理等部门协作，在经营各环节上建成监测网络，才能有效控制水发产品市场。目前，一些大型的市场将甲醛作为水产品和水发产品的常规监测指标，各级监测机构也将甲醛列为重点监测指标。

6.1.4.2 安全管理

肉和动物性水产制品未来在我国有较大的发展空间，其安全管理主要是加工环节关键点的控制，我国有关其质量和卫生及其检验的国家标准、加工操作规范等均需要进一步制修订。

规模化肉制品和动物性水产制品企业应实行 HACCP 和 GMP 等现代技术措施，要保证原料的卫生，并防止加工环节中病原生物的污染和有害物质的产生，使用的原材料和添加剂必须符合国家卫生标准和有关规定。对于发展中国家存在的加工作坊“小、散、乱、差”等问题，有关部门应依法加强监管并加强对从业人员的教育。

肉类加工厂(屠宰猪、牛、羊和生产分割肉与肉制品厂)的工厂设计与设施卫生、工厂的卫生管理、生产人员个人的卫生与健康、加工过程中的卫生、成品贮藏与运输的卫生以及卫生与质量的检验管理等必须符合中华人民共和国国家标准《肉类加工厂卫生规范》(GB 12694—1990)的规定。熟肉制品(包括酱肉类、烧烤肉、火腿、灌肠类、西式火腿及其他方式加工经营的直接可食的畜、禽类肉)制品企业及加工过程须符合《熟肉制品企业生产卫生规范》(GB 19303—2003)的要求。

肉和动物性水产制品的卫生指标要求和检验方法以及食品添加剂、生产加工过程、包装、标识、运输、贮存的卫生要求必须符合中华人民共和国国家标准《熟肉制品卫生标准》(GB 2726—2005)、《腌腊肉制品卫生标准》(GB 2730—2005)、《鱼糜制品卫生标准》(GB 10132—2005)、《水产调味品卫生标准》(GB 10133—2005)、《腌制生食动物性水产品卫生标准》(GB 10136—2005)、《腌渍鱼卫生标准》(GB 10138—2005)和《动物性水产干制品卫生标准》(GB 10144—2005)的规定。

中华人民共和国卫生部于1990年11月20日发布了第5号令《肉与肉制品卫生管理办法》和《水产品卫生管理办法》，要求卫生行政部门对生产经营者应加强经常性卫生监督，对违反本办法的，根据国家有关法律规定追究法律责任。

6.2 乳及乳制品

乳是哺乳动物怀孕分娩后从乳腺分泌出的一种白色或稍带微黄色的不透明的液体，利用乳可以加工成乳酪、酸乳、乳糖、冰激凌、蛋糕等各种乳制品。乳及乳制品营养丰富，尤其是含有丰富的钙和优质蛋白质，是人工哺乳婴儿的唯一营养来源。乳及乳制品也非常容易腐败变质，为了保证乳及乳制品的安全，在食用之前必须对其进行消毒。

6.2.1 变质过程

乳既是易于消化吸收的天然食品，也非常适合微生物在其中生长繁殖。但在鲜乳中含有多种抑菌和杀菌物质，如过氧化物酶系统、乳铁蛋白、溶菌酶和脂肪酸等，使鲜乳可以保持一定时间的新鲜度并延缓乳的变质。乳的变质常始于乳糖被分解，产气、产酸，形成乳凝块；进而蛋白质被分解，凝固的乳又溶解；最后蛋白质和脂肪被分解使乳液变色、变味。如在变质过程中有病原菌污染则可大量繁殖并产生毒素导致食物中毒或其他食源性疾病。乳的变质多见以下6种类型。

(1)产酸变质

乳中的乳糖被细菌分解产生大量的乳酸等酸性产物，使乳的pH值下降、乳蛋白发生凝固的一种变质称为乳的产酸变质。常见的这类细菌有乳链球菌、粪链球菌、微球菌等球菌和大肠埃希菌等肠杆菌。

(2)产气变质

鲜乳中的大肠菌群可分解乳糖形成乳酸或醋酸，并进一步分解有机酸产生二氧化碳和氢气的变质过程称为产气变质。

(3)胨化变质

经过产气和产酸变质阶段后，乳中的糖类和酸类物质已很少，此时，假单胞菌属和芽孢杆菌属细菌便在乳中大量繁殖，这些细菌的凝乳酶等蛋白酶的活性很高，而使已在酸性条件下凝固的蛋白消化成为液态的变化过程称为胨化(peptonization)变质，即原来因产酸变质而发生凝固的乳液又溶解成为液态。

(4)黏稠化变质

由于一些细菌可在乳表面大量繁殖，菌体形成黏稠的膜状导致乳的表面出现黏稠化变质。乳液全部黏稠化，与大肠埃希菌、产气肠杆菌、阴沟肠杆菌和乳链球菌的大量繁殖形成荚膜有关。

(5)脂肪变质

乳液脂肪的分解，使乳液由原来的低级脂肪酸产生的芳香味变为油漆臭或酪酸臭的变质称为脂肪变质。分解脂肪能力较强的细菌多为荧光假单胞菌和脆弱假单胞菌等。

(6)变色

污染乳的微细菌有各种颜色而使乳呈现不同的颜色，如脓蓝素假单胞菌(*Pseudomonad syncyanea*)在中性或碱性乳中繁殖时乳呈灰色、在酸性乳中繁殖时乳呈蓝色，沙雷菌使乳呈红色，黄杆菌使乳呈黄色等。

6.2.2 安全问题

乳及乳制品营养价值丰富，在乳畜饲养、挤乳、运输、贮存、加工和销售及消费等各阶段都有可能被生物性和理化性污染物污染。生物性污染物主要为腐败菌和结核菌、布氏杆菌、金黄色葡萄球菌等病原菌，霉菌和霉菌毒素也可污染乳及乳制品。化学性污染多见抗生素、重金属、农药和放射性物质污染，多因乳牛患病时使用抗生素和饲喂乳牛的饲料污染所致。掺假、掺伪等行为和物质也可造成有毒物质的污染，应引起重视，其中，影响较大的有婴儿奶粉的“三聚氰胺事件”和“阜阳奶粉事件”。

6.2.3 乳源的安全管理

乳源是控制乳及乳制品安全的第一道关口。

(1)乳的生产卫生

乳生产环节较多，包括乳牛、乳品厂等各个环节。

①乳制品企业的卫生要求　乳制品加工企业选址须在交通方便、有充足水源的地区，不得建在受污染河流的下游；应符合食品加工环境要求，周围2 km范围内没有粉尘、有害气体、放射性物质和其他扩散型污染源，没有可导致昆虫大量滋生的潜在污染源；合理设置防护距离，有效防止废水、废气排放对周边环境保护目标的不良影响。企业要整体布局合理，各功能区域划分明确。乳制品厂应有健全配套的卫生设施，清洗、消毒设施和良好的排水系统等。乳品加工过程中各生产工序必须连续生产，防止原料和半成品积压变质而导致致病菌、腐败菌的繁殖和交叉污染。乳牛场及乳品厂应建立实验室，对投产前的原料、辅料和加工后的产品进行卫生质量检查，乳制品必须做到检验合格后方可出厂。乳品加工场的工作人员应保持良好的个人卫生，遵守有关卫生制度，定期进行健康检查，取得健康合格证后方可上岗。对传染病及皮肤病患者应及时调离工作岗位。乳制品厂必须对原料乳进行体细胞数、抗生素含量和菌落总数的检验与控制。在原料采购、加工、包装及贮运等过程中，关于人员、建筑、设施、设备的设置以及卫生、生产及品质等管理必须达到《乳制品企业良好生产规范》(GB 12693—2003)的条件和要求，全程实施HACCP和GMP，必须执行《乳制品厂设计规范》(QB 6006—1996)、《食品企业通用卫生规范》(GB 14881—1994)、《乳品设备安全卫生》(GB 12073—1989)、《生活饮用水卫生标准》(GB 5749—2006)的规定。

②乳牛的卫生要求　个体饲养乳牛必须经过检疫，领取有效证件。乳牛应定期预防接种及检疫，如发现病牛应及时隔离饲养。牛体应经常保持清洁，防止污染乳汁。

③挤乳的卫生要求　挤乳的操作是否规范直接影响到乳的卫生质量。挤乳前应做好充分准备工作，如挤乳前1h停止喂干料并消毒乳房，保持乳畜清洁和挤乳环境的卫生，防止微生物的污染。挤乳的容器、用具应严格执行卫生要求，挤乳人员应穿戴好清洁的工作服，洗手至肘部。此外，开始挤出的一、二把乳汁、产犊前15d的胎乳、产犊后7d的初乳、兽药应用期间和停药5d内的乳汁、乳房炎乳及变质乳等应废弃，不得供食用。挤出的乳应立即进行净化处理，除去乳中的草屑、牛毛、乳块等非溶解性的杂质。可采用过滤净化或离心净化等方法。通过净化可降低乳中微生物的数量，有利于乳的消毒。净化后的乳应及时冷却。

(2)乳源贮藏、运输和销售卫生

为防止微生物对乳的污染和乳的变质，乳的贮藏和运输均应保持低温，贮运乳的容器每次使用前后，应依次用净水、1%~2%碱水冲洗、再用净水清洗、蒸汽彻底消毒。贮乳设备要有良好的隔热保温设施。贮乳设备和容器最好采用不锈钢材质，以利于清洗和消毒并防止乳变色、变味。运送乳要有专用的冷藏车辆，且保持清洁干净。市售点应有低温贮藏设施，并有防晒、防雨设备，随售随取。每批消毒乳应在消毒 36 h 内售完，瓶装或袋装消毒乳夏天自冷库取出后应在 6h 内到达用户，乳温不得高于 15 ℃，不允许重新消毒再销售。

6.2.4 鲜乳的安全管理

刚挤出的乳汁中含有抑菌物质乳烃素(lactenin)等，乳烃素不耐热，其抑菌作用的时间与乳中存在的菌量和存放的温度有关。当菌数多、温度高时，抑菌时间就短，抑菌时间在 0℃时为 48 h，5℃时为 36 h，10℃时为 24 h，25℃时为 6 h，30℃时为 3 h，37℃时为 2 h，故挤出的乳应及时冷却。

(1)防止腐败变质

乳是富含多种营养成分的食品，适宜微生物的生长繁殖，是天然的培养基。乳被微生物污染后，在适宜的条件下，可以大量繁殖并分解乳中的各种营养成分。这些微生物主要来自乳腔管、乳头管、挤乳器或工人的手及外环境等。乳腐败变质时，理化性质及营养成分均发生改变。乳糖分解成乳酸，使乳的 pH 值下降呈酸味并导致蛋白质凝固；蛋白质的分解产物，如硫化氢、吲哚等可使乳具有臭味，不仅影响乳的感官性状，而且失去食用价值。因此，防止乳腐败变质的措施是做好乳生产过程中各环节的卫生工作，防止细菌污染。

(2)病畜乳的处理

乳中的致病菌主要是人畜共患传染病的病原体。当乳畜患有结核、布氏杆菌病及乳腺炎时，其致病菌通过乳腺使乳受到污染，这种乳如未经卫生处理便被食用可致人类感染患病。因此，对各种病畜乳必须分别给以卫生处理。

①结核病畜乳　结核病是牧场牲畜易患的疾病。有明显结核症状的病畜乳禁止食用，应就地消毒销毁，病畜应予以处理。对结核菌素试验阳性但无症状的病畜乳，经巴氏消毒(62℃维持 30 min)或煮沸后可食用。

②布氏杆菌病畜乳　羊布氏杆菌对人易感性强、威胁大，具有症状的乳羊，禁止挤乳并予以消毒销毁；患布氏杆菌病乳牛的乳，经煮沸 5 min 后方可利用，对凝集反应阳性但无明显症状的乳牛，其乳经巴氏消毒后允许做食品工业用乳，但不得制乳酪。

③口蹄疫病畜乳　如发现个别患口蹄疫的病畜不应挤乳，应急宰并按有关要求进行严格消毒，尽早消灭传染源。如已蔓延成群应在严格控制下对病畜乳分别处理：凡乳房外出现口蹄疫病变(如水泡)的病畜乳，禁止食用并就地进行严格消毒处理后废弃；体温正常的病畜乳在严格防止污染的情况下，其乳煮沸 5 min 或经巴氏消毒后可用来饲喂牛犊或其他畜、禽。

④乳房炎病畜乳　乳畜乳房局部患有炎症或者乳畜全身疾病在乳房局部有症状表现者，其乳均应消毒废弃，不得利用。

⑤其他病畜乳　乳畜患炭疽、牛瘟、传染性黄疸、恶性水肿、沙门菌病等，其乳均严禁食用或工业用，应予消毒后销毁。

此外，对病乳畜饲料中抗生素、农药残留量高或受霉菌、霉菌毒素污染的问题乳等，也应给予足够的重视。

(3)乳源与鲜乳的消毒

乳源与鲜乳消毒的主要目的是杀灭致病菌和多数繁殖型微生物，消毒方法均基于巴氏消毒法的原理，即乳中病原体一般加热至60～80℃时其繁殖体即可被杀灭，但乳的营养成分不被破坏。禁止生乳上市。乳消毒主要采用以下方法：

①巴氏消毒法　一是低温长时巴氏消毒法，即将乳加热到62℃，保持30 min；二是高温短时巴氏消毒法，即75 ℃加热15 s或80～85 ℃加热10～15 s；三是超高温瞬时巴氏消毒法，即在135 ℃，保持2 s。

②煮沸消毒法　将乳直接加热煮沸，保持10 min。方法简单，但对乳的理化性质和营养成分损失相对较大，且煮沸时泡沫部分温度低而影响消毒效果。若泡沫层温度提高3.5～4.2 ℃可保证消毒效果。

③蒸汽消毒法　将瓶装生乳置于蒸汽箱或蒸笼内，加热至蒸汽上升后维持10min，乳温可达85 ℃，该法乳的营养损失小，适于在无巴氏消毒设备的条件下使用。

鲜乳的消毒一般在杀菌温度的有效范围内，温度每升高10℃，乳中细菌芽孢的破坏速度增加约10倍，而乳褐变的反应速度增加约2.5倍，故常采用高温短时间巴氏消毒法，也可以采取其他经卫生主管部门认可的有效消毒法。

(4)鲜乳卫生标准

鲜乳指从符合国家有关要求牛(羊)的乳房中挤出的无食品添加剂且未从中提取任何成分的分泌物。鲜乳的指标要求、生产加工过程的卫生要求、贮存、运输和检验方法必须符合《鲜乳卫生标准》(GB 19302—2003)。

6.2.5 乳制品的安全管理

乳制品包括：液体乳类(杀菌乳、灭菌乳、酸牛乳、配方乳)；乳粉类(全脂乳粉、脱脂乳粉、全脂加糖乳粉和调味乳粉、婴幼儿乳粉、其他配方乳粉)；炼乳类(全脂无糖炼乳、全脂加糖炼乳、调味/调制炼乳、配方炼乳)；乳脂肪类(稀奶油、奶油、无水奶油)；干酪类(原干酪、再制干酪)；其他乳制品类(干酪素、乳糖、乳清粉等)。

(1)质量、卫生要求

企业应采用GMP、HACCP方法管理，制订关键控制点的检验项目、检验标准、抽样及检验方法，对生产过程及半成品进行检验，确认其质量合格后方可进入下道工序。凡不符合卫生标准的产品，必须会同卫生主管部门共同研究处理。企业应详细制订成品的品质规格、检验项目、检验标准、抽样及检验方法，并应以国家标准(或行业标准)为准，若无国家标准(或行业标准)，应制订企业标准。产品出厂应有产品检验合格证书，并做出货记录，内容包括：生产日期、批号、出货时间、地点、对象、数量等。

我国《乳与乳制品的卫生管理办法》第八条规定，乳汁中不得掺水，不得加入任何其他物质。乳制品中使用添加剂须符合现行的《食品添加剂使用卫生标准》(GB 2760—2007)。用做酸牛乳的菌种应纯良，无害。全脂乳粉、甜炼乳、奶油等的菌落总数及大肠菌群最近似数超过标准时，经消毒后可供食品加工用，且应有包装，标明。消毒乳、酸牛乳在发放前应置于10℃以下冷库保藏，奶油应于-15℃以下冷库保藏，防止变质。产品包装标识须符合《预包装食品标签通则》(GB 7718—2004)、《预包装特殊膳食用食品标签通则》(GB 13432—2004)及相应产品标准的规定，标示营养标签的产品还须符合《食品营养标签管理规范》。商标必须与内容相符，严禁伪造和冒充。乳品包装必须严密完整，并须注明品名、厂名、生产日期、批号、保存期限及使用方法，乳品商标必须与内容相符。消毒乳的容器，必须易于洗刷和消毒，不得使用塑料制品。凡与乳品直接接触的工具、容器及机械设备，在生产结束后要做到彻底清洗，使用前要严密消毒。包装材料应清洁无害，妥善保管。

(2)质量、卫生标准

表6-2列出各类别乳制品须符合的相关产品质量和卫生标准。

表6-2 各类别乳制品须符合的相关产品质量和卫生标准

类别	产品品种	须符合的相关质量和卫生标准
液体乳	杀菌乳	《巴氏杀菌乳》(GB 5408.1—1999)、《巴氏杀菌、灭菌乳卫生标准》(GB 19645—2005)
	灭菌乳	《灭菌乳》(GB 5408.2—1999)、《巴氏杀菌乳、灭菌乳卫生标准》(GB 19645—2005)
	酸牛乳	《酸牛乳》(GB 2746—1999)、《酸乳卫生标准》(GB 19302—2003)
乳粉类	全脂乳粉、脱脂乳粉、全脂加糖乳粉和调味乳粉	《全脂乳粉、脱脂乳粉、全脂加糖乳粉和调味乳粉》(GB 5410—1999)、《乳粉卫生标准》(GB 19644—2005)
	婴幼儿乳粉	《婴幼儿配方粉及婴幼儿补充谷粉通用技术条件》(GB 10767—1997)、《婴儿配方乳粉Ⅰ》(GB 10765—1997)、《婴儿配方乳粉Ⅱ、Ⅲ》(GB 10766—1997)
炼乳类	全脂无糖、全脂加糖炼乳	《全脂无糖炼乳和全脂加糖炼乳》(GB 5417—1999)、《炼乳卫生标准》(GB 13102—2005)
乳脂肪类	奶油、稀奶油	《奶油》(GB 5415—1999)、《奶油稀奶油卫生标准》(GB 19646—2005)
干酪类	硬质干酪	《干酪卫生标准》(GB 5420—2003)
其他乳制品类	干酪素、乳糖、乳清粉	《工业干酪素》(QB/T 3780—1999)、《粗制乳糖》(QB/T 3778—1999)、《乳清粉卫生标准》(GB 11674—2005)、《脱盐乳清粉》(QB/T 3782—1999)

6.3 蛋及蛋制品

6.3.1 变质过程

鲜蛋类具有良好的防御结构和多种天然抑菌杀菌物质，对微生物穿透蛋壳和在蛋液中生长具有一定的抵抗力。蛋壳具有天然屏障作用，表面的壳胶质可保护外部微生物的入侵，表面直径为7～40μm的微孔，大部分是半透性的，有机械阻挡微生物入侵的作用；蛋白内含有多种重要的溶菌、杀菌及抑菌因子，如溶菌酶、伴清蛋白和抗生物素蛋白等。但蛋类又含有丰富的营养物质，是生物性污染物生长繁殖的良好基质，污染多来自养殖环境、饲料、不洁的产蛋场所、卵巢、生殖腔和贮运各环节。腐败变质与很多因素有关，包括蛋被粪便、灰尘、土壤等的污染程度及与水的接触情况，蛋壳的完好情况，蛋的贮存时间及贮存条件等。粪便严重污染，用湿手收集或湿容器贮存搬运，用水洗蛋壳，蛋壳有裂纹，贮存温度较高或潮湿等情况均易导致蛋的腐败变质。

土壤与水中存在的荧光假单胞菌因其运动能力和产生绿脓素而比其他微生物更容易穿透蛋壳，是首先经蛋壳气孔进入蛋内生长繁殖的细菌，随后其他腐败菌侵入并在蛋内生长繁殖，最终导致蛋的腐败变质。蛋的腐败特征与菌种有密切关系，如恶臭假单胞菌可使蛋白呈绿色并带荧光，荧光假单胞菌产生的卵磷酯酶能在卵黄表面形成桃红色沉淀，普通变形杆菌和气单胞菌能产生较强的蛋白水解酶使蛋白溶解、卵黄膜受损、蛋白与蛋黄位置不能固定而使蛋白与蛋黄混合在一起，分解产物(如硫化氢、氨和各种胺化物)使腐败变质的蛋具有酸臭味或粪臭味。

在潮湿条件下，蛋还容易受霉菌污染而造成禽蛋变质。常见有枝霉属、芽枝霉属、交链孢霉等。这些霉菌先在蛋壳表面上生长，菌丝可由气室部位的气孔进入蛋壳，若在壳内膜上生长，则膜呈灰绿色斑点或斑块；若进入卵白或卵黄，则卵白呈黏稠样胶胨状，而卵黄则呈蜡样质化。

6.3.2 安全问题

蛋的安全问题主要有3个方面：一是禽类饲养环境和蛋的加工环节的生物性污染物(包括病原菌和腐败菌)的污染问题；二是饲料中不正确添加抗生素和生长激素类制剂及化学性污染引起的问题；三是在蛋加工品制作中违法、违规添加有毒化学物质。对不法业主在蛋制品加工过程中，人为添加非允许食品添加物质的行为和引起的安全问题，《食品安全法》明确规定了惩处条款。

(1)微生物污染

鲜蛋的主要生物性污染问题是致病菌(沙门菌、空肠弯曲菌和金黄色葡萄球菌)和引起腐败变质的微生物污染。清洁的卵壳表面约有细菌4×10^6～5×10^6个，而较脏的蛋壳表面细菌多达1.4×10^8个。一般来说，鲜蛋的微生物污染途径有3个：

①卵巢的污染(产前污染) 禽类感染沙门菌及其他微生物后，可通过血液循环而进入卵巢，当卵黄在卵巢内形成时被污染。

②产蛋时污染(产道污染) 禽类的排泄腔和生殖腔是合一的，蛋壳在形成前，排泄腔里的细菌向上污染输卵管，从而导致蛋受污染。蛋从泄殖腔排出后，由于外界空气的自然冷却，引起蛋内容物收缩，空气中的微生物可通过蛋壳上小孔进入蛋内。

③产蛋场所的污染(产后污染) 蛋壳可被禽类、鸡窝、人手以及装蛋容器上的微生物污染。此外，蛋因搬运、贮藏受到机械损伤而致蛋壳破裂时，极易受微生物污染，发生变质。

(2)抗生素、生长激素及其他化学性污染

蛋的化学性污染与禽类的化学性污染密切相关。饲料受抗生素、生长激素和农药、兽药、重金属及无机砷污染，以及饲料本身含有的有害物质(如棉饼中游离棉酚、菜子中硫代葡萄糖苷)可以向蛋内转移和蓄积，造成蛋的污染。

(3)违法、违规加工蛋类

我国曾发生过使用化学药品人工合成假鸡蛋事件。假鸡蛋的蛋壳由碳酸钙、石蜡及石膏粉构成，蛋清和蛋白则主要由海藻酸钠、明矾、明胶、色素等构成，蛋黄主要成分是海藻酸钠液加柠檬黄一类的色素，成本只是售价的25%左右。假鸡蛋不但没有任何营养价值，长期食用可因明矾含铝更有可能引致记忆力衰退、痴呆等严重后果。

我国还发生过为了生产高价红心蛋，违法在鸡蛋或鸭蛋中掺入苏丹红的事件。

6.3.3 安全管理

为防止微生物对禽蛋的污染，提高鲜蛋的卫生质量，应加强对禽类饲养过程中的卫生管理，确保禽体和产蛋场所的清洁卫生，确保科学饲养禽类和加工蛋制品。现行的国家卫生标准是《鲜蛋卫生标准》(GB 2748—2003)和《蛋制品卫生标准》(GB 2749—2003)。卫生部于1990年发布第5号令《蛋与蛋制品卫生管理办法》，明确规定卫生行政部门对生产经营者应加强经常性卫生监督。

6.3.3.1 鲜蛋的安全管理

鲜蛋的安全管理关键为贮藏、运输和销售环节的安全管理。

(1)贮藏

鲜蛋最适宜在1~5℃、相对湿度87%~97%的条件下贮藏或存放。当鲜蛋从冷库中取出时，应在预暖间放置一定时间，以防止因温度升高产生冷凝水而引起出汗现象导致微生物对禽蛋的污染。鲜蛋用硅酸钠(水玻璃)液浸泡后，放置在10℃的室温下可保存8~12个月，但易造成蛋散黄。若无冷藏条件，鲜蛋也可保存在米糠、稻谷、木屑或锯末中，以延长保存期。

(2)运输

运输过程应尽量避免发生蛋壳破裂。用于运输的容器、车辆应清洗消毒。装蛋的容器和铺垫的草、谷糠应干燥、无异味。鲜蛋不应与散发特异气味的物品同车运输。运输途中要防晒、防雨，以防止蛋的变质和腐败。

(3)销售

鲜蛋销售前必须进行安全检验，符合鲜蛋要求方可在市场上出售。

6.3.3.2 蛋制品的安全管理

蛋制品包括再制蛋(不改变物理性状)、蛋制品(改变其物理性状)和其他蛋制品。再制蛋包括卤蛋、糟蛋、皮蛋、咸蛋和其他再制蛋，蛋制品包括脱水蛋制品(如蛋白粉、蛋黄粉、蛋白片)、热凝固蛋制品(如蛋黄酪、松花蛋肠)、冷冻蛋制品(如冰蛋)和液体蛋。加工蛋制品的蛋类原料须符合鲜蛋质量和卫生要求。皮蛋制作过程中须注意碱、铅的含量，目前以氧化锌或碘化物代替氧化铅加工皮蛋，可明显降低皮蛋的铅含量。制作冰蛋和蛋粉应严格遵守有关的卫生制度，严防沙门菌、空肠弯曲菌等禽蛋类食品常见病原菌和其他腐败菌的污染，加工人员及其操作步骤、加工工具等应严格遵守卫生操作规定。

6.4 脂肪、油和乳化脂肪制品

脂肪、油和乳化脂肪制品包括基本不含水的脂肪和油、水油状脂肪乳化制品、混合的和/或调味的脂肪乳化制品、脂肪类甜品、其他油脂或油脂制品。其中，基本不含水的脂肪和油类含植物油脂(植物油和氢化植物油)和动物油脂(猪油、牛油、鱼油和其他动物脂肪)及无水黄油与无水乳脂3类；水油状脂肪乳化制品有脂肪含量80%以上的乳化制品(黄油和浓缩黄油、人造黄油及其类似制品)和脂肪含量80%以下的乳化制品2类。

油脂的加工方法有精炼法、压榨法、浸出法和水代法。后3种方法主要用于植物油的加工，前两种方法加工出来的初级产品称为“毛油”。

6.4.1 变质过程

食用油脂的状态与温度有关，植物油在常温下呈液体状态(椰子油例外)，如豆油、花生油、菜子油、棉子油、芝麻油、茶油等，成分以不饱和脂肪酸为主；动物脂肪在常温下则呈固态，如猪油、牛脂、乳油等，成分以饱和脂肪酸为主，鱼油以多不饱和脂肪酸为主。食用油脂大都是甘油三酯的混合物，构成油脂的脂肪酸种类很多，它的理化性质主要取决于其脂肪酸组成。不同的食用油脂，其质量鉴别方法也不相同。正常植物油的色泽一般为黄色、透明状液体，无沉淀、不混浊，但颜色有浅有深。

油脂由于含有杂质或在不适宜条件下久藏而发生一系列化学变化和感官性状的变化，称为油脂酸败。油脂酸败的原因包括生物学和化学两个方面的因素。由生物学因素引起的酸败过程被认为是一种酶解过程，来自动物组织残渣和食品中的微生物带有解酯酶，油脂中的甘油三酯在解酯酶的催化下可分解成甘油和脂肪酸，使油脂酸度增高。某些金属离子在油脂氧化过程中起催化作用，铜、铁、锰离子可缩短上述过程的诱导期，加快氧化速度。在油脂酸败过程中油脂的自动氧化占主导地位。

当油脂中含有较多的磷脂、蜡质、水分及酸败产物时，会影响油脂透明度，出现混浊、沉淀。冷榨油无味，热榨油有各自的特殊气味。油料发霉、炒焦后制成的油带有霉味、焦味，所以优质油脂应无焦臭味、霉味和哈喇味。发霉油料制成的油带苦味，酸败油脂带有酸、苦、辣味。正常动物脂肪为白色或微黄色，有固有的气味和滋味，无焦味和哈喇味。

6.4.2 安全问题

食用油脂的安全问题主要表现在油脂成分发生了一系列的化学反应并产生了影响油脂品质和安全的物质。

(1)油脂酸败

用于评价油脂酸败常用的卫生学指标有：

①酸价(AV) 指中和1g油脂的游离脂肪酸所需KOH的毫克数，是评价油脂酸败程度的卫生指标。我国规定精炼食用植物油AV应≤0.5，棉子油应≤1，其他植物油均应≤4。

②羰基价(CGV) CGV是反映油脂酸败时产生醛、酮总量的指标。实际检测过程中羰基价的测定是利用羰基化合物与2，4－二硝基苯肼的反应产物在碱性溶液中形成葡萄酒红色，在440nm下测定光密度，通过计算获得的，以meq/kg表示。我国规定普通食用植物油CGV应≤20 meq/kg，精炼食用植物油应≤10 meq/kg。酸败油脂和劣质油大多数超过50 meq/kg，而有明显酸败味的食品其CGV可高达70 meq/kg。

③过氧化物值(POV) 油脂中不饱和脂肪酸可被氧化形成过氧化物，过氧化物含量的多少称为过氧化值，一般以1 kg被测油脂使碘化钾析出碘的meq数表示。POV是油脂酸败的早期指标，随着油脂发酵—酸败—腐败的变败过程，POV可由持续升高而转为持续下降。一般情况下，当POV超过20 meq/kg时表示酸败，WHO推荐食用油脂的POV应≤10 meq/kg，我国规定花生油、葵花子油、米糠油POV应≤20 meq/kg，其他食用植物油应≤12 meq/kg，精炼植物油应≤10 meq/kg。

④丙二醛含量 丙二醛是猪油油脂酸败的产物之一，其含量的多少可灵敏地反映猪油酸败的程度，并且随着氧化的进行而不断增加。一般用硫代巴比妥酸法测定，这种方法不仅简单方便，而且适用于所有食品，并可反映除甘油三酯以外的其他物质的氧化程度。我国在猪油卫生标准中规定丙二醛应≤2.5 mg/kg。

食用油脂一旦发生酸败，则表示3个方面的卫生学意义：

- 感官性状发生变化 即油脂酸败产生的醛、酮、过氧化物等有害物质使油脂带哈喇味。

• 食用价值降低　即油脂中的亚油酸、维生素 A、维生素 D 在油脂酸败过程中因氧化而遭到破坏。

• 对人体具有危害性　即油脂酸败产物通过破坏机体的酶系统（如琥珀酸脱氢酶、细胞色素氧化酶等）而影响体内正常代谢、危害人体健康，因油脂酸败而引发的食物中毒在国内外均有报道。

(2) 有害物质污染

油脂中的有害物质有原料中天然存在的，也有保存过程中产生和外环境中污染的。

①自然有毒物质　芥子苷：油菜子中含量较多，在植物组织酶的作用下分解产生硫氰化物，有致甲状腺肿的作用，主要阻断甲状腺对碘的吸收。芥酸：是一种二十二碳单不饱和脂肪酸，在菜子油中约含 20% ~50%，可导致心肌纤维化、心包积水及肝硬化。棉酚：棉子色素腺体中的有毒物质，包括游离棉酚、棉酚紫和棉酚绿 3 种。冷榨法产生的棉子油游离棉酚的含量很高，长期食用生棉子油可引起慢性中毒，其临床特征为皮肤灼热、无汗、头晕、心慌、无力及低钾血症等；还可导致性功能减退及不育症等。

②霉菌及霉菌毒素　花生最易被黄曲霉毒素污染，用污染的葵花子和花生制造的油中也会含有黄曲霉毒素。目前采用碱炼法和活性白陶土法去除花生油中的黄曲霉毒素。

③多环芳烃类　油脂中多环芳烃的来源有 4 个：烟熏油料子时产生了苯并(a)芘；用浸出法生产食用油时，使用了不纯的溶剂，产生了苯和多环芳烃等有机化合物；在食品加工时，油的温过高或被反复使用使油脂发生热聚，形成此类物质；当环境中多环芳烃污染严重时，如作物生长期间暴露于工业降尘，可使油料种子中多环芳烃类物质含量增高。

6.4.3 安全管理

我国颁布的《食用植物油厂卫生规范》(GB 8955—1988)和《食品企业通用卫生规范》(GB 14881—1994)及卫生部第 5 号令《食用植物油卫生管理办法》和《食用氢化油及其制品卫生管理办法》是食品卫生部门对食用油脂进行经常性卫生监督工作的重要依据。

(1) 厂房车间

食用植物油厂必须建在交通方便，水源充足，无有害气体、烟雾、灰尘、放射性物质及其他扩散性污染源的地区，其原材料选购和贮运卫生、工厂设计与设施卫生、工厂的卫生管理、人员个人卫生与健康管理、生产过程的卫生、成品包装与贮运的卫生和卫生与质量检验管理等均须符合《食用植物油厂卫生规范》(GB 8955—1988)。生产食用植物油的加工车间一般不宜加工非食用植物油，但由于某些原因加工非食用植物油后，应将所有的输送机、设备、中间容器及管道、地坑中积存的油料或油脂全部清出，还应在加工食用植物油的投料初期抽样检验，符合食用植物油的质量、卫生标准后方能视为食用油；不合格的油脂应作为工业用油。用浸出法生产食用植物油的车间，其设备、管道必须密封良好，空气中有害物质的含量须符合现行的《工业企业设计卫生标准》(GBZ 1—2002)，严防溶剂跑、冒、滴、漏。

(2)贮运销

贮存、运输及销售食用油脂均应有专用的工具、容器和车辆，以防污染，并定期清洗，保持清洁。为防止与非食用油相混，食用油桶应有明显标记，分区存放。贮存、运输、装卸时要避免日晒、雨淋，防止有毒、有害物质污染。生产食用植物油或食用植物油制品的从业人员，必须经健康检查并取得健康合格证后方可工作，工厂应建立职工健康档案。食用植物油成品须经严格检验，达到国家有关质量、卫生标准后才能进行包装。包装容器应标明品名、等级、规格、毛重、净重、生产单位、生产日期等。各项指标均达到国家规定的质量、卫生要求时，食用油脂才可出厂销售。

(3)防止酸败措施

①加工工艺　在加工过程中油脂中应避免含有动植物组织残渣，抑制或破坏脂肪酶的活性，水分含量应≤0.2%，保证油脂纯度；同时防止微生物污染也是关键。

②贮存方法　油脂适宜的贮存条件是密封、隔氧、避光、低温；在加工和贮存过程中应避免重金属的污染。油桶必须保持清洁，不能用塑料桶长期存放油脂。

③抗氧化　添加油脂抗氧化剂是防止食用油脂酸败的重要措施。我国常用的抗氧化剂有丁基羟基茴香醚(BHA)、二丁基羟基甲苯(BHT)、没食子酸丙酯(PG)，其最大使用量分别为0.2g/kg、0.2g/kg、0.1g/kg，若以上3种混合使用时，BHA、BHT总量应小于0.1g/kg、PG应小于0.05g/kg。维生素E对热稳定，与BHA、BHT一起使用效果更好，其添加量在动物脂肪中为0.001%～0.5%、植物油中为0.03%～0.07%。

(4)加工过程

生产食用油脂使用的水必须符合《生活饮用水卫生标准》(GB 5749—2006)的规定。制取食物油的油料必须符合《植物油料卫生标准》，生产过程应防止润滑油和矿物油对食用油脂的污染。生产食用植物油所用的溶剂必须符合国家有关规定，浸出法生产的食用油不仅对溶剂要有严格的要求，而且对食用油的溶剂残留量也有明确的限量。我国《食用植物油卫生标准》(GB 2716—2005)中规定，浸出油溶剂残留量在植物原油中须≤100 mg/kg，在食用植物油中≤50mg/kg。在没有碱炼设施条件下精制毛油，不得利用被黄曲霉毒素污染的原料。煎炸的最高油温不得超过250℃，每次煎炸后须过滤除渣后方可使用。《食用植物油煎炸过程中的卫生标准》(GB 7102.1—2003)适用于煎炸过程中的各种食用植物油。《食用动物油脂卫生标准》(GB 10146—2005)适用于以经兽医卫生检验认可的生猪、牛、羊的板油、肉膘、网膜或附着于内脏器官的纯脂肪组织，单一或多种混合炼制的食用猪油、羊油、牛油。《食用氢化油卫生标准》(GB 17402—2003)适用于以食用植物油经氢化和精炼处理后制得的食用工业用原料油。

6.5 罐头食品

罐头食品(canned food)是将加工处理后的食品装入金属罐、玻璃瓶或软质材料等密封容器中，经排气、密封、加热、杀菌、冷却等工序，达到商业无菌，在常温下可长期保存的食品。

6.5.1 变质过程

罐头的制作过程须高温、高压杀灭微生物并抽真空后密封，正常情况下内容物所携带的微生物和天然抑菌物都已被除去，同时与外界隔绝，内部呈负压无氧状态。因此，罐头食品可较长时间保存。但是，由于制作过程加热不彻底或密封不严，仍可残留微生物或被微生物污染，残留和污染的微生物种类多为厌氧或兼性厌氧的、耐热的变败菌和致病菌，引起罐头的变质或导致食用者肉毒中毒。

罐头食品按内容物不同分为水果罐头、蔬菜罐头、食用菌和藻类罐头、坚果与籽类罐头、八宝粥罐头、肉罐头和水产品罐头，故其残留和被污染的微生物及化学污染物种类视罐头的内容物不同而异。按酸度不同可分为低酸性罐头类(pH4.6以上)和酸性罐头类(pH4.6以下)，低酸性罐头的内容物多为动物性食物原料，蛋白质营养丰富，因此常见分解蛋白能力强的嗜热性厌氧芽孢梭菌残留或污染，有些可产生毒素，引起严重的食物中毒；而酸性罐头食品的原料多为植物性食物，富含碳水化合物，残留或污染的微生物类群为耐酸性的种群，多见酵母菌和霉菌，而细菌类群中的致病菌在酸性罐头的环境中不可能繁殖和产生毒素。

罐内微生物一旦大量繁殖则引起变质，罐内常产生气体，使罐头盖或底部膨胀，称为胖听(swelled can)；有时罐内容物已酸败但并不产生气体，称为平酸(flat sour)。胖听现象多由微生物繁殖引起，但有时化学性和物理性因素也可引起，应注意区分。

6.5.2 安全问题

影响罐头食品的安全因素可以来自于食品原料、罐藏容器、加工过程中的添加剂和生产过程的污染等。加热杀菌不彻底、密封不严和冷却不充分是变败的关键因素。

(1)罐藏容器

罐藏容器即罐头食品的包装材料，常见3种污染：一是包装材料中锡含量超标(超过200mg/kg)；二是由于镀锡和焊锡造成铅污染；三是封口胶中有害物质污染。

(2)加工设备

铁、铜离子可促使含硫氨基酸分解产生硫化氢，可引起罐内容物和罐壁黑变。故加工设备应采用不锈钢而不可用铁、铜制品。

(3)微生物

加热不彻底和密封不严可使罐头食品残留和污染有微生物，并大量繁殖，造成罐头的腐败变质，甚至引起食物中毒。原料中产硫化物微生物如未被彻底杀灭，也是引起罐内容物和罐壁黑变的原因。

(4)添加剂

肉类罐头在制作加工过程中需要添加硝酸盐或亚硝酸盐作为发色剂，既可使肉品呈现鲜艳的粉红色，还可阻止肉类发生腐败变质及抑制肉毒梭菌产毒。但违规添加硝酸盐或亚硝酸盐可引起食物中毒，在适宜的条件下亚硝酸盐遇胺类物质可生成强致癌物亚硝胺或亚硝酰胺。使用焦亚硫酸钠保护食品颜色时，其二氧化硫的残留也是罐内硫的来源。

6.5.3　安全管理

罐头食品原料、包装材料、贮藏、流通的每一个环节都是罐头食品安全管理的重要环节。罐头食品生产过程主要包括空罐选择、清洗和消毒，原料初步处理以及灌装、排气、密封、杀菌、冷却、保温试验、外包装入库等工艺程序，每一个工艺过程都是保证罐头食品安全的关键环节。

(1)容器材料卫生要求

罐头食品的容器材料必须符合安全无毒、密封良好、抗腐蚀及机械性能良好等基本要求，以保证罐头食品的质量和加工、贮存、运输及销售的需要。

①金属罐　材质为镀锡薄钢板(马口铁)、镀铬薄钢板和铝材。镀锡薄板具有良好的耐腐蚀性、延展性、刚性和加工性能。镀锡层要求均匀无空斑，否则在酸性介质中会加速锡、铅溶出，严重者可造成穿孔，形成漏罐。加工后形成涂膜须符合国家卫生要求，即涂膜致密、遮盖性好，具有良好的耐腐蚀性，并且无毒、无害、无味，并且应有良好的稳定性和附着性。铝材是铝镁、铝锰等合金经一系列加工工序制成，具有轻便、不生锈、延展性好、导热率高等特点，是冲拔罐的良好材质。金属罐按加工工艺有三片罐和二片罐(冲拔罐或易拉罐)之分，为了减少铅污染，三片罐的焊接应采用高频电焊或黏合剂焊接，焊缝应光滑均匀，不能外露，黏合剂须无毒、无害；制盖所使用的密封填料除应具有良好的密封性能和热稳定性外，还应对人体无毒、无害，符合相关的卫生要求。

②玻璃罐　玻璃的化学性质稳定，特点是透明、无毒、无味，具有良好的耐腐蚀性，能保持食品的原有风味，无有害金属污染。但也存在机械性能差、易破碎、透光、保存期短、运输困难、费用高等缺陷。玻璃瓶顶盖部分的密封面、垫圈等材料应为食品工业专用材料。

③塑料金属复合膜　是软罐头的包装材料，这种塑料复合膜是由3层不同材

质的薄膜经黏合而成，3层间普遍采用聚氨酯型黏合剂，该黏合剂中含有甲苯二异氰酸酯，其水解产物2，4－氨基甲苯具有致癌性。因此，必须严格掌握限量标准。软罐头一般为扁平状，传热效果好，杀菌时间比金属罐头显著缩短。但因包装材料较柔软，易受外力影响而损坏，特别是锋利物体易刺破袋体，因此在加工、贮存、运输、销售等过程中存在一定缺陷。

(2)原辅材料卫生要求

罐头食品的原料主要包括蔬菜类、水果类、肉禽类、水产类等；辅料有调味品(如糖、醋、盐、酱油等)、食用香料(如葱、姜、胡椒等)和食品添加剂(如护色剂、防腐剂、食用色素、抗氧化剂等)。所有罐头食品原辅料须符合有关部门规定标准，凡生霉、生虫及腐败变质的材料都不可用于制作罐头食品。罐头加工使用的食品添加剂品种和用量须符合《食品添加剂使用卫生标准》(GB 2760—2007)的规定。

①果蔬类　原料应无虫蛀、无霉烂、无锈斑和无机械损伤。不同的品种还应有适宜的成熟度，不仅对产品的色泽、组织状态、风味、汁液等具有重要的影响，还直接关系到生产效率和原料的利用率。果蔬原料的预处理包括分选和洗涤、去皮和修整、漂烫及抽真空。其中，漂烫的目的主要是破坏酶的活性，杀死部分附着在原料上的微生物，稳定色泽，软化组织和改善风味。抽真空处理可以排除原料组织中的空气，以减少对罐壁的腐蚀和果蔬变色，还可使终产品具有较高的真空度。

②畜、禽肉类　原料肉必须来自非疫区的健康动物，并经卫生检验合格，不得使用病畜肉和变质原料。原料应严格修整，去除毛污、血污、淋巴结、粗大血管和伤肉，不得随地乱放或接触地面。

③水产品类　挥发性碱基氮应在15 mg/kg以下。使用冷冻原料时应缓慢解冻，以保持原料的新鲜度，避免营养成分的流失。

④其他原辅料　生产用水须符合国家生活饮用水质量标准。罐头食品所使用的辅料中，食品添加剂的使用范围和剂量则须符合相关的国家卫生要求。

(3)加工过程卫生要求

罐头厂的原料采集与贮运、厂房设计与设施及卫生管理、加工过程、成品贮运和质量记录、检验等均须符合《罐头厂卫生规范》(GB 8950—1988)规定。罐头在排气后应迅速封盖，使食品与外界隔离，不受外界微生物污染而能保存较长时间。因食物的种类、罐内容物pH值、热传导性能、微生物污染程度、杀菌前初温和罐形大小等不同，罐头杀菌的温度也不同。罐头杀菌后应迅速冷却，使罐中心温度在短时间内降至40℃左右，并立即投入下一道工序，以免罐内食品仍然保持相当高温度，造成嗜热性芽孢菌的繁殖；同时可避免食品色泽、风味、组织结构受到影响；利于冷却后罐外水分挥发，防止生锈。罐头生产过程中的冷却方法有空气冷却和水冷却，冷却用水须符合国家生活饮用水质量标准。《肉类罐头卫生标准》(GB 13100—2005)、《鱼类罐头卫生标准》(GB 14939—2005)和《食用菌罐头卫生标准》(GB 7098—2003)规定了3类罐头的卫生指标以及食品添加剂和加工过程的卫生要求。

(4)成品检验

成品检验包括外观、真空度和保温测验。外观检查主要包括容器有无缺口、折裂、碰伤以及有无锈蚀、穿孔、泄露和胀罐等情况。真空度检查产生浊音可能由多种情况造成，如排气不充分、密封不好、罐内食物填充过满以及罐头受细菌或化学性因素作用等，要视具体情况结合其他检查决定如何处理。杀菌是罐头生产过程中非常关键的环节，是杀灭罐头食品中病原微生物和常温下可繁殖的非致病性微生物的技术方法。保温试验是检查成品杀菌效果和产品质量的重要手段，将从锅中取出的成品罐头迅速冷却，肉、禽、水产品罐头在(37 ±2)℃条件下保温5 ~7d、水果罐头在常温下放置7d，含糖50 %以上的品种，由于渗透压高，可不做保温试验。经保温试验后，外观正常者表明无微生物繁殖产气，方可进行产品质量检验和卫生检验。

(5)出厂前检验

应按照国家规定的检验方法(标准)抽样，进行感官、理化和微生物等方面的检验。主要检查是否超过保存期，有无漏气、锈听、漏听和胖听，内容物有无变色和变味，必要时进行罐内容物微生物学检验。凡不符合标准的产品一律不得出厂。

将罐头放置于(86 ±1)℃的温水容器中，观察1 ~2 min，若发现有小气泡不断上升，表明漏气，如确认为漏气应销毁。胖听常见以下4种情况：

①物理性胖听　多由于装罐过满或罐内真空度过低引起，通常该批罐头均发生胖听，通过37℃、7d保温试验胖听消失者即为物理性胖听，可以食用。

②化学性胖听　多见于樱桃、杨梅、草莓等低酸性水果罐头，由于金属罐受酸性内容物腐蚀产生大量氢气所致，也有因内容物发生羰氨反应或抗坏血酸的分解而产生大量的二氧化碳气体引起的，罐头无裂损者可按正常罐头限期出售，罐体穿洞有气体逸出虽无腐败气味一般也不宜食用。

③生物性胖听　是杀菌不彻底残留的微生物或因罐头有裂缝从外界进入的微生物生长繁殖产气的结果，属于产气性变败罐头。此类胖听常为两端凸起，叩击有明显鼓音，保温试验胖听增大，穿洞有腐败味气体逸出，此种罐头禁止食用。

④平酸　指只产酸不产气的变败罐头，禁止食用。

6.6 粮、豆、蔬菜、水果、茶叶及其制品

粮、豆、蔬菜、水果和茶叶及其制品是一大类植物性食品，其安全和管理有很多相似之处。

6.6.1 粮、豆及其制品

粮、豆食品在我国推荐膳食指南的最下一层，意味着占每天食物摄入比例最大，其安全状况对人类的健康影响也较大。

6.6.1.1 安全问题

威胁粮、豆食品的安全问题，主要有不适当的种植、加工、贮藏使粮、豆受到了农药、添加剂、霉菌和害虫等因素的危害。

(1)霉菌和霉菌毒素

粮、豆在农田生长时可被田野霉污染，田野霉有很多是植物病原菌，它们寄附和侵入粮、豆作物上，生长发育形成粮、豆的自身菌相。有些田野霉在粮、豆收获后仍可生长于其上，在高温和潮湿条件下可引起粮、豆作物种子变色、胚部损伤以及造成种子萎缩、幼苗枯萎和根腐，造成严重的作物损失；有些田野霉可产生毒素，人畜食用被毒素污染的粮、豆和饲料可引起真菌性食物中毒。粮、豆在收获之后及贮存过程中可被贮藏霉污染，贮藏霉属于腐生微生物，具有强大的分解能力，可耐受低温、低湿和高渗透压，引起粮、豆的霉变，对贮藏粮、豆的危害性很大。人体长期蓄积霉菌毒素可致癌。

(2)农药

残留在粮、豆中的农药可与粮、豆一起进入人体而损害机体健康。防治病虫害和除草时直接施用的农药，环境受施用农药的污染通过水、空气、土壤等途径等均可使农药进入粮、豆作物。

(3)食品添加剂

我国粮、豆制品生产中使用的食品添加剂有凝固剂、消泡剂、漂白剂等。违规使用可引起铅、砷、汞等重金属污染和二氧化硫残留超量。常见的有小麦粉中违规使用二氧化钛、超量使用过氧化苯甲酰和硫酸铝钾、滥用滑石粉，面条、饺子皮中面粉处理剂超量，油条使用膨松剂(硫酸铝钾、硫酸铝铵)过量而造成铝的残留量超标，臭豆腐中滥用硫酸亚铁等。

(4)有毒、有害物质

粮、豆作物中的汞、镉、砷、铅、铬、酚和氰化物等主要来自未经处理或处理不彻底的工业废水和生活污水对农田的灌溉。一般情况下，污水中的有害有机成分经过生物、物理及化学方法处理后可减少甚至消除，而以重金属为主的无机有害成分或中间产物可通过污水灌溉可严重污染农作物。日本曾发生的“水俣病”和“痛痛病”都与用含汞、镉污水灌溉有关。

(5)仓储害虫

我国常见的仓储害虫有甲虫(如大谷盗、米象、谷蠹和黑粉虫等)、螨虫(如粉螨)及蛾类(如螟蛾)等50余种。当仓库温度在18～21℃，相对湿度65%以上时，非常适于虫卵孵化及害虫繁殖；当仓库温度在10℃以下时，害虫活动减少。仓储害虫在原粮豆、半成品粮豆上都能生长并使其发生变质而失去或降低食用价值。

(6)其他污染

这里主要指无机夹杂物和有毒种子的污染。泥土、沙石和金属是粮、豆中主要无机夹杂物，分别来自田园、晒场、农具和加工机械，这类污染物不但影响感官性状，而且损伤牙齿和胃肠道组织。麦角、毒麦、麦仙翁子、槐子、毛果洋茉莉子、曼陀罗子、苍耳子是粮、豆在农田生长期和收割时混杂的有毒植物种子。

(7)掺假

豆浆加水、豆腐制作时加米浆或纸浆、点制豆腐脑时加尿素等，这些卫生与质量问题非常普遍，不仅降低了食品的营养价值，更对食用者的健康造成了威胁。

(8)违法添加非食用物质

为提高馒头的筋度及口感，不法商贩将农药二氯松(俗称敌敌畏)等有毒物质加入其中，并违法使用漂白剂硫磺熏蒸以促销；以化工原料硫磺熏面粉，让面团发得更大、蒸出来的馒头更白；用工业用矿物油处理陈化大米以改善外观；用吊白块(主要成分为次硫酸钠甲醛)处理腐竹、粉丝、面粉、竹笋，以期增白、保鲜、增加口感和防腐；用硼酸与硼砂和溴酸钾处理腐竹、凉粉、凉皮、面条、饺子皮以增筋；用工业染料对小米、玉米粉等着色。不法商贩的违法行为严重威胁着人群身体健康，使食品安全事故频发。

6.6.1.2 安全管理

粮、豆食品的安全管理，主要从影响其安全性的因素出发，避免这些因素对粮、豆食品产生危害。

(1)安全水分

粮、豆含水分的高低与其贮藏时间的长短和加工密切相关。在贮藏期间粮、豆水分含量过高时，其代谢活动增强而发热，使霉菌、仓储害虫易生长繁殖，致使粮、豆发生霉变，而变质的粮、豆不利于加工，因此应将粮、豆水分控制在安全贮存所要求的水分含量以下。粮谷的安全水分为12% ~14%，豆类为10% ~13%。此外，粮、豆子粒饱满、成熟度高、外壳完整时贮藏性更好，因此，应加强粮食入库前的质量检查，同时还应控制粮、豆贮存环境的温度和湿度。

(2)贮藏

粮、豆入库前做好仓库质量检查；仓库应定期清扫，以保证清洁卫生；豆制品应及时摊开散热，通风冷却。热天应贮存于低温环境，尽快食用。发酵豆制品应密封保存，防止苍蝇污染，避免滋生蛆虫。为使粮、豆在贮藏期不受霉菌和仓储害虫的侵害，保持原有的质量，应严格执行粮库的卫生管理要求。仓库使用熏蒸剂防治虫害时，要注意使用范围和用量，熏蒸后粮食中的药剂残留量必须符合国家卫生标准才能出库、加工和销售。

(3)加工

粮、豆在加工时应将有毒植物种子、无机夹杂物、霉变粮、豆去除；面粉加工应严格按规定使用增白剂等食品添加剂。用于生产豆制品的各种豆类原料须符合卫生质量要求。豆制品生产用水、添加剂等辅料须符合国家卫生标准。豆制品生产加工场所须符合卫生要求，有防尘、防蝇、防鼠设施；生产加工场所、用具、容器、管道等应保持清洁卫生。禁止使用尿素等化肥促进豆芽的生长。

(4)运输、销售

粮、豆运输时，铁路、交通和粮食部门要认真执行安全运输的各项规章制度，搞好粮、豆运输和包装的卫生管理。运粮应有清洁卫生的专用车以防止意外污染。对装过毒品、农药或有异味的车船未经彻底清洗、消毒的，不准装运粮、豆。粮、豆包装必须专用并要标明“食品包装用”字样。包装袋使用的原材料须符合卫生要求，袋上油墨应无毒或低毒，不得向内容物渗透。豆制品在运输过程中要轻装轻卸，运输工具和盛器要清洁。各种豆制品在运输过程中做到冷热分开、干湿分开、水货不脱水、干货不着水、不叠不压、不污染。使用符合卫生标准的专用粮、豆包装袋；粮、豆在销售过程中应防虫、防鼠和防潮，霉变和不符合卫生要求的粮、豆禁止加工销售。销售过程中豆制品应处于低温环境，以防止微生物大量生长繁殖。

(5)防止农药及有害金属污染

为控制粮、豆中农药的残留，必须合理使用农药，严格遵守《农药安全使用规定》和《农药安全使用标准》(GB 4285—1989)，可采取的主要措施有：①针对农药的毒性和在人体内的蓄积性，不同作物及环境条件选用不同的农药和剂量；②确定农药的安全使用期；③确定合适的施药方式；④制定农药在粮、豆中的最大残留限制标准。为防止各种贮粮害虫，常使用化学熏蒸剂、杀虫剂和灭菌剂，使用时应注意其质量和剂量，使其在粮、豆中的残留量不超过国家限量标准。近年采用$^{60}Co-\gamma$射线低剂量辐照粮、豆，可杀死所有害虫且不破坏粮、豆营养成分及品质，我国已颁布了辐照豆类、谷类及其制品的卫生标准。

(6)防止无机夹杂物及有毒种子污染

粮、豆中混入的泥土、沙石、金属屑及有毒种子对粮、豆的保管、加工和食用均有很大的影响。为此，在粮、豆加工过程中安装过筛、吸铁和风车筛选等设备可有效去除有毒种子和无机夹杂物。有条件时，逐步推广无夹杂物、无污染物的小包装粮、豆产品。为防止有毒种子对粮、豆的污染应做好：①加强选种、种植及收获后的管理，尽量减少有毒种子含量或完全将其清除；②制定粮、豆中各种有毒种子的限量标准并进行监督。我国规定，按质量计麦角不得大于0.01%，毒麦不得大于0.1%。

(7)防霉、去霉

采用培育抗霉新种、提高入库粮、豆质量和库藏条件、分级分仓贮藏、物理化学方法等综合防霉、去霉措施。

(8)执行GAP、GMP和HACCP

在粮食种植和食品生产过程中必须执行GAP、GMP和HACCP等先进方法技术，以保证粮食类食豆的卫生安全。

(9)加强依法监管

①粮食及粮食制品　食用原粮和成品粮(指不适用于做加工食用油原料的禾

谷类、豆类、薯类等)须符合《粮食卫生标准》(GB 2715—2005)的要求，以谷类、薯类、豆类等植物为主要原料制成的淀粉类制品须符合《淀粉制品卫生标准》(GB 2713—2003)，以淀粉或含淀粉的原料经酶法或酸法水解制成的液体或粉状、结晶状淀粉糖须符合《淀粉糖卫生标准》(GB 15203—2003)，以面粉、大米、杂粮等粮食为主要原料，也可配以肉、禽、蛋、水产品、蔬菜、果料、糖、油、调味品等为馅料经加工成型(或熟制)、定型、包装并经速冻而成的食品须符合《速冻预包装面米食品卫生标准》(GB 19295—2003)的规定。其他相关卫生标准有：《方便面卫生标准》(GB 17400—2003)、《膨化食品卫生标准》(GB 17401—2003)、《麦片类卫生标准》(GB 19640—2005)和《面粉厂卫生规范》(GB 13122—1991)。卫生部还发布了《粮食卫生管理办法》。针对违法添加非食用物质，我国制订了《食品中滑石粉的测定》(GB 21913—2008)、《小麦粉与大米粉及其制品中甲醛次硫酸氢钠含量的测定》(GB/T 21126—2007)、《食品中甲醛次硫酸氢钠的测定方法》[卫生部《关于印发面粉、油脂中过氧化苯甲酰测定等检验方法的通知》[卫监发(2001)159号]附件2]、《小麦粉中溴酸盐的测定　离子色谱法》(GB/T 20188—2006)。

②豆类制品　包括非发酵豆制品和发酵豆制品。豆腐类(如北豆腐、南豆腐、内酯豆腐、冻豆腐)、豆干类、豆干再制品(如炸制半干豆腐、卤制半干豆腐、薰制半干豆腐、其他半干豆腐)、腐竹类(如腐竹、油皮)、新型豆制品(如大豆蛋白膨化食品、大豆素肉等)、熟制豆类等为非发酵豆制品；腐乳类、豆豉及其制品(包括纳豆)为发酵豆制品。相应的国家卫生标准为：《非发酵性豆制品及面筋卫生标准》(GB 2711—2003)、《发酵性豆制品卫生标准》(GB 2712—2003)、《食用大豆粕卫生标准》(GB 14932.1—2003)和《坚果食品卫生标准》(GB 16326—2005)。

6.6.2 蔬菜、水果及其制品

蔬菜、水果是人类食物中维生素和矿物质的主要来源，由于其水分含量较多，给其安全管理带来一定难度。

6.6.2.1 安全问题

蔬菜和水果的安全问题主要集中在种植过程，种植过程中的灌溉、施肥、农药都是威胁蔬菜安全的主要因素。

(1)腐败变质

蔬菜、水果在采收后，仍继续进行着呼吸，在有氧条件下，蔬菜、水果中的糖类或其他有机物氧化分解，生成二氧化碳和水，并释放出大量的热；在无氧条件下，则生成乙醇和二氧化碳，释放出少量的热。因呼吸作用分解产生的代谢产物可导致蔬菜、水果腐烂变质，尤其是无氧条件下呼吸产生的乙醇在蔬菜、水果组织内的不断堆积，可加速蔬菜、水果的腐烂变质。腐败菌在果蔬的腐败变质中发挥重要作用。

(2)食物中毒和肠道传染病

施用人、畜粪便和生活污水灌溉菜地，使蔬菜被肠道病原体和寄生虫卵污染的情况较严重，曾在新鲜果蔬表面检出大肠埃希菌污染率为67% ~95%，蛔虫卵污染率为48%，钩虫为22%。流行病学调查也证实，生食不洁的黄瓜和西红柿在痢疾的传播途径中占主要地位。水生植物，如红绫、茭白、荸荠等都有可能污染姜片虫囊蚴，如生吃可导致姜片虫病。果蔬上常见病原微生物为大肠埃希菌O_{157}：H_7、沙门菌、志贺菌及肠道病毒，可引起食物中毒和肠道传染病。果蔬采摘后，在运输、贮存或销售过程中也可能受到肠道病原体的污染，污染程度与表皮破损程度有关。

(3)农药

蔬菜和水果常被施用较多的农药，其农药残留问题也较严重。例如，《农药安全使用规定》禁止在蔬菜、水果上使用高毒杀虫剂甲胺磷，我国卫生标准明确规定蔬菜中不得检出对硫磷，但部分蔬菜、水果中仍可检出对硫磷。

(4)有害化学物质

工业废水中含有许多有害物质，如酚、镉、铬等，若不经处理直接灌溉菜地果园，毒物可通过蔬菜进入人体产生危害。据调查，我国平均每人每天摄入铅86.3μg，其中23.7%来自蔬菜；平均每人每天摄入镉13.8μg，其中23.9%来自蔬菜，2.9%来自水果。另外，一般情况下蔬菜、水果中硝酸盐含量很少，但在生长时遇到干旱或收获后不恰当地存放、贮藏和腌制时，硝酸盐和亚硝酸盐含量增加。

6.6.2.2 安全管理

蔬菜和水果都是可以生吃的食物，与其他食物相比缺少了食用前的加工、灭菌步骤，因此其安全管理应更加严格。

(1)肠道微生物及寄生虫卵污染控制

人畜类粪便应经无害化处理后再施用，可采用沼气池处理杀灭微生物和寄生虫卵并提高肥效；用生活污水灌溉时应先沉淀去除寄生虫卵，禁止使用未经处理的生活污水灌溉；水果和生食的蔬菜在食前应洗干净，必要时应消毒；蔬菜、水果在运输、销售时应剔除残叶、烂根、破损及腐败变质部分。

(2)施用农药的卫生要求

蔬菜的特点是生长期短，植株的大部分或全部均可食用而且无明显成熟期，有的蔬菜自幼苗期即可食用，一部分水果食用时无法去皮。因此，应严格控制蔬菜、水果中农药残留，严格遵守并执行有关农药安全使用规定，高毒农药(如甲胺磷、对硫磷等)不得用于蔬菜、水果；控制农药的使用剂量，根据农药的毒性和残效期来确定对作物使用的次数、剂量和安全间隔期；应慎重使用激素类农药等。不断制修订农药在蔬菜和水果中最大残留限量标准及检验方法是监管的根本。

(3)灌溉卫生要求

利用工业废水灌溉菜地应经无害化处理，水质符合国家工业废水排放标准后方可使用；应尽量使用地下水灌溉。

(4)贮藏卫生要求

蔬菜、水果含水分多，组织嫩脆，易损伤和易腐败变质，因此贮藏的关键是保持蔬菜、水果的新鲜度。贮藏条件应根据蔬菜、水果的种类和品种特点而异。蔬菜、水果大量上市时可用冷藏或速冻的方法。还可采用$^{60}Co-\gamma$射线辐照洋葱、马铃薯、苹果、草莓等延长其保藏期。防霉剂、杀虫剂、生长调节剂等化学制剂在蔬菜、水果贮藏中的应用越来越广泛，可延长贮藏期限并提高保藏效果，但同时也增加了残留量超标的机会。

(5)蔬菜、水果卫生质量要求

优质蔬菜鲜嫩、无黄叶、无伤痕、无病虫害、无烂斑。次质蔬菜梗硬、老叶多、枯黄，有少量病虫害、烂斑和空心，经挑选后可食用。变质蔬菜如严重腐烂，可出现腐臭气味，亚硝酸盐含量增多或蔬菜出现严重虫蛀、空心，不可食用。优质水果表皮色泽光亮，肉质鲜嫩、清脆，有固有的清香味。次质水果表皮较干，不够光泽丰满，肉质鲜嫩度差，清香味减退，略有小烂斑点，有少量虫伤，去除腐烂和虫伤部分，仍可食用。变质水果如出现严重腐烂、虫蛀、变味，则不可食用。

(6)蔬菜、水果制品卫生标准要求

我国针对蔬菜、水果制品制定的卫生标准有：《酱腌菜卫生标准》(GB2714—2003)、《食用菌卫生标准》(GB 7096—2003)、《银耳卫生标准》(GB 11675—2003)、《蜜饯卫生标准》(GB 14884—2003)、《干果食品卫生标准》(GB 16325—2005)、《藻类制品卫生标准》(GB 19643—2005)和《蜜饯企业良好生产规范》(GB 8956—2003)。

6.6.3 茶叶及其制品

中国是茶叶主要生产国、出口国和消费国。茶叶富含茶多酚、生物碱和多种微量元素，是历史悠久、营养丰富的天然健康饮品，茶饮料已成为仅次于碳酸饮料和饮用水的世界第三大饮料，茶叶和茶饮料被国家列入食品分类系统。

6.6.3.1 安全问题

茶叶的安全问题主要表现为重金属元素铅、稀土的污染和9种农药的残留。

(1)铅污染

铅是人体并不需要、过量时对人体有害的重金属，在自然界广泛分布，各种食品、水、空气中均含有微量的铅，我国环境中重金属污染占首位的即是铅，污染源与汽车尾气关系密切。植物通过叶和根系吸收土壤和空气中的铅。正常植物含铅量较低，约为0.05～3mg/kg，与其他植物相比，茶叶鲜叶中铅含量处于中等偏高水平，一般为1.2~9.4mg/kg。2003年，卫生部第7次食品卫生监督抽检结果显示，抽检的124份市售茶叶中有12份不合格，其中11份为铅超标。铅进入人体后阻碍血液的合成，对神经系统有很强的亲和力，其危害为损伤大脑中枢及周围神经系统，破坏造血系统，影响消化系统功能，抑制生长激素的合成与释放，抑制免疫系统功能，影响身体对其他金属元素的吸收代谢等。

(2)稀土污染

稀土(rare earth，RE)系重金属元素，具有低毒(或中毒)性，因其具有对动、植物生理生化反应的"激活"和"类激素"作用，在农业生产中得到广泛应用。叶面喷施稀土能起到提早发芽、改善茶鲜叶的机械组成等作用，但土壤和茶树对稀土有浓缩和富集作用，过量富集将成为人体的潜在危害。稀土对人类组织、器官的毒性效应具有广谱性，被长期低剂量摄入可在骨组织中蓄积，导致骨组织结构变化、骨髓微核率增高和产生遗传毒性。随着研究的深入，近期提出的ADI值明显低于早期的ADI值，反映了人们对稀土毒性效应有了进一步的认识。

(3)农药残留

茶树种植中为减少病虫害常使用农药，国家规定了六六六、DDT、氯菊酯、氯氰菊酯、氟氰戊菊酯、溴氰菊酯、顺式氰戊菊酯、乙酰甲胺磷和杀螟硫磷9种农药在茶叶中的限量标准。

(4)保质期

不同的茶叶保质期也不同。国家标准对茶叶保质期也作出了限定，但因普洱茶是发酵产品，没有对其作出保质期限定。如果茶叶过了保质期或者存放不适当，就会霉变，使茶叶失去自身的品质和韵味，如果受潮发霉还对人体健康有害。影响茶叶品质的因素主要有温度、光线、湿度。如果存放方法得当，降低或消除这些因素，则茶叶可长时间保质。

6.6.3.2 安全管理

(1)防止重金属污染

茶叶中的铅主要来源于大气中的气铅、尘铅和土壤中有效态铅及茶叶加工机械的合金铅。由于土壤中的铅污染很难净化，已污染的土壤不宜经营茶园。汽车尾气中的铅对公路旁60m范围内的土壤影响显著，公路边60m范围内也不宜经营茶园。茶叶在加工(特别是揉捻工序)中与机械表面接触也会构成污染。合理的加工工艺可以降低茶叶的铅含量，在同一茶类中，不同加工工艺的茶叶铅含量也有明显差异，如蒸青茶可能是由于蒸汽除去了部分茶叶表面的铅而使铅含量相对较低。鲜叶样品的重金属合格率大大高于炒制未包装样品，而炒制未包装样品的合格率又大于包装上市样品，其中，常规茶样品在生产加工、包装过程中的污染情况较有机茶更为严重，说明加工和包装过程也是控制重金属再污染的重要环节。《食品中污染物限量》(GB 2762—2005)对茶叶中铅限量的规定为≤5 mg/kg。

(2)防止稀土污染

稀土在农业中有广泛的应用，其对健康的危害仍有争议，尚未在农业生物有机化学和生物无机化学以及卫生学领域中完全达成共识。我国依据风险评估，于2005年制定了新的《食品中污染物限量》(GB 2762—2005)对茶叶作出了稀土限量规定为≤2 mg/kg。随着我国对稀土产品的开发和广泛应用，进入生态环境中的稀土不断增加，从而导致生物体稀土含量提高，已构成我国特有的环境问题。为此，应将稀土确定为主要环境污染物进行生态影响研究，进一步对其作为化肥添加剂用于种植业、作为饲(饵)料添加剂和用于养殖业的风险进行评估，加强对开发应用稀土农用产品可能产生的环境和农产品残留的跟踪监测，同时关注废水排放对饮用水、灌溉用水以及水产养殖业产生的污染危害，加强监测管理，以防患于未然。

(3)加强监督管理

有关部门要经常抽检茶叶产品的农残和有关重金属含量及卫生质量，同时，还要对茶园的大气、水、土壤及生态环境污染状况进行监测，及时为生产单位和茶农提供科学数据，严防茶园生态环境的人为污染。茶叶收购、销售及出口单位必须依照国家现行茶叶卫生标准对茶叶进行农残和重金属检测，对超标的产品不予收购，把好进货关。我国卫生部发布了《茶叶卫生管理办法》，是卫生部门依法监管的依据。

6.7 焙烤食品

焙烤食品是以粮、油、糖、蛋、乳、奶油和果仁、果脯、枣泥、果酱、芝麻及巧克力及各种辅料为原料，经过焙、烤、蒸、炸、膨化或者冷加工等制成的食品，包括面包、糕点(中式糕点、西式糕点、月饼和糕点上彩装)、饼干(夹心及装饰类饼干、威化饼干、蛋卷和其他饼干)、焙烤食品馅料及其他焙烤食品。

6.7.1 安全问题

由于焙烤食品营养丰富，具有微生物生长繁殖所需的大部分营养，通常不经加热直接食用，因此，在焙烤食品的加工过程中，从原料选择到销售等诸多环节的卫生管理尤为重要。大多数糕点都是以销定产或前店后场的加工模式，病原微生物污染是其安全的最大问题，表现为菌落总数、大肠菌群、霉菌等卫生指标超标。焙烤食品的变质在感官上常表现为回潮、干缩、走油、发霉、变味、生虫等。

6.7.2 安全管理

制作糕点的原料和食品添加剂种类相对较多，赋予了糕点各种香味和滋味。对于粮食及其他粉状原辅料、糖类、油脂、乳及乳制品、蛋及蛋制品等原材料的采购、运输和贮藏均须严格执行《糕点厂卫生规范》(GB 8957—1988)；加强对生产厂所及从业人员、加工过程、出厂检验、运输、贮运及销售的安全管理；加工中使用的各类食品添加剂，其使用范围和使用剂量必须符合《食品添加剂使用卫生标准》(GB 2760—2007);产品须符合《糕点、面包卫生标准》(GB 7099—2003)和《饼干卫生标准》(GB 7100—2003)。

(1)原料

制作焙烤食品多使用含糖、脂肪、蛋白质等营养成分较高并易发生腐败变质的原料。原料中的奶、蛋极易受到致病菌的污染,如沙门菌、葡萄球菌等。因此,加工前应经过巴氏消毒或煮沸消毒。不应使用霉变、潮结、生虫的面粉以及有酸败气味的油脂。

(2)生产、贮存、运输过程

此类产品多为直接入口,因此,生产车间、仓库和运输工具的卫生十分重要。车间布局要合理,防止交叉污染,生产工艺应采用机械化,注意连续性和密闭性,减少手工操作。仓库应建立卫生和保管制度。库房要求低温、干燥、通风良好,室内相对湿度应保持在65%左右,夏秋雨季不应超过75%。糕点、饼干不易长期存放,应标明生产日期和保质期。要有专用车运送。所有工具、包装箱都应严格执行清洗、消毒制度。对生产人员及工作人员都应严格执行健康检查制度。

(3)食品添加剂

应按照国家规定的《食品添加剂使用卫生标准》(GB 2760—2007)和《食品添加剂卫生管理办法》的规定进行管理,严格控制各种添加剂的质量、规格、使用范围和用量,不得使用来源不明的添加剂。

(4)包装

常用的包装材料中,玻璃纸无味、无臭、无毒,是较理想的包装材料。浸蜡包装纸须限制其多环芳烃的含量。油印彩色纸须注意其油墨中含有的有害物质。塑料及其他包装材料容具等须符合相应的各种卫生要求。

6.8 酒类

食用酒指蒸馏酒(distilled spirits,包括白酒、调香蒸馏酒、白兰地、威士忌、伏特加、朗姆酒和其他蒸馏酒)、配制酒(blended alcohol beverage)及发酵酒(fermented alcohol drink)。

蒸馏酒以粮谷、薯类、水果等为主要原料,经发酵、蒸馏、陈酿、勾兑而成。我国的蒸馏酒称白酒或烧酒,因其原料和生产工艺的不同,具有很多的品种和风味,乙醇含量一般在60%以下。

配制酒也称露酒(liqueur),是以发酵酒、蒸馏酒或食用酒精为酒基,加入可食用的辅料或食品添加剂,进行调配、混合或再加工而成的、已改变了原酒基风格的饮料酒。

发酵酒也称酿造酒(brewed alcohol drink),以粮谷、水果、乳类等为原料,经发酵酿制而成,包括果酒、葡萄酒、啤酒、黄酒、蜂蜜酒和麦芽饮料酒、其他充气型发酵酒类，其中，葡萄酒分为无汽葡萄酒、起泡和半起泡葡萄酒、调香葡萄酒和特种葡萄酒(按特殊工艺加工制作的葡萄酒，如在葡萄原酒中加入白兰地，浓缩葡萄汁等)。果酒是以果品为原料，通过发酵或浸渍等加工后再经调配而制成的风味各异的一类低度酒。葡萄酒指纯由葡萄经破碎、分离、发酵、陈酿制成的低度酒。啤酒是以大麦芽和水为主要原料，加入酒花，经糖化和酵母发酵酿制而成的含有二氧化碳和多种营养成分的饮料酒，成品为生啤酒，经巴氏消毒后为熟啤酒。黄酒是以大米(糯米)、玉米等为原料，经蒸煮，加麦曲、酒药、酒母，糖化发酵而制成的低度酒。发酵酒乙醇含量较低，一般在20%以下。

酒精度(alcoholic strength)又称酒类乙醇含量(ethanol content)，指在20℃时，100mL饮料酒中含有乙醇的毫升数或100g饮料酒中含有乙醇的克数。

6.8.1 安全问题

乙醇是酒的主要成分，除了可提供热能(114 kJ/g)外无其他营养价值。血液中乙醇含量一般在酒后1~1.5h最高，但其清除速度较慢，过量饮酒24 h后也能在血液中测出。乙醇主要在肝脏代谢，在其氧化过程中可使肝脏正常物质代谢让位于乙醇。因此，经常过量饮酒的人，肝功能很容易受到损害。乙醇对人体健康的影响是多方面的，常见的是急性酒精中毒。通常情况下，中毒体征与血中乙醇含量有关，如乙醇含量为2.0~9.9mg/L时，会出现肌肉运动不协调及感觉功能受损，情绪、人格与行为改变等；随着血中乙醇含量增高，出现恶心与呕吐、复视、共济失调、体温降低等症状，严重的发音困难，甚至进入浅麻醉状态；当乙醇含量达到40~70 mg/L时，可出现昏迷、呼吸衰竭甚至死亡。过量饮酒除了造成机体损害外，酒精滥用和酒精依赖也是事故和犯罪的重要因素。

在酒类生产过程中，从原料选择到加工工艺等诸多环节若达不到卫生要求，就有可能产生或带入有毒物质，如甲醛、杂醇油、铅和病原微生物等，在影响酒品质的同时也威胁饮用者的健康。

(1)甲醇

酒中的甲醇来自制酒的原辅料，尤其是腐败水果中的果胶。在原料的蒸煮过程中，果胶中半乳糖醛酸甲酯分子中的甲氧基分解生成甲醇。黑曲霉中果胶酶活性较高，故以黑曲霉做糖化发酵剂时酒中的甲醇含量常较高。甲醇具有剧烈的神经毒性，主要侵害视神经，导致神经萎缩、视网膜受损，使视力减退或双目失明。甲醇中毒的个体差异很大，一次摄入5 mL可导致严重中毒，40%甲醇10mL可致失明，40%甲醇30mL为人的最小致死剂量。此外，甲醇在体内代谢生成的甲醛和甲酸，毒性分别比甲醇大30倍和4倍，甲酸可导致机体发生代谢性酸中毒。我国《蒸馏酒及配制酒卫生标准》(GB 2757—1981)规定，以谷类为原料的白酒甲醇含量须≤0.04g/100mg，以薯干等代用品为原料的酒须≤0.12 g/100mL(均以60度蒸馏酒折算)。

(2)杂醇油

杂醇油是比乙醇碳链长的多种高级醇的统称，由原料和酵母中蛋白质、氨基酸及糖类分解和代谢产生，以丙醇、异丁醇、异戊醇为主。高级醇的毒性和麻醉力与碳链的长短有关，碳链越长毒性越强，以异丁醇和异戊醇的毒性为主。杂醇油在体内氧化分解缓慢，可致中枢神经系统充血。因此，杂醇油含量高的酒常造成饮用者头痛及大醉。我国规定蒸馏酒及配制酒杂醇油含量(以异丁醇和异戊醇计)应≤0.20 g/100mL。

(3)醛类

醛类包括甲醛、乙醛和丁醛等，在白酒发酵过程中产生。醛类毒性比相应的醇要高，其中毒性较大的是甲醛，属于细胞原浆毒(protoplasmic poison)，可使蛋白质变性和酶失活。含量在30mg/100mL时即可产生黏膜刺激症状，出现灼烧感和呕吐等，10 g即可使人致死。由于醛类在低温排醛过程中可大部分去除，因此，我国关于蒸馏酒和发酵酒(葡萄酒、果酒、黄酒)的安全标准中对醛类未作限量规定，《发酵酒卫生标准》(GB 2758—2005)中对啤酒甲醛限量规定为≤2.0 mg/L。

(4)氰化物

以木薯或果核为原料制酒时，原料中的氰苷经水解后产生氢氰酸，由于氢氰酸相对分子质量低，具有挥发性，因此能够随水蒸气一起进入酒中。我国蒸馏酒与配制酒卫生标准中规定，以木薯为原料时氰化物(以HCN计)含量须≤5 mg/L，以代用品为原料时须≤2 mg/L。

(5)铅

酒中铅的来源主要是蒸馏器、冷凝导管和贮酒容器中含有的铅。蒸馏酒在发酵过程中可产生少量的有机酸(如丙酸、乳酸等)，含有机酸的高温酒蒸汽可使蒸馏器和冷凝管壁中的铅溶解出。总酸含量高的酒，铅含量往往也高。铅在人体内的蓄积性很强，由于饮酒而引起的急性铅中毒比较少见。但长期饮用含铅量高的白酒可导致慢性中毒。现普遍认为铅与认知异常和行为异常有关，并提出铅可能是一种潜在致癌物。我国蒸馏酒与配制酒卫生标准中规定铅含量须≤1 mg/L；发酵酒卫生标准中规定啤酒和黄酒中铅含量须≤0.5 mg/L，葡萄酒、果酒和中铅含量须≤0.2 mg/L。

(6)锰

对含铁混浊的白酒、采用非粮食原料酿制或甲醛含量高而带有不良气味的白酒，常使用高锰酸钾活性炭进行脱嗅除杂处理。若使用方法不当或不经过复蒸馏，常导致残留量较高。尽管锰属于人体必需的微量元素，但因其安全范围窄，长期过量摄入仍有可能引起慢性中毒。目前，我国酒的卫生标准中对发酵酒没有锰的限量规定，只规定蒸馏酒及配制酒中锰须≤2 mg/L。

(7)N-二甲基亚硝胺

N-二甲基亚硝胺是啤酒的主要卫生问题之一。啤酒生产过程中，采用直火烘干大麦芽，使含酪氨酸的大麦碱受到来自烟气中的气态氮氧化物(NO和NO_2)作用，发生亚硝基化而形成二甲基亚硝胺。目前，我国啤酒生产已改变了直火烘干，多采用发芽干燥两用箱，以热空气进行干燥，明显地减少了二甲基亚硝胺的产生。我国关于发酵酒的卫生标准中规定，啤酒中N-二甲基亚硝胺须≤3 μg/L。

(8)黄曲霉毒素B_1

啤酒、果酒和黄酒是发酵后不经蒸馏的酒类，如果原料受到黄曲霉毒素和其他挥发性有毒物质的污染，这些有毒物质将全部保留在酒体中。因此，对发酵酒来说，原料的卫生问题要比蒸馏酒意义大得多。我国发酵酒卫生标准中规定葡萄酒和果酒中黄曲霉毒素B_1须≤5 μg/L。

(9)微生物污染

发酵酒微生物污染的原因很多，除了乙醇含量低外，从原料到成品的生产环节中均可能污染微生物。就啤酒而言，生啤酒的生产除了糖化工艺之外再无杀菌过程，使微生物污染和繁殖机会相对较多。我国发酵酒卫生标准规定除鲜啤酒外，生熟啤酒、黄酒和葡萄酒、果酒的菌落总数须≤50 CFU/mL；大肠菌群值≤3 MPN/100 mL；肠道致病菌不得检出。

6.8.2 安全管理

酒类的安全管理主要是工艺安全管理。我国《酒类卫生管理办法》规定，各种酒类必须符合相应的卫生标准。酒类生产厂必须遵守相应的卫生规范，产品经检验合格后方可出厂。用于制作酒类的原料、辅料，不得使用对人体有害，而又不能在酿造过程中去除其有害成分的物质。我国现行酒厂卫生规范有：《葡萄酒厂卫生规范》(GB 12696—1990)、《果酒厂卫生规范》(GB 12687—1990)和《黄酒厂卫生规范》(GB 12698—1990)。

6.8.2.1 蒸馏酒

制作蒸馏酒的原辅料在投产前必须经过检验、筛选和清蒸除杂处理。腐烂水果、薯类、硬果类、糠麸等原料制出的酒，甲醇含量无法降低则不宜饮用，可做工业酒精。清蒸是减少酒中甲醇含量的重要工艺过程，在以木薯、果核为原料时，清蒸还可使氰苷类物质提前分解挥散。白酒在蒸馏的过程中，由于各组分间分子的引力不同，使得酒尾中的甲醇含量要高于酒头，而杂醇油恰好与之相反，酒头含量高于酒尾。为此，在蒸馏工艺中恰当地选择中段酒可大大减少成品中甲醇和杂醇油含量。

6.8.2.2 配制酒

所使用的原辅材料必须符合我国《蒸馏酒及配制酒卫生标准》(GB 2757—1981)，严禁使用工业酒精和医用酒精作为配制原料，严禁滥用中药。

6.8.2.3 发酵酒

发酵酒与蒸馏酒的根本区别是无蒸馏工序，因此，原料中的所有成分全部保留在酒中，包括原料中污染的霉菌毒素；另外，发酵酒酒度低，微生物易繁殖。

(1)生啤酒

生啤酒除煮麦芽汁时再无其他杀菌过程，因此，在整个生产过程中，环境、容器、工具等必须充分消毒；要加强大麦的管理，防止霉菌、虫害、鼠害，严禁用霉变大麦酿酒，以防霉菌毒素的污染。严格监测啤酒生产中滤过时使用的硅藻土、白陶土或多孔钛滤器对产品的污染。啤酒生产常使用一些添加剂，如 pH 值调节剂、酶制剂、稳定剂、抗氧化剂、增泡剂等，均须符合食品卫生要求方可使用。应注意灌装设备、管道及酒瓶的清洗和消毒等。啤酒的各类包装须符合按食品卫生要求。

(2)果酒

用于酿酒的原料应购自无污染区域种植的产品，且收割前 15d 不得喷洒农药；原料果实应新鲜成熟，无腐烂、生霉、变质及变味，以免甲醇等有害成分含量增高；盛装原料的容器应清洁、干燥，不得使用铁质容器或曾盛装过有毒和有异味物质的容器；原料在运输、贮存时应避免污染。葡萄应在采摘后 24 h 内加工完毕，以防挤压破碎污染杂菌而影响酒的质量。生产果酒的辅料和食品添加剂必须符合《食品添加剂使用卫生标准》(GB 2760—2007)的规定，葡萄汁生产时常使用亚硫酸盐，应限制二氧化硫的残留量。用于调兑果酒的酒精必须是经脱嗅处理并符合国家标准二级以上酒精指标的食用酒精。酿酒用酵母菌不得使用变异或不纯菌种，设备、用具、管道必须保持清洁，避免生霉和其他杂菌污染。发酵贮酒容器必须使用国家允许使用的，符合国家卫生标准的内壁涂料。

6.9 冷冻饮品和饮料

冷冻饮品通常分为冰激凌类，雪糕类、风味冰、冰棍类、食用冰和其他冷冻饮品。饮料类分包装饮用水类、果蔬汁类、蛋白饮料类、水基调味饮料类、茶、咖啡、植物饮料类、固体饮料类、乳酸菌饮料和其他饮料类。从形态上看，饮料类分液体饮料类和固体饮料类。固体饮料产品水分含量不高于5%。

冷冻饮品是以饮用水、甜味料、乳品、果品、豆品、食用油脂等为主要原料，加入适量的香精、着色剂、乳化剂等食品添加剂经配料、灭菌、凝冻而制成冷凝固态饮品；饮料中包装饮用水类、水基调味饮料类(碳酸饮料和非碳酸饮料)和茶饮料、咖啡、植物饮料类是经加工后可直接饮用或冲溶后饮用的液态饮品，特点为不含奶、蛋及淀粉，主要原料为水、糖及各种食品添加剂，通常又称为软饮料(soft drink)；而果蔬汁类、蛋白饮料类和乳酸菌饮料类及固体饮料是以果汁、动、植物蛋白和植物提取物等原料制成的。

对冷冻饮品和饮料类的工作重点为监督其卫生质量和安全性。

6.9.1 安全问题

影响冷冻饮品和饮料安全的因素主要来自于生产原料、加工过程及贮运环节。

(1)病原微生物污染

冷冻饮品和饮料中含有较多的乳、蛋、糖及淀粉类物质，适宜于微生物的生长繁殖，从配料、生产制作、包装及销售等各个环节中均可受到微生物的污染。而冷冻饮品大量上市时，正是急性肠道疾病(如肝炎、痢疾和食物中毒等)的流行季节，使其成为夏季肠道疾病的重要传播途径，较多见的病原体是金黄色葡萄球菌和变形杆菌食物中毒等。

(2)原料污染

冷冻饮品和饮料中的乳、蛋原料作为病原体的良好载体而易被其污染；乳畜和蛋禽在养殖过程中如患有传染病或被饲以农药、兽药、重金属和无机砷污染的饲料，则其产品也具有相应的危害。

(3)食品添加剂滥用

冷冻饮品和饮料使用的食品添加剂主要有食用色素、食用香料、酸味剂、人工甜味剂、防腐剂等，如超范围使用或使用量过大都可影响产品的安全性。

(4)容器和盛具内渗污染

冷冻饮品和饮料多是含酸量较高的食品，当与某些金属容器或管道接触时，又可将某些有害金属(如铅、镉等)溶出而污染内容物，危害消费者的健康。

6.9.2 安全管理

冷冻饮品和饮料应具有原料纯净的色泽和滋味，不得有异味、异臭和外来污染，其理化指标与微生物指标要符合规定的要求。

6.9.2.1 原料

冷冻饮品和饮料使用的原料主要有水、甜味剂、乳类、蛋类、果蔬原汁或浓缩汁、食用油脂、食品添加剂和二氧化碳等。

(1)水

水是冷冻饮品和饮料生产中的主要原料，一般取自自来水、井水、矿泉水(或泉水)等。无论是地表水还是地下水均含有一定量无机物、有机物和微生物，这些杂质若超过一定范围就会影响到产品的质量和风味，甚至引起食源性疾病。因此，原料用水须经沉淀、过滤、消毒，达到《生活饮用水卫生标准》(GB 5749—2006)方可使用。

(2)原辅材料

冷冻饮品和饮料所用原辅料种类繁多，其质量的优劣直接关系到终产品质量，因此，生产中所使用的各种原辅料，如乳、蛋、果蔬汁、豆类、茶叶、甜味料(如白砂糖、绵白糖、淀粉糖浆、果葡糖浆)以及各种食品添加剂等，均必须符合国家相关的卫生标准，不得使用糖蜜或进口粗糖(原糖)、变质乳品、发霉的果蔬汁等作为其原料。

6.9.2.2 加工、贮存、运输过程

各种冷冻饮品、饮料的生产过程不同，其具体的安全管理也不相同。

(1)液体饮料

液体饮料的生产工艺因产品不同而有所不同，但一般均有水处理、容器处理、原辅料处理和混料后的均质、杀菌、罐(包)装等工序。对其卫生要求是原料必须符合食品原料的卫生要求和管理规定；保证陶磁滤器滤水的效果，充加纯净的二氧化碳；生产设备采用不锈钢材，以免有害金属铅、锌和镉等从容器溶出污染食品；回收的旧瓶，应用碱水浸泡、洗刷、冲净和消毒。

①水处理　水处理是软饮料工业最重要的工艺过程，其目的是除去水中固体物质，降低硬度和含盐量，杀灭微生物，为饮料生产提供优良的水质。过滤是水处理的重要工艺过程，一般采用活性炭吸附和砂滤棒过滤，可去除水中悬浮性杂质(如异物、氯离子、三氯甲烷和某些有机物等)，但不能吸附金属离子，也不能完全去除细菌等微生物，通常作为饮料用水的初步净化手段。水中溶解性杂质主要有 K^+、Ca^{2+}、Mg^{2+}、Na^+、HCO^-、SO^{2-}、Cl^- 等离子，其总量即为含盐量，Ca^+ 和 Mg^{2+} 含量的总和为水的硬度。饮料用水含盐量高会直接影响产品的质量，因此，必须进行脱盐软化处理。

②包装容器　包装容器种类很多，有瓶(玻璃瓶、塑料瓶)、罐(二片罐和三片罐)、盒、袋等形式。包装材料应无毒、无害，并具有一定的稳定性，即耐酸、耐碱、耐高温和耐老化，同时具有防潮、防晒、防震、防紫外线穿透和保香性能。聚乙烯或聚氯乙烯软包装透气性好、强度低，因此这种包装形式应严格限制。

③杀菌　杀菌工序是控制原辅材料或终产品微生物污染，延长产品保质期和使用者安全的重要措施。杀菌的方法有很多，应根据生产过程中危害分析和产品的形状加以选择。多采用高温巴氏消毒，即 72～95℃维持 10～20s，此法既可杀灭繁殖型微生物，又不破坏产品的结构和营养成分。超高温瞬时消毒，即 120～150℃维持 1～3s，可最大限度地减少营养素损失，但所要求的技术和设备条件较高。高压蒸汽消毒适用于非碳酸型饮料，尤其是非发酵型含乳饮料、植物蛋白饮料、果(蔬)汁饮料等，一般蒸汽压为 1 kg/cm^2。温度为 120℃，持续 20～30 min，消毒后产品可达到商业无菌要求。紫外线消毒是微生物经紫外线照射后，其细胞内的蛋白质和核酸发生变性而死亡的消毒方法，对水有一定穿透力，常在原料用水的消毒中使用。臭氧消毒效率为氯的 30～50 倍，水中臭氧含量达 0.3～0.5 mg/L 即可获得满意的消毒效果，适用于饮用水的消毒。

④灌(包)装　灌(包)装通常是在暴露条件下进行，其工艺是否符合卫生要求，对产品的卫生质量，尤其是无终产品消毒的品种质量至关重要。空气净化是防止微生物污染的重要环节，首先应将灌装工序设在单独房间或用铝合金隔成独立的灌装间，与厂房其他工序隔开，避免空气交叉污染；其次是对灌装间消毒，可采用紫外线照射，一般按 1 W/m^3 功率设置，也可采用过氧乙酸熏蒸消毒，按

0.75～1.0g/m^3配制。目前，最先进的方法是灌装间安装空气净化器。灌装间空气中杂菌数以<30 CFU/平皿为宜。

⑤检验 依据国家标准规定，对产品的卫生指标要做到必检或抽检。饮料罐装前后均应进行外观检查，其检瓶的光源照度应大于1 000 lx。

⑥成品贮存与运输 饮料在贮存、运输过程中，应防止日晒雨淋，不得与有毒或有异味的物品混贮、混运。运输车辆应清洁、卫生，搬运时注意轻拿轻放，避免碰撞。饮料应在阴凉、干燥、通风的仓库中贮存，禁止露天堆放。饮料在贮藏期间还应定期检查，以保证安全。

(2)固体饮料

固体饮料因含水分少，即使有微生物污染，一般在封闭包装条件下也不易繁殖，特别是此类饮料多以开水冲溶热饮，所以微生物污染的问题不大。应该注意的是水分含量、化学性污染和金属污染等问题。

(3)冷冻饮品

冷冻饮品工序为配料、熬料、消毒、冷却和冷冻，加工过程中的主要卫生问题是微生物污染，因为冷冻饮品原料中的乳、蛋和果品常含有大量微生物，所以原料配制后的杀菌与冷却是保证产品质量的关键。为防止微生物污染和繁殖，不仅要保持各个工序的连续性，而且要尽可能地缩短每一工序的时间间隔，其中应特别注意熬料的温度应达到85℃以上或煮沸5～10 min；消毒后应迅速冷却，至少要在4h内将温度降至20℃以下，以避免残存的或重复污染的微生物在冷却过程中繁殖而再次污染。成品必须检验合格后方可出厂，应在－10℃以下的冷库或冰箱中贮存。冷库或冰箱应定期清洗、消毒。

6.9.2.3 卫生管理

我国已经颁布多项相关的卫生标准和卫生规范，并发布了《冷饮食品管理办法》，为冷冻饮品和饮料经营者开展科学管理和卫生行政部门的监督执法提供理论和实践依据，在保障食用者安全上发挥着重要作用。已颁布的相关卫生标准有：《碳酸饮料卫生标准》(GB 2759.2—2003、《固体饮料卫生标准》(GB 7101—2003)、《可可粉固体饮料卫生标准》(GB 19642—2005)、《含乳饮料卫生标准》(GB 11673—2003)、《乳酸饮料卫生标准》(GB 16321—2003)、《植物蛋白饮料卫生标准》(GB 16322—2003)、《瓶(桶)装饮用纯净水卫生标准》(GB 17324—2003)、《食品工业用凝缩果蔬汁(浆)卫生标准》(GB 17325—2005)、《茶饮料卫生标准》(GB 19296—2003)、《果、蔬汁饮料卫生标准》(GB 19297—2003)、《瓶(桶)装饮用水卫生标准》(GB 19298—2003)、《冷冻饮品卫生标准》(GB 2759.1—2003)和《饮料企业良好生产规范》(GB 12695—2003)、《饮用天然矿泉水厂卫生规范》(GB 16330—1996)、《定型包装饮用水企业生产卫生规范》(GB 19304—2003)。

严格执行《冷饮食品卫生管理办法》的有关规定，实行企业生产经营卫生许可证制度。新企业正式投产前必须经食品卫生监督机构检查、审批，获得卫生许可证后方可生产经营。冷冻饮品食品的许可证每年复检一次。

冷冻饮品和饮料食品生产企业应远离污染源，周围环境应经常保持清洁。生产工艺和设备布置要合理，原料库和成品库要分开，且设有防蝇、防鼠、防尘设施。冷冻饮品企业必须有可容纳3d产量的专用成品库和专有的产品运输车。生产车间地面、墙壁及天花板应采用防霉、防水、无毒、耐腐蚀、易冲洗的建材，车间内设有不用手开关的洗手设备和洗手用的清洗剂。灌(包)装前后所有的机械设备、管道、盛器和容器等应彻底清洗、消毒。生产过程中所使用的原辅料须符合卫生要求。

对冷冻饮品和饮料食品从业人员(包括销售摊贩)，每年要进行健康检查，季节性生产的从业人员上岗前也要进行健康检查，凡患痢疾、伤寒、病毒性肝炎的人或病原体携带者，以及患活动型肺结核、化脓性或渗出性皮肤病者均不得直接参与饮食业的生产和销售，建立健全从业人员的培训制度和个人健康档案。企业应有与生产品种相适应的质量和卫生检验能力，做到批批检验，确保合格产品出厂。不合格的产品可视具体情况允许加工复制，复制后产品应增加3倍采样量复查，若仍不合格应依具体情况进行食品加工或废弃。产品包装要完整严密，做到食品不外漏。

6.10 调味品

调味品(seasonings)系指赋予食物咸、甜、酸、鲜、辛辣等特定味道或特定风味的一大类天然或合成的食品，包括盐及代盐制品、鲜味剂和助鲜剂、醋、酱油、酱及酱制品、料酒及制品、香辛料类、复合调味料和其他调味料。

6.10.1 酱油、酱及酱制品、复合调味料

酱油按生产工艺分酿造酱油和配制酱油，按食用方法分烹调酱油和餐桌酱油。酿造酱油是以鲜、咸味为主要特点的调味品，以富含蛋白质的豆类和富含淀粉的谷类及其副产品为主要原料，经曲制、发酵酿制而成的调味汁液；配制酱油是以酿造酱油为主体，与酸水解植物蛋白调味液、食品添加剂等配制而成的液体调味品。酱分酿造酱和配制酱，是以粮食为主要原料经发酵酿造而成的各种酱类食品。复合调味料分固体复合调味料(固体汤料、鸡精和鸡粉、其他固体复合调味料)、半固体复合调味料(蛋黄酱和沙拉酱、以动物性原料为基料的调味酱、以蔬菜为基料的调味酱等)和不包括醋和酱油的液体复合调味料(罐装、瓶装的浓缩汤、肉汤、调味清汁和蚝油、虾油、鱼露等)，是以植物性食物(大豆或豆粕)或动物性食物(鱼、虾、蟹、牡蛎等)为原料，经天然或人工发酵，利用微生物分解其中蛋白质而获得较丰富的低分子含氮浸出物的各种固态、半固态或液态调味品。以鱼、虾、蟹、牡蛎等为原料生产的也称水产调味品，如虾酱或虾油、蟹酱或蟹油、鱼露、蚝油等，这些调味品广泛用于调味及餐桌佐餐。

6.10.1.1 安全问题

调味品作为一个小产品却是老百姓日常饮食离不开的必需品。我国每年酱油的消费量在500万~600万t，知名大企业产品只占总量的一半。酱油、酱及酱制品、复合调味料经加热食用或作为烹调的佐料，有时不经加热直接食用。其安全问题主要是两方面：一是生产加工和贮运过程中的肠道微生物和铅、砷、黄曲霉素及多氯联苯的污染问题；二是违法、违规勾兑制作和制假问题。此处着重介绍后者。

(1)配制加工中的三氯丙醇

三氯丙醇产生于工艺水平不合格的利用浓盐酸水解植物蛋白的加工过程中，当用浓盐酸水解植物蛋白(如豆粕)生产氨基酸时，盐酸作用于植物蛋白中的残留脂肪生成三氯丙醇。食品工业中利用这种富含氨基酸的酸水解植物蛋白液作为一种增鲜剂和缩短发酵周期制剂，添加到酱油、蚝油等调味品中，从而使这些调味品含有大量的氯丙醇，造成食品的污染。单纯利用传统微生物发酵工艺生产的酿造酱油一般情况下不含有这种污染物。

我国在《酸水解植物蛋白调味液》(SB 10338—2000)的行业标准中规定了"氯丙醇"含量≤1 mg/kg，而欧盟的最高允许限量仅为10μg/kg。我国现行的酱油卫生标准中没有氯丙醇、色素、防腐剂3项限量指标，既离欧盟国家的标准存在较大距离，又使三氯丙醇严重超标时无法判定其产品为不合格。只规定酸水解植物蛋白调味液中氯丙醇含量，不规定配制酱油中氯丙醇含量，对限制酱油等调味品中氯丙醇含量毫无意义，更何况酱油等调味品中氯丙醇含量应远低于1mg/kg。更有甚者，个别企业不顾国家标准的要求，将含有三氯丙醇的配制酱油标称"酿造酱油"，欺骗误导消费者。

(2)违法使用工业盐

不法商贩违法用国家明令禁止用于食品加工的工业盐、苯甲酸钠等食品添加剂制作调味品，主要销往周边农村市场。工业盐含强致癌物和大量的亚硝酸钠、碳酸钠、铅、砷等有害物质。

6.10.1.2 安全管理

对生产经营者要依法进行经常性卫生监督，以保证食用者安全。

酱油等调味品国内销售无阻却难进国际市场，消费安全隐患较大。国家应尽快制订酱油等调味品中氯丙醇、色素、防腐剂3项强制性限量指标，同时加强对各环节的检测、监测，依据《调味品卫生管理办法》加强监管，加强与国际权威检测机构合作，定期抽检。酱油等生产企业应严格执行《酱油厂卫生规范》(GB 8953—1988)，取得ISO 9000、HACCP、环境ISO14000等认证、认可。食品添加剂品种及其使用量须符合《食品添加剂使用卫生标准》(GB 2760—2007)。

《预包装食品标签通则》(GB 7718—2004)规定酱油产品标签中要标明"酿造酱油"或"配制酱油"。《酿造酱油》(GB 18186—2000)将在商品标签上注明是"配制酱油”还是“酿造酱油”列为强制执行内容。

(1)注意原辅料卫生

不得使用变质或未去除有毒物质的原料加工制作酱油类调味品，大豆、脱脂大豆、小麦、麸皮等必须符合《粮食卫生标准》(GB 2715—2005)的规定；生产用水须符合《生活饮用水卫生标准》(GB 5749—2006)；不得用味精废液配制酱油，严格禁止生产化学酱油时使用工业用盐酸。

(2)合理使用食品添加剂

酱油等生产中使用的防腐剂和色素主要是焦糖色素，我国传统焦糖色素的制作是用食糖加热聚合生成一种深棕色色素，食用是安全的。如果以加胺法生产焦糖色素，不可避免地将产生一种可引起人和动物惊厥的物质4-甲基咪唑(4-methylimidazole)。因此，必须严格禁止以加胺法生产焦糖色素。化学酱油生产时用于水解大豆蛋白质的盐酸必须是食品工业用盐酸，并限制酱油中砷、铅的含量。用化学法生产酱油，须经省级食品卫生监督部门批准。

(3)严格选用曲霉菌种

一些用于人工发酵酱油生产的曲菌是不产毒的黄曲霉。为防止菌种退化和变异产毒或污染其他杂菌，必须定期对其进行纯化与鉴定，一旦发现变异或污染应立即停止使用。使用新菌种前应按《新资源食品卫生管理办法》进行审批后方可使用。我国《酱油卫生标准》(GB 2717—2003)和《酱卫生标准》(GB 2718—2003)规定，酱油和酱中黄曲霉毒素 B_1 含量为≤5μg/L(kg)。

(4)防腐与消毒

酱油等调味品中易被大量的微生物污染。其中，有致病性微生物，也有条件致病性微生物。这些微生物污染不仅可引起相应的传染病或食物中毒，还可导致产品质量下降甚至失去食用价值。因此，在生产过程中消毒和灭菌极为重要。可采用高温巴氏消毒法(85~90℃，瞬间)消毒；所有管道、设备、用具、容器等都应严格按规定定期进行洗刷和消毒；回收瓶、滤包布等可采用蒸煮或漂白粉上清液消毒。提倡不使用回收瓶而使用一次性独立小包装。

(5)保证食盐含量

生产过程中加适量的食盐具有调味作用，并可抑制某些寄生虫(如蛔虫卵)和各种微生物的生长繁殖。《酱卫生标准》(GB 2718—2003)中规定，食盐含量在黄酱为≥12 g/kg，在甜面酱为≥7 g/kg；所用食盐必须符合《食用盐卫生标准》(GB 5461—2000)规定。

(6)控制总酸

酱油和酱及酱制品中很多为发酵食品，均具有一定的酸度，当酱油和酱受到微生物污染时，其中的糖被分解成有机酸而使其酸度增加，发生酱油酸败，导致产品质量下降甚至失去食用价值。因此，为保证产品质量，必须限制酱油酸度在一定范围内，《酱油卫生标准》和《酱卫生标准》中规定，酱油和酱的总酸分别须≤2.5 g/100 mL和≤2 g/100 g。

(7)控制水产调味品质量

用于生产水产调味品的原料，如鱼、虾、蟹、牡蛎等必须新鲜，禁止使用不新鲜甚至腐败的水产品加工调味品。水产调味品宜采用机械化、密闭化、规模化生产，容器管道应进行消毒，成品应进行灭菌处理后方可装罐，出厂销售。水产调味品开罐后应冷藏。《水产调味品卫生标准》(GB 10133—2005)对其重金属和无机砷及微生物污染指标、食品添加剂等作出了明确规定。

(8)防止病原微生物污染

为防止污染，对发酵用容器须进行严格的洗刷和消毒。专用的缸、桶、罐等容器、发酵簸和盘等均应及时洗刷。晒酱胚的场所和酱缸周围，应采取有效的灭蛹措施。生产车间必须备有防尘、防蝇、防鼠设备。

6.10.2 食醋

食醋是酸性调味品，分为发酵醋和配置醋。发酵醋按照原料及加工工艺的不同可分为米醋、陈醋、熏醋、水果醋等，但共同的加工工艺是发酵。

食醋含有3%～5%的醋酸，有芳香气味。各类食醋加工工艺不同，其特点也不相同。普通的米醋以谷类(大米、谷糠)为原料经蒸煮冷却后，按6%～15%接种曲菌，再经淀粉糖化、酒精发酵后，利用醋酸杆菌发酵株进行有氧发酵，形成醋酸，普通米醋陈酿一年为陈醋。不同的食醋具有不同的芳香和风味，这是发酵过程中所形成的低级脂肪酸酯及有机酸的共同作用。以酿造食醋为主体，与冰醋酸(食品级)、食品添加剂等混合配制而成的为配置醋。

6.10.2.1 安全问题

由于食醋具有一定的酸度，与金属容器接触后将使其中铅和砷等有毒物质含量超标，影响食用者健康；耐酸微生物和其他生物易在其中生长繁殖，形成霉膜或出现醋虱、醋鳗和醋蝇。

6.10.2.2 安全管理

食醋生产的卫生及管理按《食醋厂卫生规范》(GB 8954—1988)执行。成品必须符合《食用醋卫生标准》(GB 2719—2003)方可出厂销售。

(1)注意原辅料卫生

生产食醋的粮食类原料必须干燥、无杂质、无污染，各项指标均符合《粮食卫生标准》(GB 2715—2005)的规定。生产用水须符合《生活饮用水卫生标准》(GB 5749—2006)。

(2)合理使用食品添加剂

食醋生产过程中允许使用某些食品添加剂，为了抑制耐酸的霉菌在醋中生长并形成霉膜，及为防止生产过程中污染醋虱、醋鳗等需要添加防腐剂。添加剂的使用剂量和范围应严格执行《食品添加剂使用卫生标准》(GB 2760—2007)。

(3)严格选用发酵菌种

必须选择蛋白酶活力强、不产毒、不易变异的优良菌种，并对发酵菌种进行定期筛选、纯化及鉴定。为防止种曲霉变，应将其贮存于通风、干燥、低温、清洁的专用房间。

(4)加强容器和包装材料的管理

食醋具有一定的腐蚀性，故不应贮存于金属容器或不耐酸的塑料包装中，以免溶出有害物质而污染食醋。盛装食醋的容器必须是无毒、耐腐蚀、易清洗、结构坚固，具有防雨、防污染措施，并经常保持清洁、干燥。回收的包装容器须无毒、无异味。灌装前包装容器应彻底清洗、消毒，灌装后封口要严密，不得漏液，防止二次污染。

(5)去除醋鳗、醋虱和醋蝇

在正发酵或已发酵的醋中，如已发现醋鳗或醋虱，可将醋加热至72℃并维持数分钟，然后过滤，即可去除。

6.10.3 盐及代盐制品

食盐的主要成分是氯化钠，按照来源不同可分为海盐、湖盐、地下矿物盐和以天然卤水制成的盐，按生产工艺，可分为精制盐、粉碎洗涤盐和日晒盐。

出现少尿、水肿等症状而需要禁盐的患者，应严格忌盐。最常用的代盐制品有无盐酱油和秋石。无盐酱油是用钾盐制成的酱油，钠潴留而无高血钾症时可选此为代盐制品。秋石可用于血钾高、心脏功能不良的患者，分为淡秋石和咸秋石两种。淡秋石的主要成分是尿酸钙、磷酸钙，不含钠盐，故可以食用；咸秋石含有氯化钠，故不宜食用。

6.10.3.1 安全问题

食盐的安全问题主要是食盐中的杂质。

(1)矿盐、井盐

矿盐中硫酸钠含量通常过高，使食盐有苦涩味道，并在肠道内影响食物的吸收，应经脱硝法除去。此外，矿盐、井盐中还含有钡盐，钡盐是肌肉毒，长期少量食入可引起慢性中毒，临床表现为全身麻木刺痛、四肢乏力，严重时可出现弛缓性瘫痪。《食用盐卫生标准》(GB 2721—2003)规定，食用盐中钡含量须≤15 mg/kg。

(2)精制盐中的抗结剂

食盐常因水分含量较高或遇潮而结块，传统的抗结剂是铝剂，现已禁用，目前食盐的抗结剂主要是亚铁氰化钾、碱式碳酸镁或钠、铝的硅酸盐等，以亚铁氰化钾效果最好。亚铁氰化钾属低毒类物质，大鼠经口 LD_{50} 为1 600～3 200 mg/kg，CAC 对亚铁氰化钾作为食品添加剂的残留限量规定为20 mg/kg。我国允许使用亚铁氰化钾、硅铝酸钠、磷酸三钙、二氧化硅、微晶纤维素5种物质作为食品添加剂。亚铁氰化钾用于食盐抗结，加入量为0.01 g/kg，合理使用不会对人体有害。

(3)营养强化食盐

按营养强化剂的卫生标准，碘盐中使用碘化钾的量为30~70 mg/kg。考虑到碘盐在贮藏时碘化钾的分解及碘挥发的损失，目前市售碘盐在生产时通常以40 mg/kg进行强化，稍高于碘的推荐供给量。

6.10.3.2 安全管理

纯化食盐成分是保证食盐安全的关键。

(1)纯化

矿盐、井盐的成分复杂，生产中必须将硫酸钙、硫酸钠和钡盐等物质分离出去，通常采用冷冻法或加热法除去硫酸钙和硫酸钠。

(2)抗结剂

食盐的固结问题一直困扰着食盐的生产、贮运和使用，抗结剂的使用为解决这一难题提供了有效措施。应严格按照我国规定的最大限量标准使用亚铁氰化钾。

(3)营养强化盐

由于食盐的稳定性及摄入量恒定，被认为是安全而有效的营养素强化载体，我国营养强化食盐除了全民推广的碘盐，尚有铁、锌、钙、硒、核黄素等强化盐。营养强化盐的卫生管理应严格依据《食盐加碘消除碘缺乏危害管理条例》《调味品卫生管理办法》《食品营养强化剂卫生管理办法》及《食品营养强化剂使用卫生标准》(GB 14880—1994)执行。

6.10.4 味精

味精即谷氨酸钠，是一种广泛使用的鲜味剂，易溶于水，微溶于乙醇，性质较稳定。味精的生产多采用含碳水化合物的原料进行发酵，也可人工合成。其产品中谷氨酸钠的含量为60%~99%。不同种类的食品，味精的用量不同，一般约为0.2~1.5 g/kg。关于味精使用的安全性问题，国内外有过不少争议，但一般认为是安全的。成人ADI为125 mg/kg(以谷氨酸计)。但鉴于目前对味精的毒性问题尚未完全搞清，我国规定12岁以下儿童的食品中不得使用。国家食品卫生标准对味精中铅、砷及锌限量分别有明确的规定。

6.11 甜味料、可可制品、巧克力及巧克力制品、糖果

甜味料、可可制品、巧克力及巧克力制品、糖果的共同特点是都含有较多的糖，糖产生的高渗作用，使一般的微生物不能对这些食品造成危害。

6.11.1 甜味料

甜味料既是甜味剂，也是即食食品，包括食糖(如甘蔗糖、甜菜糖、冰糖、果糖等白糖及白糖制品和红糖、赤砂糖、槭树糖浆等其他糖和糖浆)、淀粉糖(果糖、葡萄糖、饴糖；部分转化糖，包括糖蜜等)、蜂蜜及花粉、餐桌甜味料和调味糖浆。

6.11.1.1 食糖和淀粉糖

食糖主要成分为蔗糖，是以甜菜、甘蔗为原料压榨取汁制成，包括粗制糖和精制糖。前者是将原料压榨汁煮炼、挥干其中水分所获得的低纯度粗糖(红糖或砂糖)；后者是将原料压榨汁经净化、煮炼、漂泊等工序处理而获得的结晶颗粒，称白砂糖和冰糖；白砂糖经粉碎处理获得的糖呈粉末状称绵白糖。淀粉糖的主要成分是淀粉或含淀粉的原料，经酶法或酸法水解制成，分液体、粉状和结晶状淀粉糖。

白砂糖是食糖中含蔗糖最多、还原糖含量极少、纯度最高的品种，较易贮存。按其结晶粒的大小，还可以分为粗砂、中砂、细砂 3 种。其质量按国家标准又分为优级、一级和二级。由原糖再加工的精制白砂糖，色泽更加白净，灭菌程度高，包装严密，适宜直接食用。绵白糖简称绵糖，食用方便，但经营过程中不易保管。赤砂糖也称红糖，由于不经过洗蜜，表面附着糖蜜较多，不仅还原糖含量高，而且非糖的成分(如水分、色素、胶质和杂质等)含量也较高。所以，赤砂糖的色泽较深暗，并深浅不一，有红褐、黄褐、青褐、赤红等，晶粒较大，食用时有糖蜜味，有时还有焦苦味，旱季易结块，雨季易溶化，不易保管。冰糖是白砂糖的再制品。以白砂糖为原料，经过加水溶解、除杂、清汁、蒸发浓缩慢冷却结晶而成。因晶形如冰，故称冰糖。质量以纯净透明者为佳。

(1)安全问题

食糖和淀粉糖的安全问题主要是二氧化硫超标，尤以冰糖为甚。人体大量食入二氧化硫可出现头晕、呕吐、恶心、腹泻、全身乏力、胃黏膜损伤等症状，严重时会损害肝、肾脏，引起急性中毒。同时，二氧化硫还是一种致癌物质。一些土糖作坊在生产过程中为节省成本，违法使用“吊白块”进行漂白，就会出现二氧化硫残留超标。

(2)安全管理

严格执行《食糖卫生管理办法》，生产加工食糖不得使用变质发霉或被有毒物质污染的原料，生产用水须符合《生活饮用水卫生标准》(GB 5749—2006)，使用食品添加剂须符合《食品添加剂使用卫生标准》(GB 2760—2007)。生产经营过程中所用的工具、容器、机械、管道、包装用品、车辆等须符合相应的卫生标准和要求，并应做到经常消毒，保持清洁。食糖必须采用双层包装袋(内包装为食品包装用塑料袋)包装后方可出厂，积极推广小包装。食糖的贮存应有专库，做到通风、干燥以防潮、防尘、防鼠、防蝇，保证食糖不受外来有害因素的污染和潮解变质。用于食糖漂白的二氧化硫残留量在《食糖卫生标准》(GB 13104—2005)中规定为：原糖≤20 mg/kg，白砂糖≤30 mg/kg，绵白糖≤15 mg/kg，赤砂糖≤70 mg/kg；在《淀粉糖卫生标准》(GB 15203—2003)中规定按《食品添加剂使用卫生标准》(GB 2760—2007)执行。

6.11.1.2 蜂蜜

蜂蜜由蜜蜂用从植物花的蜜腺中采集的花蜜与来自含丰富转化酶的唾液腺混合酿制而成。新鲜蜂蜜在常温下呈透明或半透明黏稠状液体，较低温度时可析出部分结晶，具有蜜源植物特有的色、香、味，无涩、麻、辛辣等异味。蜂蜜比重为1.401～1.443，葡萄糖和果糖含量约为65%～81%，蔗糖约为8%，含水量16%～25%，糊精、矿物质及有机酸等成分约占5%，此外尚含有酵素、芳香物质、维生素和花粉渣等。因其蜜源不同，蜂蜜成分有一定的差异。

(1)安全问题

蜂蜜通常不需要复杂的加工过程，因此，其安全问题主要集中在原料和运输、贮藏过程。

①抗生素残留　四环素常被蜂农用于防治蜜蜂的疾病，因此，蜂蜜中可能污染抗生素。我国规定蜂蜜中四环素残留量须≤0.05 mg/kg。

②锌污染　蜂蜜因含有机酸而呈微酸性，故不可盛放或贮存于镀锌铁皮桶中，用镀锌容器贮存的蜂蜜含锌量可高达625～803 mg/kg，超过正常含量的100～300倍。含锌过高的蜂蜜通常味涩、微酸、有金属味，不可食用。我国规定蜂蜜中锌含量应≤25 mg/kg，铅含量须≤1 mg/kg。

③毒蜜中毒　具有杀虫作用的中草药，如雷公藤(*Tripterygium wilfordii*)、羊踯躅(*Rhododendron molle G. Don*)、钩吻(*Gelsemium elegans*)等植物含有多种微生物碱，食用以其花粉为蜜源的蜂蜜常可引起中毒，表现为乏力头昏、头疼、口干、舌麻、恶心及剧烈的呕吐、腹泻、大便呈洗肉水样、皮下出血、肝脏肿大，严重时可导致死亡。

④肉毒梭菌污染　婴儿肉毒中毒与进食含有肉毒梭菌的蜂蜜有关，因此，防止肉毒梭菌污染蜂蜜，是保证蜂蜜食品安全的关键环节之一。

(2)安全管理

严格执行《蜂蜜卫生管理办法》，蜂蜜食品要符合《蜂蜜卫生标准》(GB 14963—2003)，不得掺假、掺杂及含有毒、有害物质。应加强有关预防毒蜜中毒的宣传教育。加强蜂群饲养管理，放蜂点应远离有毒植物，避免蜜蜂采集有毒花粉。严禁生产有毒蜜粉。接触蜂蜜的容器、用具、管道和涂料以及包装材料，必须清洁、无毒、无害，符合相应卫生标准和要求。严禁使用有毒、有害的容器，如镀锌铁皮制品、回收的塑料桶等。为防止污染，蜂蜜的贮存和运输不得与有毒、有害物质同仓共载。

6.11.2 可可制品、巧克力及巧克力制品、糖果

可可制品包括以可可为主要原料的脂、粉、浆、酱、馅；巧克力及巧克力制品是以可可液块、可可粉、可可脂、类可可脂、代可可脂、白砂糖、乳制品、食品添加剂等为原料加工而成的食品。

糖果系以白砂糖(绵白糖)、淀粉糖浆、乳制品、凝胶剂等为主要原料，添加各种辅料，按一定工艺加工制成的固体食品，包括硬质糖果、硬质夹心糖果、乳脂糖果、压片糖果、凝胶糖果、抛光糖果、充气糖果和无糖、含糖的胶基糖果等。此外，此类食品还包括糖果和巧克力制品包衣、装饰糖果、顶饰和甜汁。

6.11.2.1 安全问题

我国可可制品、巧克力及巧克力制品和糖果的安全性总体较好。2007 年末至 2008 年初，国家质量监督检验检疫总局组织对牛奶巧克力、黑巧克力、白巧克力产品质量卫生，依据强制性国家标准《巧克力卫生标准》(GB 9678.2—2003)、《食品添加剂使用卫生标准》(GB 2760—2007)、《预包装食品标签通则》(GB 7718—2004)的规定，对产品的感官、铅、总砷、铜、糖精钠、甜蜜素、致病菌以及标签等 8 个理化指标、卫生指标、标签标识及感官指标进行了国家监督抽查。共抽查了 10 个省、自治区、直辖市 64 家企业生产的 71 种产品(不涉及出口产品)，产品实物质量抽样合格率为 100%，表明涉及人身健康安全的卫生指标、理化指标全部达到国家标准规定的要求，总体质量是稳定的。

但那些既无正规厂房、卫生设施、生产设备及检测手段，又无管理制度的小作坊，缺少正规的工艺知识，甚至受私利的驱使，惨假、惨伪、滥用食品添加剂或违法使用有毒、有害化学品制造巧克力和糖果的事件时有发生，如违法使用吊白块增白、超量使用糖精钠增甜、回收变质糖再加工、铜等重金属和二氧化硫残留超标、使用过多的人工合成色素和香精等。

市售散装巧克力和糖果无标签、标识现象十分普遍，油脂酸败的过期糖果引起学生集体食物中毒事件也有发生。

6.11.2.2 安全管理

由于糖果的主要消费人群是儿童，其安全和管理显得更加重要。严格执行《糖果卫生管理办法》，掌握源头、控制过程、检验产品是企业品质卫生管理的基本原则。

(1)原辅料

生产糖果的所有原料须符合相应的卫生标准。对乳、蛋等原材料的采购，应考察养殖场及其饲料来源，抽检饲料，定点采购。食品添加剂的种类和使用量、使用范围必须符合《食品添加剂使用卫生标准》(GB 2760—2007)。

(2)包装纸

糖果包装纸须符合《食品包装用原纸卫生标准》(GB 11680—1989)，油墨应

选择含铅量低的原料并印在不直接接触糖果的一面，若印在内层，必须在油墨层外涂塑或衬纸(铝薄或蜡纸)包装，衬纸应略长于糖果，使包装后的糖果不直接接触到外包装纸，衬纸本身也须符合卫生标准，用糯米纸作为内包装时其铜含量不应超过100 mg/kg，没有包装纸的糖果及巧克力应采用小包装。

(3)防黏剂

生产糖果中不得使用滑石粉做防黏剂，使用淀粉做防黏剂应先烘(炒)熟后才可使用并用专门容器盛放。

(4)生产加工过程

全面实施《糖果卫生管理办法》，巧克力生产厂应执行《巧克力厂卫生规范》(GB 17403—1998)。积极推进HACCP认证，加大生产过程关键环节的控制，推广先进的生产工艺，进一步加强食糖质量监管工作。加强原料验收、生产过程工序记录、出厂发货记录，规范生产加工助剂的使用，同时要将产品质量检验过程纳入生产过程管理。不符合《巧克力卫生标准》(GB 9678.2—2003)、《胶基糖果卫生标准》(GB 17399—2003)和《糖果卫生标准》(GB 9678.1—2003)的产品不得出厂。

(5)市场管理

全面推进、实施糖果行业的市场准入制，问题产品召回制等。散装产品也须具有生产日期、保质期等标签、标识。

6.12 特殊营养用食品

特殊营养食品指的是经营养平衡或营养素调整，提供给特殊营养需求人群食用的配方食品，包括婴儿配方食品、较大婴儿配方食品、幼儿配方食品、婴幼儿断奶期食品、病人用特殊食品、低能量配方食品和孕产妇(乳母)配方食品等。

6.12.1 婴儿配方食品和婴幼儿断奶期食品

婴儿配方食品和婴幼儿断奶期食品是人工喂养婴儿的唯一营养来源，其卫生质量和安全管理尤为重要。我国已初步建立了涵盖基础标准、产品标准和管理标准的婴幼儿食品标准体系，2006年4月，国家又启动了对11项相关标准的修订工作，旨在与国际接轨，从严要求，保证质量和安全，满足营养需要，方便消费者了解产品信息(标签)和政府监督管理(分类)，服务于行业健康发展。修订后的新标准在微生物指标、化学污染物指标、可用于婴幼儿食品的营养化合物名单和食品添加剂名单、转基因原料的控制、辐照杀菌问题、过敏问题、良好操作规范、检测方法等方面进一步突破，以推动婴幼儿食品更具有营养性和安全性，解决原标准的交叉矛盾和指标设置不合理问题以及个别营养素无上限问题，使婴幼儿食品标准体系更趋完善。

6.12.1.1 安全问题

我国婴幼儿配方乳粉企业有110家左右，年生产总量约在32万t，年产量最大为4万t左右。排名前16位的企业年产量占年总产量80%以上，外资大企业、国有大企业、中小企业并存，而以中小企业为多，给行业发展和卫生行政监管带来一定困难。

(1)基础薄弱

婴幼儿配方乳粉企业良莠不齐，存在外资企业与本土企业执行标准不一致问题。个别中小企业不能有效进行原料、生产、出厂的基本检测。总体科研基础薄弱，缺少专业人员。国家尚未实施GMP准入管理。

(2)饱和脂肪酸含量、糖分和盐分过高

一些婴幼儿食品的饱和脂肪酸、糖分和盐分都过高，有些比麦当劳的芝士汉堡还要高。糖摄入过量会增加孩子龋齿的机会，而且大量果糖在肝脏中代谢为脂肪，致使孩子因热量过剩、体重随之上升而变成小胖墩，肥胖婴幼儿成年后患心脑血管病的风险将大大升高。如果宝宝过量吃甜食，会出现骨质疏松，严重者可能引起佝偻病。

(3)蛋白质含量过低

典型事件是2003年以来，发生的制造、销售劣质奶粉和一系列因为食用劣质奶粉导致婴幼儿致病、致死的事件。劣质奶粉危害对象为以哺食奶粉为主的婴幼儿，由于蛋白质摄入不足，导致营养不足，出现“头大、嘴小、浮肿、低烧”和造血功能障碍、内脏功能衰竭、免疫力低下等病症。由于安徽阜阳作为重灾区和产生严重后果的暴发区，该事件也被称为“阜阳奶粉事件”。

(4)非法掺假

典型事件是2008年发端于三鹿集团生产的一批婴幼儿奶粉中含有化工原料三聚氰胺，导致食用该奶粉的婴儿患上肾结石事件。截至9月21日，因食用婴幼儿奶粉而接受门诊治疗咨询且已康复的婴幼儿累计39 965人，住院的有12 892人，治愈出院1 579人，死亡4人。该事件严重影响了中国产品信誉，多个国家禁止了中国乳制品进口。

6.12.1.2 安全管理

婴幼儿处在快速生长发育期，是敏感脆弱人群，其食品安全管理十分重要。

(1)贯彻执行《食品安全法》

根据“阜阳奶粉”事件和“三聚氰胺”事件暴露出来的问题，《食品安全法》对婴幼儿食品安全和营养质量要求作了更严格的规定：一是明确规定食品安全标准应当包括专供婴幼儿和其他特定人群的主辅食品的营养成分要求；二是严禁生产经营营养成分不符合食品安全标准的专供婴幼儿和其他特定人群的主辅食品；三是明确规定专供婴幼儿和其他特定人群的主辅食品，其标签还应当标明主要营养成分及其含量；四是对生产经营营养成分不符合食品安全标准的专供婴幼儿和其他特定人群的主辅食品者规定了严厉的处罚条款。

(2)尽快修订婴幼儿食品标准

随着饮食结构的变化，中国的一些标准已经与国际标准不一致。国外食品标准更新非常快，使跨国企业生产的食品在国内、国外存在差异。现行的婴幼儿食品的产品标准有《婴幼儿配方粉及婴幼儿补充谷粉通用条技术件》(GB10767—1997)和《婴幼儿配方粉Ⅰ》(GB 10766—1997)、《婴幼儿配方粉ⅡⅢ》(GB10765—1997)、《婴幼儿断奶期辅助食品》(GB 10769—1997)、《婴幼儿断奶期补充食品》(GB 10770—1997)、《婴幼儿辅助食品 苹果泥》(GB 10775—1989)、《婴幼儿辅助食品 胡萝卜泥》(GB 10776—1989)、《婴幼儿辅助食品 肉泥》(GB 10777—1989)、《婴幼儿辅助食品 骨泥》(GB 10778—1989)、《婴幼儿辅助食品 鸡肉菜糊》(GB 10779—1989)、《婴幼儿辅助食品 番茄汁》(GB 10780—1989)，均为10~20年前的陈旧标准；我国现行婴幼儿食品的基础标准有：《婴幼儿配方食品和乳粉通用检验方法》(GB/T 5413.1~GB/T 5413.32—1997)、《食品添加剂使用卫生标准》(GB 2760—2007)、《食品营养强化剂使用卫生标准》(GB 14880—1994)和《预包装特殊膳食用食品标签通则》(GB 13432—2004)；我国现行相关管理办法有：1995年卫生部、国内贸易部、广播电影电视部、新闻出版署、国家工 商行政管理局、中国轻工总会联合发布的《母乳代用品销售管理办法》和1986年卫生部发布的《食品营养强化剂卫生管理办法》；但尚无现行操作规范。只有先规范国内食品安全的制度和标准，完善国家食品监督环境，才能规范生产企业的食品生产行为，保障食品安全。

(3)建立婴幼儿食品安全信用体系

自2004年“阜阳奶粉事件”后，中国的婴幼儿食品行业引起了中国全社会乃至国际社会的普遍关注。国家食品药品监督管理局等八部委将“儿童食品行业”列为食品安全信用体系建设试点的3个行业之一，启动了儿童食品行业的食品安全治本之策。目前，已有多家乳品生产企业作为试点企业，参与我国婴幼儿食品安全信用体系建设。信用体系建设下一步工作的重点将放在建立试点企业食品安全信用档案，及时进行优良与警示信息的披露。

6.12.2 其他特殊营养用食品

我国病人用特殊食品、低能量配方食品和孕产妇(乳母)配方食品等的管理体系、标准体系均尚未建立，有待规范此类食品的生产、加工、标识、运贮、营销、检验及使用过程。

6.13 方便食品

方便食品(convenience food)在国外称为快速食品(instant food)或快餐食品(quick servemeal)、即食食品(ready to eat food)。方便食品的出现反映了人们在繁忙的社会活动后，为减轻繁重家务劳动而出现的一种新的生活需求。方便食品不是国家食品分类系统中的类别，而是以其食用、携带的方便性进行的分类。方便食品定义为不需要或需简单加工或烹调就可食用并且包装完好、便于携带的预制或冷冻食品。1983 年的美国农业手册将方便食品定义为："凡是以食品加工和经营代替全部或部分传统的厨房操作(如洗、切、烹调等)的食品，特别是能缩短厨房操作时间、节省精力的食品"。由于方便食品具有食用方便、简单快捷、便于携带、营养卫生、价格便宜等特点，颇受消费者欢迎。

按照使用和供应方式不同，将方便食品分为即食食品和快餐食品。即食食品指经过加工，部分或完全制作好的，只要稍加处理或不作处理即可食用的食品，通常主料比较单一，并未考虑合理的膳食搭配。快餐食品指商业网点出售的，有几种食品组合而成的，做正餐食用的方便食品，通常由谷物、蛋白质类食物、蔬菜和饮料组成，营养搭配合理，特点是从点菜到就餐时间很短，可在快餐厅就餐，也可包装后带走。

按照原料和用途不同，将方便食品分为方便主食、方便辅食、方便调味品、方便小食品等。方便主食包括方便面、方便米饭、方便米粉、包装速煮米、方便粥、速溶粉类等可作为主食的方便食品。方便副食包括各种汤料和菜肴，汤料有固体的和粉末的两种，配以不同口味，用塑料袋包装，食用时水冲即可。方便菜肴也有多种，如香肠肉品、马铃薯片和海苔等。方便调味品有粉状和液体状两种，如方便咖喱、粉末酱油、调味汁等。方便小食品指做零食或下酒的各种小食品，如油炸锅巴、香辣薄酥脆等。

6.13.1 安全问题

我国方便食品在生产加工、营养均衡和标准制定等方面还存在着较大隐患，随着生活节奏的日益加快和家庭劳动社会化进程的不断加剧，方面食品的安全问题也越来越凸显。

(1)油炸方便食品的丙烯酰胺含量

油炸方便面的丙烯酰胺含量尚无国家限量标准，造成我国对油炸方便食品中丙烯酰胺含量"无规范、无标准、无监管"的三无状态。

(2)即食食品的配料复杂

目前，即食食品的配料一般都含多种、甚至几十种物质，有关部门无法每次都 100% 准确地检验出它们的来源、安全性和质量水平；同时，复杂的食品生产链会增加食品出现安全问题的概率，加大追踪潜在问题食品的难度。

(3)食品添加剂种类多

方便食品中常添加多种食品添加剂，分别起着增色、漂白、调节口味、防止氧化、延长保存期等多种作用，尽管合理使用的食品添加剂对人体无害，但如长期摄入食品种类单一，有可能导致某种食品添加剂蓄积，造成危害。

(4)食盐配量过高

方便食品的配料中食盐量较大，摄入食盐过多易患高血压等疾患。

(5)膳食结构失衡

选配不当时，尤其是长期以方便食品为主时，可导致营养失衡，如微量营养素和维生素(特别是水溶性维生素)、膳食纤维等摄入不足，还会摄入较多的脂肪，特别是饱和脂肪，对健康产生不利的影响。在西方国家，食用方便食品过多被认为是引起冠心病、骨质疏松症的主要原因。

6.13.2 安全管理

每一种方便食品从感官指标、理化指标到微生物指标都应该符合国家卫生标准的要求。对目前我国尚未颁布卫生标准的方便食品，可参照国外类似产品的卫生标准。对方便食品生产加工企业进货台账与销售台账、生产加工质量安全关键点控制记录、原料进厂与产品出厂检验记录及检验报告、产品留样、问题食品处理、产品召回记录及消费者投诉处理记录等应加强监督检查。通过监督检查，督促企业落实各项质量安全控制制度。滥用添加剂和非食品物质等违法行为应重点监督检查。建立和完善食品生产加工环节高风险项目风险监测制度、风险预警制度和不安全食品召回制度。开展健康教育和健康促进活动，使消费者摄入方便食品时可适当搭配些含维生素丰富的蔬菜，以平衡膳食。

(1)原辅料

方便食品的原辅料管理是保证方便食品安全的第一个环节。

①原料　粮食类原料应无杂质、无霉变、无虫蛀；畜、禽肉类须经严格的检疫，不得使用病畜、禽肉做原料，加工前应剔除毛污、血污、淋巴结、粗大血管及伤肉等；水产品原料挥发性盐基氮须在15 mg/kg以下；果蔬类原料应新鲜、无腐烂变质、无霉变、无虫蛀、无锈斑，农药残留量须符合相应的卫生标准。

②油脂　使用的油脂应无杂质、无酸败，防止矿物油、桐油等非食用油混入；含有油炸工艺的方便食品，应按《食用植物油脂煎炸过程中的卫生标准》(GB 7102.1—2003)严格检测油脂的质量。

③食品添加剂　方便食品加工过程中使用食品添加剂的种类较多，应严格按照《食品添加剂使用卫生标准》(GB 2760—2007)控制食品添加剂的使用种类、范围和剂量。

④调味料及食用香料　方便食品生产过程中使用调味料的质量和卫生须符合相应的标准。食用香料要求干燥、无杂质、无霉变、香气浓郁。

⑤生产用水　须符合《生活饮用水卫生标准》(GB 5749—2006)。

(2)包装材料

方便食品因品种繁多，其包装材料也各具特色，如纸、塑料袋(盒、碗、瓶)、金属罐(盒)、复合膜、纸箱等，所有这些材料必须符合相应的国家标准，防止微生物、有毒重金属及其他有毒物质的污染。

(3)贮藏

通常贮存快餐食品的仓库要专库专用，库内须通风良好、定期消毒，并设有各种防止污染的设施和温控设施，避免生、熟食品的混放或成品与原料的混放。

(4)标准与规范

我国现行的方便食品卫生标准和其他相关标准还很不完备，对常见方便食品应加快相关标准、规范的制定，加大科研开发力度，对易产生危害物质的生产工艺进行改进。

6.14 保健食品

保健食品是一类能够调整人体功能的食品。我国卫生部在《保健食品管理办法》中将保健食品定义为：“表明具体特定保健功能的食品。适宜于特定人群食用，具有调节机体功能，不以治疗疾病为目的的食品。”

随着人类疾病谱的变化和对营养保健技术认识的发展，人们对自身保健的认识和需求得到进一步提高，特别是随着现代社会的发展，人们的生活节奏不断加快，处于亚健康状态的人群不断增多，利用食品改善和调节人体功能已经成为食品业发展的新趋势。

保健食品的发展理论主要有两个来源：一是利用人类对生命科学和营养学研究的最新成果，通过提取或合成人体所需要的营养素或其他生物活性成分来改善机体某一方面的缺陷，如人工合成的类脑垂体激素(褪黑素)能够调节人体生物钟，达到改善睡眠的功能；从植物中提取或人工合成的低聚果糖，能够促进肠道内双岐杆菌的增殖，保持肠道菌群良好状态等。二是重新认识和有效利用天然动、植物的保健作用，天然动、植物以其来源的自然性和保健效果的独特性为人类预防疾病和身体保健提供了新的方式并具有很大的发展前景，尤其在我国，有相当数量的保健食品是利用传统中医药理论中的“药食同源”特点进行组方，并用现代加工技术提取和加工，使其成为具有特定保健功能的食品。

6.14.1 安全问题

保健食品必须是食品，符合食品具有无毒、无害，具有一定营养价值，感官性状良好的属性。其不同点在于保健食品有特定的保健功能，有特定的适用人群，有特定的功效成分。保健食品是针对不同亚健康人群需要设计的具有相应功能调整作用的食品，虽与药品有一定相似性，但保健食品是以调节机体功能为主要目的，而不是以治疗为目的，所有保健食品均不能宣传具有代替药物的治疗作用，禁止加入药物，这也是保健食品与药品的本质区别。

(1)以非传统食品为载体的安全性

以非传统食品为载体的保健食品具有载体本身特有的质量安全问题，如保健食品加入化学药物、各种功效成分、新资源、新技术的安全性和进口保健食品以及伪劣保健食品的安全性等。

(2)以传统食品为载体的安全性

以传统食品为载体的保健食品也具有相应食品安全问题，其质量安全与一般食品质量安全大致相同。以植物性传统食品(如大米、蔬菜、瓜果、大豆、植物油等)为载体的保健食品，具有农药残留、植物生长激素、化学性污染等安全问题；以动物性传统食品(如海鲜、肉、禽、蛋、蜂胶、蜂王浆等)为载体的保健食品，具有抗生素、激素、兽药残留等安全问题。

(3)中草药污染

由于我国保健食品中大量以中药提取物为原料，如灵芝、银杏、五味子等已形成产业化，而我国在中药种植方面尚未全面实行 GAP 管理，中药质量标准体系还不够完善，生产工艺及制剂技术水平较低，多种中药粗提取物的毒性也成为保健食品质量安全问题之一。

(4)添加化学药品和虚假广告问题

为牟取疗效，一些企业违法添加药物，如调节血糖类保健食品中含有格列甲嗪(glipizide)等化学药品；为牟取利益，一些厂家进行虚假宣传，夸大功能、误导公众，给食品安全埋下了隐患。

(5)制假、售假

制售假冒伪劣保健食品、假冒文号、更改已批准的产品配方、未经报批非法宣传保健功能的行为还很普遍，有数据显示，有关部门在9个月内查处制售假冒伪劣保健食品等食品案件近5万起。

6.14.2 安全管理

我国《食品安全法》和《保健食品管理办法》规定对保健食品的功能、卫生和安全性、质量可靠性、功效成分的科学性与稳定性以及产品说明实行行政审批制度，所有的国产和进口保健食品必须获得卫生部《保健食品批准证书》及批准文号方可进行生产经营，并必须在产品标签上印有批准文号和卫生部统一规定的保健食品标志。

(1)功能定位

从保健食品对人体健康发挥的作用和法定定义两方面综合考虑，可以将保健食品的保健功能归属于：①调节机体的生理功能，如调整更年期和免疫功能等；②亚健康状态的调理，如调理高血脂等；③预防疾病的发生，减缓疾病(如高血压、高血糖)的发展等；④减轻生产、生活环境中有害因素对健康的影响，如辐射危害的辅助保护等；⑤促进机体内有毒、有害物质的分解与排泄，如促进排铅功能；⑥改善各种营养素的代谢与平衡，如补铁、补钙、补锌等；⑦增强机体对应急状态的适应能力，如提高缺氧耐受力；⑧帮助机体从异常状态恢复到正常状态，如缓解体力疲劳、通便、改善睡眠等；⑨辅助临床治疗和减轻临床治疗过程中的毒副作用。

(2)质量评价

保健食品的质量主要是指所含功效成分的质量是否与该产品所声称的保健功能相符合。在保健食品评审过程中，有关保健食品质量评审的内容包括：配方是否科学和合理；生产工艺是否可保证功效成分稳定和产品安全；产品检验指标是否符合申报者提出的产品质量标准（或企业标准）；各种评价试验设计是否合理和项目指标设计是否规范；产品名称、说明书与产品特点及法规要求是否一致等。

(3)安全性评价

保健食品的安全性评价主要是考虑到产品原料的安全性。进行保健食品安全性评价的原则包括：除了有足够材料证明产品的安全性外，其他情况均必须按照《食品安全性毒理学评价程序和方法》(GB 15193.1 ~ 19—2003)的规定完成安全性毒理学评价试验。一般要求进行第一、二阶段的毒理学试验，必要时须进行下一阶段的毒理学试验。能够证明产品安全性的材料包括：以普通食品原料和/或药食两用名单之内的物品为原料的产品；原料已经被批准为新资源食品；单一的营养素成分且其含量经理化检验在安全范围内等。

(4)监督管理

《食品安全法》规定：国家对声称具有特定保健功能的食品实行严格监管。保健食品不得对人体产生急性、亚急性或者慢性危害，其标签、说明书不得涉及疾病预防、治疗功能，内容必须真实，应当载明适宜人群、不适宜人群、功效成分或者标志性成分及其含量等；产品的功能和成分必须与标签、说明书相一致。有关部门应提高行业准入门槛，帮助企业提高管理水平、改进生产工艺。

(5)完善法规、标准

我国共出台了保健食品相关法规、规章 128 部，涵盖产品注册、GMP 认证、执行标准、生产许可、经营许可、广告审查、市场监管、进出口管理等多个方面。但由于长期以来保健食品行业陷入政出多门的怪圈，这些繁多的规章反而给治理工作带来了困难。《食品安全法》第五条明确了保健食品由食品药品监管部门为主、多部门配合监管的总体思路，使保健品的审批权和管理权得以统一，体制更加顺畅。

6.15 其他食品

其他食品包括果冻、茶叶和咖啡、胶原蛋白肠衣（肠衣）、酵母类制品、油炸小食品和膨化食品等。其中，茶叶已在 6.6.3 中作了介绍。

我国已制定了《果冻卫生标准》(GB 19299—2003)、《油炸小食品卫生标准》(GB 16565—2003)和《膨化食品卫生标准》(GB 17401—2003)，分别规定了相应食品的指标要求、食品添加剂、生产加工过程的卫生要求和检验方法、包装、标识、贮存及运输要求。

思考题

1. 动物性、植物性食品及调味品等在安全问题和安全管理上各有何特点?
2. 动物性和植物性食品的管理关键点有哪些?
3. 食品类别的安全管理与食物链环节的安全管理有何关系?
4. 食品法规、标准在各类食品安全管理中的作用如何?
5. 按危害因素分类，各类食品的安全问题有哪些?

推荐阅读书目

Agenda Item 5. 1：Food contamination monitoring and foodborne disease surveillance at national level. Global forum of food safety regulators. FAO/WHO. 2004.

食品安全手册．Ronald H. Schmidt，Gary E. Rodrick. 中国农业大学出版社，2006.

相关链接

世界卫生组织(WHO)食品安全网　http：//www. who. int/foodsafety/

美国国家食品安全信息网络　http：//www. foodsafety. gov/

食品污染监测和评估计划网站(GEMS/FOOD)　http：//www. who. ch/fsf/gems. htm

国家食品安全网　http：//www. foodsafe. net/

美国公共卫生信息系统(PHLIS)　http：//www. cdc. gov/ncidod/dbmd/phlisdata

第7章 食品安全监督管理

重点与难点　食品安全监管问题主要包括食品安全监管理念、监管体制、监管法制和监管机制。重点和难点是食品安全全程治理、科学治理和社会治理理念，食品安全监管体制选择标准以及食品安全监管机制创新。

食品安全直接关系着公众的身体健康和生命安全，关系着经济发展、政治稳定、社会和谐、国际贸易和国家形象。近10年来，随着经济全球化和贸易自由化步伐的加快，食品安全问题已凸显成为国际社会共同面临的重大社会问题，成为各国政府福利民生、促进发展、保持稳定、实现和谐的重大社会课题。中国政府坚持“以人为本、执政为民”的理念，不断深化食品安全监管体制改革，大力强化食品安全监管战略，深入开展食品安全专项整治，食品安全监管能力与水平稳步提升。

7.1 概述

食品安全监督管理首先要明确食品安全监督管理的概念与特征，这是食品安全监督管理的逻辑起点。

7.1.1 概念

食品安全监督管理是指食品安全监管机关依法对食品生产经营活动进行指导、协调、监督、管理等活动的总称。食品安全监督管理是食品安全治理的核心内容。从行政执法的角度来看，食品安全监督、食品安全管理强调的重点有所不同，但两者的核心内容并没有实质区别。在监管实践中，食品安全监督与食品安全管理通常被合称为“食品安全监管”。

(1)主体

在我国，食品安全监督管理的主体有两类：一类是从事食品安全综合协调的行政管理机关，其负责对食品安全具体监管活动进行监督。目前，卫生行政部门负责食品安全管理的综合协调，是各级政府在食品安全监管方面的“抓手”机关；另一类是从事食品安全具体监管的行政管理机关，如质量监督与检验检疫部门、工商行政监督管理部门、食品药品监督管理部门等。

(2)对象

在我国，食品安全监督管理的对象有两类：一类是以营利为目的的从事食品生产经营的企业法人和非企业法人，包括种养殖单位、生产加工单位、市场流通单位、餐饮消费单位等，它们是各级食品安全具体监管机关的监督管理对象；另一类是地方各级人民政府以及同级人民政府的各食品安全具体监管机关，它们是食品安全综合协调的监督管理对象。

(3) 内容

食品安全具体监管机关的监督管理内容是食品生产经营单位的生产经营活动，监管的目的是保证食品企业依法生产经营安全的食品。而食品安全综合协调机关的监督管理内容是食品安全具体监管机关的具体监管活动，监督的目的是保证食品安全具体监管机关依法监督管理、整合监管资源、形成监管合力和提高监管效能。

(4) 目标

食品安全监督管理的根本目标就是不断提高食品生产经营、监督管理和安全保障水平，确保广大人民群众的饮食安全，并促进经济社会的和谐发展和全面进步。

7.1.2 特征

与食品卫生监督管理、食品质量监督管理相比，食品安全监督管理具有以下基本特征：

(1) 全局性

关于食品安全、食品卫生和食品质量三者之间的关系，可以从不同的角度来认识。如食品安全是指对食品按其原定用途进行生产、食用时不会对消费者造成损害的一种担保。食品卫生是指在食品链所有环节上所采取的确保食品安全和宜食用性的必要条件和措施；食品质量是指食品满足消费者明确的或者隐含的需要的能力的特性的总和。

从社会治理的角度来看，食品安全既包括生产安全，也包括经营安全；既包括结果安全，也包括过程安全；既包括现实安全，也包括未来安全；既包括显性安全，也包括隐性安全。食品安全监督管理涵盖了种植、养殖、生产加工、市场流通、餐饮消费等食品生产经营各环节，囊括了食品质量、食品营养以及食品法律、标准、规划、监测、检测、评估、评价、信息等食品安全保障要素，更具全局性。

(2) 社会性

作为社会治理的食品安全，与作为学科建设的食品安全并不完全相同。在不同国家以及不同时期，食品安全所面临的突出问题和治理要求有所不同。在发达国家，食品安全所关注的主要是因科学技术发展所引发的问题，如 GMF 对人类健康的影响；而在发展中国家，食品安全所侧重的则是市场经济发育不成熟所引发的问题，如非法生产经营假冒伪劣、有毒、有害食品。应从社会治理的角度来认识和把握食品安全监督管理。

(3) 层级性

在我国，食品安全监督管理包括食品安全综合协调和食品安全具体监管。食品安全综合协调具有宏观性、综合性和开放性的特征。食品安全综合协调的目的是通过食品安全保障系统的整体优化来实现系统效能的倍增。凡是涉及食品安全保障系统全局性建构的法制性、体制性、机制性的安排都应纳入综合协调的范畴。通过综合协调，把分散的监管集中起来，把具体的监管整合起来，使现有的监管资源得到充分利用和发挥，形成统一、协调、权威、高效的食品安全监管体制和工作机制。食品安全具体监管是对特定环节或者特定品种的食品安全进行监督管理，具有局部性、具体性和确定性的特征。食品安全综合协调与食品安全具体监管的关系不是整体与部分的关系，而是综合与具体的关系、普遍与特殊的关系、共性与个性的关系。综合协调是通过寻求具体监管中共性的监管和服务要素并使之有机整合，来实现监管效能的提高。应当说，食品安全综合协调与食品安全具体监管之间相辅相成，相得益彰。具体监管的深化丰富了综合协调的内涵，综合协调的深化开拓了具体监管的视野。

7.2 理念

理念，通常是指人们经过长期的理性思考及实践所形成的反映事物运动规律的指导思想、根本目标、核心价值的总称。近年来，在研究我国食品安全体制、法制、标准等问题时，专家学者就食品卫生、食品质量、食品安全之间的关系进行了多方面的研究和思考。随着研究和思考的深入，人们逐步认识到，从食品卫生、食品质量到食品安全，这绝不仅仅是食品内涵外延的简单调整，而是社会治理理念的深刻变革。传统的食品安全治理理念下的食品安全法制、体制和机制是无法承担起新时代食品安全保障的历史责任。在新时代，必须以科学发展观为指导，努力树立起食品安全监督管理的新理念。

7.2.1 全程治理

食品生产经营包括种植、养殖、生产、加工、贮存、运输、销售、消费等诸多环节。传统的食品安全保障重点基本确定在食品的加工环节，其治理的基本信条是：只要抓好食品加工这一关键环节，食品安全就能得到有效的保障。然而，各种食源性疾病的相继暴发彻底粉碎了人们的美好设想。在迎接食源性疾病挑战的过程中，人们逐步认识到，食品生产经营的任何环节存在缺陷，都可能导致整个食品安全保障体系的崩溃。仅在最后阶段对食品采用检验和拒绝的手段，是无法对消费者提供充分有效的保障，而且这也违背了市场经济奉行的经济原则。为此，国际社会逐步探索出了保障食品安全的新方法，即食物链控制法，要求食品安全治理要竭尽所能地向两端延伸。向前要延伸到食物链的最前端——种植和养殖环节，甚至农业投入品的使用和生产环节；向后要延伸到食物链的最末段——消费，主张对消费者的食品贮藏、制作和消费活动进行必要的培训和教育。为达到最大限度地保护消费者，必须将全程治理的理念深深地嵌入到食品安全治理的各项工作中，努力使食品安全保障“从农场到餐桌”构成一个天衣无缝的体系。与食品卫生、食品质量相比，食品安全拥有更为广阔的保障空间。

7.2.2 科学治理

在市场经济条件下，食品安全治理必须以科学的原理和规则为基础，讲究科学方法，突出治理效率。食品安全治理的目标和任务就是预防和减少食品风险，科学的食品安全监管依赖于科学的技术保障和科学的监管思想。食品安全监测技术、检测技术、评估技术、评价技术、预警技术、追溯技术等的广泛应用，使食品安全监管无不反映出科学技术支撑的价值。食品安全治理的核心就是风险治理。目前，国际上对食品安全风险分析的框架已达成广泛的共识。食品安全风险分析包括风险评估、风险管理和风险交流。按照风险治理的要求，政府逐步以风险为基础来配置监管资源，确定监管力度。企业逐步以风险分析来确定安全保障的关键控制点。从社会治理的角度来看，食品安全与食品风险属于对立统一的范畴。与食品卫生、食品质量相比，食品安全意味着更加严谨的科学使命。

7.2.3 政府治理

食品安全是广大人民群众最关心、最直接、最现实的问题。保障食品安全需要政府、企业、行业和社会的共同努力。在食品安全这一被全球放大的社会问题上，政府在全社会的期盼中承担着沉重的压力和巨大的责任。食品安全已经成为各国公共安全乃至国家安全的重要部分，成为衡量政府执政为民、考验政府执政能力的重要内容。在全球化和信息化时代，政府食品安全保障能力的提升速度如何逼近消费者对食品安全的渴望程度，始终是发展中国家面临的重大课题。事实上，因各国的政治、经济、文化、历史等原因，各国政府在食品安全治理方面所承担的责任并不完全相同。在我国，政府的主要职能是经济调节、市场监督、社会管理、公共服务。在食品安全问题上，政府治理的主要内容是：倡导科学理念，确定发展战略，完善保障规则，健全保障体系，整合监管资源，加强基础投入，强化运行监管，优化社会环境等，全面提高食品安全保障水平。将食品安全融入到公共安全乃至国家安全之中，凸显了食品安全的社会地位，提升了食品安全的战略价值。与食品卫生、食品质量相比，食品安全意味着更加庄严的社会责任。

7.2.4 企业治理

企业是食品的生产者和经营者，是食品安全保障的根本和关键。生产经营安全的食品是食品企业对社会的首要责任，是食品企业得以存续的基本条件。食品企业的安全意识、安全条件以及安全措施直接影响乃至决定着企业的食品安全状况。没有食品企业对于食品安全完善的保障措施，即便再完善的政府外部监管也难以取得理想的效果。FAO/WHO的有关报告指出，将食品安全的主要责任赋予食品的生产者和经营者是更加经济和更加有效的战略。随着科学技术的发展和生产经营活动的拓宽，“从农场到餐桌”的食品生产经营活动日趋复杂，只有食品企业才能对其生产经营活动了如指掌，才能采取更加有效的措施应对食品安全的风险。所以，强化食品安全保障，基础而首要的任务则是强化企业的治理责任，应当通过各项制度的设计来引导和鼓励食品企业建立健全内部安全保障制度，如风险评估制度、风险管理制度、索证索票制度、购销台账制度、过期食品销毁制度、问题食品召回制度等，并保障这些制度落到实处，这也是市场经济社会中食品安全治理的核心和关键。必须承认的事实是，企业追求的目标与消费者期待的目标往往存在着一定的差异。如何建立起有效的企业治理机制，是各国政府需要面对的重大课题。企业的治理应当坚持过程治理与结果治理的有机结合，在食品(食物)种植、养殖、生产、加工、包装、贮藏、运输、销售、消费等环节中逐步引进GAP、GMP、HACCP等体系，通过严密的治理体系，尽可能避免和减少食品安全风险。实践证明，食品安全监督管理时应当将政府的外部监管与企业的内部管理有机地结合起来，只有建立起一套自律机制和他律机制、激励机制和约束机制相结合的制度，才能促进企业食品安全治理水平的不断提高。

7.2.5 社会治理

保障食品安全是全社会的共同责任。政府监管部门应当组织和动员全社会的力量，特别是消费者、行业协会、中介机构和新闻媒体等力量，参与食品安全治理，努力构筑纵横交错的食品安全网络，形成人人关注食品安全、人人参与食品安全、人人保障食品安全的社会氛围，努力提高全社会的食品安全治理水平。与食品安全的政府治理、企业治理相比，食品安全的社会治理往往被认为是最全面、最及时、最彻底、最广泛、最有效的治理。目前，许多国家和地区已通过多种方式建立起了鼓励广大消费者参与食品安全的制度和机制。社会治理所需要的不仅仅是理念，更重要的是制度，必须通过系统而具体的制度安排，将该先进的理念贯彻下去，并通过有效的途径使其能够操作起来。如在社区建立24 h服务的小额便民法庭，在民事诉讼中实行举证责任倒置原则，建立食品安全集团诉讼机制等。

7.2.6 协作治理

为全面提高食品安全保障水平，各国普遍对食品的生产经营活动进行全程治理。但是，因经济发展水平、社会治理理念等不同，各国在全程治理上也采取不同的方式：有的采取分环节治理的方式，有的采取分品种治理的方式，有的则将两者有机地结合起来。近年来，为进一步提高食品安全治理的效率，许多国家对传统的食品安全治理进行改革。改革大体上是按照一个方向采取两种方式进行的。"一个方向"，就是全面提高监管效能；"两种方式"，就是将过去分散的监管予以适当的统一或者协调。随着全程治理时代的到来，各监管部门逐步意识到，食品安全治理不仅要强调专业分工，实现专业治理，更要强调专业协作，实现社会治理，从而共筑食品安全保障体系。为了强化协作的广度与深度，有些国家建立起综合协调机构，以超脱的平台实现了事业的超越。目前，我国食品安全治理实行综合协调与具体监管相结合的独特体制，其中具体监管采取的是分段监管为主、品种监管为辅的监管方式。综合协调部门的重要职责之一就是对具体监管进行协调，通过协调不仅要实现段段清、段段明，而且要实现段段连、段段合，从而全面提高食品安全的治理水平。

7.2.7 统一治理

从当前国际社会的发展趋势来看，在食品安全治理方面，各国并没有将改革的步伐停滞在“协调”这一量的积累，而是在积极推进“统一”这一质的飞跃。当然，在统一的内涵与层次上，各国推进的速度、深度和力度所有不同，有的是监管机关的统一，有的是监管要素或者监管方式的统一。一般说来，监管机关的统一往往涉及到多方利益的调整和诸多制度的改革，所面临的困难、承受的压力、展示的魄力和带来的效果往往更大些。而监管要素或者监管方式的统一，则因所涉及的事项相对集中和简单而更容易被采纳。目前，这种统一方式主要表现在以下 3 个层面：一是决策层面的统一，包括政策、法律、标准和规划等的统一；二是执行层面的统一，在由多部门决策时由一个部门综合执行；三是监督层面的统一。无论是哪个层面的统一，都是避免多头监管、重复监管，提高监管效能。实践证明，对跨越环节、跨越部门的管理或者服务要素，如政策、法律、标准、计划、监测、信息、检测等予以统一规范，是市场经济社会中确保分段治理实现最佳效果的最优手段。

7.2.8 效能治理

当前，国际食品安全治理呈现以下趋势：一是监管体制的相对集中化。联合国有关食品安全的专家曾经指出，当今世界食品安全的监管体制分为 3 种，即单一体制、多元体制和综合体制。正如有关专家所指出的那样，单一体制是改革发展的首选体制，而综合体制是多元体制向单一体制的过渡体制。二是监管规则的法典化。近年来，在食品安全监管体制逐步统一化的进程中，各国政府逐步开始统一食品安全的各项保障规则，其显著标志就是食品安全法律和标准的法典化。法典化的根本目标在于基于共同的原则形成体系完整、结构科学、价值和谐的制度体系，从而避免因制定机关过滥、制定层次过多而增加治理成本。三是技术服务的社会化。食品安全技术服务是指由专业技术人员依靠其专业知识或者专业技能对受托的特定食品安全事项进行检测、检验、监测、鉴定、评价等并出具相应专家意见的专业技术与科学实证活动。在食品安全技术服务的认识上，国际社会经历了以下若干转变：在基本属性的定位上，经历了从行政权力到技术服务的转变；在服务对象的把握上，经历了从服务权力机关到服务整个社会的转变；在资源价值的发挥上，经历了封闭所有到开放利用的转变。四是信息保障的集成化。基于食品安全形势预测和风险管理的急迫要求，国际社会特别强化信息整合和综合利用，通过建立畅通的信息网络体系，实现互联互通和资源共享，形成统一、规范、科学的食品安全风险评估和预警体系，及时分析食品安全形势，对食品安全问题做到早发现、早预防、早整治、早解决。食品安全治理的上述 4 个趋势，集中反映出新时代的食品安全治理必须走内涵式的发展道路，通过不断整合监管资源，减少治理成本，提高监管效率，促进良性发展，实现食品安全和经济效益的共同提升。

7.2.9 责任治理

在现代法治时代，权利与义务、权力与责任始终是紧密相联的。从企业责任的角度来看，食品生产经营者对生产经营食品的安全承担责任，不得生产或者经营不安全的食品，否则，应当承担因生产经营不安全的食品给消费者所造成的损失。从政府责任的角度来看，各级政府应当依法承担起相应的食品安全监管责任。目前，在我国，地方各级人民政府对当地食品安全负总责，统一领导、协调本地区的食品安全监管和整治工作。国务院各食品安全相关部门按照“一个监管环节由一个部门监管”的原则和“分段监管为主、品种监管为辅”的方式，负责种植、养殖、生产加工、市场流通、餐饮消费等环节的食品安全监管。按照权责明确、行为规范、监督有效、保障有力和责权一致、实事求是、客观公正、落实到位的原则，各地方、各部门全面落实食品安全保障责任，并依法对监管失职者追究法律责任。

7.2.10 专业治理

当今，随着科学技术的发展和生产工艺的提升，食品生产经营活动日趋复杂，食品安全保障的任务更加艰巨，食品安全治理已不是普通的治理，而是专业的治理。在食品治理的许多方面，如食品安全监测、检测、评估、评价等方面，必须充分发挥专业部门和专业人才在技术管理和技术服务领域中的作用。

7.3 体制

根据FAO/WHO《保障食品的安全和质量：强化国家食品控制体系指南》，目前，在食品安全监管体制上，国际社会主要有多元体制、单一体制和综合体制3种体制。目前，我国实行的是中国特色的食品安全综合协调与食品安全具体监管相结合的食品安全监督管理体制。

7.3.1 体制遴选原则

近年来，国际社会普遍进行了食品安全监管改革，其中，体制改革因具有牵一发而动全身的功效，成为许多国家食品安全改革的首选目标。从国内外的相关改革来看，食品安全监管体制的遴选应当遵循并坚持以下5个原则：

(1)安全监管与产业促进相分离原则

安全监管与产业促进相分离是近年来欧洲在食品安全监管体制改革中率先倡导的原则。长期以来，安全监管与产业促进的关系在各国并未引起足够的重视，而且在“管理就是服务”的时代，安全监管与产业促进相统一在人们的惯性思维中被认为是天经地义的。应该说，在食品安全状况良好时，两者之间的关系如何，问题并不突出。但在食品安全状况恶化时，两者之间的冲突立刻显现出来。由于安全监管与产业促进在价值定位(社会本位与个人本位)、服务对象(社会公众与特定企业)、利害关系(间接利益与直接利益)、价值体现(无价与有价)等方面存在差异，如果一个部门同时承担安全监管与产业促进两项职责，那么，在两者发生冲突时，政府的天平在现实利益的羁绊下往往发生倾斜。在深刻总结历史经验与教训的基础上，欧洲确立了食品安全监管与产业促进相分离的体制。安全监管部门不再承担产业促进的职责。

(2)安全保障与效率提升相统一原则

确保安全是食品安全监管工作的出发点和落脚点，是食品安全监管的基石、旗帜和生命。但食品监管除了确保安全这一根本目标外，还存在着一个经济目标，即效率。在市场经济国家，食品安全监管必须注重监管效能的提升，而科学的监管体制则是提升监管效率的最佳手段。FAO/WHO 认为，多部门监管体系具有严重的缺陷，如在管辖权上经常混淆不清，从而导致实施效率低下；单一部门监管体系具有多方面的益处，能够有效地利用资源和专业知识，提高成本效益；综合监管体系能够保证国家食品控制体系的一致性，实现长期的成本效益。

(3)风险评估与风险管理相分离原则

食品安全治理的目标和任务就是预防和减少食品风险，因此，食品安全科学治理的核心内容就是风险治理。近年来，国际社会开展了以风险评估、风险管理和风险交流为主要内容的食品风险分析的有益探索。政府与企业逐步以风险为基础来配置监管和保障资源，确定监管和保障重点。由于风险评估的主要任务是发现问题，而风险管理的主要任务是解决问题，所以，凡是存在综合协调部门的，风险评估的职能必然由综合协调部门承担，而没有综合协调部门的，风险评估的职责则由食品生产经营的最后环节即消费环节的监管部门来承担。综合协调部门承担风险评估后，具体监管部门承担风险管理，综合协调部门可以对各具体监管部门的风险管理工作进行绩效评价。

(4)检测使用与检测管理相分离原则

检测意见作为法定证据之一，必须合法、科学、客观与公正。而达到这一要求的重要前提就是检测机构和检测人员的独立与中立。社会化、公益化是检测事业渐进发展的方向。在改革初期，检测应当由综合协调部门进行统一管理，待条件成熟时，逐步实现行业管理。检测资源管理与检测意见使用相分离应是检测事业健康发展的重要保障。具体监管部门是检测意见的具体使用部门，按照行业回避的原则，不得从事检测的管理工作。

(5)政许可与行政监管相统一原则

行政许可与行政监管之间是统一好，还是分离好，目前各界认识不一。主流观点认为，按照权责相一致的原则，两者应当统一，从而避免只许可、不监管或者重许可、轻监管的现象发生。目前，在食品生产领域，卫生许可由卫生部门负责，卫生管理由质检部门负责；而在食品流通领域，卫生许可与卫生管理均由卫生部门负责。行政许可与行政监管的分离，不仅增加了政府治理成本，而且也增加了企业负担。

7.3.2 食品安全综合协调

根据《食品安全法》以及国务院办公厅下发的关于卫生部的“三定”方案，国务院卫生行政部门为食品安全管理的综合协调部门。

7.3.2.1 主要职责

国务院卫生行政部门承担食品安全综合协调职责，负责食品安全风险评估、食品安全标准制定、食品安全信息公布、食品检验机构的资质认定条件和检验规范的制定，组织查处食品安全重大事故。

(1) 组织风险监测

国家建立食品安全风险监测制度。国务院卫生行政部门会同国务院其他有关部门制定、实施国家食品安全风险监测计划。省、自治区、直辖市人民政府卫生行政部门根据国家食品安全风险监测计划，结合本行政区域的具体情况，组织制定、实施本行政区域的食品安全风险监测方案。国务院农业行政、质量监督、工商行政管理和国家食品药品监督管理等有关部门在获知有关食品安全风险信息后，应当立即向国务院卫生行政部门通报。国务院卫生行政部门会同有关部门对信息核实后，应当及时调整食品安全风险监测计划。

(2)组织风险评估

国家建立食品安全风险评估制度。国务院卫生行政部门负责组织食品安全风险评估工作，成立由医学、农业、食品、营养等方面的专家组成的食品安全风险评估专家委员会进行食品安全风险评估。国务院卫生行政部门通过食品安全风险监测或者接到举报发现食品可能存在安全隐患的，应当立即组织进行检验和食品安全风险评估。国务院农业行政、质量监督、工商行政管理和国家食品药品监督管理等有关部门应当向国务院卫生行政部门提出食品安全风险评估的建议，并提供有关信息和资料。国务院卫生行政部门应当及时向国务院有关部门通报食品安全风险评估的结果。食品安全风险评估结果得出食品不安全结论的，国务院质量监督、工商行政管理和国家食品药品监督管理部门应当依据各自职责立即采取相应措施，确保该食品停止生产经营，并告知消费者停止食用；需要制定、修订相关食品安全国家标准的，国务院卫生行政部门应当制定、修订。国务院卫生行政部门应当会同国务院有关部门，根据食品安全风险评估结果、食品安全监督管理信息，对食品安全状况进行综合分析。对经综合分析表明可能具有较高程度安全风险的食品，国务院卫生行政部门应当及时提出食品安全风险警示，并予以公布。

(3)制定安全标准

国务院卫生行政部门负责食品安全标准制定。食品安全国家标准由国务院卫生行政部门负责制定、公布，国务院标准化行政部门提供国家标准编号。食品中农药残留、兽药残留的限量规定及其检验方法与规程由国务院卫生行政部门、国务院农业行政部门制定。屠宰畜、禽的检验规程由国务院有关主管部门会同国务院卫生行政部门制定。省、自治区、直辖市人民政府卫生行政部门组织制定食品安全地方标准，应当参照执行本法有关食品安全国家标准制定的规定，并报国务院卫生行政部门备案。企业生产的食品没有食品安全国家标准或者地方标准的，应当制定企业标准，作为组织生产的依据。国家鼓励食品生产企业制定严于食品安全国家标准或者地方标准的企业标准。企业标准应当报省级卫生行政部门备案，在本企业内部适用。

(4)公布重大信息

国务院卫生行政部门负责食品安全信息公布。国务院卫生行政部门应当会同国务院有关部门，根据食品安全风险评估结果、食品安全监督管理信息，对食品安全状况进行综合分析。对经综合分析表明可能具有较高程度安全风险的食品，国务院卫生行政部门应当及时提出食品安全风险警示，并予以公布。食品安全国家标准由国务院卫生行政部门负责制定、公布，国务院标准化行政部门提供国家标准编号。国务院卫生行政部门应当对现行的食用农产品质量安全标准、食品卫生标准、食品质量标准和有关食品的行业标准中强制执行的标准予以整合，统一公布为食品安全国家标准。食品安全标准应当供公众免费查阅。

(5)查处安全事故

国务院卫生行政部门负责组织查处食品安全重大事故。县级以上卫生行政部门接到食品安全事故的报告后，应当立即会同有关农业行政、质量监督、工商行政管理、食品药品监督管理部门进行调查处理，并采取下列措施，防止或者减轻社会危害：开展应急救援工作，对因食品安全事故导致人身伤害的人员，卫生行政部门应当立即组织救治；封存可能导致食品安全事故的食品及其原料，并立即进行检验；对确认属于被污染的食品及其原料，责令食品生产经营者依照本法第五十三条的规定予以召回、停止经营并销毁；封存被污染的食品用工具及用具，并责令进行清洗消毒；做好信息发布工作，依法对食品安全事故及其处理情况进行发布，并对可能产生的危害加以解释、说明。发生重大食品安全事故的，县级以上人民政府应当立即成立食品安全事故处置指挥机构，启动应急预案，进行处置。发生重大食品安全事故，设区的市级以上人民政府卫生行政部门应当立即会同有关部门进行事故责任调查，督促有关部门履行职责，向本级人民政府提出事故责任调查处理报告。重大食品安全事故涉及两个以上省、自治区、直辖市的，由国务院卫生行政部门组织事故责任调查。调查食品安全事故，除了查明事故单位的责任，还应当查明负有监督管理和认证职责的监督管理部门、认证机构的工作人员失职、渎职情况。

此外，国务院卫生行政部门负责食品检验机构资质认定条件和检验规范的制定，承担食品安全委员会办公室的具体职责，组织开展食品安全专项整治、开展食品安全宣传教育等。

7.3.2.2 基本特点

与食品安全具体监管相比，食品安全综合协调工作具有全局性、综合性和开放性的显著特点，具体表现在以下几点：

(1)治理对象

食品安全具体监管的治理对象是各类从事食品生产经营的企业法人或者非企

业法人实体。而食品安全综合协调的治理对象则主要是从事食品安全监管的机关法人，包括同级人民政府的各食品安全具体监管机关和下一级人民政府。

(2)治理性质

食品安全具体监管的法律关系属于单纯的纵向行政管理关系或者行政指导关系；而食品安全综合协调的法律关系包括纵向的行政关系和横向的行政关系，且两者均不是简单的行政管理关系或者行政指导关系。

(3)治理方式

食品安全具体监管属于直接监管，是对食品生产经营单位的生产经营活动的具体监管。而食品安全综合协调则主要属于间接监督，其主要是通过对食品安全具体监管机关的执法活动进行监督，最终实现对食品生产经营单位生产经营活动的监督。

(4)治理空间

食品安全具体监管是对特定环节的食品生产经营活动进行的监管，而食品安全综合协调则是从宏观的视野对食品安全管理进行的高端治理。

7.3.3 食品安全分段(环节)监管

相对于综合监管，分段监管即具体监管，也即环节监管。我国食品安全具体监管由农业、质检、工商、食品药品监管等部门来行使。根据《食品安全法》和《国务院关于进一步加强食品安全工作的决定》，食品安全具体监管实行“一个监管环节由一个部门监管”的监管原则和“分段监管为主、品种监管为辅”的监管方式。

目前，负责食品安全具体监管的职能部门是：农业行政部门负责初级农(畜)产品生产环节的监管；质量监督检验检疫部门负责食品生产加工环节的食品安全监管，工商行政管理部门负责食品流通环节的食品安全监管；食品药品监督管理部门负责餐饮服务环节的食品安全监管。县级以上卫生行政、农业行政、质量监督、工商行政管理、食品药品监督管理部门应当加强沟通、密切配合，按照各自的职责分工，依法行使职权，承担责任。

7.3.3.1 农业部门

《中华人民共和国农产品质量安全法》赋予国务院农业行政部门负责食用农产品质量安全监管。《国务院办公厅关于印发农业部主要职责内设机构和人员编制规定的通知》[国办发(2008)76号]规定，农业部承担提升农产品质量安全水平的责任；依法开展农产品质量安全风险评估，发布有关农产品质量安全状况信息，负责农产品质量安全监测；制定农业转基因生物安全评价标准和技术规范；参与制定农产品质量安全国家标准并会同有关部门组织实施；指导农业检验检测体系建设和机构考核；依法实施符合安全标准的农产品认证和监督管理；组织农产品质量安全的监督管理。

7.3.3.2 质量监督检验检疫部门

《国务院办公厅关于印发国家质量监督检验检疫总局主要职责内设机构和人员编制规定的通知》[国办发(2008)69号]规定，国家质量监督检验检疫总局承担国内食品、食品相关产品生产加工环节的质量安全监督管理责任，负责进出口食品的安全、卫生、质量监督检验和监督管理，依法管理进出口食品生产加工单位的卫生注册登记以及出口企业对外推荐工作。其中，进出口食品安全局负责拟订进出口食品和化妆品安全、质量监督和检验检疫的工作制度；承担进出口食品、化妆品的检验检疫、监督管理以及风险分析和紧急预防措施工作；按规定权限承担重大进出口食品、化妆品质量安全事故查处工作；食品生产监管司负责拟订国内食品、食品相关产品生产加工环节质量安全监督管理的工作制度；承担生产加工环节的食品、食品相关产品质量安全监管、风险监测及市场准入工作；按规定权限组织调查处理相关质量安全事故；承担化妆品生产许可和强制检验工作。

7.3.3.3 工商部门

《国务院办公厅关于印发国家工商行政管理总局主要职责内设机构和人员编制规定的通知》[国办发(2008)88号]规定，国家工商行政管理总局承担监督管理流通领域商品质量和流通环节食品安全的责任，组织开展有关服务领域消费维权工作，按分工查处假冒伪劣等违法行为，指导消费者咨询、申诉、举报受理、处理和网络体系建设等工作，保护经营者、消费者合法权益。内设机构食品流通监督管理司负责拟订流通环节食品安全监督管理的具体措施、办法；组织实施流通环节食品安全监督检查、质量监测及相关市场准入制度；承担流通环节食品安全重大突发事件应对处置和重大食品安全案件查处工作。

7.3.3.4 食品药品监督管理部门

《国务院办公厅关于印发国家食品药品监督管理局主要职责内设机构和人员编制规定的通知》[国办发(2008)100号]规定，国家食品药品监督管理局负责消费环节食品卫生许可和食品安全监督管理；制定消费环节食品安全管理规范并监督实施，开展消费环节食品安全状况调查和监测工作，发布与消费环节食品安全监管有关的信息；组织查处消费环节食品安全违法行为；指导地方餐饮消费环节食品安全监督管理、应急、稽查和信息化建设工作。

7.4 要素

食品安全监管要素指无论食品安全综合监管还是具体的分段环节监管均涉及并使用的要素，包括食品安全的政策、法律、标准、规范、HACCP和GMP等、计划、评估、评价、监测、检测、信息、信用、监察等内容，是跨环节、跨部门共同使用的监管手段和方法。

7.4.1 政策

在现代社会治理中，政策始终发挥着极其重要的作用。即便在法治文明高度发达的国家，政策也有着广阔的发展空间。与法律相比，政策虽然存在抽象、笼统、模糊等缺陷，但也具有宏观、原则、适时等优势。食品安全监管政策具有以下特点：

(1)范围的广泛性

食品安全监管政策的涵盖范围极其广泛。无论是在环节管理，还是在品种管理，乃是在领域管理，均可以制定食品安全监管政策。如关于加强企业食品安全保障的指导意见，关于推进食品安全社会参与的指导意见，关于加强农村食品安全工作的指导意见，关于进一步加强乳制品安全工作的指导意见，等等。

(2)地位的统帅性

食品安全监管政策是食品安全监管法律规范的价值和灵魂所在。监管政策蕴涵着监管理念、监管原则，在价值、功能等方面统领监管法律。监管法律贯彻并实现着监管政策。在治理规则中，监管政策居于提纲挈领、纲举目张的地位。监管政策既是监管法律得以具体展开的逻辑起点，也是监管法律最终运行的逻辑结果。

(3)适用的均衡性

监管政策间一般是相互协调的，但有时也可能存在着矛盾。如公正与效率的原则，在有些时候就存在着冲突，需要进行协调。

7.4.2 标准

近年来，国际社会对食品安全标准体系建设的重视超乎寻常，其重要表现就是：标准机构的独立化、制标基础的科学化和标准形式的法典化(三化)。改革开放以来，我国的食品安全标准工作取得了长足进展，但也存在着一些不容忽视的问题：一是定位不清晰，目前，我国食品标准的混乱，在很大程度上源于没有科学把握食品安全、食品卫生和食品质量的关系，应当以食品安全的概念替代食品卫生和食品质量的概念，重构食品安全标准体系，而不应在食品卫生标准、食品质量标准之外，另构食品安全标准体系。二是指标不全面，食品安全标准应当建立在风险评估与安全评价的科学基础上，然而，我国的部分食品标准在其制定时根本就没有进行必要的科学论证，有些标准缺乏必要的安全指标，致使部分食品的生产经营存在符合现行标准但不安全的状况。三是体系不科学，在近年来的食品安全专项整治中，经常遇到食品安全标准的缺失和冲突，致使有些事件或者案件的处理难以进行，其根本原因在于目前的食品标准体系不够科学、合理。当前，我国食品安全标准工作的重要任务就是推进“三化”的逐步实现。为此，应处理好以下3个方面的关系。

(1)在标准体系上正确处理好统一与分散的关系

目前，我国食品标准存在的问题很多，其中在科学性、系统性的方面存在的问题令人关注。目前，我国的食品标准因多部门制定、多层次制定，缺乏总体统筹、系统安排，形成了食品卫生标准群和食品质量标准群。这里既有强制性标准，又有推荐性标准；既有国家标准、行业标准，也有地方标准、企业标准，彼此存在交叉和空白；甚至有的同一产品有几个标准且检验方法不同，含量限度不同，给标准的执行带来很大困难。长期以来，在我国食品标准上，是搞批发式，还是搞零售式，学界认识不一。法典是将同一性质、同一种类的法规加以整理，形成比较完备、系统的一类法律的总称。尽管法典本身也存在着一定的缺陷，但法典具有的内容完整、体系清晰、逻辑严密、结构科学等优点，是单行标准所无法比拟的。从科学管理的角度来看，未来的食品安全标准，应当走法典化道路。

(2)在标准内容上正确处理好全面与重点的关系

首先是安全与质量的关系。如果制定食品法典，也存在是仅仅规定食品安全指标，还是包括食品质量指标的问题。由于食品安全与生存权紧密相连，是企业和政府对社会最基本的责任和必须做出的承诺，具有唯一性和强制性，通常属于政府保障或者政府强制的范畴。而食品质量往往与发展权有关，具有层级性和选择性，通常属于商业选择或者政府倡导的范畴。所以，食品法典不应过多地包含与食品安全无关的其他质量要素。其次是结果标准与过程标准。过去，人们往往更多的是从产品的角度或者说是结果的角度来认识并建构标准。随着管理科学的发展，过程标准也逐步受到重视。随着全程治理理念的推广，过程标准(如与食品安全相关的方法标准、条件标准、环境标准)如何纳入法典值得研究。再次是强制效力与推荐效力。纳入食品法典的标准是否全部为强制性标准认识不一。从食品安全保障的角度来看，纳入食品法典的标准应当全部为强制性标准。

(3)在发展道路上正确处理好急进与渐进的关系

加强食品法典建设是社会大势所趋。其工作可以总体建构，循序渐进。要认真研究食品法典的宏观布局与微观结构。建立食品法典工作机构，同时制定相关制度，确保该项工作有序进行。

7.4.3 监测

监测与检测都属于食品安全的技术支撑手段。但监测与检测的工作性质、工作内容与服务对象并不完全相同。与食品检测相比，目前我国的食品监测更为薄弱，突出表现在3个方面。

①计划不完整　国家缺少统一、协调、完整的食品安全监测规划和年度监测计划。除了农业、卫生和进出口检疫部门有一定规模的农产品、食品卫生、进出口食品监测计划外，其他部门基本上没有监测计划。

②网络不统一　国家缺少统一、协调、完整的食品安全监测网络系统。目前，我国没有建成覆盖全国城乡各地的纵横交错的食品安全监测网络系统，有关部门的监测不系统、不完整，监测点少，覆盖面很小，缺乏完整的信息和数据，无法做出科学权威的形势趋势分析和预测预警预报。没有建立全国统一的计算机网络系统平台。县一级普遍没有监测机构，存在“盲区”和“盲点”。

③内容不全面　食源性危害是目前我国食品安全的主要问题。早在20世纪70年代，WHO就与联合国环境保护署共同启动了"全球环境监测规划/食品污染与监测项目"，监测全球食品中主要污染物的污染水平及其变化趋势。一些发达国家也相继建立了固定的监测网络和比较齐全的污染物和食品监测数据库，而目前我国仅在一些重要污染物，如农兽药、重金属、真菌毒素等方面开展了一些零星的工作，缺乏系统的监测数据。

④设备不现代　目前，我国食品安全检测技术及设备相对落后，严重影响了食品安全监测数据的准确性、科学性和有效性。缺乏对人体健康危害大而在国际贸易中又十分敏感的污染物，如二噁英及其类似物、氯丙醇和某些真菌毒素等的关键检测技术。

7.4.4　检测

食品安全检测是食品安全保障的技术支撑手段。科学的食品安全检测工作应具有以下特点。

(1)检测的独立性

检测结论作为法定证据之一，必须合法、科学、客观与公正。而达到这一要求，重要的前提就是检测机构和检测人员必须保持独立、中立。所以，检测资源管理与检测结论使用相分离应是检测事业发展的重要原则。食品安全具体监管部门是检测结论(检测意见)的具体使用部门，按照行业回避的原则，不得从事检测的管理工作。

(2) 检测的社会化

社会化、公益化是检测事业发展的方向。借鉴司法鉴定改革的有益经验，未来的检测应当走行政管理与行业管理相结合的发展道路。行政管理机构负责机构资质、人员资格、检测程序、检测标准、检测文书等涉及检测能力的管理，行业管理机构负责职业道德和执业纪律的管理。

(3)检测的统一化

检测的统一化是实现检测社会化、公益化的前提。没有统一的行政管理和行业管理，检测将陷入恶性竞争的泥潭。按照检测资源管理与检测结论使用相分离的原则，检测机构应当由综合协调部门进行管理。

检测的独立化、社会化、统一化是一个渐进的发展过程，它将随着国家投资体制和事业单位体制的改革而改革、随着市场经济体制的逐步完善而完善。当前，食品安全综合协调部门应当积极推动检测资源的"三统一"，即检测计划的统一、检测经费保障的统一、检测结论使用的统一。

7.4.5　信息

适应新形势食品安全工作的需要，应当加强食品安全信息管理和综合利用，构建部门间信息沟通平台，实现互联互通和资源共享。收集汇总、及时传递、分析整理，定期向社会发布食品安全综合信息。建立通畅的信息监测和通报网络体系，逐步形成统一、科学的食品安全信息评估和预警指标体系，及时研究分析食品安全形势，对食品安全问题做到早发现、早预防、早整治、早解决。食品安全信息工作具有以下特点。

(1)集成性

目前，食品安全信息分散在食品安全监管部门、食品生产经营企业、食品行业协会、食品安全技术服务机构等部门和单位，这是一批有待集成与加工的宝贵财富。

(2)开发性

信息集成的目的在于对信息的分析整理，从而评估和预测安全形势，评估和预防安全风险，研究和确定监管重点。信息开发需要专门的机构和专业人员来进行。

(3)开放性

随着食品安全风险评估、风险管理和风险交流的开展，全面、真实、准确、及时的食品安全信息正成为实施食品安全科学管理、引导食品产业健康发展的基础。

为此，有必要按照信息集成化的要求统一规范食品安全信息的采集、评价、发布、使用等活动，促进信息资源开放，实现信息资源共享。食品安全信息的采集应当依法、独立、客观、公正和审慎进行，信息提供单位应当保障所提供的信息真实、全面、完整、及时和安全。食品安全信息分析和评价应当全面、客观、独立进行，信息发布应当依法进行，做到及时、准确、充分和安全。

7.4.6 信用

食品安全信用体系建设是要素监管的重要组成，关于信用体系建设的特点等参见7.6.2“信用奖惩机制”。

7.4.7 评价

食品安全评价是对政府的食品安全工作绩效所进行的考核和评定。食品安全评价包括综合评价和专项评价。

完善综合评价体系应当注重以下几点：

①科学性 食品安全综合评价涉及诸多制度设计，需要科学安排各评价要素，通过要素的系统优化，发挥单项评价本身无法产生的倍增效益。

②方向性 当前，我国的食品产业和食品治理正在从传统向现代转轨。综合评价体系的设计应当体现出食品安全治理的发展方向，能够导引食品安全的体制改革和机制创新，不断提升政府的监管效能和保障水平。

③效益性 综合评价要坚持低成本、高效益的原则。各项指标的设计要立足现实，兼顾长远，突出重点，注重实效。

④易用性 综合评价体系设计应当做到价值统一、方向一致、重点突出、安排合理、便于操作、易于执行。

关于综合评价的特点参见7.6.1“食品安全绩效评价机制”。

7.4.8 应急

食品安全事故应急工作具有以下特点：

①事故的全面性　既包括已经发生的造成大量病亡的现实食品安全事故，也包括可能发生会造成严重后果的潜在食品安全事故。“从农场到餐桌”，都可能发生食品安全事故。

②情况的复杂性　食品安全事故涉及多环节、多部门、多因素，相关的应急工作往往要比自然灾害等其他事故在原因确定、应急救援、技术鉴定、源头追溯、流向追逐等方面更为复杂，涉及领域更宽，影响范围更广。

③控制的关联性　食品安全事故应急工作，向前与食品安全监测、预警、信息、责任落实、宣传教育紧密相连，体现了食品安全监管的预防性、教育性，向后与监察、责任追究紧密相连，体现了食品安全监管的权威性和严肃性。

近年来，国家出台了《重大食品安全事故应急预案》，确定了事故的分级，适用的范围，工作的原则以及应急处理指挥机构，监测、预警和报告，事故的应急响应，后期处置和应急保障等内容。当前，各食品安全部门要进一步增强食品安全风险意识，按照集中领导、统一指挥，分级管理、分级响应，职责明确、规范有序，结构完整、功能全面，反应灵敏、运转高效的原则，建立健全食品安全事故应急体系，全面提升应对重大食品安全事故的综合管理水平和应急处置能力，保障人民群众的生命财产安全、社会政治稳定和国民经济的持续快速协调健康发展。

7.4.9 监察

食品安全监察不同于一般的食品安全监督，其着力点应当放在食品安全事故的组织查处和食品安全重大危害因素治理的监督上，通过监察促进法制、体制、机制等方面重大问题的及时解决。

食品安全监察分为事后监察和事前监察。事后监察包括：参与应急救援、进行事故调查、分析事故原因、提出处理建议、提出监察建议、审核整改方案、监督整改落实、通过整改验收、事后随机回访等方面。事前监察侧重于重大危害因素治理(监控与整改)的监督。

7.5 法制

法律是构建新型社会的工具。进入新世纪以来，随着依法治国方略的推进，全社会对食品安全法制保障的要求越来越高。制定一部理念现代、价值统一、体系完整、结构科学的食品安全法，是全面提高食品安全保障水平，确实保障广大人民群众饮食安全的客观需要。

7.5.1 基本成就

改革开放以来，为保障广大人民群众的身体健康和生命安全，全国人民代表大会及其常务委员会制定了《食品安全法》《中华人民共和国产品质量法》《中华人民共和国消费者权益保障法》等近20部与食品安全相关的法律，国务院制定了《中华人民共和国农药管理条例》《中华人民共和国兽药管理条例》《中华人民共和国生猪屠宰管理条例》等近40部相关行政法规，从总体上看，我国已初步建立起食品安全保障的法律体系框架和基本法律制度，食品安全监管队伍的法律素养有了进一步的增强，全社会的食品安全法律意识有了进一步的提高。

《食品安全法》颁布以前，我国的食品安全法制建设主要存在着概念不够清晰、内容不够全面、重点不够突出、标准不够完善、责任不够适应等突出问题。《食品安全法》从我国的基本国情出发，充分借鉴了国际社会的成功经验，在食品安全治理理念、治理制度、治理体制、治理机制等许多方面，进行了许多重大创新，使我国食品安全工作的法治化水平提高到了一个崭新的水平。

(1)理念更加先进

《食品安全法》坚持了预防为主、科学管理、明确责任、综合治理的食品安全工作思路，体现了现代食品安全治理理念。坚持人本治理，把保障公众身体健康和生命安全作为食品安全立法宗旨；坚持全程治理，把“从农场到餐桌”的全过程主要环节纳入治理；坚持风险治理，将风险评估作为制定安全标准、实施安全治理的科学基础；坚持社会治理，积极鼓励企业、消费者、食品行业协会、基层群众性自治组织、新闻媒体和消费者等参与食品安全保障；坚持责任治理，全面落实“地方政府负总责、监管部门各负其责，企业是食品安全的第一责任主体”的责任体系，各部门按照各自职责分工，依法履行职权，承担责任；坚持和谐治理，要求各食品安全监管部门加强沟通，密切配合，共同确保食品安全。

(2)制度更加完备

《食品安全法》按照理念现代、价值和谐、体系完备、制度完善的总要求，贯彻了安全性原则、科学性原则、预防性原则、教育性原则、全面性原则和效益性原则，完善了食品安全监管体制、食品安全标准制度、食品安全风险监测制度、食品安全风险评估制度、食品生产经营基本准则、食品生产经营许可制度、食品添加剂生产许可制度、食品召回制度、食品检验制度、食品进出口制度、食品安全信息发布制度、食品安全事故处置制度、食品安全责任追究制度等，使食品安全工作更加科学化、规范化、制度化。

(3)体制更加顺畅

《食品安全法》在推动我国食品安全监管体制改革向着理想目标迈出了重要一步。它从法律层次上结束了我国长期以来在一个环节上实行卫生、质量双要素监管的落后体制，彻底实现了一个环节一个部门监管的要求。同时，该法认真总结了5年多的食品安全综合监督工作的探索经验，使食品安全综合协调工作从相对分散走向基本统一。《食品安全法》初步完成了食品安全监管体制改革“双轨”

变“单轨”，“小综”变“大综”的两大任务，同时为未来我国食品监管体制改革实现“多段”变“少段”留下了广阔的空间。

(4)责任更加清晰

《食品安全法》按照“地方政府负总责、监管部门各负其责、企业是食品安全的第一责任”的责任体系，进一步明确了地方各级政府、国务院各相关监管部门、食品生产经营企业、食品安全技术支撑机构等部门和机构的责任，使食品安全的责任体系更加健全，责任内容更加具体，责任追究更加严厉，责任能够落实到位。

此外，《食品安全法》还针对当前我国食品安全实际问题作出了若干创新性规定，如国务院设立食品安全委员会，强化对食品安全工作的协调与领导；明确在虚假广告中向消费者推荐食品使消费者受到损害的，需要承担连带法律责任；明确民事赔偿责任优先原则，优先保护消费者权益；单独制定监管办法，严格监管保健食品等。

7.5.2 主要制度

《农产品质量安全法》《食品安全法》确立了我国食品安全法律制度的基本框架。

(1)食品生产经营基本准则

食品生产经营活动包括食品原料采购、加工、包装、贮存、运输、供应、销售等，涉及环境、场所、设施、人员、布局、工艺流程、原材料以及用水等。本准则主要从积极条件方面规定了食品生产经营的基本要求，即除了应当符合食品安全标准外，还要符合下列具体要求：具有与拟生产经营的食品品种、数量相适应的食品原料处理和食品加工、包装、贮存等场所，保持该场所环境整洁，并与有毒、有害场所以及其他污染源保持规定的距离；具有与拟生产经营的食品品种、数量相适应的生产经营设备或者设施，有相应的消毒、更衣、盥洗、采光、照明、通风、防腐、防尘、防蝇、防鼠、防虫、洗涤以及处理废水、存放垃圾和废弃物的设备或者设施；有食品安全专业技术人员、管理人员和保证食品安全的规章制度；具有合理的设备布局和工艺流程，防止待加工食品与直接入口食品、原料与成品交叉污染，避免食品接触有毒物、不洁物；餐具、饮具和盛放直接入口食品的容器，使用前应当洗净、消毒，炊具、用具用后应当洗净，保持清洁；贮存、运输和装卸食品的容器、工具和设备应当安全、无害，保持清洁，防止食品污染，并符合保证食品安全所需的温度等特殊要求，不得将食品与有毒、有害物品一同运输；直接入口的食品应当有小包装或者使用无毒、清洁的包装材料、餐具；食品生产经营人员应当保持个人卫生，生产经营食品时，应当将手洗净，穿戴清洁的工作衣、帽；销售无包装的直接入口食品时，应当使用无毒、清洁的售货工具；用水应当符合国家规定的生活饮用水卫生标准；使用的洗涤剂、消毒剂应当对人体安全、无害；法律、法规规定的其他要求。与此同时，禁止生产经营下列食品：用非食品原料生产的食品或者添加食品添加剂以外的化学物质的食品，或者用回收食品作为原料生产的食品；致病性微生物、农药残留、兽药残留、重金属、污染物质以及其他危害人体健康的物质含量超过食品安全标准限量的食品；营养成分不符合食品安全标准的专供婴幼儿和其他特定人群的主辅食品；腐败变质、油脂酸败、霉变生虫、污秽不洁、混有异物、掺假掺杂或者感官性状异常的食品；病死、毒死或者死因不明的禽、畜、兽、水产动物肉类及其制品；未经动物卫生监督机构检疫或者检疫不合格的肉类，或者未经检验或者检验不合格的肉类制品；被包装材料、容器、运输工具等污染的食品；超过保质期的食品；无标签的预包装食品；国家为防病等特殊需要明令禁止生产经营的食品；其他不符合食品安全标准或者要求的食品。

(2)食品生产经营许可制度

食品生产经营活动事关公众身体健康和生命安全，国家对食品生产经营实行许可制度。从事食品生产、食品流通、餐饮服务，应当依法取得食品生产许可、食品流通许可、餐饮服务许可。县级以上质量监督、工商行政管理、食品药品监督管理部门对申请人提交相关资料进行审核，必要时对申请人的生产经营场所进行现场核查；对符合规定条件的，决定准予许可；对不符合规定条件的，决定不予许可并书面说明理由。取得食品生产许可的食品生产者在其生产场所销售其生产的食品，不需要取得食品流通的许可；取得餐饮服务许可的餐饮服务提供者在其餐饮服务场所出售其制作加工的食品，不需要取得食品生产和流通的许可；农民个人销售其自产的食用农产品，不需要取得食品流通的许可。食品生产加工小作坊和食品摊贩从事食品生产经营活动，应当符合本法规定的与其生产经营规模、条件相适应的食品安全要求，保证所生产经营的食品卫生、无毒、无害，有关部门应当对其加强监督管理，具体管理办法由省、自治区、直辖市人民代表大会常务委员会制定。违反法律规定，未经许可从事食品生产经营活动，由有关主管部门按照各自职责分工，没收违法所得、违法生产经营的食品、用于违法生产经营的工具、设备、原料等物品；违法生产经营的食品货值金额不足 1 万元的，并处 2 000 元以上 5 万元以下罚款；货值金额 1 万元以上的，并处货值金额 5 倍以上 10 倍以下罚款。

(3)食品企业食品安全管理制度

食品生产经营企业是食品安全的第一责任人。食品生产经营企业应当建立健全本单位的食品安全管理制度，加强对职工食品安全知识的培训，配备专职或者兼职食品安全管理人员，做好对所生产经营食品的检验工作，依法从事食品生产经营活动。食品企业的安全管理制度包括食品安全管理机构、食品安全岗位要求、食品安全流程制度、食品安全培训制度、食品安全责任制度等。食品生产经营企业，应当体现全程管理、全面管理、重点管理、责任管理的要求，做到制度完备、目标明确、措施具体、责任清晰。

国家鼓励食品生产经营企业符合 GMP 要求，实施 HACCP，提高食品安全管理水平。对通过 GMP、HACCP 体系认证的食品生产经营企业，认证机构应当依法实施跟踪调查；对不再符合认证要求的企业，应当依法撤销认证。

GMP是为保证食品安全、质量而制定的贯穿食品生产全过程一系列措施、方法和技术。食品GMP主要解决食品生产质量安全问题，其要求食品生产企业应当具有良好的生产设备、合理的生产过程、完善的安全控制措施和严格的检测系统，以确保食品质量安全符合法律标准。

HACCP是通过系统性地确定具体危害及其关键控制措施以保障食品安全的体系，包括对食品的生产、流通和餐饮服务环节进行危害分析，确定关键控制点，制定控制程序和措施。该体系设计的主要目的是通过采取有效措施，防止、减少和消灭潜在的食品安全危险，将可能发生的食品安全危害消除在生产过程中，而不是通过事后检验来保证食品的可靠性。

(4)食品生产经营者从业人员健康管理制度

食品生产经营从业人员健康管理制度，是有关食品生产经营从业人员健康要求、禁止事项、健康年检、法律责任等方面的制度总称。食品生产经营者应当建立并执行从业人员健康管理制度。患有痢疾、伤寒、病毒性肝炎等消化道传染病的人员，以及患有活动性肺结核、化脓性或者渗出性皮肤病等有碍食品安全的疾病的人员，不得从事接触直接入口食品的工作。食品生产经营人员每年应当进行健康检查，取得健康证明后方可参加工作。

(5)食用农产品生产记录制度

食用农产品是指源于农业的，可供人们食用的初级产品，包括在产业中获得的植物、动物、微生物及其产品。农业投入品，是供农业生产使用的农药、肥料、生长调节剂、兽药、饲料和饲料添加剂等。农业投入品的使用，在促进植物、动物、微生物成长的同时，也可能因不当使用而给消费者带来食品安全风险。目前，我国《农产品质量安全法》等相关法律、法规，对农药、肥料、生长调节剂、兽药、饲料和饲料添加剂等的使用等已作出明确而具体的规定，有的还规定了严格的登记和许可制度，食用农产品的生产企业和农民专业合作经济组织应当依照标规使用农业投入品，建立食用农产品生产记录制度，如实记载下列事项：使用农业投入品的名称、来源、用法、用量和使用、停用的日期；动物疫病、植物病虫草害的发生和防治情况；收获、屠宰或者捕捞的日期。农产品生产记录应当保存2年。禁止伪造农产品生产记录。县级以上农业行政部门应当加强对农业投入品使用的管理和指导，建立健全农业投入品的安全使用制度。

(6)食品生产采购管理制度

食品原料、食品添加剂、食品相关产品是食品生产的重要物质，其质量安全状况直接影响食品质量安全。为从源头上保障食品安全，需要加强食品原料、食品添加剂、食品相关产品采购的管理，杜绝不合格产品进入生产环节。食品生产者采购食品原料、食品添加剂、食品相关产品，应当查验供货者的许可证和产品合格证明文件；对无法提供产品合格证明文件的食品原料，应当依据食品安全标准进行检验；不得采购或者使用不符合食品安全标准的食品原料、食品添加剂、食品相关产品。食品生产企业应当建立食品原料、食品添加剂、食品相关产品进货查验记录制度，如实记录食品原料、食品添加剂、食品相关产品的名称、规格、数量、供货者名称及联系方式、进货日期等内容。食品原料、食品添加剂、食品相关产品进货查验记录不得伪造，保存期限不得少于2年。

(7)食品出厂检验记录制度

为防止不合格的食品流入市场，从根本上保证消费者食用安全，食品出厂必须实行检验制度。出厂检验是食品生产企业从事生产活动的必备条件和基本程序之一。实施食品出厂前的检验制度，不单是管理程序问题，而是保证食品安全的一项关键性措施。食品生产企业应当建立食品出厂检验记录制度，查验出厂检验合格证和安全状况，并如实记录食品的名称、规格、数量、生产日期、生产批号、检验合格证号、购货者名称及其联系方式、销售日期等内容。食品出厂检验记录不得伪造，保存期限不得少于2年。食品、食品添加剂和食品相关产品的生产者，应当按照食品安全标准对所生产的食品、食品添加剂和食品相关产品进行检验，检验合格后方可出厂或者销售。

(8)食品经营采购、贮存管理制度

食品经营者经营食品，直接面向广大消费者。食品经营者销售的食品安全与否，直接影响着广大人民群众的是身体健康和生命安全。食品经营者采购食品，应当查验供货者的许可证和食品合格的证明文件。食品经营企业应当建立食品进货查验记录制度，如实记录食品的名称、规格、数量、生产批号、保质期、供货者名称及联系方式、进货日期等内容。食品进货查验记录不得伪造，保存期限不得少于2年。实行统一配送经营方式的食品经营企业，可以由企业总部统一查验供货的许可证和食品合格的证明文件，进行食品进货查验记录。食品经营者应当按照保证食品安全的要求贮存食品，定期检查库存食品，及时清理变质或者超过保质期的食品。食品经营者贮存散装食品，应当在贮存位置标明食品的名称、生产日期、保质期、生产者名称及其联系方式等内容。

(9)散装食品管理制度

散装食品，是指无预包装的食品、食品原料及加工半成品，但不包括新鲜果蔬，以及需清洗后加工的原粮、鲜冻畜、禽产品和水产品等。散装食品贮存不当，容易被污染，食用可能造成食品中毒等食品安全事故。食品经营者贮存散装食品，应当在贮存位置标明食品的名称、生产日期、保质期、生产者名称及其联系方式等内容。食品经营者销售散装食品，应当在散装食品的容器、外包装上标明食品的名称、生产日期、保质期、生产经营者名称及联系方式等内容。

(10)预包装食品管理制度

预包装食品，是指预先定量包装或者制作在包装材料和容器中的食品。食品标签，是指食品包装上的文字、图形、符号及一切说明物。所谓食品标签主要作用是向消费者传递食品的有关重要信息，引导、指导消费者正确选择食品。消费者通过标签上的文字、图形、符号，了解预包装食品的质量和安全性。发生食品安全事故时，消费者、经营者和监管部门可根据食品标签信息，追溯到食品生产经营企业，便于监督召回、追查责任。预包装食品的包装上应当有标签。标签应当标明下列事项：名称、规格、净含量、生产日期；成分或者配料表；生产者的名称、地址、联系方式；保质期；产品标准代号；贮存条件；所使用的食品添加剂在国家标准中的通用名称；食品生产许可证编号；法律、法规或者食品安全标准规定必须标明的其他事项。专供婴幼儿和其他特定人群的主辅食品，其标签还应当标明主要营养成分及其含量。食品经营者应当按照食品标签标示的警示标志、警示说明或者注意事项的要求，销售预包装食品。

(11)食品添加剂管理制度

食品添加剂，是指为改善食品品质和色、香、味以及为防腐、保鲜和加工工艺的需要而加入食品中的人工合成或者天然物质。国家对食品添加剂实行严格管理。国家对食品添加剂生产实行许可制度。申请食品添加剂生产许可的条件、程序，依照国家有关工业产品生产许可证管理的规定执行。食品添加剂应当经过风险评估证明安全可靠，且技术上确有必要，方可列入允许使用的范围。国务院卫生行政部门应当根据食品安全风险评估结果和技术必要性，及时对食品添加剂的品种、使用范围、用量的标准进行修订。食品生产者应当按照食品安全标准关于食品添加剂的品种、使用范围、用量的规定使用食品添加剂；不得在食品生产中使用添加剂以外的化学物质或者其他危害人体健康的物质。食品添加剂应当有标签、说明书和包装。标签、说明书应当载明法定事项，以及食品添加剂的使用范围、用量、使用方法，并在标签上载明“食品添加剂”字样。食品添加剂的标签、说明书，不得含有虚假、夸大的内容，不得涉及疾病预防、治疗功能。生产者对标签、说明书上所载明的内容负责。食品添加剂的标签、说明书应当清楚、明显，容易辨识。食品添加剂与其标签、说明书所载明的内容不符的，不得上市销售。违反法律规定，未经许可生产食品添加剂的，由有关主管部门没收违法所得、违法生产经营食品添加剂和用于违法生产经营的工具、设备、原料等物品；违法生产经营的食品添加剂货值金额不足1万元的，并处2 000元以上5万元以下罚款；货值金额1万元以上的，并处货值金额5倍以上10倍以下罚款。

(12)保健食品严格监管制度

保健食品是声称具有特定保健功能的食品。保健食品与普通食品在基本属性、管理要求、监管体制等方面存在较大差异。在我国，保健食品有着悠久的历史，目前已具有一定的产业规模。多年来，国家对保健食品的监管经历了从无到有、逐步完善的过程。经过多年的整治，保健食品秩序有所规范，但市场问题不容乐观。主要表现为：一是虚假宣传，非法宣称疗效功能，严重误导消费者；二是更改产品配方，不按批准的产品配方组织生产，擅自更改配方原料的品种、比例；三是添加违禁物质，甚至添加药物以增强功效，如在减肥类食品中添加中枢神经抑制剂芬氟拉明；四是假冒批准文号。国家对声称具有特定保健功能的食品实行严格监管。声称具有特定保健功能的食品不得对人体产生急性、亚急性或者慢性危害，其标签、说明书不得涉及疾病预防、治疗功能，内容必须真实，应当载明适宜人群、不适宜人群、功效成分或者标志性成分及其含量等；产品的功能和成分必须与标签、说明书相一致。

(13)食品召回制度

食品召回，是指食品生产者、经营者发现其生产或经营的食品不符合食品安全标准时，召回已经上市销售的食品，并采取相关措施及时消除或者减少食品安全危害的活动。食品召回制度，包括食品召回主体、召回程序、召回时限、召回费用负担、不召回法律责任等内容。实行食品召回制度，有利于切实保护消费者身体健康和生命安全，有利于弥补现行行政处罚制度的功能缺陷。国家建立食品召回制度。食品生产者发现其生产的食品不符合食品安全标准，应当立即停止生产，召回已经上市销售的食品，通知相关生产经营者和消费者，并记录召回和通知情况。食品经营者发现其经营的食品不符合食品安全标准，应当立即停止经营，通知相关生产经营者和消费者，并记录停止经营和通知情况。食品生产者认为应当召回的，应当立即召回。食品生产者应当对召回的食品采取补救、无害化处理、销毁等措施，并将食品召回和处理情况向县级以上质量监督部门报告。食品生产经营者未依照本条规定召回或者停止经营不符合食品安全标准的食品的，县级以上质量监督、工商行政管理、食品药品监督管理部门可以责令其召回或者停止经营。

(14)食品广告制度

食品广告，是指食品生产经营者通过一定媒介和形式直接或者间接地介绍自己所生产经营的食品的活动。目前有些食品生产经营者，违反国家有关法律、法规，大肆发布虚假食品广告，欺骗、误导消费者，严重损害了消费者的权益，对此必须严格整治和管理。食品广告的内容应当真实合法，不得含有虚假、夸大的内容，不得涉及疾病预防、治疗功能。食品安全监管部门或者承担食品检验职责的机构、食品行业协会、消费者协会不得以广告或其他形式向消费者推荐食品。社会团体或者其他组织、个人在虚假广告中向消费者推荐食品，使消费者的合法权益受到损害的，与食品生产经营者承担连带责任。违反食品安全法，在广告中对食品质量作虚假宣传，欺骗消费者的，依照广告法的规定给予处罚。违反食品安全法，食品安全监督管理部门或者承担食品检验职责的机构、食品行业协会、消费者协会以广告或者其他形式向消费者推荐食品的，由有关主管部门没收违法所得，依法对直接负责的主管人员和其他直接责任人员给予记大过、降级或者撤职的处分。

(15)食品检验制度

食品检验制度是关于食品检验机构资质、食品检验人员义务、食品检验责任制度、食品不得实施免检和食品生产经营企业自行检验、委托检验制度等制度的总称。除法律另有规定外，食品检验机构按照国家有关认证认可的规定取得资质认定后，方可从事食品检验活动。食品检验由食品检验机构指定的检验人独立进行。检验人应当依照有关法律、法规的规定，并依照食品安全标准和检验规范对食品进行检验，尊重科学，恪守职业道德，保证出具的检验数据和结论客观、公正，不得出具虚假的检验报告。食品检验实行检验机构与检验人负责制。食品检验报告应当加盖食品检验机构公章，并有检验人的签名或者盖章。食品检验机构和检验人对出具的食品检验报告负责。食品安全监督管理部门对食品不得实施免检。县级以上质量监督、工商行政管理、食品药品监督管理部门应当对食品进行定期或者不定期的抽样检验。进行抽样检验，应当购买抽取的样品，不收取检验费和其他任何费用。县级以上质量监督、工商行政管理、食品药品监督管理部门在执法工作中需要对食品进行检验的，应当委托符合本法规定的食品检验机构进行，并支付相关费用。对检验结论有异议的，可以依法进行复检。食品生产经营企业可以自行对所生产的食品进行检验，也可以委托食品检验机构进行检验。食品行业协会等组织、消费者需要委托食品检验机构对食品进行检验的，应当委托食品检验机构进行。

(16)食品进出口管理制度

食品进出口管理制度，是关于进口的食品、食品添加剂以及食品相关产品的要求以及境外发生食品安全事件或者进口食品中发现严重食品安全问题的措施等内容。进口的食品、食品添加剂以及食品相关产品应当符合我国食品安全国家标准。进口尚无食品安全国家标准的食品，或者首次进口食品添加剂新品种、食品相关产品新品种，进口商应当向国务院卫生行政部门提出申请并提交相关的安全性评估材料。进口的食品应当经出入境检验检疫机构检验合格后，海关凭出入境检验检疫机构签发的通关证明放行。进口的预包装食品应当有中文标签、中文说明书。标签、说明书应当符合我国有关法律、行政法规的规定和食品安全国家标准的要求，载明食品的原产地以及境内代理商的名称、地址、联系方式。预包装食品没有中文标签、中文说明书或者标签、说明书不符合本条规定的，不得进口。进口商应当建立食品进口和销售记录制度，如实记录食品的名称、规格、数量、生产日期、生产或者进口批号、保质期、出口商和购货者名称及联系方式、交货日期等内容。食品进口和销售记录应当真实，保存期限不得少于2年。出口的食品由出入境检验检疫机构进行监督、抽检，海关凭出入境检验检疫机构签发的通关证明放行。出口食品生产企业和出口食品原料种植、养殖场应当向国务院出入境检验检疫部门备案。国家出入境检验检疫部门应当收集、汇总进出口食品安全信息，并及时通报相关部门、机构和企业。国家出入境检验检疫部门应当建立进出口食品的进口商、出口商和出口食品生产企业的信誉记录，并予以公布。对有不良记录的进口商、出口商和出口食品生产企业，应当加强对其进出口食品的检验检疫。境外发生的食品安全事件可能对我国境内造成影响，或者在进口食品中发现严重食品安全问题的，国家出入境检验检疫部门应当及时采取风险预警或者控制措施，并向国务院卫生行政、农业行政、工商行政管理和国家食品药品监督管理部门通报。接到通报的部门应当及时采取相应措施。

(17)食品安全事故处置制度

食品安全事故处置制度包括食品安全事故应急预案、食品安全事故处置方案、食品安全事故处置程序、食品安全事故责任查处等内容。国务院组织制定国家食品安全事故应急预案。县级以上地方人民政府制定本行政区域的食品安全事故应急预案。食品生产经营企业应当制定食品安全事故处置方案。发生食品安全事故的单位应当立即予以处置，防止事故扩大。食品安全事故法定义务报告人应当依法及时报告，不得隐瞒、谎报、缓报，不得毁灭有关证据。县级以上卫生行政部门接到食品安全事故的报告后，应当立即会同有关农业行政、质量监督、工商行政管理、食品药品监督管理部门进行调查处理，采取必要措施，开展应急救援工作，立即组织救治，做好信息发布，防止或者减轻社会危害：发生重大食品安全事故，卫生行政部门应当立即会同有关部门进行事故责任调查，督促有关部门履行职责。调查食品安全事故，除了查明事故单位的责任，还应当查明负有监督管理和认证职责的监督管理部门、认证机构的工作人员失职、渎职情况。

(18)食品从业人员从业禁止制度

为了切实保障人民群众的生命安全和身体健康，加大对食品生产经营以及检验违法行为的处罚力度，建立食品生产经营以及检验人员从业禁止制度，被吊销食品生产、流通或者餐饮服务许可证的单位，其直接负责的主管人员自处罚决定作出之日起五年内不得从事食品生产经营管理工作。如食品生产经营者聘用不得从事食品生产经营管理工作的人员从事管理工作的，由原发证部门吊销许可证。违反法律规定，食品检验机构、食品检验人员出具虚假检验报告的，由授予其资质的主管部门或者机构撤销该检验机构的检验资格；依法对检验机构直接负责的主管人员和食品检验人员给予撤职或者开除的处分。违反法律规定，受到刑事处罚或者开除处分的食品检验机构人员，自刑罚执行完毕或者处分决定作出之日起10年内不得从事食品检验工作。食品检验机构聘用不得从事食品检验工作的人员的，由授予其资质的主管部门或者机构撤销该检验机构的检验资格。

(19)食品侵权民事赔偿制度

食品生产经营者，违反食品安全法，造成人身、财产或者其他损害的，依法承担赔偿责任。生产不符合食品安全标准的食品或者销售明知是不符合食品安全标准的食品，消费者除要求赔偿损失外，还可以向生产者或者消费者要求支付价款十倍的赔偿金。违反食品安全法，应当承担民事赔偿责任和缴纳罚款、罚金，其财产不足以同时支付时，先承担民事赔偿责任。

7.6 机制

所谓“机制”，在自然科学领域中特指机器的构造及工作机理，在社会科学领域中泛指工作系统的组织之间相互作用的过程与方式。在食品安全监管领域，“机制”一词是在两个层面使用的：表层意义上的机制，泛指工作载体或者平台，如食品安全综合协调机制。深层意义上的机制，特指事物运行的原理或者机理。理念决定事物运行的方向；制度决定事物运行的轨迹；机制决定事物运行的动力。制度能否有效运行，关键在于能否建立起科学有效的运行机制。

7.6.1 绩效评价机制

食品安全绩效评价机制，是对各级政府及其食品安全监管部门的食品安全监管工作按照一定的评价指标体系进行考核评价，并根据评价结果进行奖惩的制度。

7.6.1.1 制度设计动因

目前，我国食品安全工作实行的是"综合协调与分段监管相结合"的监管体制和"全国统一领导、地方政府负责、部门指导协调、各方联合行动、社会广泛参与"的工作机制。为全面落实食品安全责任体系，使食品安全监管工作抓专抓实，有必要建立食品安全绩效评价体系。

7.6.1.2 制度主要特点

(1)内容的综合性

食品安全绩效评价不同于单环节、单部门、单要素的单项评价，它是对不同地区、不同城市、不同部门食品安全监管工作的综合评价。在评价内容上，综合评价体现着治标绩效与治本绩效的结合；在评价对象上，综合评价体现着块治绩效与条治绩效的结合；在评价方法上，综合评价体现着定性评价与定量评价的结合。

(2)目标的方向性

食品安全绩效评价涉及诸多制度设计，只有科学安排评价要素，才能有效发挥单项评价本身难以产生的倍增效益。绩效评价内容主要包括政府在食品安全保障方面所做的成绩和所获得的效益，同时还包括政府在此方面的治理成本、治理效率、良性发展和持续运行等。当前，我国的食品产业和食品治理正在从传统向现代转轨。绩效评价体系的设计应当体现出食品安全治理的发展方向，能够导引食品安全监管体制改革和机制创新，不断提升政府的监管效能和保障水平。

(3)功能的机制性

食品安全绩效评价遵循"客观公正、求真务实、以评促管、正确导向"。绩效评价制度的设计，着眼于激励与约束、动力与压力的有机结合。通过综合评价工作的开展，促进各被评价对象发现成绩，找出不足，从而达到催人奋进、励人争先、全面促进、共同提高的目的。对食品安全监管成绩突出的地区、城市，应当给予适当的表彰和奖励；对问题比较突出的地区或者部门，应当提出具体的整改建议和要求，并将整改效果作为下一年度评价的重点。食品安全绩效评价的原发性功能在于鼓励与鞭策各地区、各城市、各部门将食品安全监管抓专抓实抓细，抓出成效，而后发性功能则在于导引食品安全监管不断向着理想的食品安全监管体制迈进。

7.6.2 信用奖惩机制

食品安全信用奖惩机制，是以培养食品生产经营者守规践诺为核心，通过相应的制度规范、运行系统、信用活动和运行机制的建设和开展，实现褒奖守信、惩戒失信，从而不断提升食品生产经营者的风险意识、诚信意识、法治意识和责任意识的制度。

7.6.2.1 制度设计动因

食品安全专项整治以来，食品安全工作取得了阶段性成果。但是，食品生产经营秩序的混乱状况并没有得到彻底改变，制假售假等违法犯罪行为仍屡有发生，其重要原因之一就是食品生产经营企业信用的严重缺失。加快食品安全信用体系建设是解决我国社会转型期食品生产经营企业信用缺失矛盾的深远之略，是促进我国食品行业持续、快速、健康发展的长效之举，它有利于从根本上保障广大人民群众的身体健康和生命安全，有利于建立起符合市场经济社会的新型食品安全治理机制，有利于促进经济社会的协调发展，有利于促进我国对外贸易的开展。

7.6.2.2 制度主要特点

(1)主体的特殊性

信用体系建设是全社会参与的系统工程，既包括政府信用、企业信用，也包括个人信用。而我国的食品安全信用体系建设则以食品企业的信用建设为核心，着重规范食品企业生产经营活动。而政府信用和个人信用则作为社会信用环境一并建设。此外，需要强调的是，食品安全信用侧重于企业整体信用，而非企业产品信用。

(2)内涵的特定性

食品安全信用具有特定含义，以现有食品安全规则为基础，是对企业守规践诺情况的全面反映。其中，对法律、标准、政策等规则的执行情况是评价企业是否诚信的主要依据或者核心标准。因此，食品安全信用包括规则强制信用和自愿承诺信用。

(3)功能的机制性

食品安全信用体系建设的功能在于企业与社会的互动机制，即褒奖守信、惩戒失信，以促进企业食品安全意识的提高和食品生产经营秩序的规范，全面提高食品安全水平。食品安全信用体系建设强调自律机制与他律机制、激励机制与约束机制、褒奖机制与惩戒机制的结合。

7.6.3 责任追究机制

食品安全责任追究机制，是指在食品安全责任主体没有全面履行食品安全义务时，应承担一定法律后果的制度。

7.6.3.1 制度设计动因

全面提高我国食品安全保障水平，必须按照标本兼治，着力治本的原则，从体制、机制和法制上进行系统规划，全面建设。从制度建设的角度来看，主要是立法和执法两个层次。但是，法律制度的完善绝非立等可取，一蹴而就。立足当前，如何尽快地提高我国食品安全的保障水平，则是我国食品安全工作者必须回答的现实问题。

当前，在食品安全方面，政策、法律、标准等规则制定中存在的问题虽然突出，但规则执行中存在的问题更为严重。有法可依、有法必依、执法必严、违法必究，是法治的精神所求。没有严格执行，任何精妙的制度设计都将是废纸一张。长期以来，在食品安全领域，有法不依、执法不严、违法不究所导致的法治精神部分失灵应引起社会的高度重视。厉行法治就必须全力解决食品安全领域中法律责任不严格的难题。

7.6.3.2 制度主要特点

(1)主体的特定性

从食品安全保障的角度来看，食品安全责任主体既包括中央政府，也包括地方政府；既包括各级政府监管部门，也包括食品生产经营企业；既包括行政执法部门，也包括食品安全技术支撑单位。但是，食品安全行政责任主体只能是各级人民政府食品安全监管部门及其工作人员。

(2)责任的特殊性

狭义的食品安全责任追究，是指各级人民政府食品安全监管部门以及其他相关部门极其工作人员不履行或者不正确履行食品安全监管工作职责时，有关部门依法追究其行政责任的活动。食品安全责任追究的是食品安全监管部门及其工作人员的行政责任。

(3)功能的机制性

食品安全责任追究机制，表现为对有关人员未履行或未正确履行监管责任所进行的惩罚，如处分、暂停职务、通报批评、责令作出书面检查、诫勉谈话等。

7.6.4 有奖举报机制

食品安全有奖举报机制，是指对食品安全违法行为的举报者给予适当奖励的制度。

7.6.4.1 制度设计动因

食品安全保障必须实行全民参与、社会治理。在假劣食品制售屡禁不止，且行政监管力量相对匮乏的情况下，如何调动社会各界投入食品安全保障工作，打好保障食品安全的“人民战争”，是食品安全综合监督部门需要认真思考的重大问题。近年来，各地食品安全综合监督部门为鼓励社会公众积极举报各类危害食品安全的违法犯罪行为，及时消除食品安全隐患和危害因素，全面加强辖区内食品安全监管工作，积极推动地方政府出台有关食品安全举报奖励制度。

7.6.4.2 制度主要特点

(1)主体的广泛性

食品安全有奖举报制度所调动的是全社会的力量。无论是公民，还是组织，都可以参与到食品安全监管中，形成食品安全社会监督网。举报人可以采取书面材料、电话、传真、电子邮件或其他形式，就下列事项进行举报：无证照制售食品；未经检验检疫私屠生猪供市；销售注水或病死畜、禽肉及其制品；伪造或冒用他人厂名厂址、产地、产品质量认证标志或清真食品标志；制售无生产日期、保质期、厂名厂址的预包装食品；篡改食品的生产日期或保质期；制售不符合国家、行业、地方食品安全标准的食品；提供或销售正规、合格的包装品给食品制假企业；制售掺杂掺假、以假充真、以次充好、假冒合格的食品；使用过期、发霉、变质的原料生产加工食品；使用非食用原料生产加工食品；超量或超范围使用食品添加剂生产加工食品；销售过期、变质或被污染的食品；销售农药残留超标的农产品；销售含有国家禁止使用的农药、兽药或其他化学物质的农产品；非法生产、运输、经营盐产品；食品企业、餐饮单位或集体食堂不按规定使用合格碘盐；非法进口食品；非法运输贮存假劣食品或使用不符合卫生要求的容器、运输工具贮存、运输食品；食品加工场所及周边 30 m 内环境卫生状况恶劣，存在重大食品安全隐患；其他危害食品安全的行为。各执法部门应当建立举报保密制度。不得以任何方式泄露举报人姓名、举报内容及相关信息，违者依法追究相关责任。

(2)投入的经济性

与其他三个机制建设相较，政府在有奖举报机制方面所投入的成本往往是最小的，但获得的收益往往是巨大的。一般来说，政府设立举报电话或者举报信箱。政府支付的奖金，往往为一定比例的罚没款项。但是，政府通过设立举报电话或者举报信箱，可以调动全社会参与食品安全监督。

(3)功能的机制性

举报人所举报的事项越全面、越具体、越准确，其所获得的奖励额度越大。如南京市江宁区政府规定给予案件举报人的奖励额度，按每案实际执行罚没收入的下列比例确定：罚没收入不足 1 万元的违法案件，给予 100 元至 1 000 元的奖励；罚没收入在 1 万元以上 10 万元以下的违法案件，给予 1 000 元至 5 000 元的奖励；罚没收入在 10 万元以上 50 万元以下的违法案件，给予 5 000 元至 2 万元的奖励；罚没收入在 50 万元以上的违法案件，最高奖不超过 5 万元。对突发食品安全事件或者其他涉及人体健康、生命安全的重大食品安全事件及时举报，并对事件处理提供有效帮助的，可视情况给予 1 000 元至 1 万元的奖励。奖励额度不能按罚没收入比例确定的，可酌情给予举报人 2 万元以下的奖励。举报人有特别重大贡献的，奖励额度可以不受上述限制。

7.7 改革

食品安全问题是当今世界事关民生的重大课题。随着经济全球化、贸易自由化的发展，食品安全问题已为全球所普遍关注。无论是各国政府，还是国际组织，无论是民间团体，还是跨国公司，无不在审视、研究食品安全问题。今天，食品安全问题已成为全人类共同面临的巨大挑战。登高方能望远，深思才能熟虑。在食品安全领域，科学与效率已成为国际社会的重要价值追求。

7.7.1 共同面临挑战

食品安全问题之所以能够引起全球的空前关注，是因为食品安全对经济社会发展的巨大影响，国际社会对民生和人权问题的高度重视以及重大食品安全事件的频繁发生。2003 年，WHO 出版了《全球食品安全战略》，深刻分析了世界各国面临的食品安全挑战。

7.7.1.1 问题的严重性

食源性疾病的发病率是衡量食品安全状况的重要指标之一。目前，无论在发展中国家，还是在发达国家，食源性疾病都广泛存在，而且发病率不断上升。《全球食品安全战略》指出，安全的食品有益于身体健康和生产力，并为社会发展和贫穷缓解提供了有效的平台。然而，食源性疾病严重危害着人们的健康，不安全食品导致了亿万人的病患与死亡。食源性疾病对儿童、孕妇、老人和已患其他疾病的患者的影响最为严重。目前，发达国家每年约有 1/3 的人感染食源性疾病，这一问题在发展中国家更为严重。穷人对疾病的危害最为敏感，如食源性和水源性腹泻在不发达国家仍是发病和死亡的主要原因，每年约有 220 万人为之丧生，其中绝大多数为儿童。腹泻是食源性疾病的常见症状，其他更加严重的后果有肝肾功能衰竭、脑和神经系统功能紊乱乃至死亡。食源性疾病的长期并发症包括关节炎和麻痹等。食源性疾病不仅危害人们的健康和生活，而且严重影响个人、家庭、社会、商业乃至整个国家的经济利益。这些疾病给卫生保健系统带来了显著的负担，降低了社会的经济生产力。因食源性疾病导致的收入损失使贫穷者的经济状态陷入恶性循环。

事实上，重大食品安全问题不仅增加了政府和社会的经济负担，而且还往往产生严重的社会问题。近 10 年来，一些重大食品安全问题使社会公众对政府的执政能力提出质疑，甚至引发社会不满与动荡。一些国家的政府高官或政府内阁因食品安全问题引咎辞职或倒台的现象时有发生。食品安全问题，已成为事关经济发展、社会稳定、政府形象、国家安全等重大问题。

7.7.1.2 问题的复杂性

从全球的角度来看，传统的食品安全问题尚未完全解决，新的食品安全问题接踵而至。在种植、养殖、生产加工、运输流通、餐饮消费等环节，在新资源、新品种、新材料、新技术等方面，食品安全问题表现十分复杂。食源性疾病可由生物性、化学性、物理性危害引起。《全球食品安全战略》中指出：由微生物引起的食源性疾病越来越成为一个重要的公共卫生问题。近二三十年，在有食源性疾病报告系统的国家，该类疾病发病显著增加。病原微生物包括沙门菌、空肠弯曲菌、肠出血性大肠杆菌，还有寄生虫(如隐孢子虫、吸虫)等。由微生物危害导致的食源性疾病不断增加，原因十分复杂，但都与世界的快速变化有关。人口统计学资料显示，对食品中微生物敏感的人群日益增加。农场生产模式的改变、食品流通的广泛性、发展中国家对肉禽的需求量增加等因素都是导致食源性疾病发病率升高的潜在原因。庞大的食品流通系统使得污染食品得以快速广泛地流通。新型食品可能存在不常见的致病微生物。集中饲养技术降低了生产成本，但却导致出现新的人畜共患疾病。由于动物粪便中常带有致病微生物，因此，世界各地的大规模畜、禽饲养场对动物粪便的安全化处理日益成为食品安全中的一个重要问题。饮食模式的改变，如对生鲜食品和未彻底加热食品的偏爱、从食品的加工至消费间隔时间的延长、不在家中进餐时尚的流行等均是微生物性食源性疾病发病率上升的原因。新的致病微生物和那些以前与食品无关的致病性微生物也是一个重要的公共卫生问题。1979 年，首次发现大肠杆菌 O_{157}: H_7，之后在一些国家由于食用了污染的牛肉末、未巴氏灭菌的苹果汁、牛奶、生菜、苜蓿和其他芽类食品以及饮水，导致人群(特别是儿童)发病和死亡。鼠伤寒沙门菌 DT104 已对临床上常用的 5 种抗生素产生耐药性，由于其在 20 世纪 90 年代迅速传播，现已引起许多国家的高度重视。

尽管有害化学物质造成的危害很难与某种特定的食品联系起来，但他们是导致食源性疾病的重要原因。食品中的有害化学物质包括天然有毒物质(如霉菌毒素、海洋类毒素)、环境污染物(如汞、铅、放射性核素、二噁英)和天然植物毒素(如马铃薯中的龙葵素)等。食品添加剂、营养素(如维生素和矿物质)、农药和兽药等的使用增加并改善了食品的供应，但首先必须保证这些使用是安全的。化学污染物对健康的影响可以是单次暴露或更多见的是长期暴露，然而食品中化学污染物对健康的影响并未被充分认识。对农药、兽药和食品添加剂的危险性评价常有丰富的信息支持，而食品污染物的毒理学资料就很少。

7.7.1.3 问题的广泛性

伴随经济全球化、贸易自由化发展，食品安全问题跨越国境、超越洲际，成为全球性问题。现在，一国生产的食品及其相关产品很容易迅速被销往其他国家。欧洲 1 500 个养殖场暴发的二噁英污染事件，短短几周时间，受污染的动物性食品就进入了全球各大洲。疯牛病、口蹄疫、禽流感等的暴发流行，对世界各国食品安全造成了重要影响。进入新世纪以来，各国相继发生食品安全问题。各国陆续发生的重大食品安全事件表明，食品绝对安全的神话已经彻底破灭。在食品安全问题上，没有哪个国家可以独善其身，置身事外。各国之间只有增进交流，加强合作，才能共迎挑战，确保安全。

7.7.1.4 问题的急迫性

有鉴于食品安全问题的重要性和急迫性，2000年5月，第53届世界卫生大会通过《关于食品安全的 WHA53.15 号决议》。该决议指出：深切关注到，与食品中致病微生物、生物毒素和化学污染物有关的食源性疾病对世界上成百万人民的健康造成严重的威胁；认识到食源性疾病显著地影响人民的健康和幸福，并对个人、家庭、社区、工商企业和国家造成经济后果；承认负责食品安全的所有服务，包括公共卫生服务在确保食品安全和协调整个食物链中一切有利害关系者所做努力方面的重要性；意识到特别在最近暴发国际和全球范围的食源性疾病以及出现以生物技术生产的新食品之后，消费者更加关注食品安全问题；认识到食品法典委员会的标准、准则及其他建议对保护消费者健康和确保公平贸易手段的重要性；注意到需要监测系统以评估食源性疾病负担以及制定以证据为基础的国家和国际控制战略；铭记食品安全系统必须考虑到农业与食品工业相结合的趋势以及随之引起的发达国家和发展中国家在农业、加工、销售惯例和消费者习惯方面的变化；注意到微生物在国际上食源性疾病暴发中的日益重要性，以及特别是由于在农业和临床实践中广泛使用抗菌剂，一些食源性细菌对常用疗法越来越具有抵抗力；意识到加强 WHO 的食品安全活动可促成改善公共卫生保护并发展持久的食品和农业部门；认识到发展中国家的食品供应主要依靠传统农业和中小规模的食品工业，并且在大多数发展中国家食品安全系统仍然薄弱，WHO 敦促会员国采取以下11项具体行动：第一，与它们的实用营养学和流行病学监测规划密切合作，把食品安全作为其必不可少的公共卫生和公共营养工作职能之一并提供足够的资源以建立和加强其食品安全规划。第二，制定和实施系统和持久的预防措施，目的是显著减少食源性疾病的发生。第三，制定和维持监测食源性疾病及监测和控制食品中相关微生物和化学品的国家手段和适宜的区域手段；加强加工者、生产者和商人对食品安全的主要责任；以及提高实验室的能力，尤其在发展中国家。第四，将措施纳入其食品安全政策，目的是防止对抗菌素具抗药性的微生物形成。第五，支持发展评估与食品相关风险的科学，包括分析与食源性疾病相关的高危因素。第六，把食品安全问题纳入针对消费者的卫生和营养教育规划和信息规划中，尤其是在小学和中学的课程中，实施针对农民、消费者、加工者、食品操作人员等不同文化特点的卫生和营养教育规划。第七，在考虑到微型和小型食品工业的具体需求和特征的同时，为私立部门制定可在消费者一级（尤其在城市食品市场）改进食品安全的外延规划，重点为防备危害和调整生产管理规范的方向，并探索与食品工业和消费者协会合作的机会以提高对采用良好和生态环境方面安全的农业、卫生和生产质量管理规范的认识。第八，协调与食品安全问题相关的一切有关国家部门的食品安全活动，尤其是与食源性危害风险评估相关的活动，包括包装、贮存和操作的影响。第九，积极参与食品法典委员会及其小组委员会的工作，包括新出现的食品安全风险分析领域内的活动。第十，确保食物制品标签中提供适当、充分和精确的信息，并在相关时包括告诫和食用日期。第十一，制定法规以控制食品容器的重复使用并禁止弄虚作假。

7.7.2 全力推进改革

2003 年，FAO/WHO 联合出版的《保障食品的安全和质量：强化国家食品监管体系》指出，过去的 25 年间，食源性危害的控制不断提高，食品检验和监督体系也逐步完善。食品供应链的全球化、食品法典委员会重要性的日益上升以及世界贸易组织协议所产生的义务，均使得国家一级对食品标准及法规的制定和强化食品控制基础结构予以了空前的重视。在全球范围内，食源性疾病的发病率日趋上升，食品安全和质量要求方面不断出现的争端严重阻碍了国际食品贸易的发展。如果要使这种状况得以改善，必须对许多食品监控体系进行变革和完善。

7.7.2.1 监管体制改革

重大食品安全事件接连不断的发生，促使各国政府不断完善食品安全战略，加快食品安全监管体制改革，逐步建立协调、统一、高效的食品安全监管体制。这里仅以加拿大、韩国为例。

(1)加拿大

1997 年，加拿大联邦政府对食品安全体系进行改革，将过去的加拿大农业和农产品部、加拿大卫生部、加拿大工业部和加拿大海洋渔业部负责的联邦一级所有的食品检验、监督和检疫服务交由加拿大食品检验署。目前，加拿大食品安全由联邦政府(加拿大卫生部和加拿大食品检验署)、省/地区政府、食品产业以及消费者共同负责。

加拿大食品安全体系的发展目标是：使食品安全体系能够与食品种类的迅速改变、食品贸易的日趋全球化以及公众对食品安全期望的不断变化始终保持同步。该体系遵循的基本原则是：民众的健康为第一要素；政策的制定必须基于科学的基础之上；所有部门和权力机构必须充分合作以保护消费者。

加拿大卫生部负责制定规范食品安全和营养质量的标准和政策，其适用于所有在加拿大境内销售的食品。卫生部确认与食品供应相关的卫生风险，评估伤害或损害的严重性和可能性，以及制定风险管理的国家战略。卫生部还负责食源性疾病监测工作，以提供一个早期检测系统，并为评价控制策略提供基础。为确保联邦体系中机构间的相互制衡性，卫生部长负责评估食品检验局有关食品安全工作的效力。

加拿大食品检验署负责联邦食品安全政策和标准的实施，提供联邦的检验服务以确保食品安全以及植物保护与动物保健。为了实现其安全食品、市场准入及保护消费者的任务，加拿大食品检验署制定了下列目标：致力于安全的食品供应和严格的产品信息发布；致力于持久的动、植物健康以保护食品原料来源；促进食品、动物、植物及其产品的贸易。

加拿大食品检验署制定并管理食品检验、执法、监督及控制计划，并提出服务规范。就检验和监督计划，该署还与其他各级政府、非政府组织以及工业和贸易伙伴进行磋商，并为食品检验、监督和检疫工作提供实验室支持。加拿大食品检验署也发布紧急食品招回令，组织整个食物链的检验、检测和监督活动。

加拿大食品检验署是加拿大联邦政府规模最大的执法机构，负责联邦政府授权的食品、作物和动物健康执法检查。加拿大食品安全监管模式得到了国际社会的认可，它开创了将食品、动物和作物执法检查一体化的先河。整合执法部门使加拿大食品检验署能够更加科学地处理各种危害和减少风险的发生。

(2)韩国

1998年，借鉴美国食品药品监管体制经验，韩国政府将食品药品监管的职责从健康服务部中分离出来，成立了独立的食品药品监管局，对食品安全进行监管，并将重点由管理和处罚转为宣传食品安全意识，预防和杜绝对食品安全造成危害的因素。为了实现对全国的监控，食品药品监管局在首尔、釜山、光州、大田、大邱和京仁这6个重要城市设立地方管理机构处理有关事务。

目前，韩国食品药品监管局下设计划管理、食品安全、药品安全和安全评价4个局。近年来，韩国食品药品监管局确立了制定科学的食品安全管理体制、建立放心体验性食品安全管理体系、与全社会建立食品安全伙伴关系、将食品安全管理由以生产者为中心转换为以消费者为中心、发展生物医学、推进食品安全管理国际化这六大工作目标。

此外，在中央政府，除食品药品监管局外，其他部门也参与一些食品安全管理。如农林部负责种植、养殖，海洋水产部负责水产品，环境部门负责水，国税厅负责酒类，产品资源部负责食盐，教育部负责学校用餐管理。

7.7.2.2 法律制度改革

为保证食品安全监管的全程性、协调性和统一性，许多国家在食品安全监管体制改革的同时，完善食品安全法律制度。尽管世界各国制定的食品安全法律制度不同，但其立法目的大体相同，都是为了保证食品安全，保障国民健康。

2003年，FAO/WHO出版的《保障食品的安全和质量：强化国家食品控制体系指南》指出，当一国的主管部门准备建立、更新、强化或在某方面改革食品安全监管体系时，该部门必须充分考虑加强食品监管活动基础的若干原则。世界主要国家食品安全立法主要体现以下原则。

(1)科学性原则

科学性原则，是指在食品安全监管工作中按照食品产业发展状况、安全风险分布状态、食品安全客观规律等来确定食品安全监管的方针政策、监管理念、发展战略、目标措施、监管重点等，确保食品安全保障的能力和水平的不断提高。随着食品产业化、工业化、科技化和现代化的快速推进，食品安全监管正经历着从简单监管到复杂监管，从经验监管到科学监管的过程。科学性原则作为食品安全监管的基本原则，贯穿于食品安全监管的全过程和各方面。

贯彻科学性原则，应当明确科学的监管目标、监管体制、监管机制、监管体系、监管方式、监管责任等。国际社会将“保障公众饮食安全”作为食品安全监管的根本目标、基本目标、首要目标、优先目标。将食品安全监管体制分为3类，发展目标是统一、权威、高效、便民，优选次序为单一型体制、综合型体制和多元型体制。监管体系涵盖食品生产经营全过程和食品生产经营各方面，纵向看，包括种植、养殖、生产、加工、运输、贮藏、销售、进口、消费等环节；横向看，包括风险评估、风险管理、安全评价、质量控制、监测预警、检测检验、应急处理、行政许可、执法监督等内容。

(2)安全性原则

安全性原则，是指在食品安全监管工作中必须始终将安全目标置于首位，充分利用科学技术手段和方法，最大限度地保护消费者的身体健康和生命安全。坚持安全性原则，必须把保障公众身体健康和生命安全作为全部监管工作的出发点和落脚点，在公众利益和商业利益、安全监管和产业促进发生冲突时，始终坚定不移地站在维护公众利益的立场上，关注安全，关怀生命，关爱健康；必须扎实有效地推进食品安全风险评估工作，迅速改变我国食品安全风险评估相对滞后的被动局面，使食品安全工作建立在科学的风险评估的基础上；必须广泛采用现代科学技术，如检验检测技术、监测监控技术、预测预警技术、追踪溯源等技术，提高食品安全监管能力和水平。

(3)全面性原则

全面性原则，是指食品安全监管必须覆盖食品生产经营的多领域、全过程和各方面，实现食品安全的全面保障。从监管的规则来看，应当包括政策、法律、标准、规划、行约等；从监管的过程来看，应当覆盖种植、养殖、生产、加工、包装、贮藏、流通、销售、消费、进出口等各个环节；从监管的内容来看，应当包括生产经营环境、条件、方式、手段等各个方面；从监管的手段来看，应当包括监测、检测、预测、预警、评估、评价等内容。食品安全监管的规则、过程、内容、手段等涵盖的范围越广，食品安全保障的水平才能越高。全面性原则确立的意义在于，在经济全球化和贸易自由化时代，食品安全监管必须牢固树立“大食品安全观”。

(4)预防性原则

预防性原则，是指在食品安全监管中应采取积极有效的措施来防止食品安全问题的发生，最大限度地保障公众的切身利益。食品安全风险贯穿食品生产经营的全过程和各方面，只有全面坚持预防性原则，才能在日常监管中做到有备无患，才能最大限度地减少食品安全事故的发生。2003年FAO/WHO出版的《保障食品的安全和质量：强化国家食品控制体系指南》指出，食品安全监管的首要原则是通过在整个食物链中尽可能地应用预防性原则，最大限度地减少风险。食品安全监管，从注重事后惩罚到事前预防，这是我国食品安全监管的重要变革。

(5)教育性原则

教育性原则，是指在食品安全监管中大力普及食品安全基本知识和法律常识，努力使食品的生产者、经营者、消费者成为食品安全的支持者、维护者和创造者。知识是最大的力量，诚信是最大的财富。在食品安全领域，知识改变命运，教育成就未来。只有全面开展食品安全教育，才能促进依法生产、规范经营、科学消费。

(6)效益性原则

效益性原则，是指在食品安全监管中要以最少的代价获取最大的效益，既确保食品安全，又要降低社会成本。食品安全监管效益，主要取决于食品安全监管体制、监管机制的优化程度。为此，各国把优化监管体制作为提升食品安全监管效益的核心。

7.7.2.3 标准体系改革

食品安全标准，是规范食品生产经营，保障食品安全的重要基础。国际组织和发达国家对食品安全标准体系的建设高度重视，大力加强食品安全标准组织机构建设和标准体系建设。在2003年5月第56届世界卫生大会上，FAO/WHO联合评价了食品法典委员会的工作，报告敦促会员国积极参与食品法典委员会框架内的国际标准制定工作，尤其在食品安全和营养领域；充分利用法典标准，在整个食物链中保护人类健康，包括帮助就营养和饮食作出健康的选择；在国家级参与制定以食品法典为基础、与食品安全与营养有关的标准的所有部门之间促进合作；促进国家专家参与国际标准制定活动。食品安全标准体系改革主要坚持以下原则。

(1)科学性原则

食品安全标准建立风险评估的基础上。从2000年开始，WHO出版的有关食品安全监管战略的主要文件，无不涉及食品安全风险评估的内容，风险评估已经成为食品安全标准制定的重要基础。食品法典委员会成立了若干专业委员会，这些委员会的重要任务之一就是开展食品安全风险评估，并在此基础上起草食品安全标准。食品法典委员会的工作使整个世界认识到食品的安全和质量以及消费者保护的问题，并使得整个世界在如何通过基于风险的方法科学地解决这些问题上达成一致意见。

(2)协调性原则

过去，国际上食品标准相当混乱。《保障食品的安全和质量：强化国家食品监管体系》指出：CAC是在国际上负责协调食品标准的政府间机构。其主要目标是保护消费者健康，确保公平地开展食品贸易。业已证明，食品法典委员会在实现食品的质量和安全标准一体化上相当成功。其为范围广泛的诸多食品制定了国际标准和许多特殊的规定，包括农药残留物、食品添加剂、兽药残留物、卫生要求、食品污染物、食品标签等。这些推荐的食品法典为各国政府所采用，以便制定和完善其国家食品控制体系中的政策和计划。

(3)独立性原则

目前，许多国家，如英国、加拿大、澳大利亚、新西兰、印度等，都建立了独立的食品安全标准机构。如为统一澳大利亚和新西兰食品标准，促进两国间以及与国际社会的食品贸易，2002年7月，澳大利亚和新西兰将澳大利亚新西兰食品局改组为澳大利亚新西兰食品标准局，成为两国法定的食品标准制定机构。澳新食品标准局的主要目标是保障公共健康与安全。该局原来主要负责加工食品生产和标签标准的制定，后来增加了初级产品生产与加工标准的制定（目前该标准的适用限于澳大利亚），从而实现了“从农场到餐桌”全过程食品标准的制定。

7.7.2.4 信息体系改革

食品安全信息体系包括食品安全信息收集分析系统、跟踪追溯系统、风险预警系统、信息发布系统和信息咨询服务系统等。近年来，世界各国十分重视食品安全信息体系建设，许多国家都已建立了比较完善的食品安全信息体系。食品安全信息体系改革主要坚持以下原则。

（1）协调性原则

世界发达国家普遍建立了统一、协调、高效、权威的食品安全信息收集、分析和发布机制，整合来自政府、科研机构、学术界、企业、消费者、媒体有关各方面的信息，使之系统化、制度化，保证各方信息的一致性、衔接性和协调性。

（2）共享性原则

许多国家建立了广泛交流、共建共享的食品安全信息收集、传输和利用机制，实现了食品安全风险评估、行动决策、重大事故查处等方面信息的共享。与此同时，国际社会强化食品安全信息的国际性和区域性交流，共同应对食品安全风险的重大挑战。

（3）透明性原则

许多国家注重提高食品安全监管政策、法律、标准制定的透明度，使全社会关心、参与食品安全工作，提高社会监督水平。同时，许多国家注重加强食品安全信息预警，对潜在的问题进行分析预测，形成高质量的食品安全信息，为政府监管、企业生产经营和公众消费提供信息服务。

思考题

1. 食品安全监管理念、监管体制、监管法制与监管机制之间的关系是什么？
2. 食品安全监管体制有几种类型？各种类型有何优缺点？
3. 食品安全监管体制遴选的基本原则是什么？
4. 食品安全法与食品卫生法相比有哪些重大变化？
5. 食品安全监管需要哪些机制创新？

推荐阅读书目

全球食品安全战略 . FAO. 2001.

保障食品的安全和质量：强化国家食品控制体系指南 . FAO. FAO/WHO 联合出版社，2003.

推动中国食品安全 . 联合国系统驻华系统代表办事处 . 2008.

相关链接

联合国粮农组织（FAO）　http：//www. fao. org

世界卫生组织（WHO）　http：//www. who. int/fsf/

澳大利亚新西兰食品标准局（FSANZ）　http：//www. foodstandards. gov. au

美国食品药品监督管理局（FDA）　http：//www. fda. gov

加拿大食品检验署（CFIA）　http：//www. inspection. gc. ca

参考文献

陈炳卿，刘志诚，王茂起 . 2001. 现代食品卫生学[M]. 1 版 . 北京：人民卫生出版社 .

陈永福 . 2002. 转基因动物[M]. 北京：科学出版社 .

高溥超 . 2004. 桌上的转基因食品[M]. 北京：中国社会科学出版社 .

葛可佑 . 2004. 中国营养科学全书[M]. 北京：人民卫生出版社 .

国务院发展研究中心 . 2004. 全球食品安全(北京)论坛论文集[G].

何计国 . 2003. 食品卫生学[M]. 北京：中国农业大学出版社 .

金芬，邵华，杨锚 . 2007. 国内外几种主要植物生长调节剂残留限量标准比较分析[J]. 农业质量标准(6)：26 – 27.

李蓉 . 1994. 克隆识别—应用于流行病学和院内感染学的方法和技术[M]. 北京：北京医科大学 中国协和医科大学联合出版社 .

李蓉 . 2008. 食源性病原学[M]. 北京：中国林业出版社 .

李晓瑜，王茂起 . 2004. 国内外食品添加剂管理的法规标准状况及分析[J]. 中国食品卫生杂志，16(3)：210 – 214.

钱和 . 2006. HACCP 原理与实施[M]. 北京：中国轻工业出版社 .

曲径 . 2007. 食品卫生与安全控制学[M]. 北京：化学工业出版社 .

史贤明 . 2003. 食品安全与卫生性[M]. 北京：中国农业出版社 .

孙长颢 . 2007. 营养与食品卫生学[M]. 6 版 . 北京：人民卫生出版社 .

田子华 . 2004. 江苏省昆虫学会 2004 年学术研讨会论文汇编[G].

王静，金芬，邵华 . 2007. 国外农产品质量安全快速检测技术发展[J]. 农业质量标准(5)：52 – 55.

王茂起，刘秀梅，王竹天 . 2006. 中国食品污染监测体系的研究[J]. 中国食品卫生杂志，18(6)：491 – 497.

王秀茹 . 1998. 卫生微生物学[M]. 北京：北京医科大学 中国协和医科大学联合出版社 .

王彦华，王鸣华 . 2007. 昆虫生长调节剂的研究进展[J]. 世界农药，29(1)：8 – 11.

魏益民，徐俊，安道昌，等 . 2007. 论食品安全学的理论基础与技术体系[J]. 中国工程科学，9(3)：6 – 10.

许桂兰，王秀明 . 2006. 我国食品污染现状及对策分析[J]. 科技情报开发与经济，16(12)：114 – 115.

薛达元 . 2005. 转基因生物风险与管理[M]. 北京：中国环境科学出版社 .

闫新甫 . 2003. 转基因植物[M]. 北京：科学出版社 .

曾北危 . 2004. 转基因生物安全[M]. 北京：化学工业出版社 .

张朝武 . 2003. 卫生微生物学[M]. 北京：人民卫生出版社 .

张朝武 . 2005. 现代卫生检验学[M]. 北京：人民卫生出版社 .

DILL G M，CAJACOB C A，PADGETTE S R. 2008. Glyphosate-resistant crops：adoption，use and future considerations[J]. Pest Manag Science，64(4)：326 – 331.

GUARANTE L，ROBERTS T M，PTASHNE M. 1999. A technique for expressing eukaryotic genes in bacteria[J]. Appl. Biochem. Biotechnol.，81(2)：131 – 142.

MAZUR A，NAGASHIMA Y，SATO D. 1996. A kinetic study on lipase-catalyzed interesterification of soybean oil with oleic acid in a continuous packed-bed reactor[J]. J. Ind. Eng. Chem. Re., 201: 34 – 39.

RENÒ F, LOMBARDI F, CANNAS M. 2004. Surface-adsorbed alpha1-microglobulin modulation of human fibroblasts spreading and matrix metalloproteinases release [J]. Biomaterials, 25 (17): 3439 – 3443.

STRUHL K, CAMERON J R, DAVIS R W. 1976. Functional genetic expression of eukaryotic DNA in *Escherichia coli*[J]. Proc. Natl. Acad. Sci. USA, 73(5): 1471 – 1475.

YE X, AL-BABILI S, KLOTI A, et al. 2000. Engineering the provitamin A (β – carotene) biosynthetic pathway into (carotenoid-free) rice endosperm[J]. Science, 287: 303 – 305.